职业教育
数字媒体应用人才培养系列教材

边做边学 Premiere 视频编辑案例教程

Premiere Pro CC 2019 微课版

仇善梁 陈茹 / 主编
洪波 / 副主编

人民邮电出版社
北京

图书在版编目（CIP）数据

边做边学 ：Premiere视频编辑案例教程 ：Premiere Pro CC 2019 ：微课版 / 仇善梁，陈茹主编. -- 北京 ：人民邮电出版社，2022.2
职业教育数字媒体应用人才培养系列教材
ISBN 978-7-115-58081-8

Ⅰ. ①边… Ⅱ. ①仇… ②陈… Ⅲ. ①视频编辑软件－职业教育－教材 Ⅳ. ①TN94

中国版本图书馆CIP数据核字(2021)第243202号

内容提要

本书全面、系统地介绍了 Premiere 的基本操作方法及视频编辑技巧，内容包括初识 Premiere Pro CC 2019，影视剪辑，视频过渡，视频效果，调色、叠加与键控（抠像），添加字幕，加入音频，输出文件和综合设计实训。

本书讲解的内容以课堂实训案例为主线，通过书中案例的操作，学生可以快速熟悉视频后期编辑思路。通过本书对软件相关功能的解析，学生能够深入学习软件功能；课堂实战演练和课后综合案例相结合，可以提升学生的实际应用能力，提高学生的软件使用技能水平。本书的最后一章精心安排了影视设计公司的 6 个精彩实例，可以帮助学生快速掌握视频后期制作的设计理念和设计元素，顺利达到实战水平。本书提供书中所有案例的素材及效果文件，以利于教师授课、学生学习。

本书可作为职业学校数字媒体类专业视频制作课程的教材，也可供相关人员学习参考。

◆ 主　　编　仇善梁　陈　茹
　副 主 编　洪　波
　责任编辑　刘　佳
　责任印制　王　郁　焦志炜

◆ 人民邮电出版社出版发行　　北京市丰台区成寿寺路 11 号
　邮编　100164　　电子邮件　315@ptpress.com.cn
　网址　https://www.ptpress.com.cn
　北京天宇星印刷厂印刷

◆ 开本：787×1092　1/16
　印张：14　　2022 年 2 月第 1 版
　字数：372 千字　　2024 年 12 月北京第 6 次印刷

定价：49.80 元

读者服务热线：(010)81055256　印装质量热线：(010)81055316
反盗版热线：(010)81055315
广告经营许可证：京东市监广登字 20170147 号

前言 Preface

本书全面贯彻党的二十大精神，以社会主义核心价值观为引领，传承中华优秀传统文化，坚定文化自信，使内容更好体现时代性、把握规律性、富于创造性。

Adobe Premiere（以下简称 Premiere）是由 Adobe 公司开发的视频编辑软件，它功能强大、易学易用，深受广大视频制作爱好者和影视后期编辑人员的喜爱，已经成为这一领域最流行的软件之一。目前，我国很多院校的数字媒体应用类专业都将 Premiere 使用作为一门重要的专业课程。本书根据《中等职业学校专业教学标准》要求编写，邀请行业、企业专家和一线课程负责人一起，从人才培养目标、专业方案等方面做好顶层设计，明确专业课程标准，强化专业技能培养，安排教材内容；根据岗位技能要求，引入企业真实案例，重点建设课程配套资源库和课程教学网站，通过“微课”等立体化的教学手段来支撑课堂教学。

根据现代中等职业学校的教学方向和教学特色，我们对本书的编写体系做了精心的设计。全书根据 Premiere 在视频编辑领域的应用方向来布置分章，每章按照“课堂实训案例→软件相关功能→课堂实战演练→课后综合案例”这一思路进行编排，力求通过课堂实训案例，使学生快速熟悉设计理念和 Premiere 软件功能；通过解析软件相关功能，使学生能够深入了解软件功能和制作特色；通过课堂实战演练和课后综合案例可提高学生的实际应用能力。

本书在内容编写方面，力求细致全面、重点突出；在文字叙述方面，注意言简意赅、通俗易懂；在案例选取方面，强调案例的针对性和实用性。

本书配套光盘中包含书中所有案例的素材及效果文件。另外，为方便教师教学，本书还配备详尽的课堂实战演练和课后综合案例的微课视频、PPT 课件、教学大纲、教学教案等教学资源，任课教师可登录人邮教育社区（www.ryjiaoyu.com）免费下载使用。本书的参考学时为 60 学时，各章的参考学时参见下面的学时分配表。

前 言

学时分配表

章	课程内容	学时分配
第 1 章	初识 Premiere Pro CC 2019	6
第 2 章	影视剪辑	8
第 3 章	视频过渡	8
第 4 章	视频效果	8
第 5 章	调色、叠加与键控（抠像）	8
第 6 章	添加字幕	8
第 7 章	加入音频	4
第 8 章	输出文件	2
第 9 章	综合设计实训	8
学时总计		60

本书由仇善梁、陈茹任主编，洪波任副主编，路晓亚、王戈参与编写。由于编者水平有限，书中难免存在疏漏和不妥之处，敬请广大读者批评指正。

编　者

2023 年 5 月

目 录　Contents

目 录

目录

目 录

目 录

目 录

01

第1章 初识 Premiere Pro CC 2019

本章将对 Premiere Pro CC 2019 的基础知识和基本操作进行详细讲解。通过本章的学习，读者可以快速了解并掌握 Premiere Pro CC 2019 的入门知识，为后续章节的学习打下坚实的基础。

课堂学习目标

- 认识 Premiere Pro CC 2019 的操作界面。
- 掌握项目文件的基本操作。
- 掌握素材的导入及管理方法。

1.1 软件操作界面

1.1.1 【操作目的】

（1）通过打开文件，熟悉新建文件操作。

（2）通过为素材添加过渡效果，了解面板的使用方法。

1.1.2 【操作步骤】

（1）启动 Premiere Pro CC 2019 软件，选择"文件 > 打开项目"命令，弹出"打开项目"对话框，选择本书云盘中的"Ch01\滑板俱乐部短视频.prproj"文件，如图 1-1 所示。

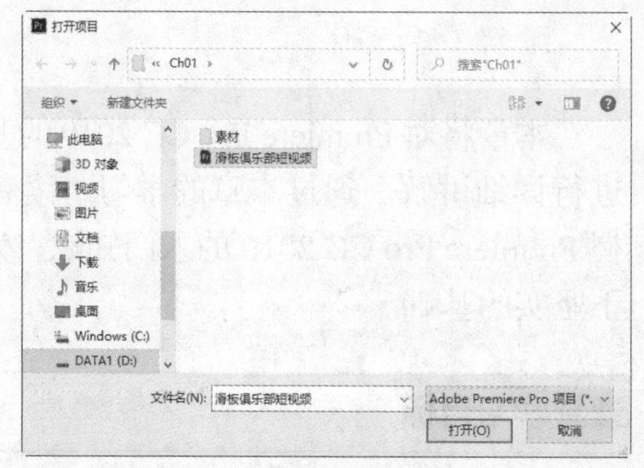

图 1-1

（2）单击"打开"按钮，打开文件，如图 1-2 所示。在"效果"面板中展开"视频过渡"分类选项，单击"溶解"文件夹前面的三角形按钮将其展开，选择"交叉溶解"效果，如图 1-3 所示。

图 1-2

图 1-3

（3）将"交叉溶解"效果拖曳到"时间轴"面板中的"01"文件的结尾与"02"文件的开始之间，如图 1-4 所示。弹出提示对话框，如图 1-5 所示，单击"确定"按钮。在"节目"面板中单击"播放/停止切换”按钮 / 预览视频效果，如图 1-6 和图 1-7 所示。

图1-4　图1-5

图1-6　图1-7

1.1.3 【相关工具】

1. 认识软件操作界面

Premiere Pro CC 2019 的操作界面如图 1-8 所示。从图中可以看出，Premiere Pro CC 2019 的操作界面由标题栏、菜单栏、“效果控件”面板、“时间轴”面板、工具面板、预设工作区、“节目”/“字幕”/“参考”面板组、“项目”/“效果”/“基本图形”/“字幕”等面板组组成。

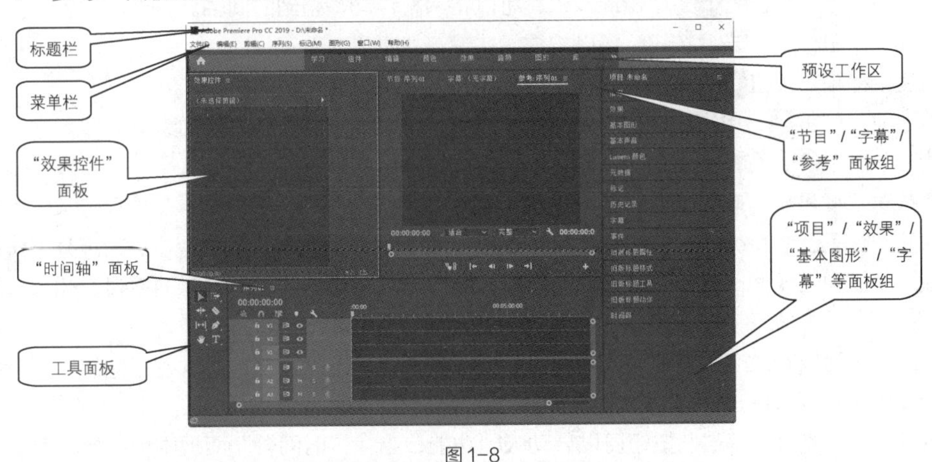

图1-8

2. 熟悉“项目”面板

“项目”面板主要用于导入、组织和存放供“时间轴”面板编辑、合成的原始素材，如图 1-9 所示。按 Ctrl+PageUp 组合键，切换到列表视图状态，如图 1-10 所示。单击“项目”面板右上方的按钮，在弹出的菜单中可以选择面板及相关功能的显示与隐藏方式等，如图 1-11 所示。

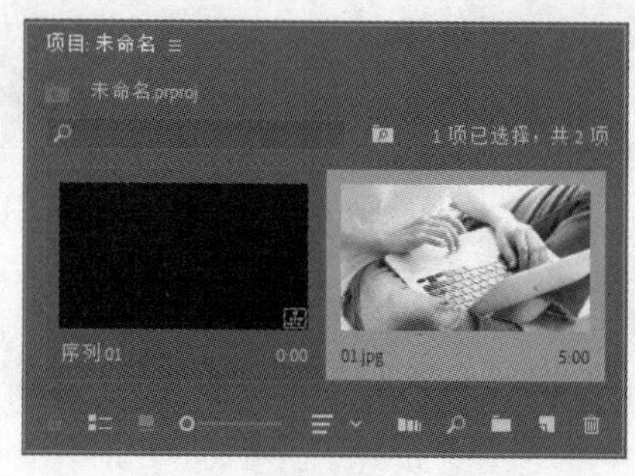

图 1-9

图 1-10

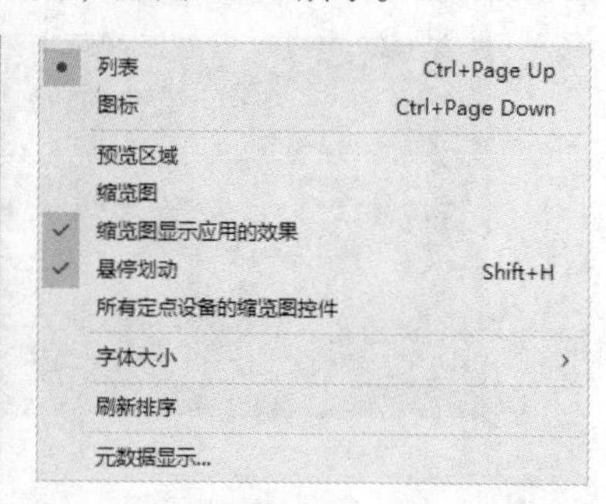

图 1-11

在图标状态时，将鼠标指针置于视频图标上并左右移动，可以查看不同时间点对应的视频内容。

在列表视图状态时，可以查看素材的基本属性，包括素材的名称、媒体格式、视音频信息、数据量等。

在“项目”面板下方的工具栏中共有 10 个功能按钮，从左至右分别为“项目可写”按钮/“项目只读”按钮、“列表视图”按钮、“图标视图”按钮、“调整图标和缩览图的大小”滑动条、“排序图标”按钮、“自动匹配序列”按钮、“查找”按钮、“新建素材箱”按钮、“新建项”按钮和“清除”按钮。各按钮的含义如下。

“项目可写”按钮/“项目只读”按钮：单击此按钮可以将“项目”面板设置为可写或只读模式。

“列表视图”按钮：单击此按钮可以将素材窗中的素材以列表形式显示。

“图标视图”按钮：单击此按钮可以将素材窗中的素材以图标形式显示。

“调整图标和缩览图的大小”滑动条：拖曳滑块可以将“项目”面板中的图标和缩览图放大或缩小。

“排序图标”按钮：单击此按钮，可在图标状态下根据不同的方式对项目素材进行排序。

“自动匹配序列”按钮：单击此按钮，可以将素材自动调整到时间轴。

“查找”按钮：单击此按钮，可以按提示快速查找素材。

“新建素材箱”按钮：单击此按钮，可以新建文件夹以便管理素材。

“新建项”按钮：单击此按钮将弹出命令菜单，可以根据需要创建新的素材文件。

“清除”按钮：选择不需要的文件，单击此按钮即可将其删除。

3. 认识“时间轴”面板

“时间轴”面板是 Premiere Pro CC 2019 的核心面板，在编辑影片的过程中，大部分工作都是在“时间轴”面板中完成的。通过“时间轴”面板，用户可以轻松地实现对素材的剪辑、插入、复制、粘贴、修整等操作，如图 1-12 所示。该面板中各元素的含义如下。

“将序列作为嵌套或个别剪辑插入并覆盖”按钮：单击此按钮，可以将序列作为一个嵌套或个别的剪辑文件插入时间轴并覆盖其他文件。

“对齐”按钮：单击此按钮可以启动吸附功能，当在“时间轴”面板中拖曳素材时，素材将自动粘到邻近素材的边缘。

“链接选择项”按钮：单击此按钮，可以将导入“时间轴”面板中的视频与音频链接在一起。

“添加标记”按钮：单击此按钮，可以在当前帧处添加标记。

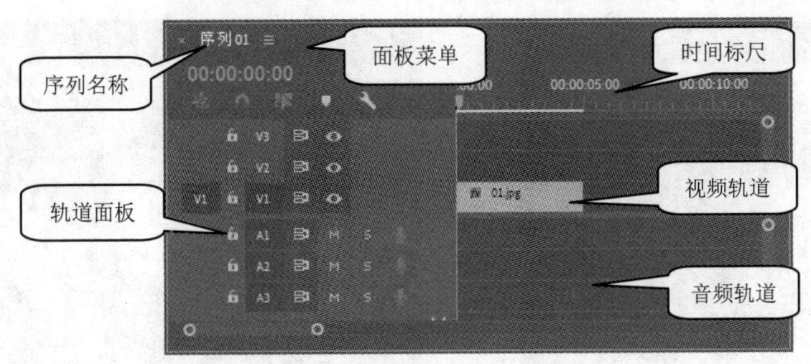

图1-12

“时间轴显示设置”按钮：单击此按钮，可以设置“时间轴”面板中的显示选项。

“切换轨道锁定”按钮：单击此按钮，当按钮变成形状时，当前的轨道被锁定，处于不可编辑状态；当按钮变成形状时，则可以编辑当前轨道。

“切换同步锁定”按钮：默认为启用状态，当使用插入、波纹删除或波纹剪辑操作时，编辑点右侧的内容会发生移动。

“切换轨道输出”按钮：单击此按钮，可以设置是否在监视器窗口内显示该影片。

“静音轨道”按钮：激活该按钮，可以设置为静音，反之则是播放声音。

“独奏轨道”按钮：激活该按钮，可以设置独奏轨道。

“折叠/展开轨道”：双击右侧的空白区域，或滚动鼠标滚轮，可以隐藏或展开视频轨道工具栏或音频轨道工具栏。

“显示关键帧”按钮：单击此按钮，可以选择显示当前关键帧的方式。

“转到下一关键帧”按钮：单击此按钮，可将时间指针定位到被选素材轨道的下一个关键帧上。

“添加/移除关键帧”按钮：单击此按钮，可在时间指针所处的位置上，或在轨道中被选素材的当前位置上添加或移除关键帧。

“转到前一关键帧”按钮：单击此按钮，可将时间指针定位到被选素材轨道的上一个关键帧上。

滑块：拖曳滑块可放大或缩小轨道中素材的显示。

时间码 00:00:00:00：显示影片播放的进度。

序列名称：单击相应的标签可以在多个节目间相互切换。

轨道面板：对轨道的折叠、锁定等参数进行设置。

时间标尺：对剪辑的组进行时间定位。

面板菜单：对时间单位及剪辑参数进行设置。

视频轨道：对影片进行视频剪辑的轨道。

音频轨道：对影片进行音频剪辑的轨道。

4. 认识“监视器”窗口

监视器窗口分为“源”面板和“节目”面板，分别如图 1-13 和图 1-14 所示，可查看所有已编辑或未编辑的影片片段的效果两个。面板中各按钮的含义如下。

“添加标记”按钮：单击此按钮，可为未编号的影片片段添加标记。

“标记入点”按钮：单击此按钮，可设置当前影片的起始点。

“标记出点”按钮：单击此按钮，可设置当前影片的结束点。

“转到入点”按钮：单击此按钮，可将时间标签移到起始点位置。

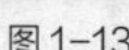
图 1-13

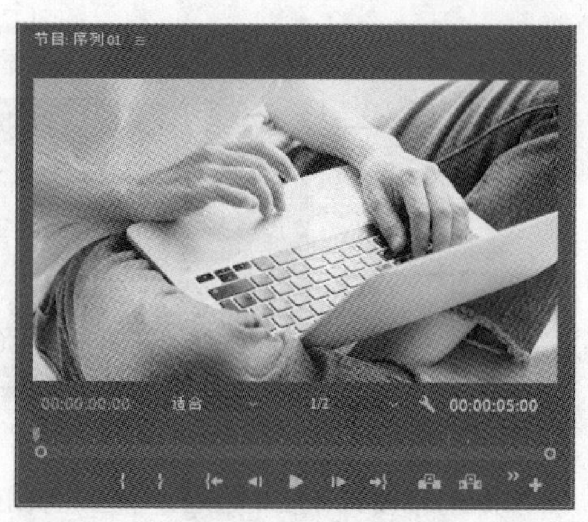

图 1-14

“后退一帧（左侧）”按钮：此按钮是对素材进行逐帧倒播的控制按钮，每单击一次该按钮，就会后退 1 帧，按住 Shift 键的同时单击此按钮，每次后退 5 帧。

“播放/停止切换”按钮/：单击此按钮会从监视器窗口中时间标签的当前位置开始播放；在“节目”面板中，在播放时按 J 键可以进行倒播。

“前进一帧（右侧）”按钮：此按钮是对素材进行逐帧播放的控制按钮，每单击一次该按钮，就会前进 1 帧，按住 Shift 键的同时单击此按钮，每次前进 5 帧。

“转到出点”按钮：单击此按钮，可将时间标签移到结束点位置。

“插入”按钮：单击此按钮，当插入一段影片时，重叠的片段将后移。

“覆盖”按钮：单击此按钮，当插入一段影片时，重叠的片段将被覆盖。

“提升”按钮：单击此按钮，可删除轨道上入点与出点之间的内容，删除之后仍然留有空间。

“提取”按钮：单击此按钮，可删除轨道上入点与出点之间的内容，删除之后不留空间，后面的素材会自动移到前面的素材后方。

“导出帧”按钮：单击此按钮，可导出某一帧的影视画面。

“比较视图”按钮：单击此按钮，可以进入比较视图模式观看视图。

分别单击“源”面板和“节目”面板右下方的“按钮编辑器”按钮，弹出图 1-15 和图 1-16 所示的面板。这两个面板中除了上述按钮外，还包含一些未显示的按钮，这部分按钮含义如下。

图 1-15

图 1-16

“清除入点”按钮：单击此按钮，可清除设置的入点。

“清除出点”按钮：单击此按钮，可清除设置的出点。

“从入点到出点播放视频”按钮：单击此按钮，在播放素材时，只播放定义的入点与出点之间的素材。

“转到下一标记”按钮：单击此按钮，移动到当前位置的下一个标记处。

“转到上一标记”按钮：单击此按钮，移动到当前位置的前一个标记处。

“播放邻近区域”按钮：单击此按钮，将播放时间标签当前位置前后2秒的内容。

“循环”按钮：控制循环播放的按钮。单击此按钮，监视器窗口中就会不断循环播放素材，直至单击停止按钮。

“安全边距”按钮：单击此按钮，可为影片设置安全边界线，以防影片画面太大而显示不完整，再次单击该按钮可隐藏安全线。

“隐藏字幕显示”按钮：单击此按钮，可隐藏字幕显示效果。

“切换代理”按钮：单击此按钮，可以在本机格式和代理格式之间切换。

“切换 VR 视频显示”按钮：单击此按钮，可以快速切换到 VR 视频显示状态。

“切换多机位视图”按钮：单击此按钮，可打开或关闭多机位视图。

“转到下一个编辑点”按钮：单击此按钮，可转到同一轨道上当前编辑点的后一个编辑点。

“转到上一个编辑点”按钮：单击此按钮，可转到同一轨道上当前编辑点的前一个编辑点。

“多机位录制开/关”按钮：单击此按钮，可以控制多机位录制的开或关。

“还原裁剪对话”按钮：单击此按钮，可以还原裁剪的对话。

“全局 FX 静音”按钮：单击此按钮，可以打开或关闭所有视频效果。

“贴靠图形”按钮：单击此按钮，可以将图形贴靠在一起。

可以直接将需要的按钮拖曳到监视器窗口下面的显示框中，如图 1-17 所示，松开鼠标，按钮将被添加到监视器窗口中，如图 1-18 所示。单击“确定”按钮，所选按钮就会显示在面板中，如图 1-19 所示。可以用相同的方法在显示框中添加多个按钮，如图 1-20 所示。

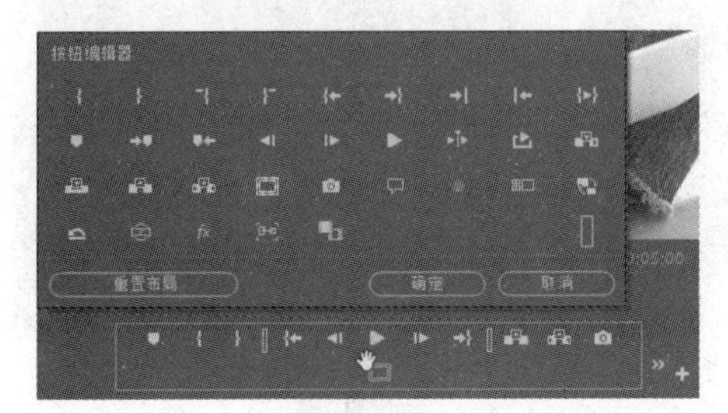

图 1-17

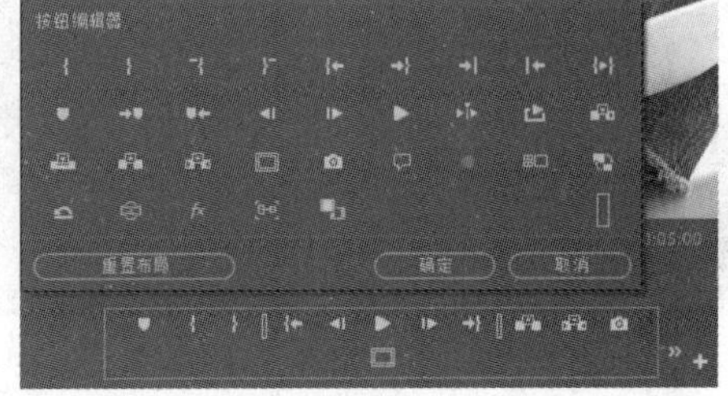

图 1-18

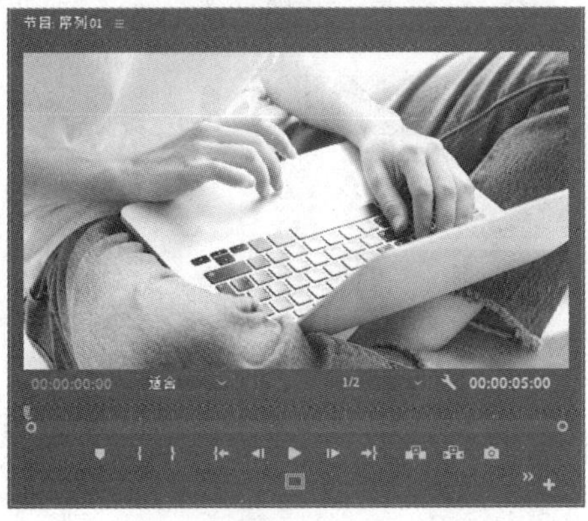

图 1-19

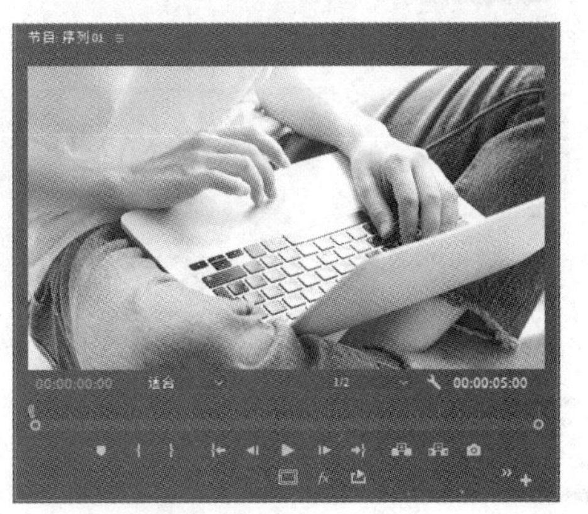

图 1-20

再次单击“按钮编辑器”按钮，在弹出的面板中单击“重置布局”按钮，再单击“确定”按钮，即可恢复到默认的布局。

5. 其他功能面板概述

除了以上介绍的面板，Premiere Pro CC 2019 中还有其他方便编辑操作的功能面板，下面逐一进行介绍。

◎ **“效果”面板**

“效果”面板中存放着 Premiere Pro CC 2019 自带的各种预设、视频和音频的效果。这些效果按照功能分为六大类，包括预设、Lumetri 预设、音频效果、音频过渡、视频效果及视频过渡，每一大类又按照实际效果细分为很多小类，如图 1-21 所示。用户安装的第三方效果插件也将出现在该面板的相应类别选项中。

◎ **“效果控件”面板**

“效果控件”面板主要用于设置对象的运动、不透明度、过渡及效果等，如图 1-22 所示。当为某一段素材添加了音频、视频或过渡效果后，就需要在该面板中进行相应的参数设置和关键帧设置。画面的运动效果也在这里进行设置，该面板会根据素材和效果显示相应的内容。

◎ **“音轨混合器”面板**

“音轨混合器”面板可以更加有效地调节项目的音频，也可以实时混合各轨道的音频对象，如图 1-23 所示。

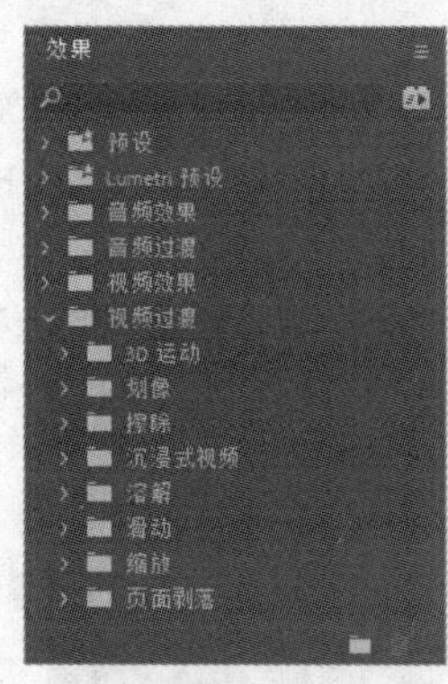

图 1-21

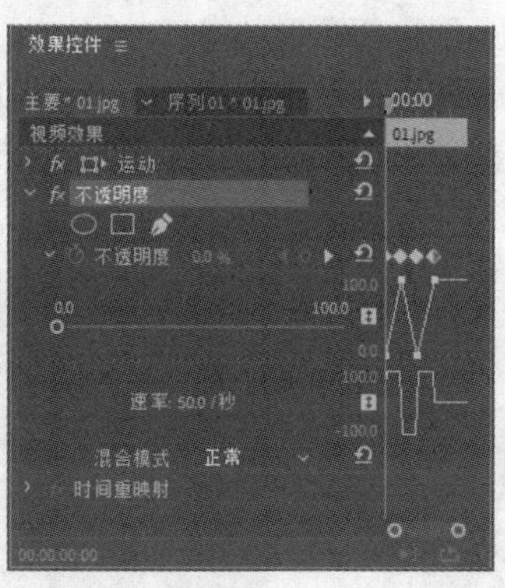

图 1-22

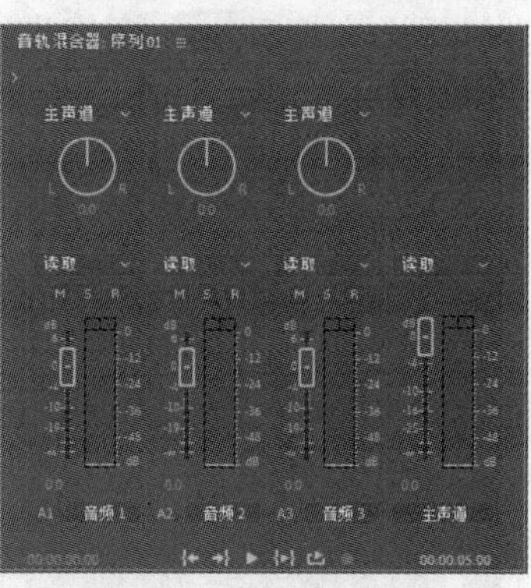

图 1-23

◎ **工具面板**

工具面板主要用来对时间轴中的音频、视频等内容进行编辑，如图 1-24 所示。

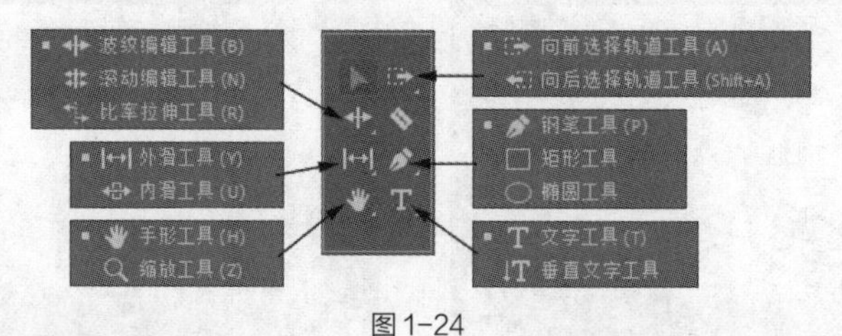

图 1-24

1.2 软件基本操作

1.2.1 【操作目的】

（1）通过“导入”命令，掌握导入素材文件的方法。

（2）通过将素材添加到“时间轴”面板中，了解在面板中添加素材的技巧。

（3）通过切割素材，掌握工具的使用方法。

（4）通过关闭新建的文件，掌握保存和关闭命令的使用方法。

1.2.2 【操作步骤】

（1）启动 Premiere Pro CC 2019 软件，选择“文件 > 新建 > 项目”命令，弹出“新建项目”对话框，如图 1-25 所示，单击“确定”按钮，新建项目。选择“文件 > 新建 > 序列”命令，弹出“新建序列”对话框，单击“设置”选项卡，具体参数设置如图 1-26 所示，单击“确定”按钮，新建序列。

（2）选择“文件 > 导入”命令，弹出“导入”对话框，选择本书云盘中的“Ch01\春雨时节短视频\素材\01”文件，如图 1-27 所示，单击“打开”按钮，将素材文件导入“项目”面板中，如图 1-28 所示。

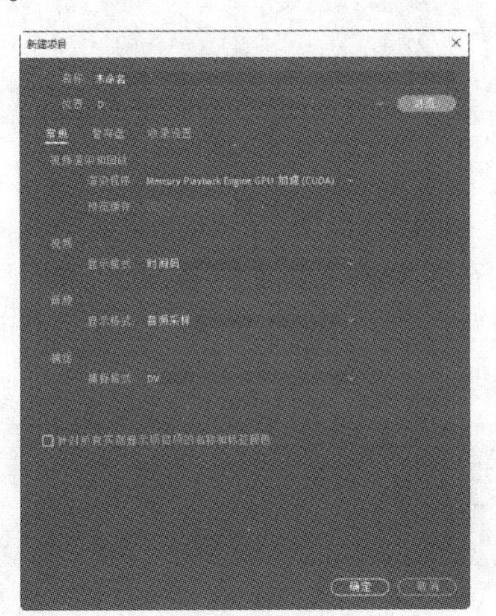

图 1-25

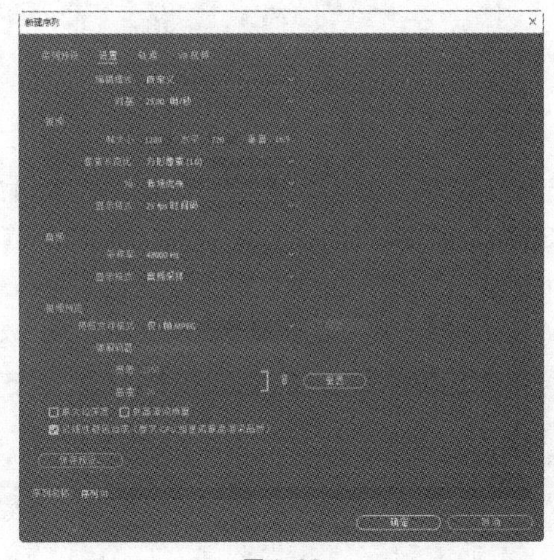

图 1-26

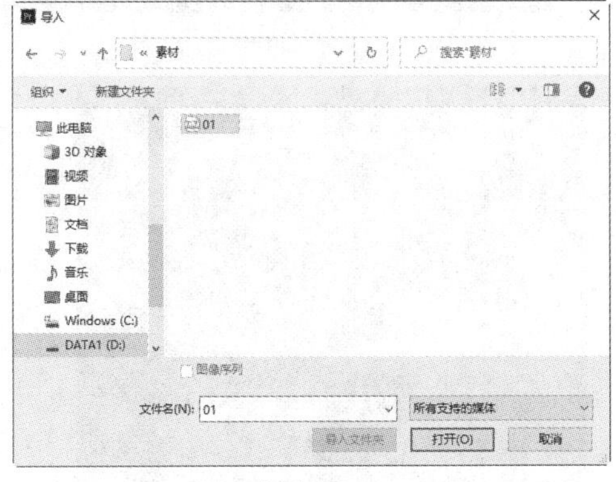

图 1-27

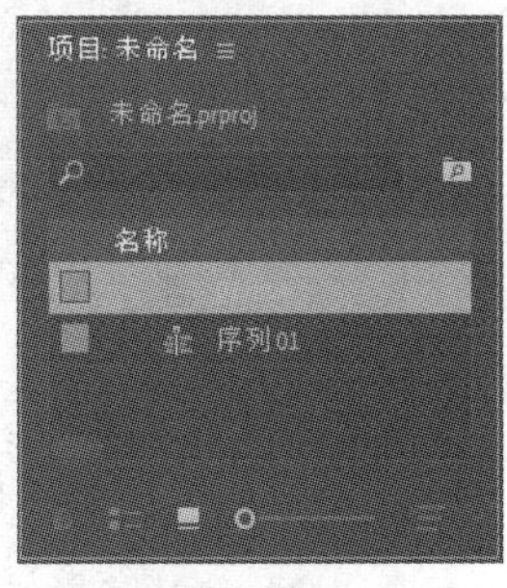

图 1-28

（3）在“项目”面板中，选择“01”文件并将其拖曳到“时间轴”面板中的“视频 1（V1）”轨道中，弹出“剪辑不匹配警告”对话框，如图 1-29 所示。单击“保持现有设置”按钮，在保持现有序列设置的情况下将文件放置在“视频 1（V1）”轨道中，如图 1-30 所示。

图 1-29

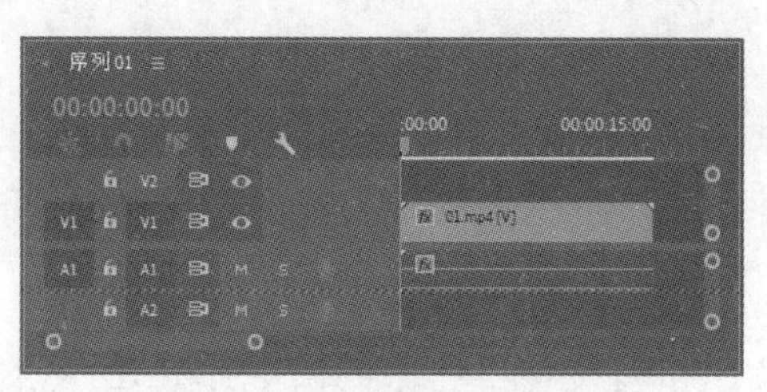

图 1-30

（4）将时间标签放置在 10:00s 的位置，如图 1-31 所示。选择“剃刀”工具，在指定的位置单击，将素材切割为两个素材，如图 1-32 所示。

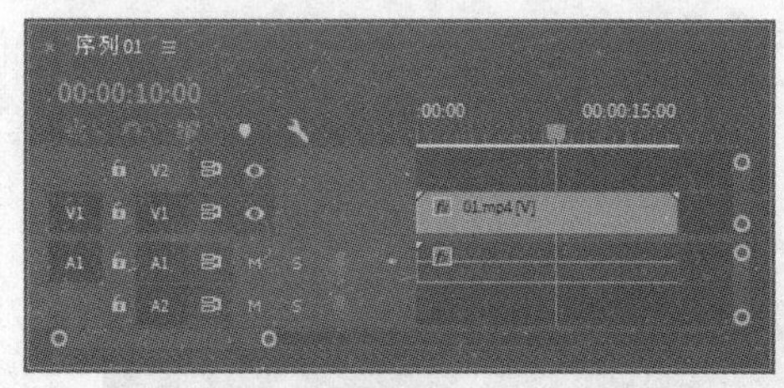

图 1-31

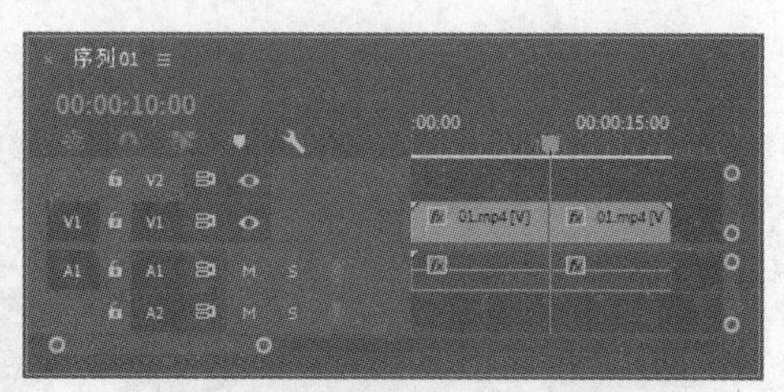

图 1-32

（5）选择“选择”工具，选择第 2 段视频素材，如图 1-33 所示。按 Delete 键将其删除，效果如图 1-34 所示。将时间标签放置在 0s 的位置。选择“时间轴”面板中的“01”文件。在“效果控件”面板中展开“运动”选项，将“缩放”选项设置为 67.0，如图 1-35 所示。在“节目”面板中单击“播放/停止切换”按钮 / 预览视频效果，如图 1-36 所示。

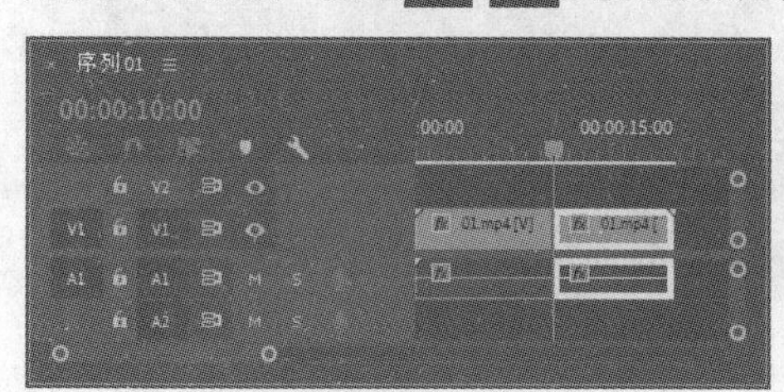

图 1-33

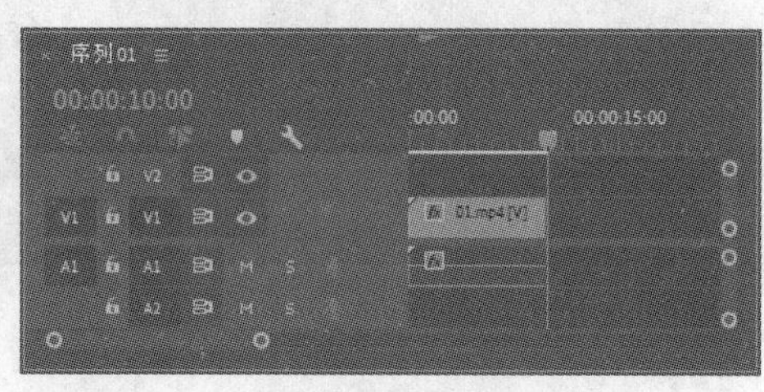

图 1-34

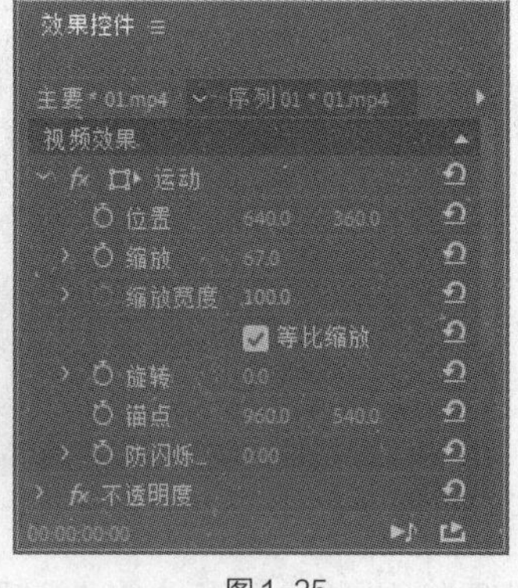

图 1-35

图 1-36

（6）选择“文件 > 保存”命令，保存文件。选择“文件 > 关闭项目”命令，关闭项目文件。单击软件右上角的 按钮，退出程序。

1.2.3 【相关工具】

1. 项目文件操作

在用 Premiere Pro CC 2019 进行影视制作时，必须先创建新的项目文件或打开已存在的项目文件，这是使用 Premiere Pro CC 2019 最基本的操作之一。

◎ **新建项目文件**

（1）选择“开始 > Adobe Premiere Pro CC 2019”命令，或双击桌面上的 Adobe Premiere Pro CC 2019 快捷图标，打开软件。

（2）选择“文件 > 新建 > 项目”命令，或按 Ctrl+Alt+N 组合键，弹出“新建项目”对话框，如图 1-37 所示。在“名称”文本框中设置项目名称。单击“位置”选项右侧的“浏览”按钮，在弹出的对话框中选择项目文件的保存路径。在“常规”选项卡中设置视频渲染和回放、视频、音频及捕捉格式等，在“暂存盘”选项卡中设置捕捉的视频、视频预览、音频预览、项目自动保存等的暂存路径，在“收录设置”选项卡中设置收录选项。单击“确定”按钮，即可创建一个新的项目文件。

（3）选择“文件 > 新建 > 序列”命令，或按 Ctrl+N 组合键，弹出“新建序列”对话框，如图 1-38 所示，在“序列预设”选项卡中选择项目文件格式，如选择“DV-PAL”制式下的“标准 48kHz”，在右侧的“预设描述”选项区域中将显示相应的项目信息。在“设置”选项卡中可以设置编辑模式、时基、视频帧大小、像素长宽比、音频采样率等信息。在“轨道”选项卡中可以设置视频与音频轨道的相关信息。在“VR 视频”选项卡中可以设置 VR 属性。单击“确定”按钮，即可创建一个新的序列。

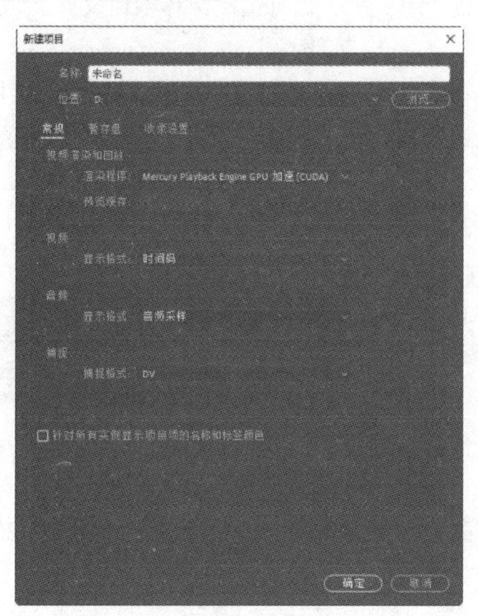

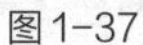
图 1-37

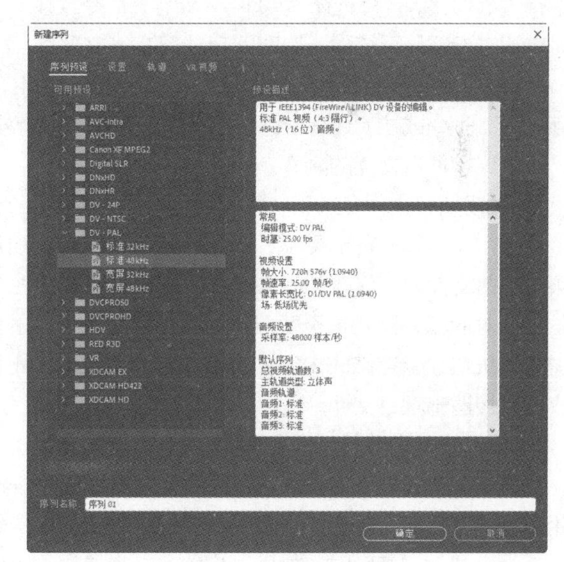

图 1-38

◎ **打开项目文件**

选择“文件 > 打开项目”命令，或按 Ctrl+O 组合键，在弹出的对话框中选择需要打开的项目文件，如图 1-39 所示，单击“打开”按钮，即可打开选择的项目文件。

选择“文件 > 打开最近使用的内容”命令，在其子菜单中选择需要打开的项目文件，如图 1-40 所示，即可打开所选的项目文件。

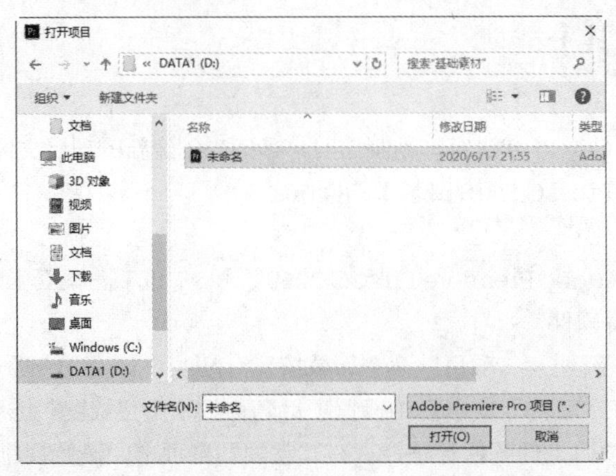

图 1-39

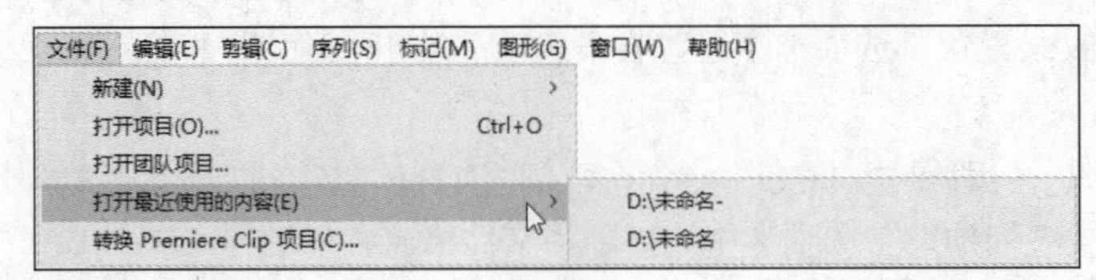

图 1-40

◎ **保存项目文件**

启动 Premiere Pro CC 2019 软件时，系统会提示用户先保存一个设置了参数的项目，因此，对于编辑过的项目，直接选择“文件 > 保存”命令或按 Ctrl+S 组合键，即可直接保存项目文件。另外，还可以通过设置让系统隔一段时间自动保存一次项目。

选择“文件 > 另存为”命令或按 Ctrl+Shift+S 组合键，即可另存当前项目文件。选择“文件 > 保存副本”命令或按 Ctrl+Alt+S 组合键，弹出“保存项目”对话框，设置完成后，单击“保存”按钮，可以保存项目文件的副本。

◎ **关闭项目文件**

选择“文件 > 关闭项目”命令，即可关闭当前项目文件。如果对当前文件做了修改却尚未保存，系统将会弹出图 1-41 所示的提示对话框，询问是否要保存对该项目文件所做的修改。单击“是”按钮，保存修改内容；单击“否”按钮，则不保存修改内容并直接退出项目文件。

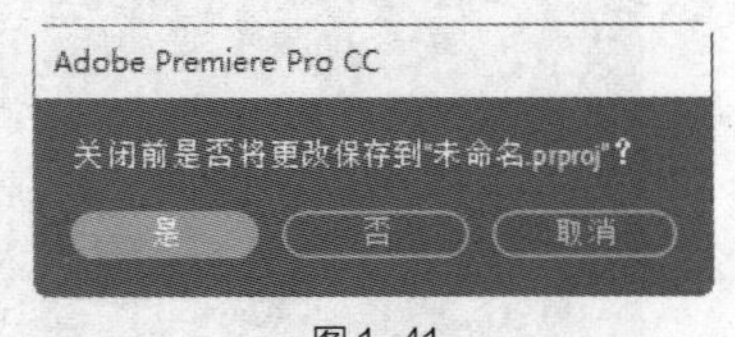

图 1-41

2. 撤销与恢复操作

通常情况下，一个完整的项目需要经过反复调整、修改与比较才能完成。Premiere Pro CC 2019 为用户提供了“撤消”与“重做”命令，可完成相应操作。

在编辑视频或音频时，如果用户的上一步操作是错误的，或用户不满意上一步操作得到的效果，选择“编辑 > 撤消”命令即可撤销该操作，如果连续选择此命令，则可连续撤销前面的多步操作。

如果要取消撤销操作，可选择“编辑 > 重做”命令。例如，删除一个素材，通过“撤消”命令来撤销操作后，如果还想将这些素材片段删除，则只需选择“编辑 > 重做”命令即可。

3. 设置自动保存

设置自动保存功能的具体操作步骤如下。

（1）选择“编辑 > 首选项 > 自动保存”命令，弹出“首选项”对话框，如图 1-42 所示。

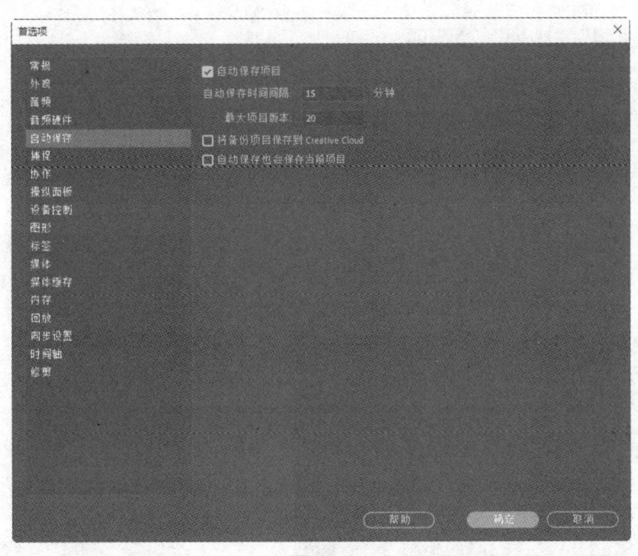

图 1-42

（2）在“首选项”对话框中，根据需要设置“自动保存时间间隔”及“最大项目版本”的数值。例如，在“自动保存时间间隔”文本框中输入 15，在“最大项目版本”文本框中输入 20，即表示每隔 15 分钟将自动保存一次，而且只存储最后 20 次存盘的项目文件。

（3）设置完成后，单击“确定”按钮退出对话框，返回到工作界面。这样，在后续的编辑过程中，系统就会按照设置的参数自动保存文件，用户就不必担心由于意外而造成工作数据的丢失。

4. **导入素材**

Premiere Pro CC 2019 支持大部分主流的视频、音频及图像文件格式，一般的导入方式为选择“文件 > 导入”命令，在“导入”对话框中选择所需要的文件格式和文件，如图 1-43 所示。

◎ **导入图层文件**

选择“文件 > 导入”命令，弹出“导入”对话框，选择 Photoshop、Illustrator 等含有图层的文件格式，再选择需要导入的文件，单击“打开”按钮，将会弹出图 1-44 所示的提示对话框。

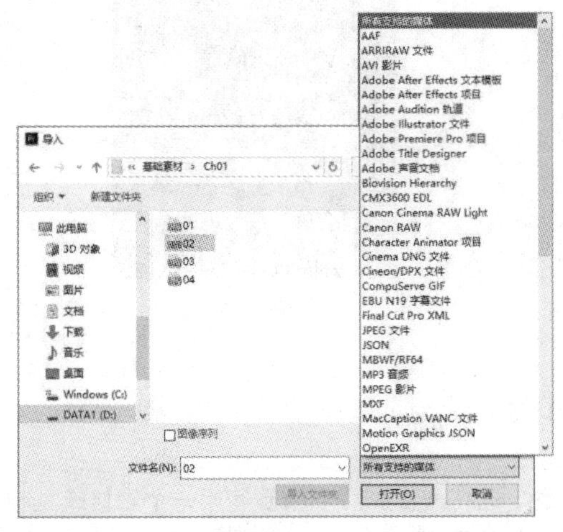

图 1-43

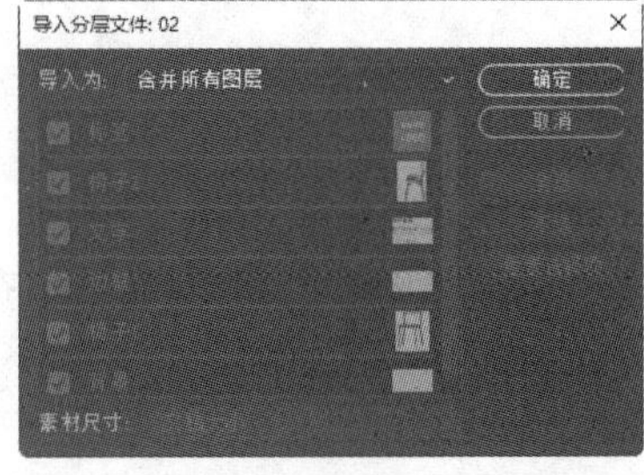

图 1-44

“导入分层文件”对话框用于设置 PSD 图层素材导入的方式。导入方式可选择“合并所有图层”

“合并的图层”“各个图层”“序列”等选项。

本例选择“序列”选项，如图 1-45 所示，单击“确定”按钮，在“项目”面板中会自动产生一个文件夹，其中包括序列文件和图层素材，如图 1-46 所示。

以序列的方式导入图层后，软件会按照图层的排列方式自动产生一个序列，可以打开该序列设置动画，进行编辑。

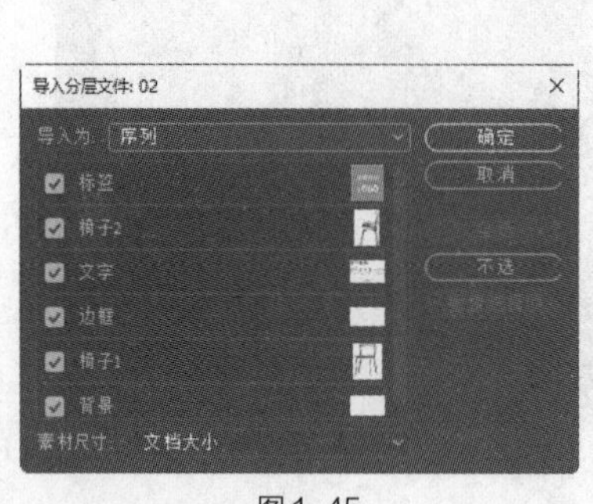

图 1-45

图 1-46

◎ **导入序列文件**

序列文件是一种非常重要的源素材。它由若干幅按序排列的图片组成，用来记录活动影片，每幅图片代表 1 帧。通常，可以在 3ds Max、After Effects、Combustion 软件中产生序列文件，然后再将序列文件导入 Premiere Pro CC 2019 中使用。

（1）在“项目”面板的空白区域双击，弹出“导入”对话框，找到序列文件所在的目录，勾选“图像序列”复选框，如图 1-47 所示。

（2）单击“打开”按钮，导入序列文件。序列文件导入后的状态如图 1-48 所示。

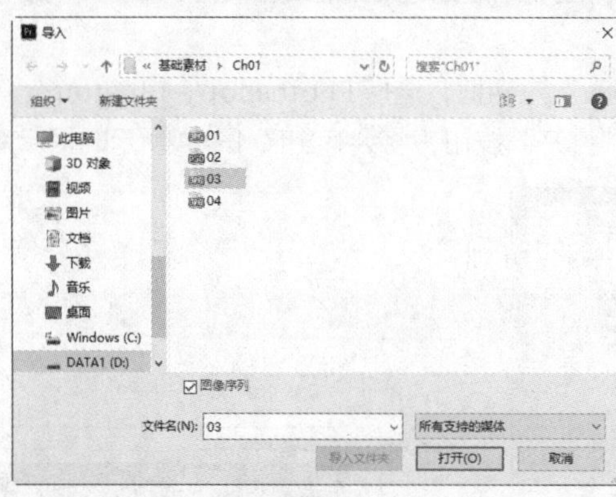

图 1-47

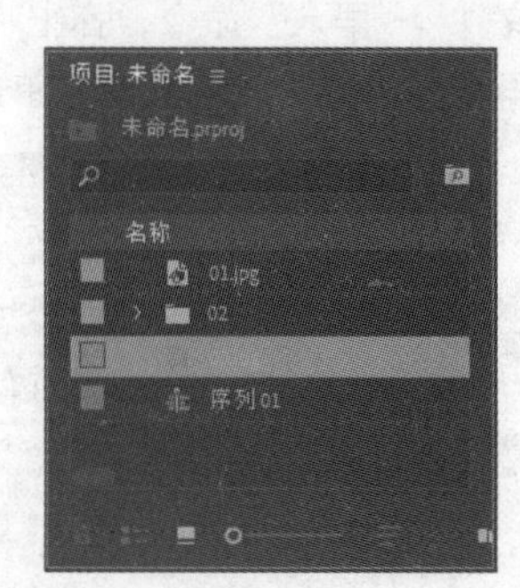

图 1-48

5. *改变素材名称*

在“项目”面板中的素材上右击，在弹出的快捷菜单中选择“重命名”命令，素材名称会处于可编辑状态，输入新名称即可，如图 1-49 所示。

剪辑人员可以给素材重命名以改变它原来的名称，这在一部影片中重复使用一个素材或复制了一个素材并为之设定新的入点和出点时极其有用。给素材重命名可避免在“项目”面板和序列中观看文件时混淆同一个素材复制的文件。

6. ***利用素材库组织素材***

可以在“项目”面板中建立一个素材库（即素材文件夹）来管理素材。使用素材库可以将节目中的素材分门别类、有条不紊地组织起来，这在组织包含大量素材的复杂节目时特别有用。

单击“项目”面板下方的“新建素材箱”按钮，将自动创建新文件夹，如图1-50所示。单击左侧三角形按钮可以返回到上一层级素材列表，依次类推。

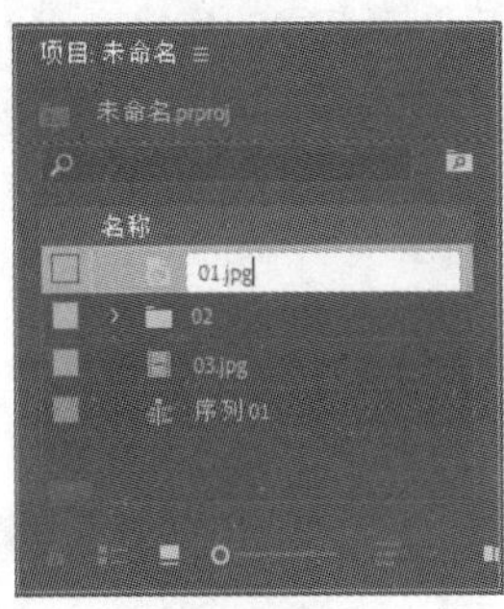

图1-49

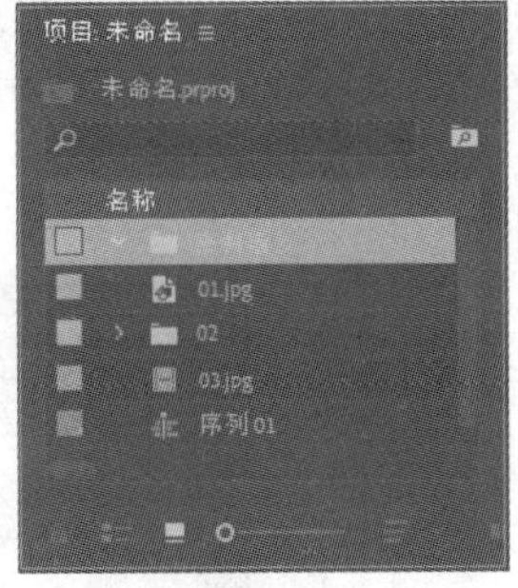

图1-50

7. ***离线素材***

当打开一个项目文件时，系统若提示找不到源素材，如图1-51所示，这可能是源文件被改名或存在磁盘上的位置发生了变化造成的。此时可以直接在磁盘上找到源素材，然后单击“选择”按钮，也可以单击“脱机”按钮，建立离线文件代替源素材。

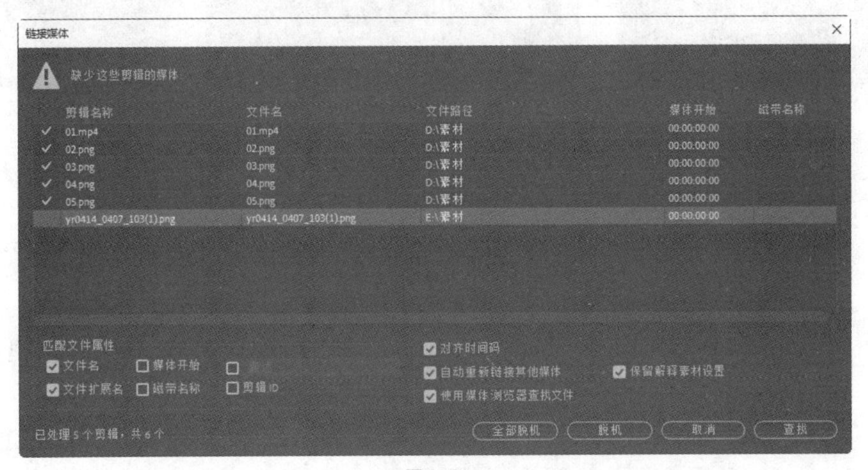

图1-51

由于Premiere Pro CC 2019使用直接读取源文件的方式进行工作，因此，如果磁盘上的源文件被删除或者移动，就会出现在项目中无法找到其磁盘源文件的情况。此时，可以建立一个离线文件，因为离线文件具有和其所替换的源文件相同的属性，可以对其进行与普通素材完全相同的操作。当找到所需文件后，再用所需文件替换离线文件，进行正常编辑。离线文件实际上起到一个占位符的作用，它可以暂时占据丢失文件所处的位置。

在“项目”面板中单击“新建项”按钮，在弹出的菜单中选择“脱机文件”选项，弹出“新建脱机文件”对话框，如图1-52所示，设置相关的参数后，单击“确定”按钮，弹出“脱机文件”对话框，如图1-53所示。

在“包含”下拉列表框中可以选择建立含有音频和视频的离线素材，或者仅含有其中一项的离线素材。在“音频格式”下拉列表框中可以设置音频的声道。在“磁带名称”文本框中可以输入磁带卷标。在“文件名”文本框中可以指定离线素材的名称。在“描述”文本框中可以输入一些备注。在“场景”文本框中可以输入注释离线素材与源文件场景的关联信息。在“拍摄/获取”文本框中可以输入拍摄信息。在“记录注释”文本框中可以记录离线素材的日志信息。在“时间码”选项区域中可以指定离线素材的时间。

如果要以实际素材替换离线素材，则可以在“项目”面板中的离线素材上右击，在弹出的快捷菜单中选择“链接媒体”命令，在弹出的对话框中指定文件并进行替换。“项目”面板中离线图标的显示如图 1-54 所示。

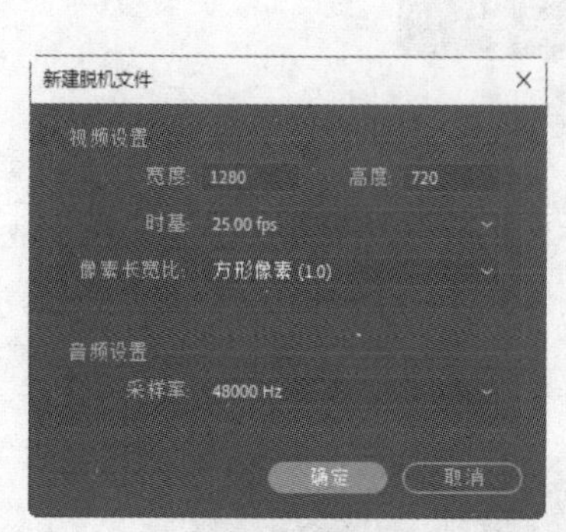

图 1-52

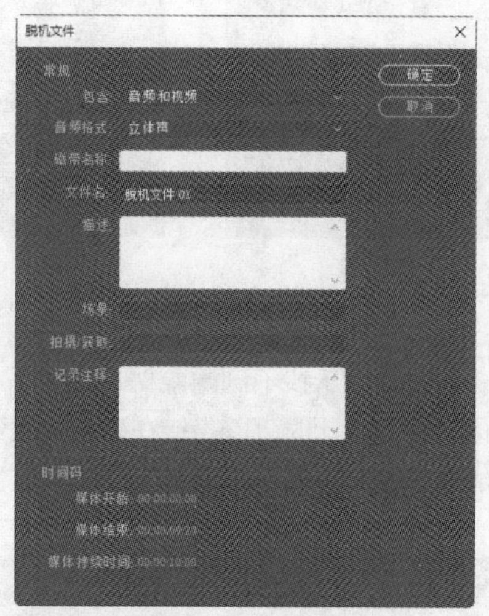

图 1-53

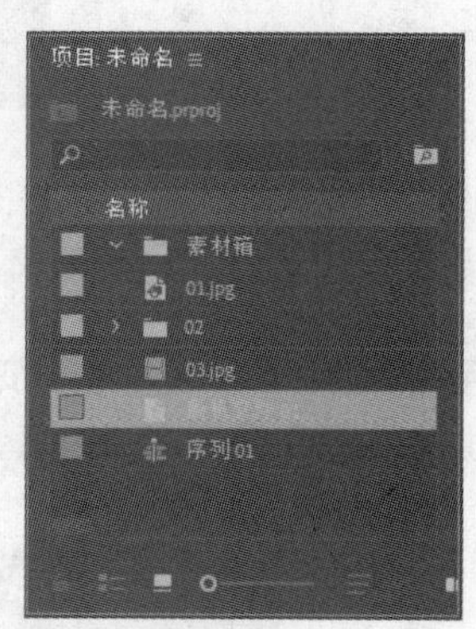

图 1-54

02

第2章 影视剪辑

本章将对 Premiere Pro CC 2019 中剪辑影片的基本技术和操作进行详细介绍，其中包括剪辑素材、分离素材、使用 Premiere Pro CC 2019 创建新元素等。通过本章的学习，读者可以掌握使用 Premiere Pro CC 2019 剪辑影片的方法和应用技巧。

课堂学习目标

- 了解监视器窗口。
- 掌握素材的剪辑和编辑。
- 掌握通用倒计时的使用。
- 掌握其他素材的创建。

2.1 快乐假日宣传片

2.1.1 【操作目的】

（1）使用“导入”命令导入视频文件。

（2）通过拖曳编辑点来剪辑素材。

（3）使用“效果控件”面板调整影视文件的位置和缩放。

最终效果参看云盘中的“Ch02\快乐假日宣传片\快乐假日宣传片.prproj”，如图 2-1 所示。

图 2-1

2.1.2 【操作步骤】

（1）启动 Premiere Pro CC 2019 软件，选择“文件 > 新建 > 项目”命令，弹出“新建项目”对话框，如图 2-2 所示，单击“确定”按钮，新建项目。选择“文件 > 新建 > 序列”命令，弹出“新建序列”对话框，单击“设置”选项卡，具体参数设置如图 2-3 所示，单击“确定”按钮，新建序列。

图 2-2

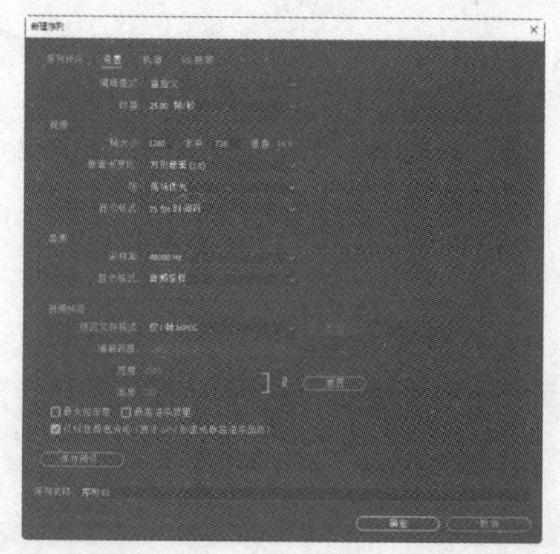

图 2-3

（2）选择“文件 > 导入”命令，弹出“导入”对话框，选择本书云盘中的“Ch02\快乐假日宣传片\素材\01～05”文件，如图 2-4 所示，单击“打开”按钮，将素材文件导入“项目”面板中，如图 2-5 所示。

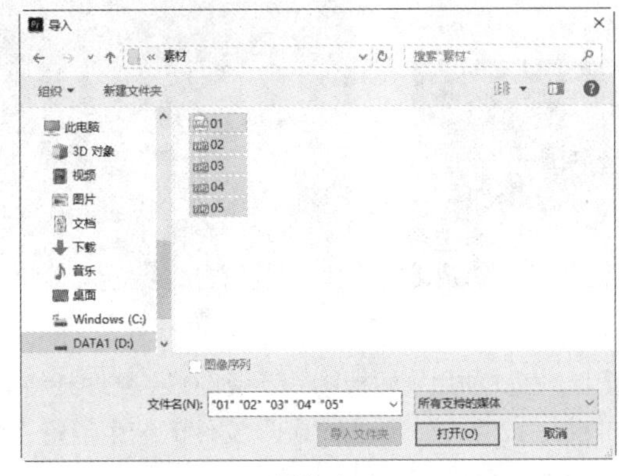

图 2-4

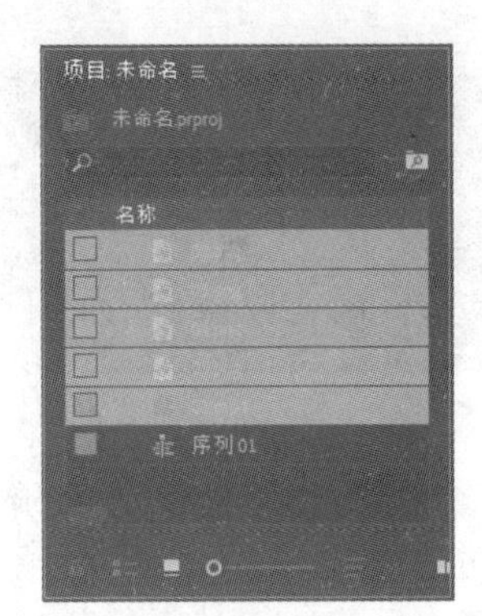

图 2-5

（3）在“项目”面板中，选择“01”文件并将其拖曳到“时间轴”面板的“视频 1（V1）”轨道中。弹出“剪辑不匹配警告”对话框，单击“保持现有设置”按钮，在保持现有序列设置的情况下将“01”文件放置在“视频 1（V1）”轨道中，如图 2-6 所示。选择“时间轴”面板中的“01”文件。选择“效果控件”面板，展开“运动”选项，将“缩放”选项设置为 67.0，如图 2-7 所示。

（4）将时间标签放置在 01:00s 的位置上。在“项目”面板中，选择“02”文件并将其拖曳到“时间轴”面板的“视频 2（V2）”轨道中，如图 2-8 所示。单击“02”文件的结束位置，显示编辑点，如图 2-9 所示。

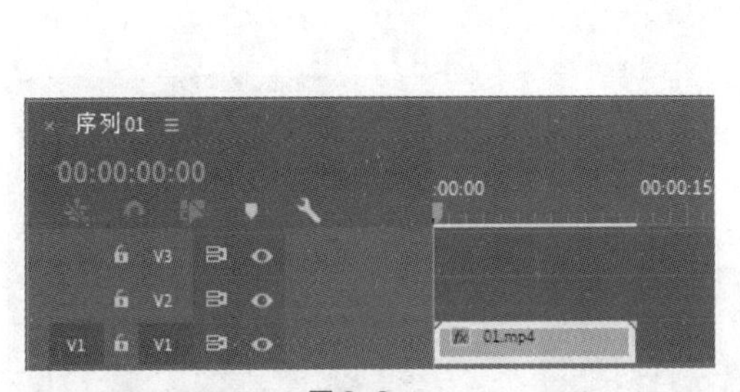

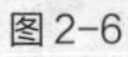

图 2-6

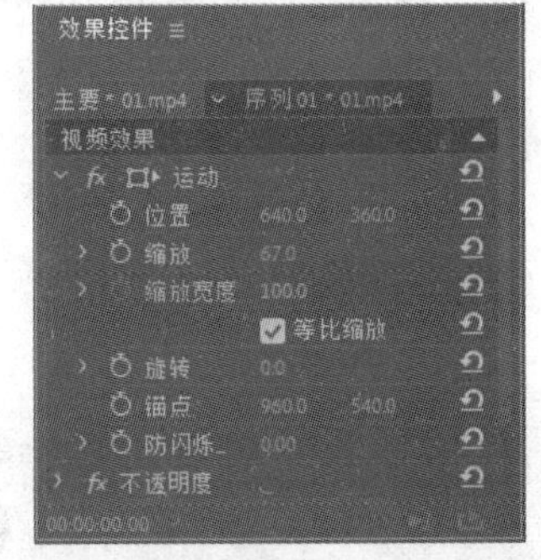

图 2-7

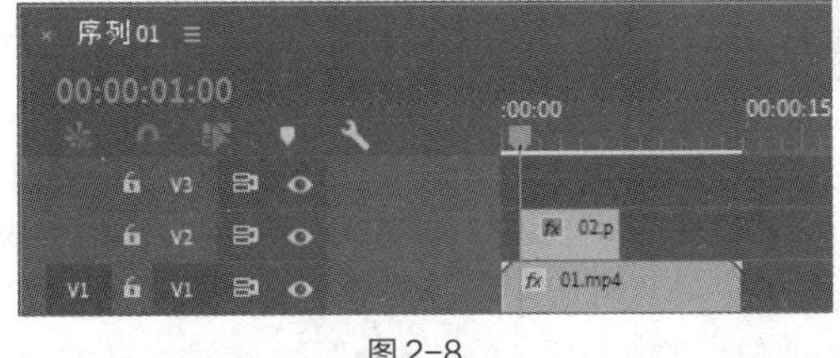

图 2-8

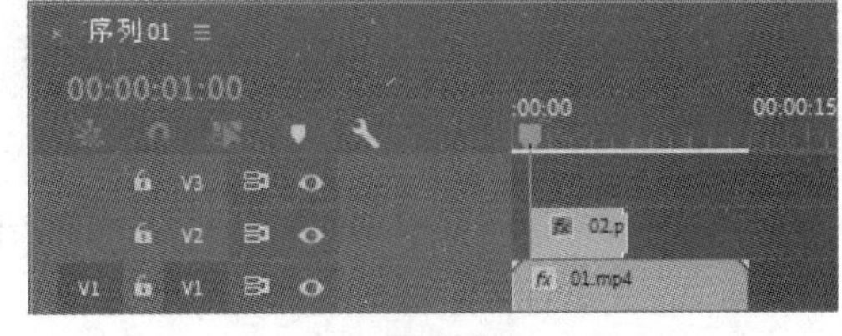

图 2-9

（5）将鼠标指针放在“02”文件的结束位置，当鼠标指针呈◀形状时，按住鼠标左键向右拖曳鼠标指针到“01”文件的结束位置，如图 2-10 所示。选择“时间轴”面板中的“02”文件，在“效果控件”面板中展开“运动”选项，将“位置”选项设置为 243.0 和 587.0，“缩放”选项设置为 50.0，如图 2-11 所示。

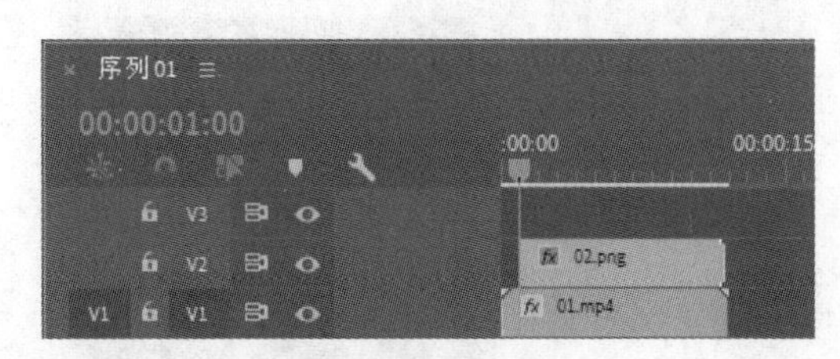

图 2-10

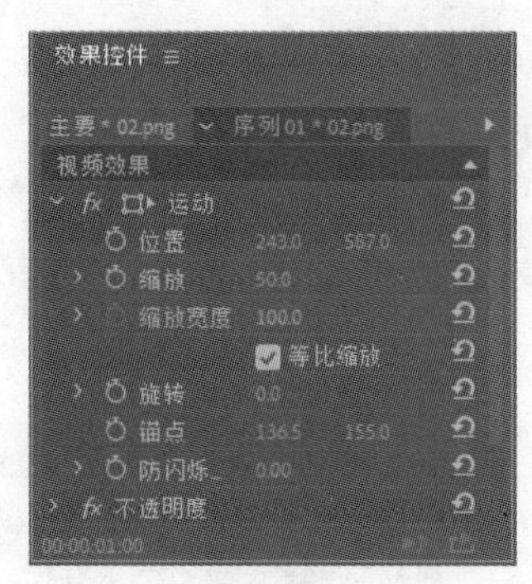

图 2-11

（6）将时间标签放置在 03:00s 的位置上。在“项目”面板中，选择“03”文件并将其拖曳到“时间轴”面板的“视频 3（V3）”轨道中，如图 2-12 所示。单击“03”文件的结束位置，显示编辑点，如图 2-13 所示。

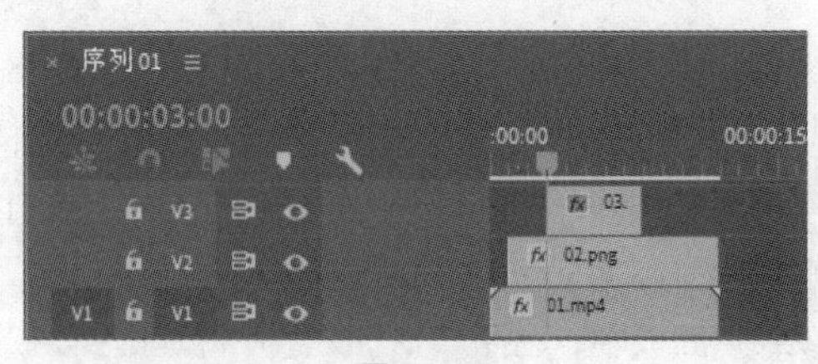

图 2-12

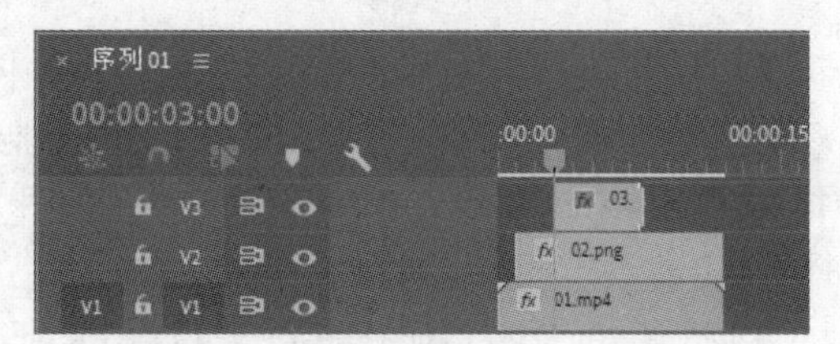

图 2-13

（7）将时间标签放置在 12:00s 的位置上，按 E 键，将“03”文件的结束位置拖曳到时间标签所在位置，如图 2-14 所示。将时间标签放置在 03:00s 的位置。选择“时间轴”面板中的“03”文件，在“效果控件”面板中展开“运动”选项，将“位置”选项设置为 509.0 和 589.0，“缩放”选项设置为 50.0，如图 2-15 所示。

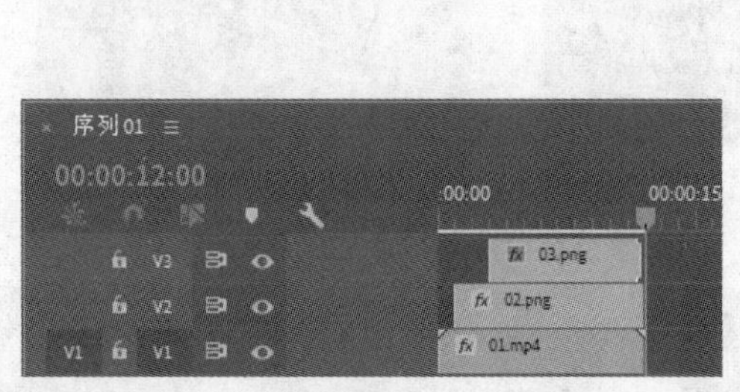

图 2-14

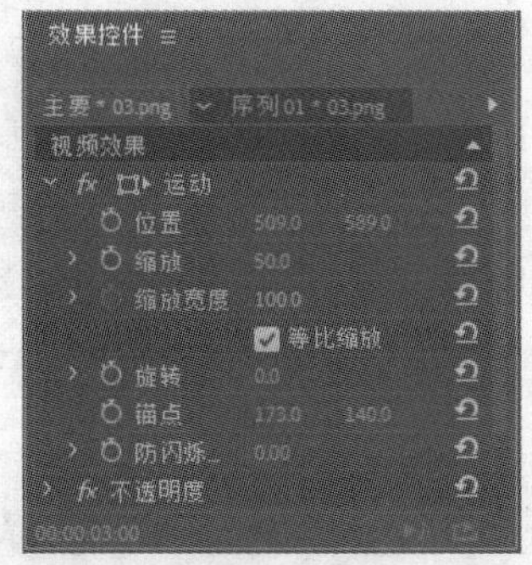

图 2-15

（8）选择“序列 > 添加轨道”命令，在弹出的对话框中进行设置，如图 2-16 所示，单击“确定”按钮，在“时间轴”面板中添加 2 条视频轨道，如图 2-17 所示。

（9）将时间标签放置在 05:00s 的位置上。在“项目”面板中，选择“04”文件并将其拖曳到“时间轴”面板的“视频 4（V4）”轨道中，如图 2-18 所示。单击“04”文件的结束位置，显示编辑点。当鼠标指针呈形状时，按住鼠标左键向右拖曳鼠标指针到“03”文件的结束位置，如图 2-19 所示。

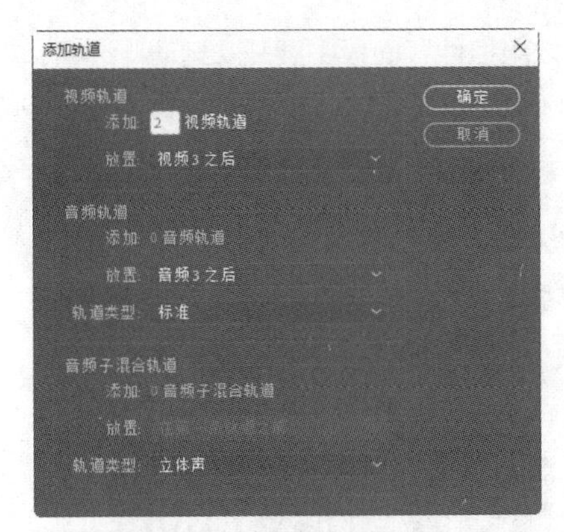

图 2-16

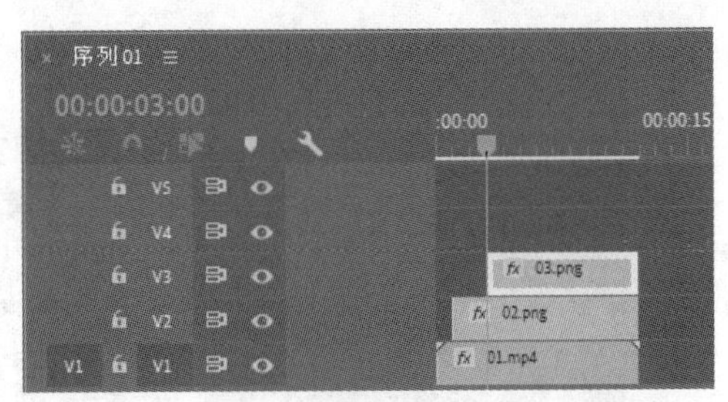

图 2-17

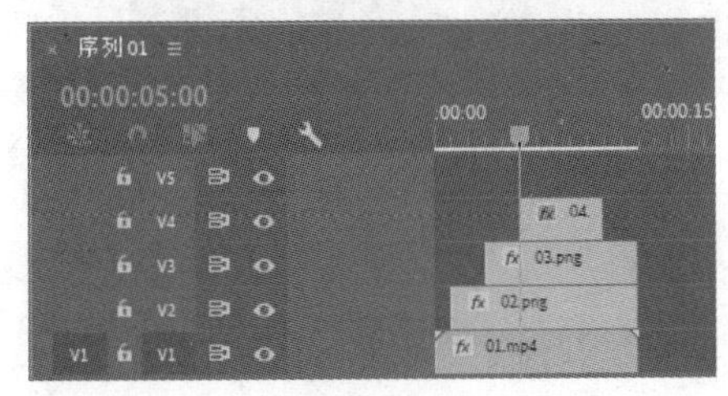

图 2-18

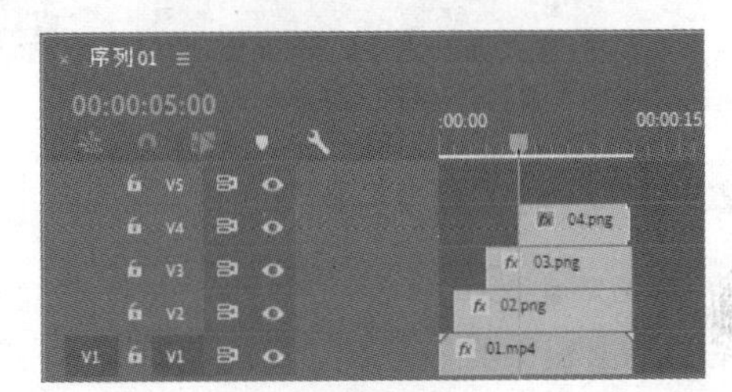

图 2-19

（10）选择“时间轴”面板中的“04”文件，在“效果控件”面板中展开“运动”选项，将“位置”选项设置为 789.0 和 576.0，“缩放”选项设置为 50.0，如图 2-20 所示，“节目”面板中的效果如图 2-21 所示。

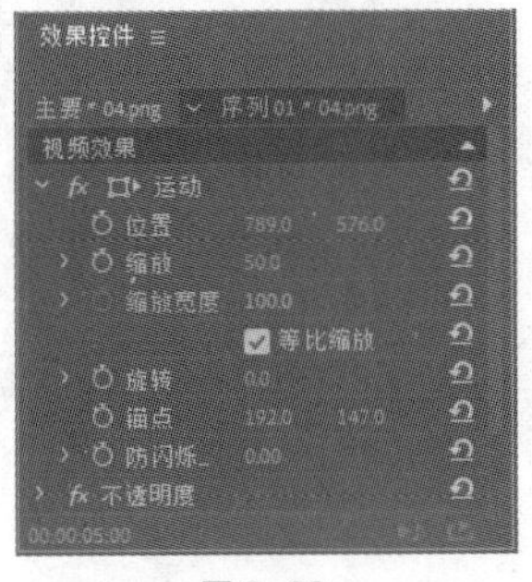

图 2-20

图 2-21

（11）将时间标签放置在 07:13s 的位置上。在“项目”面板中，选择“05”文件并将其拖曳到“时间轴”面板的“视频 5（V5）”轨道中，如图 2-22 所示。单击“05”文件的结束位置，显示编辑点。当鼠标指针呈◀形状时，按住鼠标左键向左拖曳鼠标指针到“04”文件的结束位置，如图 2-23 所示。

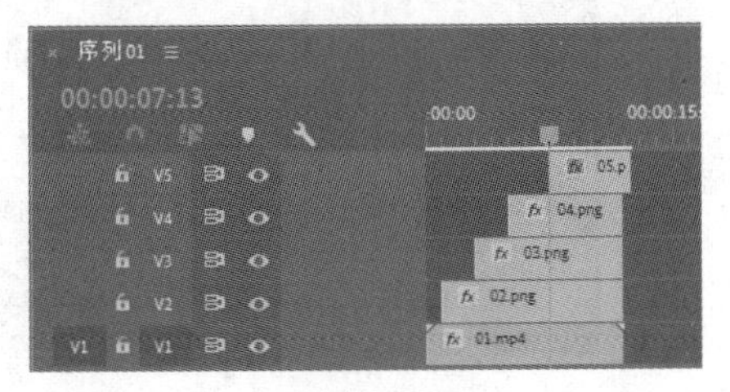

图 2-22

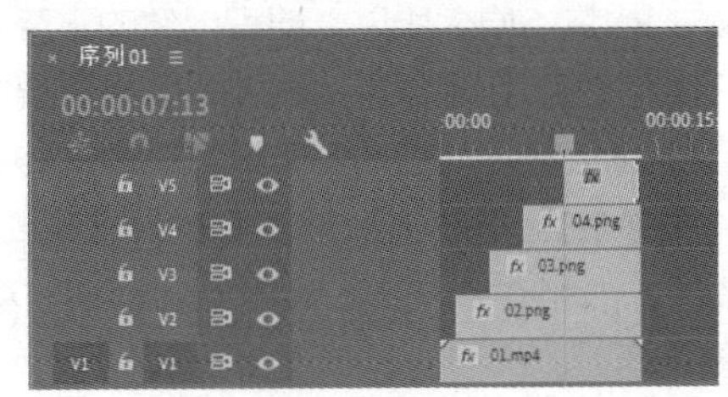

图 2-23

（12）选择“时间轴”面板中的“05”文件，在“效果控件”面板中展开“运动”选项，将“位置”选项设置为 1054.0 和 573.0，“缩放”选项设置为 50.0，如图 2-24 所示，“节目”面板中的效果如图 2-25 所示。快乐假日宣传片制作完成。

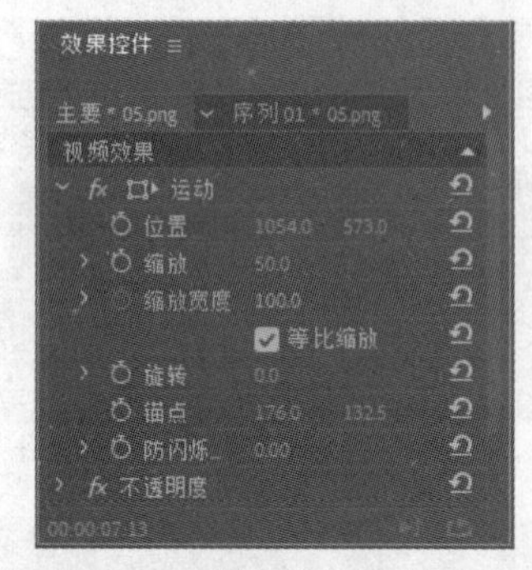

图 2-24

图 2-25

2.1.3 【相关工具】

1. 监视器窗口

在 Premiere 中监视器窗口有两个面板——“源”面板与“节目”面板，如图 2-26 和图 2-27 所示，分别用来显示和设置素材与作品序列。

图 2-26

图 2-27

用户可以在“源”面板和“节目”面板中设置安全区域，这对输出为电视机播放的影片非常有用。

电视机在播放视频图像时，屏幕的边缘会导致部分图像显示不出来，这种现象叫作“溢出扫描”。不同的电视机溢出的扫描量不同，所以，要把图像的重要部分放在“安全区域”内。在制作影片时，需要将重要的场景元素、演员、图表放在“运动安全区域”内，将标题、字幕放在“标题安全区域”内。外侧方框内的区域为“运动安全区域”，内侧方框内的区域为“标题安全区域”，如图 2-28 所示。

图 2-28

单击“源”面板或“节目”面板下方的“安全边距”

按钮，可以显示或隐藏监视器窗口中的安全区域。

2. 剪辑素材

在监视器窗口中可以通过设置素材的入点和出点来剪裁素材。素材开始帧的位置称为入点，结束帧的位置称为出点。在“时间轴”面板中可以通过增加或删除帧对素材影片进行剪裁。

◎ **在监视器窗口中剪裁素材**

在“节目”面板中改变入点和出点的方法如下。

（1）在“节目”面板中双击要设置入点和出点的素材，将其在“源”面板中打开。

（2）在“源”面板中拖曳时间标签或按 Space 键，找到要使用片段的开始位置。

（3）单击“源”面板下方的“标记入点”按钮或按 I 键，“源”面板中显示当前素材的入点画面，面板下方将显示入点标记，如图 2-29 所示。

（4）播放影片，找到要使用片段的结束位置。单击“源”面板下方的“标记出点”按钮或按 O 键，面板下方显示当前素材出点标记。入点和出点中间显示为浅灰色，两点之间的片段即入点与出点间的素材片段，如图 2-30 所示。

图 2-29

00:00:03:14 适合 1/2 00:00:02:24

图 2-30

（5）单击“转到入点”按钮或按 Shift+I 组合键，可以自动跳到影片入点的位置。单击“转到出点”按钮或按 Shift+O 组合键，可以自动跳到影片出点的位置。

当声音同步要求非常严格时，用户可以为音频素材设置高精度的入点。音频素材的入点调节精度高达 1/600s。对于音频素材，入点和出点指示器出现在波形图相应的点处，如图 2-31 所示。

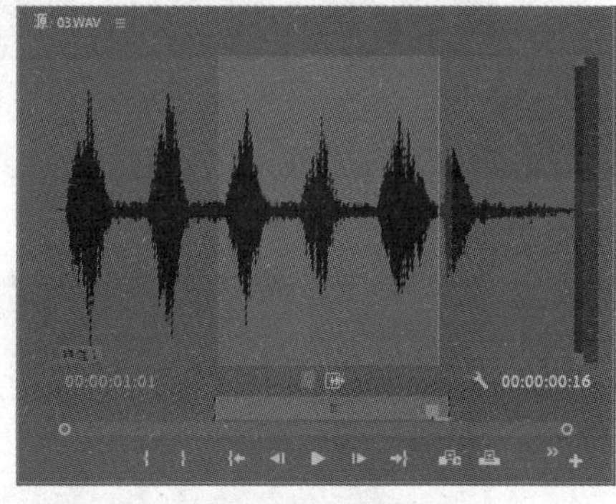

图 2-31

当用户将一个同时含有音频和视频的素材拖曳到“时间轴”面板中时，该素材的音频和视频部分会被分别放到相应的轨道中。用户在为素材设置入点和出点时，对素材的音频和视频部分同时有效，也可以为素材的视频和音频部分单独设置入点和出点。

为素材的视频或音频部分单独设置入点和出点的方法如下。

（1）在“源”中打开要设置入点和出点的素材。

（2）在“源”面板中拖曳时间标签或按 Space 键，找到要使用的视频片段的开始或结束位置。选择“标记 > 标记拆分”命令，弹出子菜单，如图 2-32 所示。

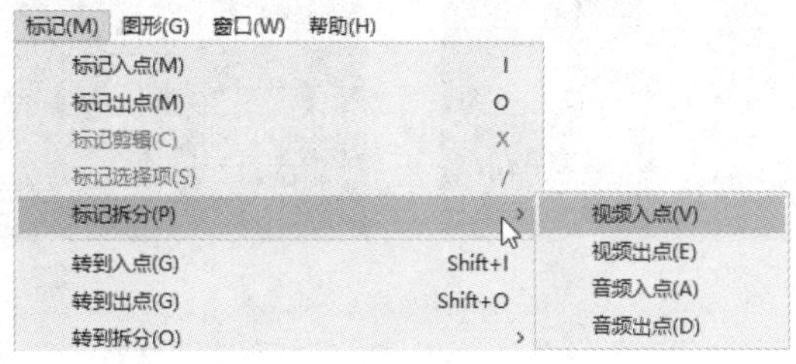

图 2-32

（3）在弹出的子菜单中选择“视频入点”或“视频出点”命令，为视频部分设置入点或出点，如图 2-33 所示。继续播放影片，找到要使用的音频片段的开始或结束位置。选择“音频入点”或“音频出点”命令，为音频部分设置入点或出点，如图 2-34 所示。

图 2-33

图 2-34

◎ **在“时间轴”面板中剪辑素材**

在“时间轴”面板中通过拖曳编辑点来剪辑素材的方法如下。

（1）在“项目”面板中将要剪辑的素材拖曳到“时间轴”面板中。

（2）将“时间轴”面板中的时间标签放置到要剪辑的位置，如图 2-35 所示。

（3）将鼠标指针放置在素材文件的开始位置，当鼠标指针呈形状时单击，显示编辑点，如图 2-36 所示。

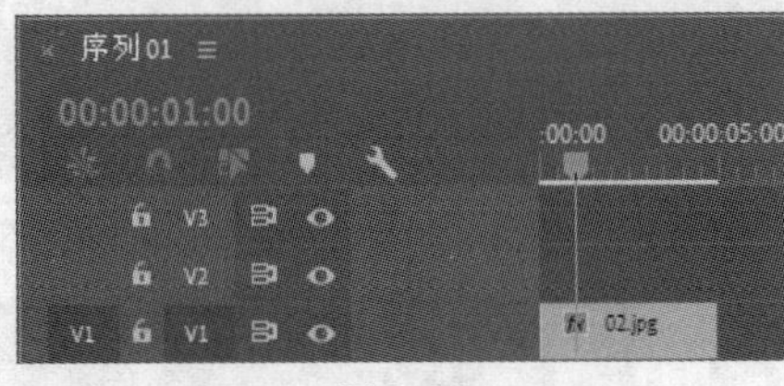

图 2-35

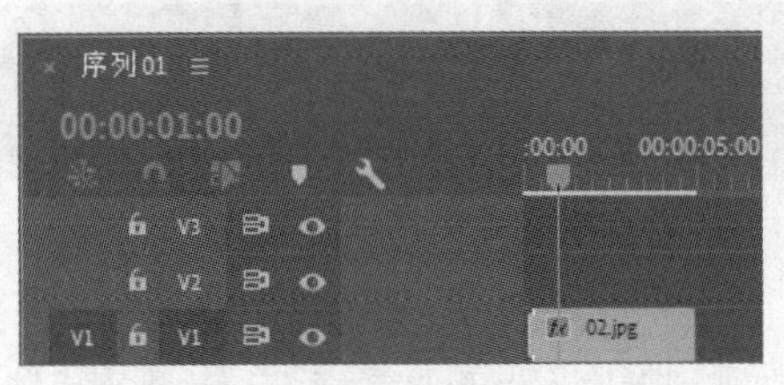

图 2-36

（4）按住鼠标左键向右拖曳鼠标指针到时间标签的位置，如图 2-37 所示，松开鼠标，效果如图 2-38 所示。

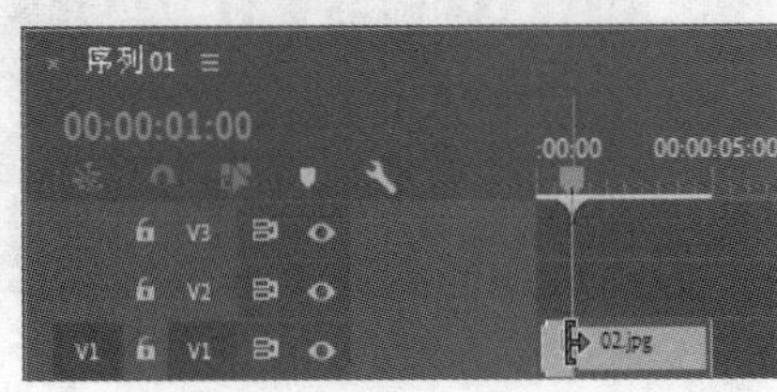

图 2-37

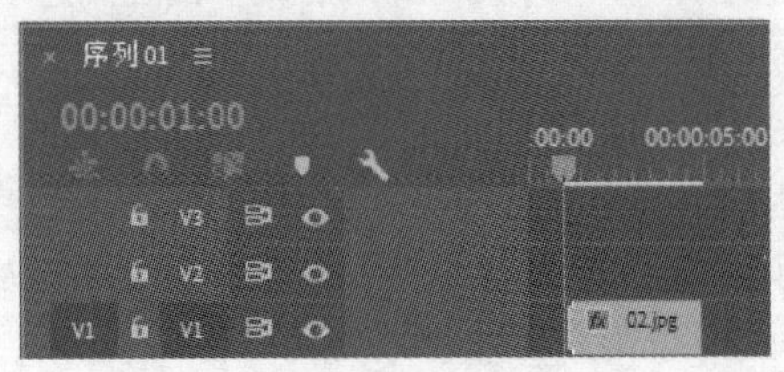

图 2-38

（5）将“时间轴”面板中的时间标签再次移到要剪辑的位置。将鼠标指针放置在素材文件的结束位置，当鼠标指针呈形状时单击，显示编辑点，如图 2-39 所示。按 E 键将“02”文件的结束位置定位到时间标签所在位置，如图 2-40 所示。

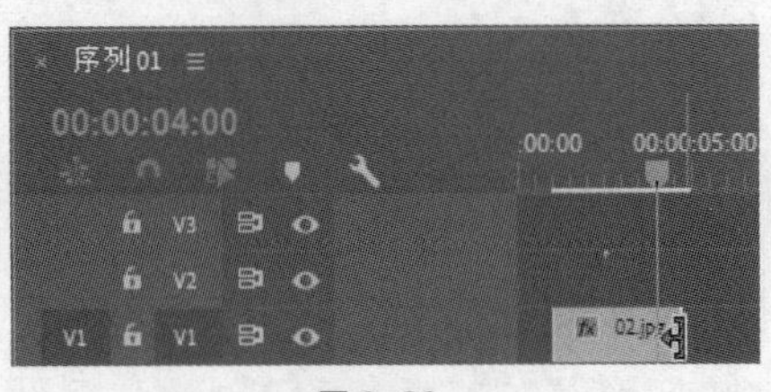

图 2-39

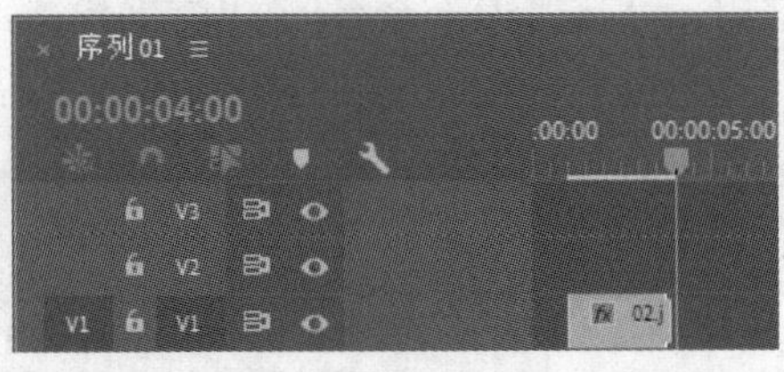

图 2-40

3. **导出单帧**

单击“节目”面板下方的“导出帧”按钮，弹出“导出帧”对话框，在“名称”文本框中输入文件名称，在“格式”下拉列表框中选择文件格式，设置“路径”选项，如图2-41所示。设置完成后，单击“确定”按钮，导出当前时间轴上的单帧图像。

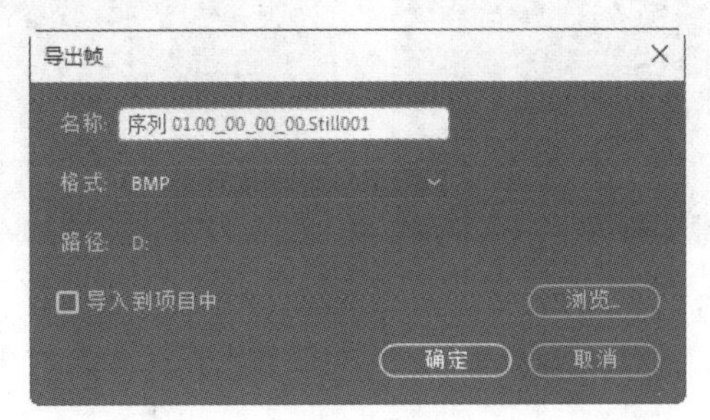

图2-41

4. *改变影片的速度*

在Premiere Pro CC 2019中，用户可以根据需求更改影片的播放速度。具体操作步骤如下。

◎“速度/持续时间”命令

在“时间轴”面板中的某一个文件上右击，在弹出的快捷菜单中选择“速度/持续时间”命令，弹出图2-42所示的对话框。设置完成后，单击“确定”按钮，完成更改。“剪辑速度/持续时间”对话框中各选项的含义如下。

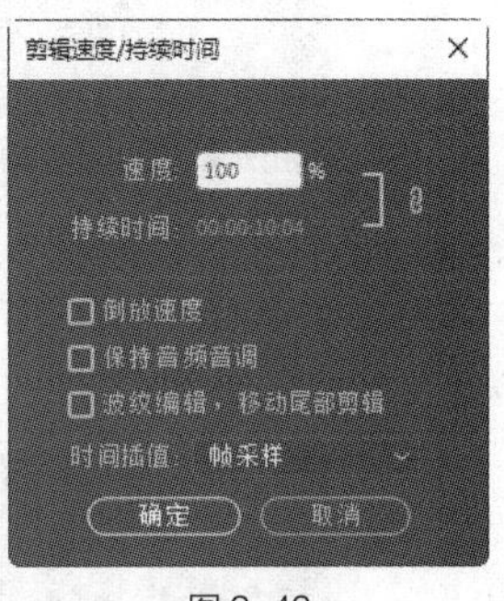

图2-42

“速度”：在此设置播放速度的百分比，以此决定影片的播放速度。

“持续时间”：单击选项右侧的时间码，修改时间值。时间值越长，影片播放的速度越慢；时间值越短，影片播放的速度越快。

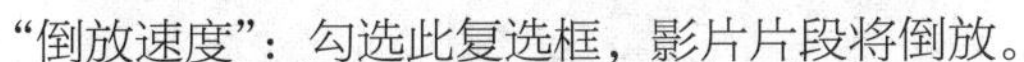

“倒放速度”：勾选此复选框，影片片段将倒放。

“保持音频音调”：勾选此复选框，将保持影片片段的音频播放速度不变。

“波纹编辑，移动尾部剪辑”：勾选此复选框，变化剪辑后的影视素材，可以使与其相邻的影视剪辑保持跟随。

“时间插值”：选择速度更改后的时间插值，包含帧采样、帧混合和光流法。

◎“比率拉伸”工具

选择“比率拉伸”工具，将鼠标指针放置在素材文件的开始位置，当鼠标指针呈形状时单击，显示编辑点，按住鼠标左键向左拖曳鼠标指针到适当的位置上，如图2-43所示，调整影片速度。将鼠标指针放置在素材文件的结束位置，当鼠标指针呈形状时单击，显示编辑点，按住鼠标左键向右拖曳鼠标指针到适当的位置上，如图2-44所示，调整影片速度。

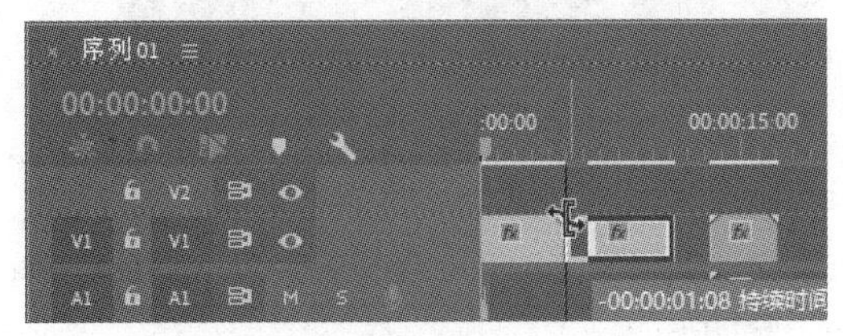

图2-43

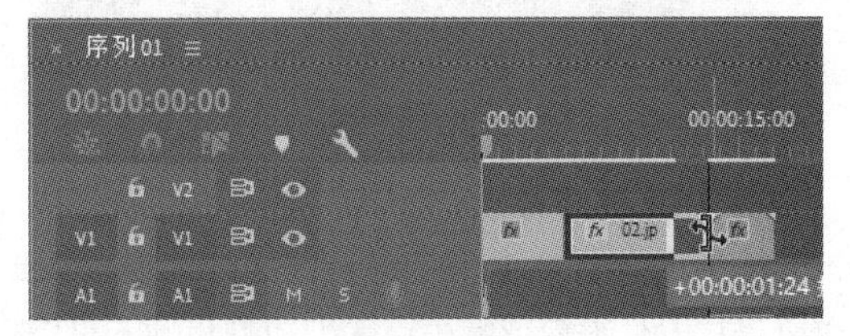

图2-44

◎“速度”命令

在“时间轴”面板中选择素材文件，如图2-45所示。在素材文件上右击，在弹出的快捷菜单中选择“显示剪辑关键帧 > 时间重映射 > 速度”命令，效果如图 2-46 所示。

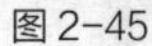
图 2-45

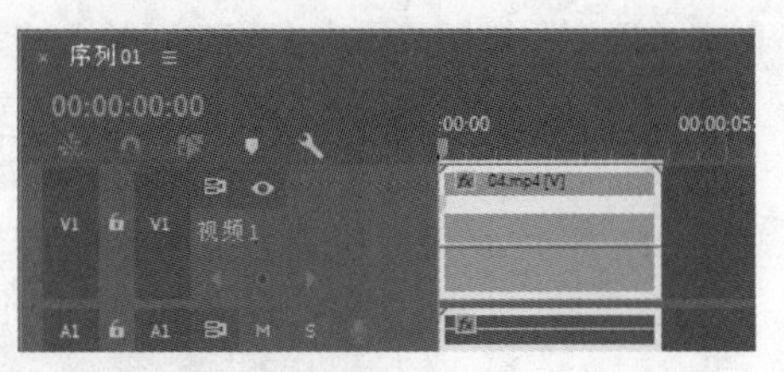

图 2-46

按住鼠标左键向下拖曳中心的速度水平线，调整影片速度，如图 2-47 所示，松开鼠标，效果如图 2-48 所示。

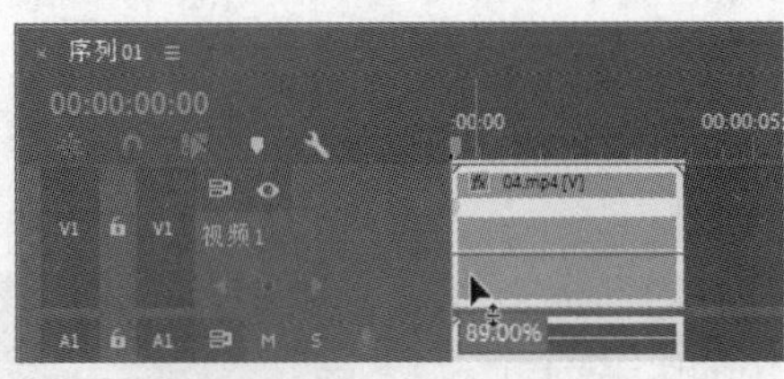

图 2-47

图 2-48

按住 Ctrl 键的同时在速度水平线上单击，生成关键帧，如图 2-49 所示。用相同的方法再添加一个关键帧，效果如图 2-50 所示。

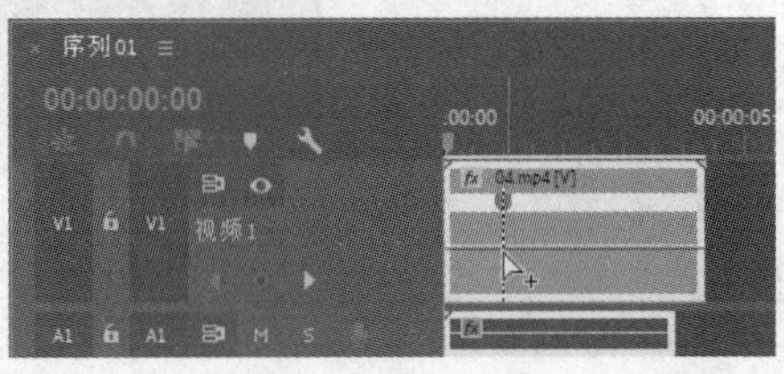

图 2-49

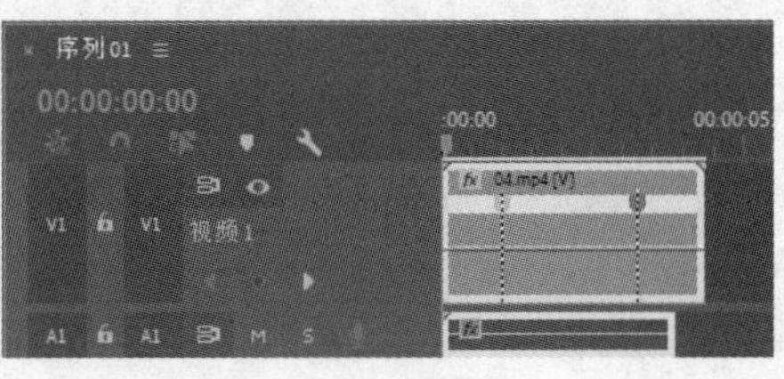

图 2-50

按住鼠标左键向上拖曳两个关键帧中间的速度水平线，调整影片速度，如图 2-51 所示。向右拖曳第 2 个关键帧上方右侧的速度关键帧进行分析，产生渐变的变速，使影片变速更加流畅自然，如图 2-52 所示。

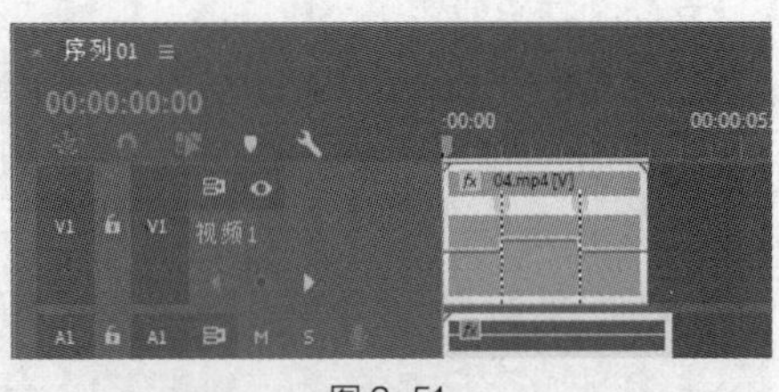

图 2-51

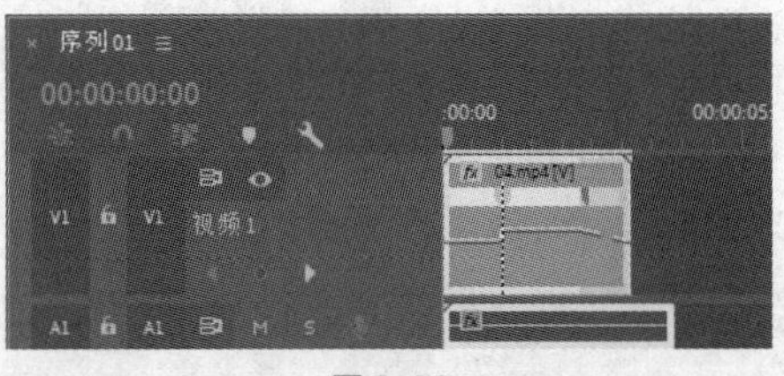

图 2-52

5. 创建静止帧

冻结片段中的某一帧，则会以静止帧方式显示该画面，就好像使用了一张静止图像。被冻结的帧可以是片段开始点或结束点。创建静止帧的具体操作步骤如下。

（1）单击“时间轴”面板中的某一段影片片段。移动时间轨道中的时间标签到需要冻结的某一帧画面上，如图 2-53 所示。

（2）右击，在弹出的快捷菜单中选择“帧定格选项”命令，弹出图 2-54 所示对话框。

（3）勾选“定格位置”复选框，在其右侧的下拉列表框中根据源时间码、序列时间码、入点、出点或者播放指示器位置选择帧，如图 2-55 所示。

（4）勾选“定格滤镜”复选框，可以使冻结的帧画面依然保持使用滤镜后的效果。

（5）单击“确定”按钮完成创建。

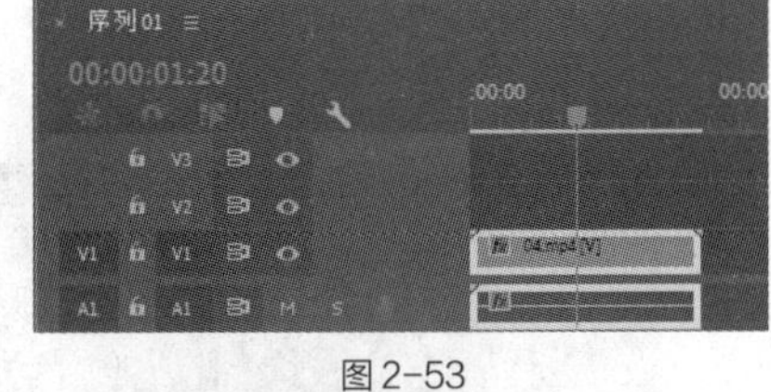

图 2-53

图 2-54

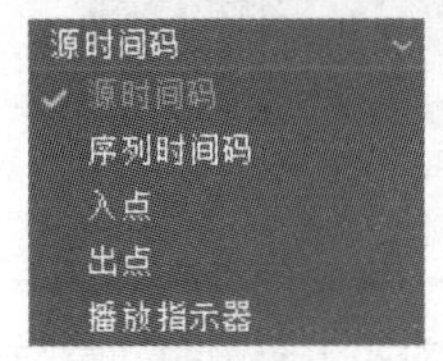

图 2-55

6. ***编辑素材***

Premiere Pro CC 2019 中有标准的 Windows 编辑命令，用于剪切、复制和粘贴素材，这些命令都在“编辑”菜单命令下。

使用“粘贴插入”命令的具体操作步骤如下。

（1）在“时间轴”面板中选择影片素材，选择“编辑 > 复制”命令。

（2）在“时间轴”面板中将时间标签放置到需要粘贴素材的位置，如图 2-56 所示。

（3）选择“编辑 > 粘贴插入”命令，复制的影片被粘贴到时间标签所在位置，其后的影片等距离后退，如图 2-57 所示。

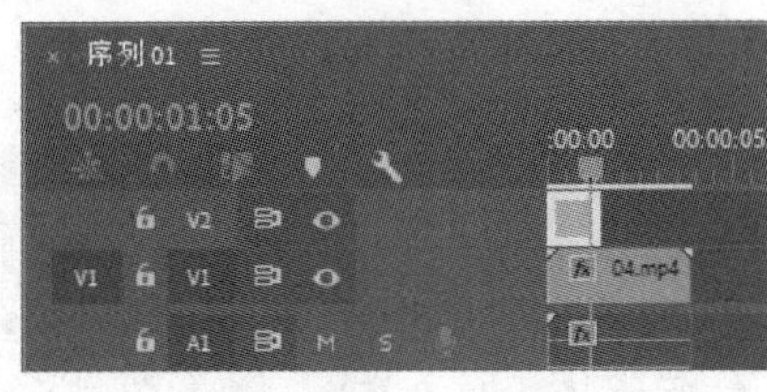

图 2-56

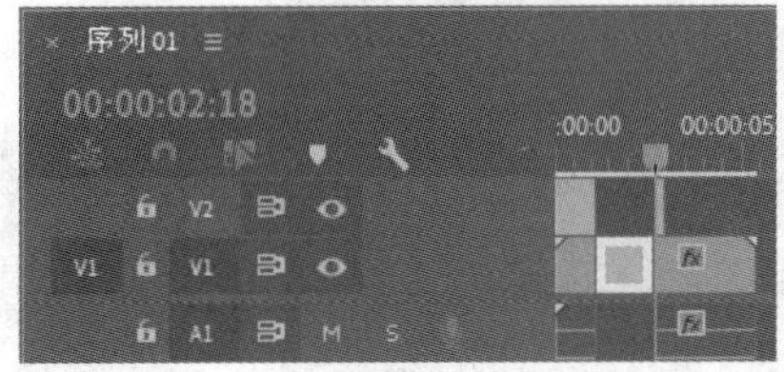

图 2-57

使用“粘贴属性”命令的具体操作步骤如下。

（1）在“时间轴”面板中选择影片素材，设置“不透明度”选项，并添加视频效果，如图 2-58 所示。在“时间轴”面板中的影片素材上右击，在弹出的快捷菜单中选择“复制”命令，如图 2-59 所示。

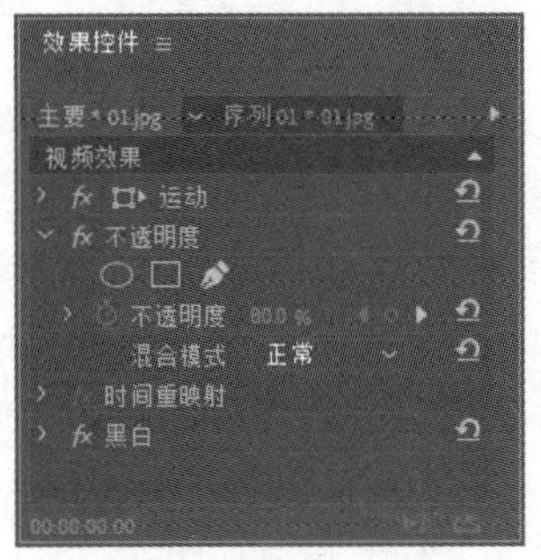

图 2-58

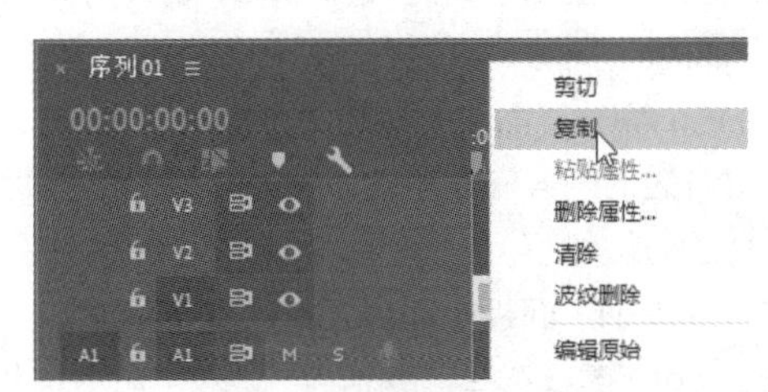

图 2-59

（2）用框选的方法选择需要粘贴属性的素材文件，如图 2-60 所示。在影片素材上右击，在弹出的快捷菜单中选择“粘贴属性”命令，如图 2-61 所示。

图 2-60

图 2-61

（3）弹出“粘贴属性”对话框，如图 2-62 所示，完成设置后，单击“确定”按钮，可以将视频属性（运动、不透明度、时间重映射、效果）及音频属性（音量、声道音量、声像器、效果）粘贴到选择的素材文件上，如图 2-63 和图 2-64 所示。

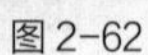
图 2-62

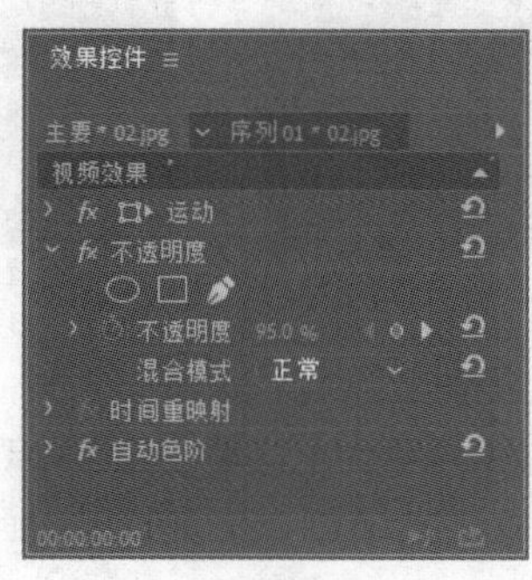

图 2-63

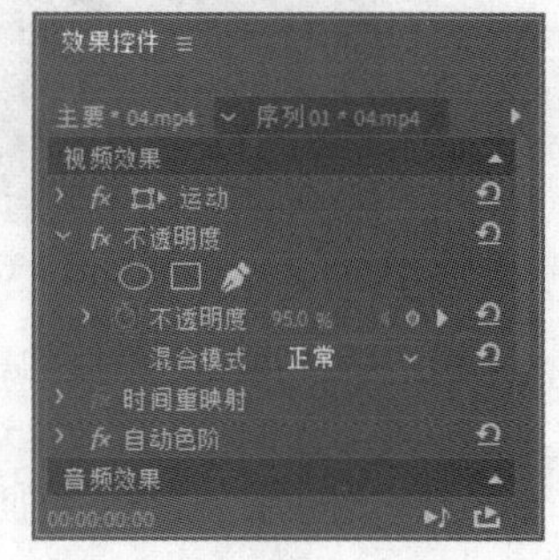

图 2-64

7. **删除素材**

如果用户决定不使用“时间轴”面板中的某个素材片段，则可以在“时间轴”面板中将其删除。在“时间轴”面板中删除的素材在“项目”面板中不会被删除。删除一个已经运用于“时间轴”面板的素材后，在“时间轴”面板的轨道上该素材所在位置处会留下空位。也可以选择“波纹删除”命令，将被删除素材右边的内容向左移动，覆盖被删除的素材留下的空位。

删除素材的方法如下。

（1）在“时间轴”面板中选择一个或多个素材。

（2）按 Delete 键或选择“编辑 > 清除”命令。

波纹删除素材的方法如下。

（1）在“时间轴”面板中选择一个或多个素材。

（2）如果不希望其他轨道的素材移动，可以先锁定该轨道。

（3）在素材上右击，在弹出的快捷菜单中选择“波纹删除”命令。

提示：若删除了“项目”面板中的素材，“时间轴”面板中应用了该素材的片段也会被删除。

8. 设置标记点

若要查看帧与帧之间是否对齐，用户需要在素材或标尺上设置一些标记。

◎ **添加标记**

为影片添加标记的具体操作步骤如下。

（1）将“时间轴”面板中的时间标签移到需要添加标记的位置，单击面板中左上角的“添加标记”按钮，该标记将被添加到时间标签停放的位置，如图 2-65 所示。

（2）如果“时间轴”面板左上角的“对齐”按钮处于选中状态，则将一个素材拖曳到轨道标记处，素材的入点将会自动与标记对齐。

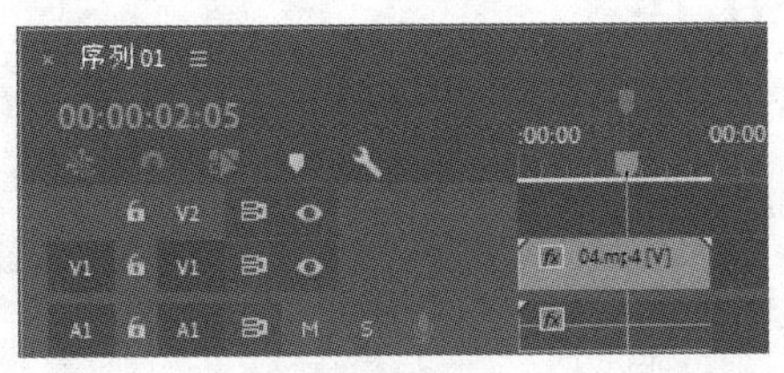

图 2-65

◎ **跳转标记**

在“时间轴”面板中的标尺上右击，在弹出的快捷菜单中选择“转到下一个标记”命令，如图 2-66 所示，时间标签会自动跳转到下一个标记；选择“转到上一个标记”命令，时间标签会自动跳转到上一个标记。

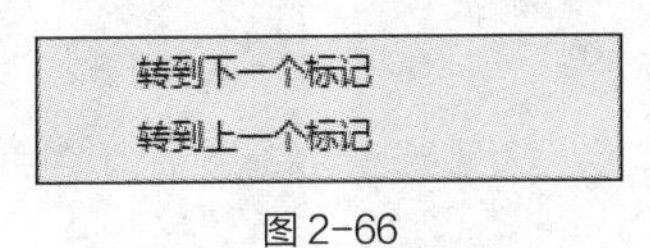

图 2-66

◎ **删除标记**

如果用户在使用标记的过程中发现有不需要的标记，可以将其删除。在“时间轴”面板中的标尺上右击，在弹出的快捷菜单中选择“清除所选的标记”命令，如图 2-67 所示，可清除当前选择的标记；选择“清除所有标记”命令，可将“时间轴”面板中的所有标记清除。

图 2-67

2.1.4 【实战演练】——秀丽山河宣传片

（1）使用“导入”命令导入视频文件。

（2）通过设置入点和出点在“源”面板中剪裁视频。

（3）使用“效果控件”面板编辑视频文件的大小。

最终效果参看云盘中的“Ch02\秀丽山河宣传片\秀丽山河宣传片.prproj”，如图 2-68 所示。

图 2-68

2.2 璀璨烟火宣传片

2.2.1 【操作目的】

（1）使用“导入”命令导入视频文件。

（2）使用“插入”按钮插入视频文件。

（3）使用“剃刀”工具切割影片。

（4）使用“基本图形”面板添加文本。

最终效果参看云盘中的“Ch02\璀璨烟火宣传片\璀璨烟火宣传片.prproj”，如图 2-69 所示。

扫码观看
本案例视频

图 2-69

2.2.2 【操作步骤】

（1）启动 Premiere Pro CC 2019 软件，选择“文件 > 新建 > 项目”命令，弹出“新建项目”对话框，如图 2-70 所示，单击“确定”按钮，新建项目。选择“文件 > 新建 > 序列”命令，弹出“新建序列”对话框，单击“设置”选项卡，具体参数设置如图 2-71 所示，单击“确定”按钮，新建序列。

（2）选择“文件 > 导入”命令，弹出“导入”对话框，选择本书云盘中的“Ch02\璀璨烟火宣传片\素材\01、02”文件，如图 2-72 所示，单击“打开”按钮，将素材文件导入“项目”面板中，如图 2-73 所示。

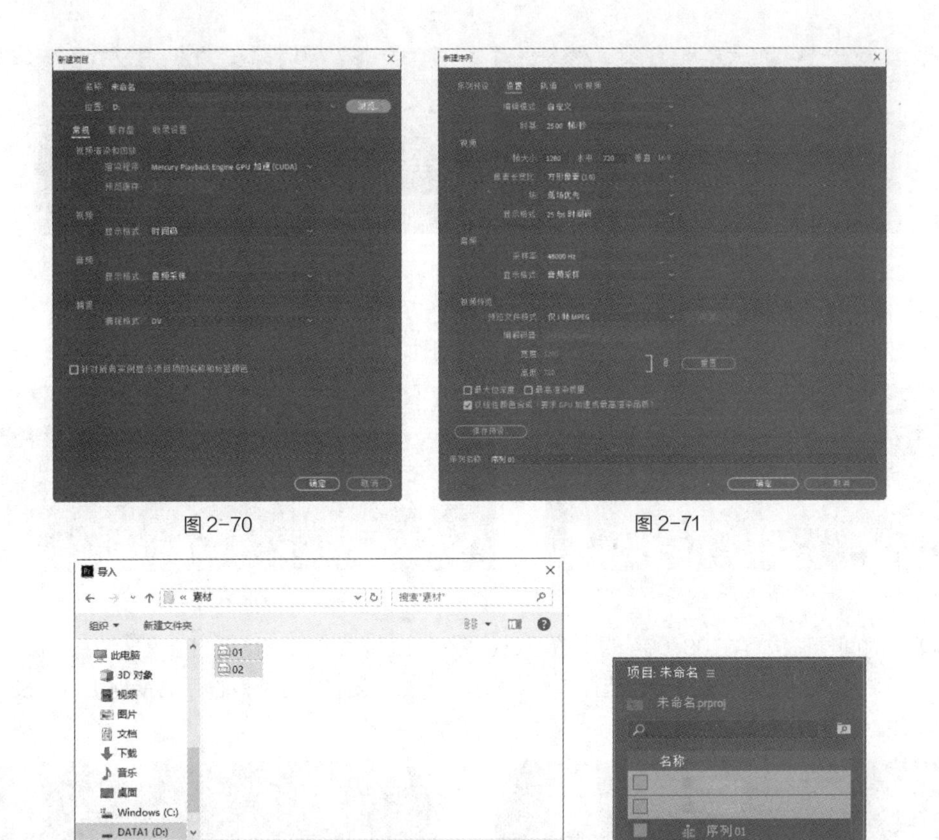

图 2-70　　图 2-71

图 2-72　　图 2-73

（3）在“项目”面板中，选择“01”文件并将其拖曳到“时间轴”面板的“视频 1（V1）”轨道中。弹出“剪辑不匹配警告”对话框，单击“保持现有设置”按钮，在保持现有序列设置的情况下将“01”文件放置在“视频 1（V1）”轨道中，如图 2-74 所示。选择“时间轴”面板中的“01”文件，选择“效果控件”面板，展开“运动”选项，将“缩放”选项设置为 67.0，如图 2-75 所示。

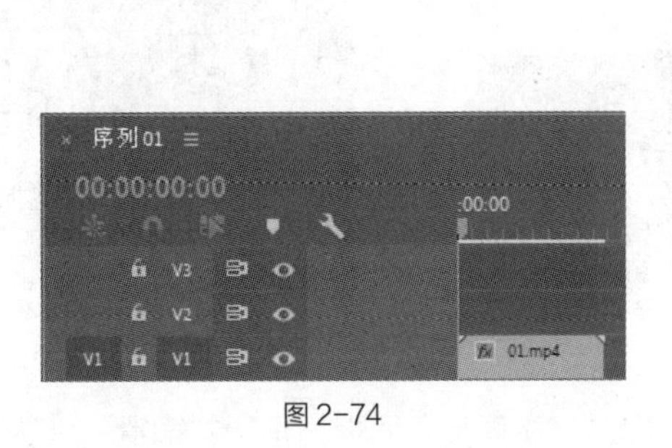

图 2-74

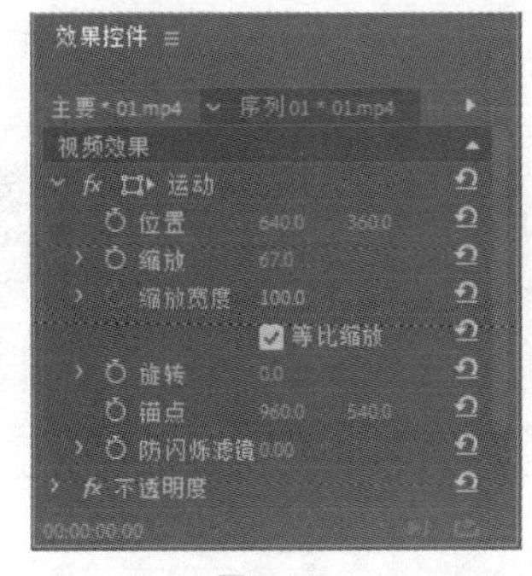

图 2-75

（4）将时间标签放置在 10:00s 的位置上，选择工具面板中的“剃刀”工具，在“01”素材上单击以切割影片，如图 2-76 所示。选择“选择”工具，选择时间标签右侧的素材影片，按 Delete 键删除文件，效果如图 2-77 所示。

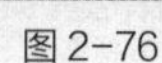
图 2-76

图 2-77

（5）将时间标签放置在 03:00s 的位置上，如图 2-78 所示。在“项目”面板中的“02”文件上右击，在弹出的快捷菜单中选择“插入”命令，在“时间轴”面板中插入“02”文件，如图 2-79 所示。

图 2-78

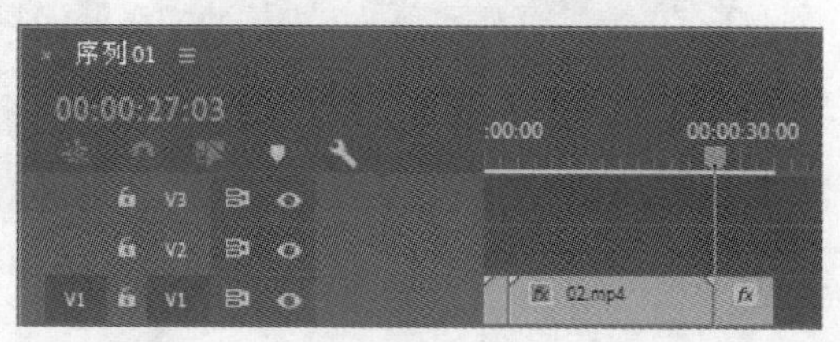

图 2-79

（6）将时间标签放置在 08:00s 的位置上，选择工具面板中的“剃刀”工具，在“02”素材上单击以切割影片，如图 2-80 所示。选择“选择”工具，选择时间标签右侧的素材影片，按 Delete 键删除文件，效果如图 2-81 所示。

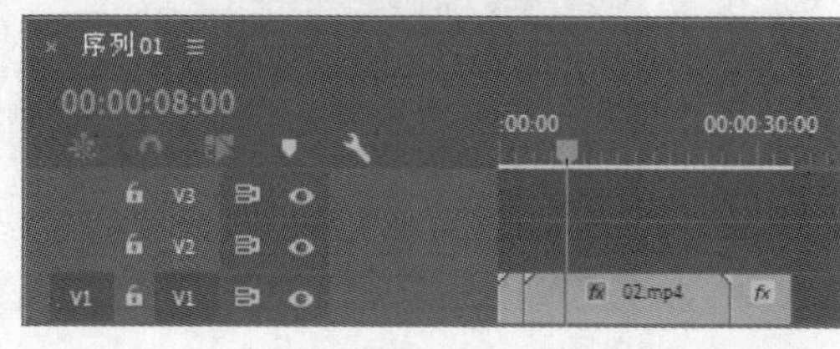

图 2-80

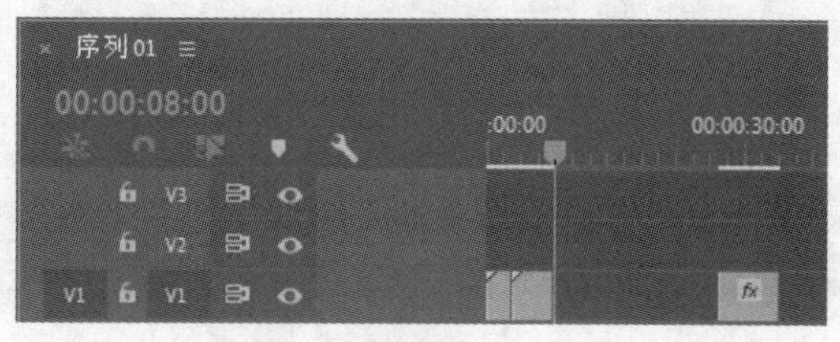

图 2-81

（7）选择右侧的“01”文件，将其拖曳到“02”文件的结束位置，如图 2-82 所示。选择“时间轴”面板中的“02”文件，选择“效果控件”面板，展开“运动”选项，将“缩放”选项设置为 67.0，如图 2-83 所示。取消“时间轴”面板中“02”文件的选中状态。

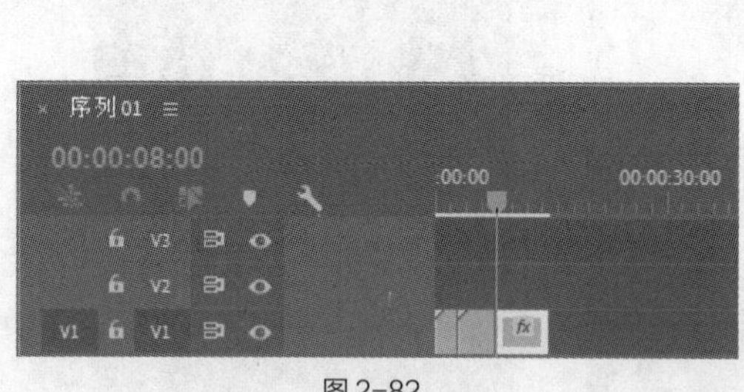

图 2-82

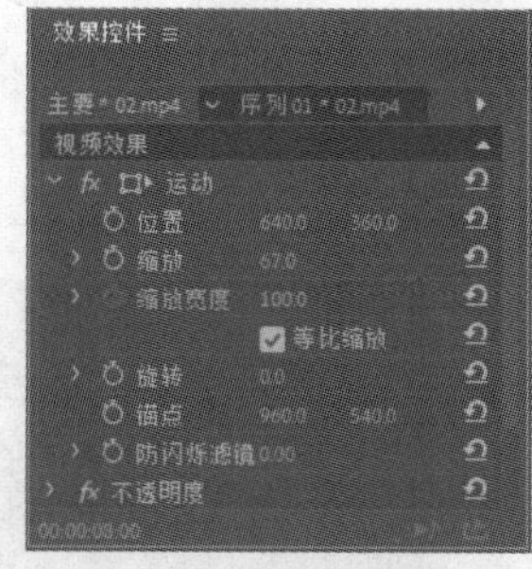

图 2-83

（8）将时间标签放置在 0s 的位置上。选择“基本图形”面板，单击“编辑”选项卡，单击“新建图层”按钮，在弹出的菜单中选择“文本”命令，如图 2-84 所示。在“时间轴”面板的“视频 2（V2）”轨道中生成“新建文本图层”文件，如图 2-85 所示，“节目”面板中的效果如图 2-86 所示。在“节目”面板中修改文字，效果如图 2-87 所示。

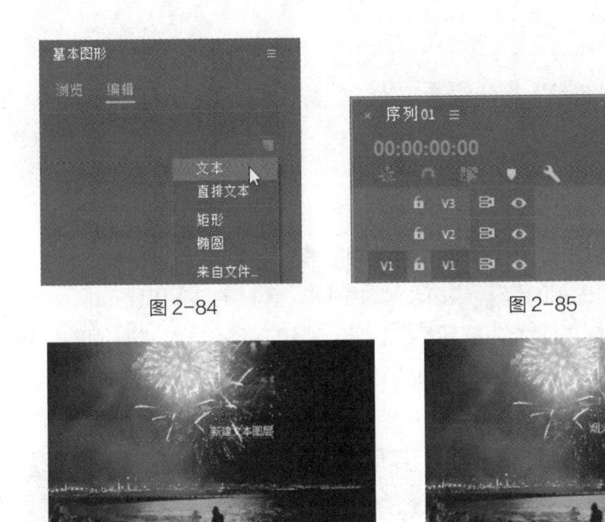

图2-84　　图2-85

图2-86　　图2-87

（9）在“基本图形”面板中选择“烟火”文字图层，在“对齐并变换”栏中的设置如图2-88所示，“文本”栏的设置如图2-89所示，“节目”面板中的效果如图2-90所示。璀璨烟火宣传片制作完成。

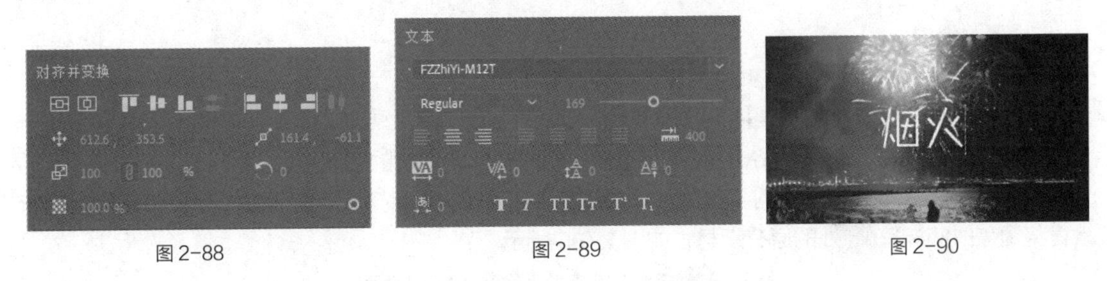

图2-88　　图2-89　　图2-90

2.2.3 【相关工具】

1. 切割素材

在Premiere Pro CC 2019中，当素材被添加到“时间轴”面板的轨道中后，可以使用工具面板中的“剃刀”工具对此素材进行分割。具体操作步骤如下。

（1）在“时间轴”面板中添加要切割的素材。

（2）选择工具面板中的“剃刀”工具，将鼠标指针移到需要切割的位置并单击，该素材即被切割为两个素材，每一个素材都有独立的长度及入点与出点，如图2-91所示。

（3）如果要将多个轨道上的素材在同一点分割，可按住Shift键，此时会显示多重刀片，将鼠标指针移到需要切割的位置并单击，轨道上未被锁定的素材都在该位置被分割为两段，如图2-92所示。

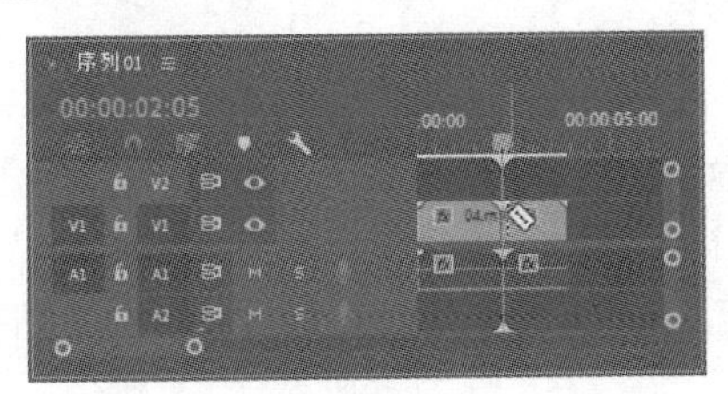

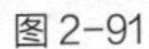

图2-91

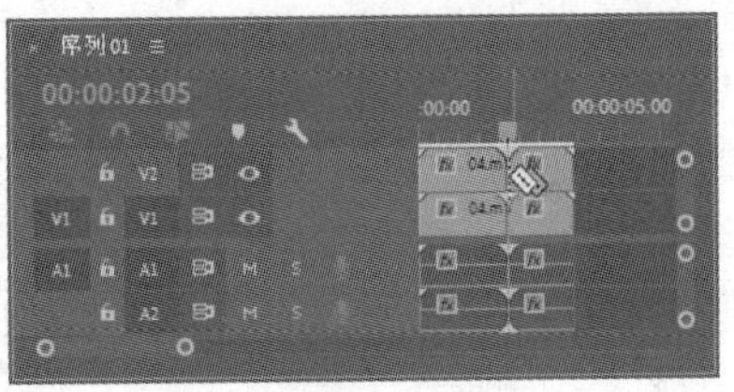

图2-92

2. 插入和覆盖编辑

使用“插入”按钮和“覆盖”按钮可以将“源”面板中的片段直接插入“时间轴”面板当前轨道中的时间标签位置处。

◎ **插入编辑**

使用“插入”按钮插入素材的具体操作步骤如下。

（1）在“源”面板中选择要插入“时间轴”面板中的素材。

（2）在“时间轴”面板中将时间标签移动到需要插入素材的时间点，如图 2-93 所示。

（3）单击“源”面板下方的“插入”按钮，将选择的素材插入“时间轴”面板中，插入的新素材将原有素材分为两段，原有素材的后半部分将会向后推移，接在新素材之后，效果如图 2-94 所示。

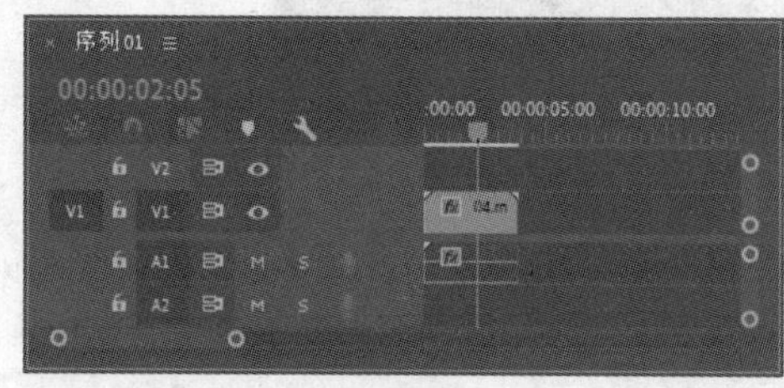

图 2-93

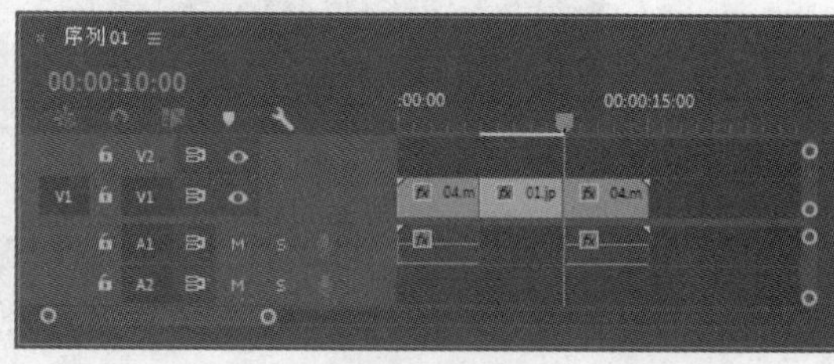

图 2-94

◎ **覆盖编辑**

使用“覆盖”按钮插入素材的具体操作步骤如下。

（1）在“源”面板中选择要插入“时间轴”面板中的素材。

（2）在“时间轴”面板中将时间标签移动到需要插入素材的时间点。

（3）单击“源”面板下方的“覆盖”按钮，将选择的素材插入“时间轴”面板中，插入的新素材将覆盖时间标签处的原有素材，如图 2-95 所示。

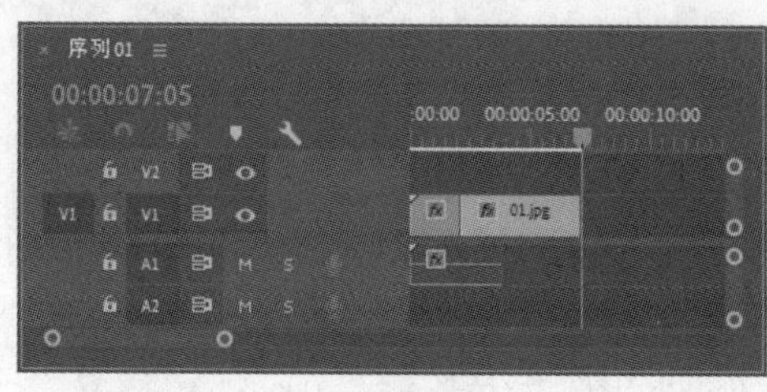

图 2-95

3. 提升和提取编辑

使用“提升”按钮和“提取”按钮可以在“时间轴”面板的指定轨道上删除指定的一段素材。

◎ **提升编辑**

使用“提升”按钮编辑素材的具体操作步骤如下。

（1）在“节目”面板中为需要提取的素材部分设置入点、出点。设置的入点和出点同时显示在“时间轴”面板的标尺上，如图 2-96 所示。

（2）单击“节目”面板下方的“提升”按钮，入点和出点之间的素材被删除，删除后的区域留下空白，如图 2-97 所示。

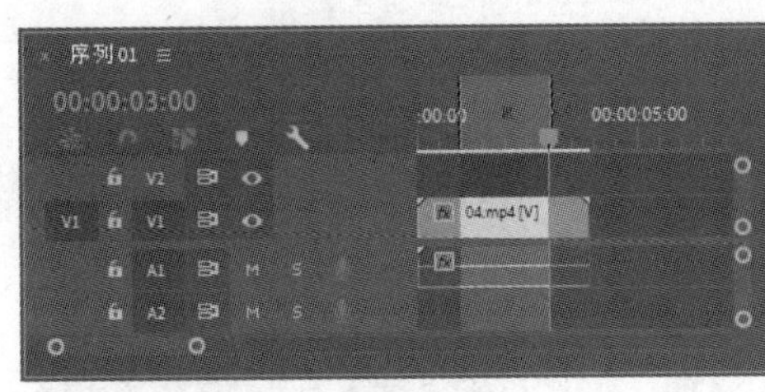

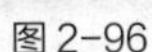
图 2-96

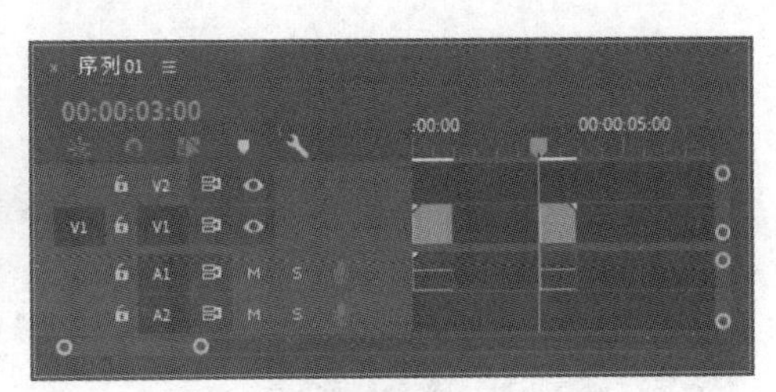

图 2-97

◎ **提取编辑**

使用“提取”按钮编辑素材的具体操作步骤如下。

（1）在“节目”面板中为需要提取的素材部分设置入点、出点。设置的入点和出点同时显示在“时间轴”面板的标尺上。

（2）单击“节目”面板下方的“提取”按钮，入点和出点之间的素材被删除，其后的素材自动前移以填补空缺，如图 2-98 所示。

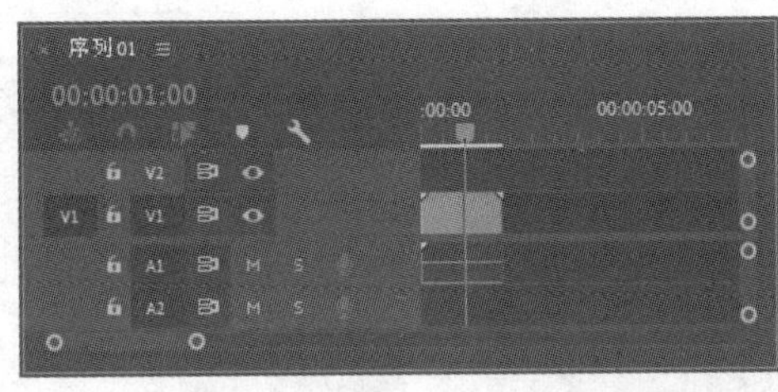

图 2-98

4. 编组

在项目编辑工作中，经常要对多个素材统一进行操作。使用“编组”命令，可以将多个片段组合为一个整体来进行移动和复制等操作。

对素材编组的具体操作步骤如下。

（1）在“时间轴”面板中框选要编组的素材。按住 Shift 键再次单击，可以加选素材。

（2）在选定的素材上右击，在弹出的快捷菜单中选择“编组”命令，选定的素材被编为一组。

素材被编组后，在进行移动和复制等操作的时候，就会作为一个整体响应操作。如果要取消编组效果，可以在编组的对象上右击，在弹出的快捷菜单中选择“取消编组”命令。

5. 通用倒计时片头

通用倒计时通常用于影片开始前的倒计时准备。Premiere Pro CC 2019 为用户提供了现成的通用倒计时素材，用户可以非常便捷地创建一个标准的倒计时素材，如图 2-99 所示，并可以在 Premiere Pro CC 2019 中随时对其进行修改。创建倒计时素材的具体操作步骤如下。

（1）单击“项目”面板下方的“新建项”按钮，在弹出的菜单中选择“通用倒计时片头”选项，弹出“新建通用倒计时片头”对话框，如图 2-100 所示。设置完成后，单击“确定”按钮，弹出“通用倒计时设置”对话框，如图 2-101 所示。

（2）设置完成后，单击“确定”按钮，Premiere Pro CC 2019 自动将该段倒计时影片加入“项目”面板中。

在“项目”面板或“时间轴”面板中双击倒计时素材，即可打开“通用倒计时设置”对话框进行修改。

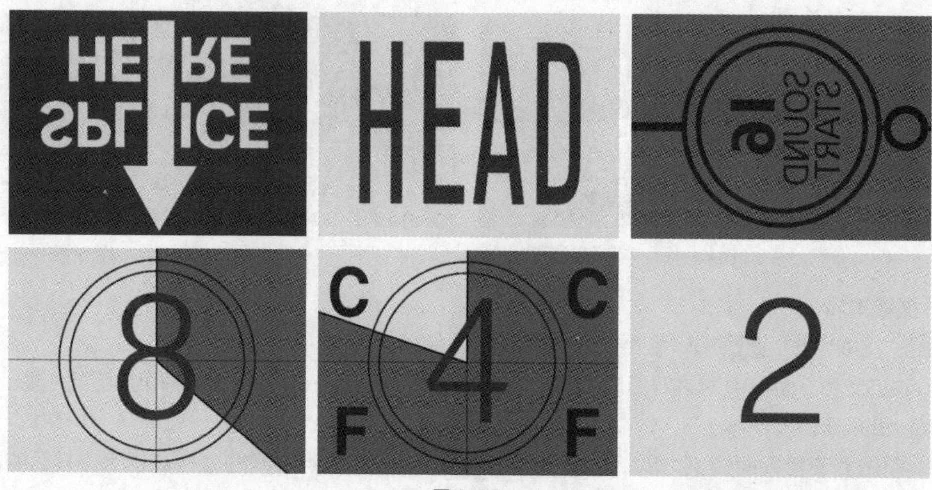

图 2-99

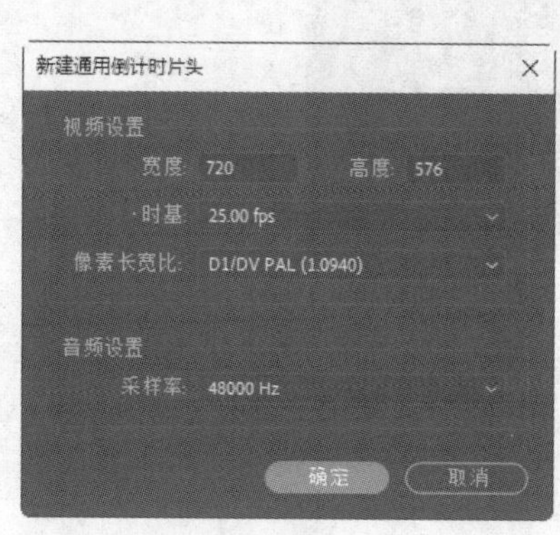

图 2-100

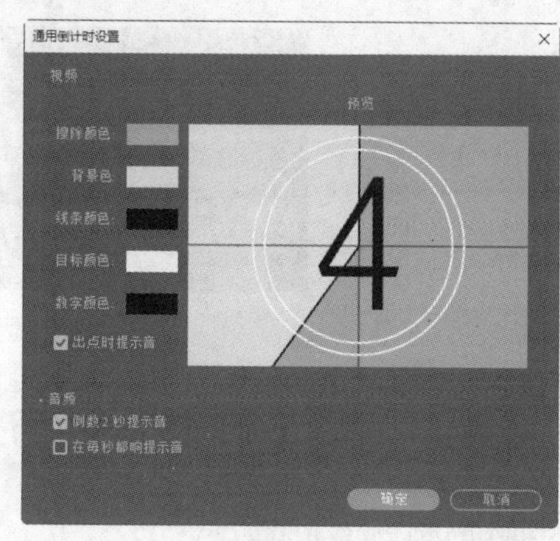

图 2-101

6. 彩条和黑场

◎ 彩条

在 Premiere Pro CC 2019 中，可以在影片开始前加入一段彩条，如图 2-102 所示。在“项目”面板下方单击“新建项”按钮，在弹出的菜单中选择“彩条”选项，弹出“新建彩条”对话框，单击“确定”按钮即可创建彩条。

图 2-102

◎ 黑场

在 Premiere Pro CC 2019 中，可以在影片中创建一段黑场。在“项目”面板下方单击“新建项”按钮，在弹出的菜单中选择“黑场视频”选项，弹出“新建黑场视频”对话框，单击“确定”按钮即可创建黑场。

7. 彩色遮罩

在 Premiere Pro CC 2019 中，还可以为影片创建彩色遮罩。可以将彩色遮罩当作背景，也可以利用“透明度”命令来设定与它相关的色彩的透明度。具体操作步骤如下。

（1）在“项目”面板下方单击“新建项”按钮，在弹出菜单中选择“颜色遮罩”选项，弹出“新建颜色遮罩”对话框，进行参数设置，如图 2–103 所示，单击“确定”按钮，弹出“拾色器”对话框，如图 2–104 所示。

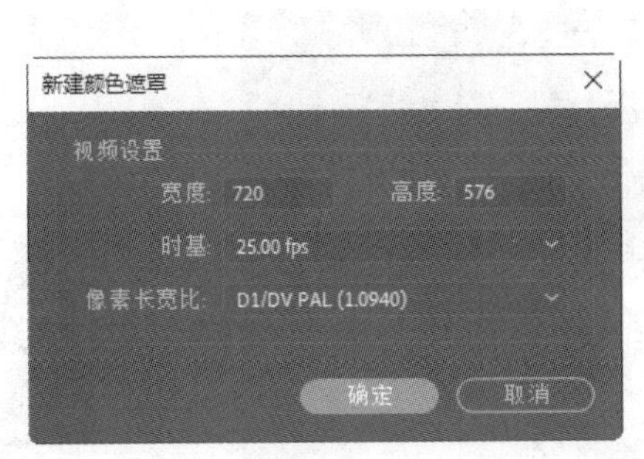

图 2–103

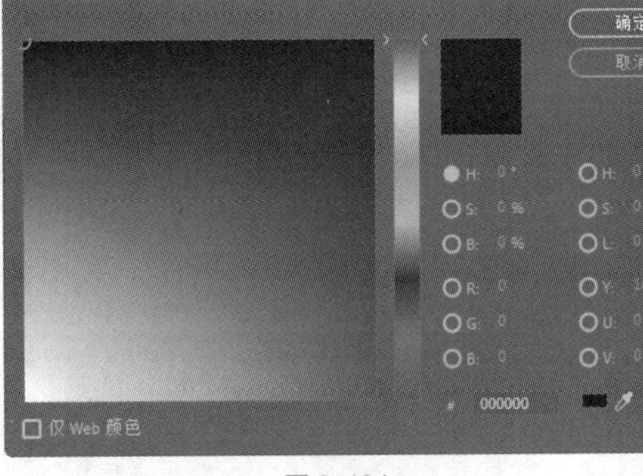

图 2–104

（2）在“拾色器”对话框中选取遮罩所要使用的颜色，单击“确定”按钮。

在“项目”面板或“时间轴”面板中双击颜色遮罩，可以重新打开“拾色器”对话框进行修改。

8. **透明视频**

在 Premiere Pro CC 2019 中，可以创建一个透明的视频层，通过它能够将效果应用到一系列的影片中而无须重复地复制和粘贴。只要应用一个效果到透明视频轨道上，该效果就会自动出现在透明视频层下面的所有视频轨道中。

2.2.4 【实战演练】——音乐节节目片头

（1）使用“导入”命令导入视频文件。

（2）使用“通用倒计时片头”命令制作通用倒计时。

最终效果参看云盘中的“Ch02\音乐节节目片头\音乐节节目片头.prproj”，如图 2–105 所示。

图 2–105

2.3 综合案例——篮球公园宣传片

（1）使用“导入”命令导入视频文件。

（2）使用“剃刀”工具切割视频素材。

（3）使用“插入”按钮插入素材文件。

（4）使用“新建”命令新建“HD 彩条”。

最终效果参看云盘中的“Ch02\篮球公园宣传片\篮球公园宣传片.prproj”，如图 2-106 所示。

图 2-106

2.4 综合案例——健康生活宣传片

（1）使用“导入”命令导入视频文件。

（2）使用“剃刀”工具切割视频素材。

（3）通过拖曳编辑点剪辑素材。

（4）使用“插入”按钮插入素材文件。

最终效果参看云盘中的“Ch02\健康生活宣传片\健康生活宣传片.prproj”，如图 2-107 所示。

图 2-107

03

第3章 视频过渡

本章主要介绍在Premiere Pro CC 2019的影片素材或静止图像素材之间建立丰富多彩的过渡效果的方法。每一个图像过渡的控制方式都有很多可调的选项。本章内容对于影视剪辑中的镜头过渡有着非常实用的意义，它可以使剪辑的画面更加多样化，更加生动多姿。

课堂学习目标

- ✔ 掌握视频过渡效果的设置方法。
- ✔ 掌握视频过渡效果的应用技巧。

3.1 时尚女孩电子相册

3.1.1 【操作目的】

（1）使用“导入”命令导入素材文件。

（2）使用“立方体旋转”效果、“圆划像”效果、“楔形擦除”效果、“百叶窗”效果、“风车”效果和“插入”效果制作素材之间的过渡。

（3）使用“效果控件”面板调整视频文件的大小。

最终效果参看云盘中的“Ch03\时尚女孩电子相册\时尚女孩电子相册.prproj”，如图 3-1 所示。

图 3-1

3.1.2 【操作步骤】

（1）启动 Premiere Pro CC 2019 软件，选择“文件 > 新建 > 项目”命令，弹出“新建项目”对话框，如图 3-2 所示，单击“确定”按钮，新建项目。选择“文件 > 新建 > 序列”命令，弹出“新建序列”对话框，单击“设置”选项卡，具体参数设置如图 3-3 所示，单击“确定”按钮，新建序列。

图 3-2

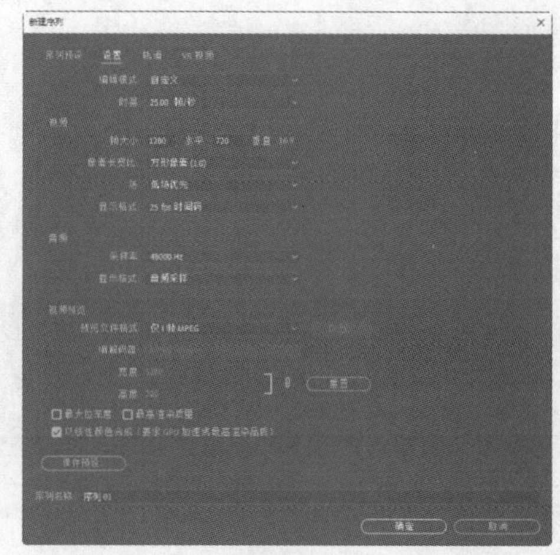

图 3-3

（2）选择“文件 > 导入”命令，弹出“导入”对话框，选择本书云盘中的“Ch03\时尚女孩电子相册\素材\01～05”文件，如图 3-4 所示，单击“打开”按钮，将素材文件导入“项目”面板中，如图 3-5 所示。

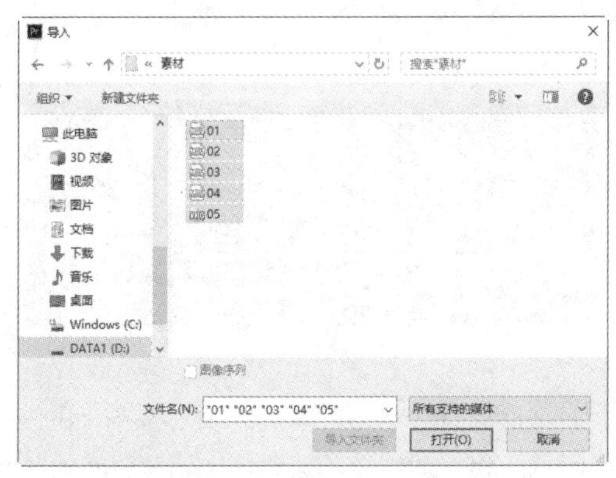

图 3-4

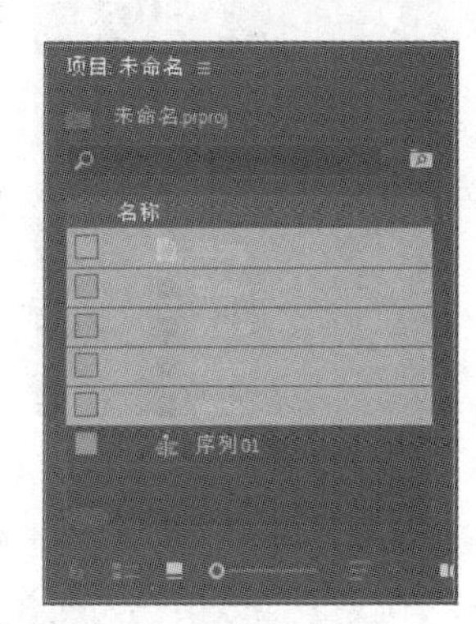

图 3-5

（3）在“项目”面板中，选择“01～04”文件并将其拖曳到“时间轴”面板中的“视频 1（V1）”轨道中。弹出“剪辑不匹配警告”对话框，单击“保持现有设置”按钮，在保持现有序列设置的情况下将文件放置在“视频 1（V1）”轨道中，如图 3-6 所示。选择“时间轴”面板中的“01”文件，在“效果控件”面板中展开“运动”选项，将“缩放”选项设置为 67.0，如图 3-7 所示。用相同的方法调整其他素材文件的缩放效果。

（4）在“项目”面板中，选择“05”文件并将其拖曳到“时间轴”面板中的“视频 2（V2）”轨道中，如图 3-8 所示。选择“时间轴”面板中的“05”文件，在“效果控件”面板中展开“运动”选项，将“缩放”选项设置为 130.0，如图 3-9 所示。

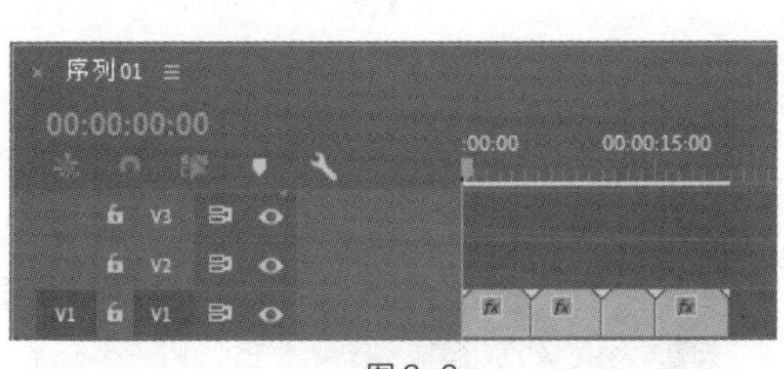

图 3-6

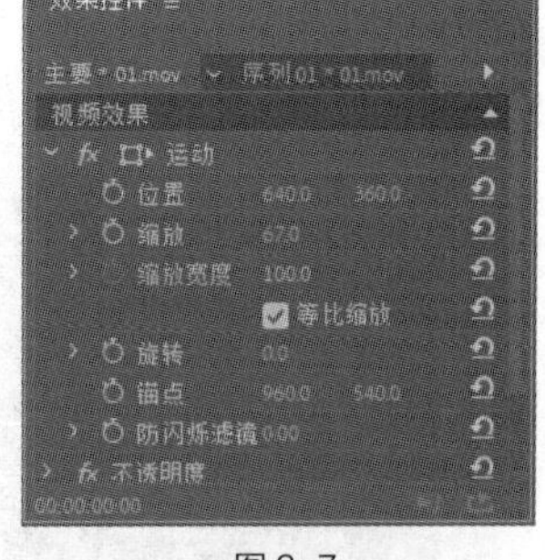

图 3-7

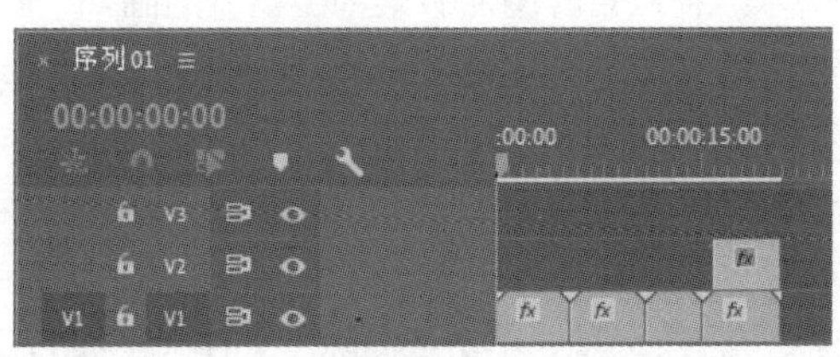

图 3-8

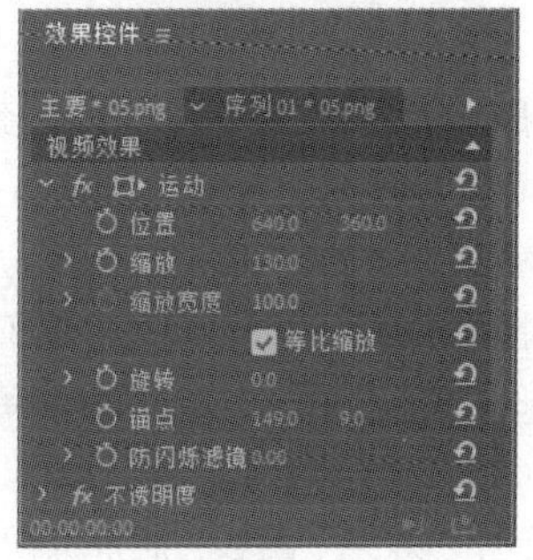

图 3-9

（5）选择“效果”面板，展开“视频过渡”分类选项，单击“3D 运动”文件夹前面的三角形按钮将其展开，选择“立方体旋转”效果，如图 3-10 所示。将“立方体旋转”效果拖曳到“时间轴”面板的“视频 1（V1）”轨道中的“01”文件的开始位置，如图 3-11 所示。

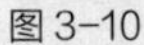
图 3-10

图 3-11

（6）选择“效果”面板，展开“视频过渡”分类选项，单击“划像”文件夹前面的三角形按钮将其展开，选择“圆划像”效果，如图 3-12 所示。将“圆划像”效果拖曳到“时间轴”面板的“视频 1（V1）”轨道中的“01”文件的结束位置与“02”文件的开始位置之间，如图 3-13 所示。

图 3-12

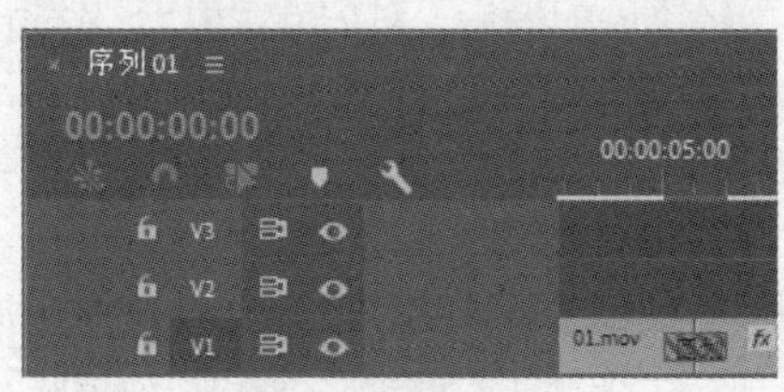

图 3-13

（7）选择“效果”面板，展开“视频过渡”分类选项，单击“擦除”文件夹前面的三角形按钮将其展开，选择“楔形擦除”效果，如图 3-14 所示。将“楔形擦除”效果拖曳到“时间轴”面板的“视频 1（V1）”轨道中的“02”文件的结束位置与“03”文件的开始位置之间，如图 3-15 所示。

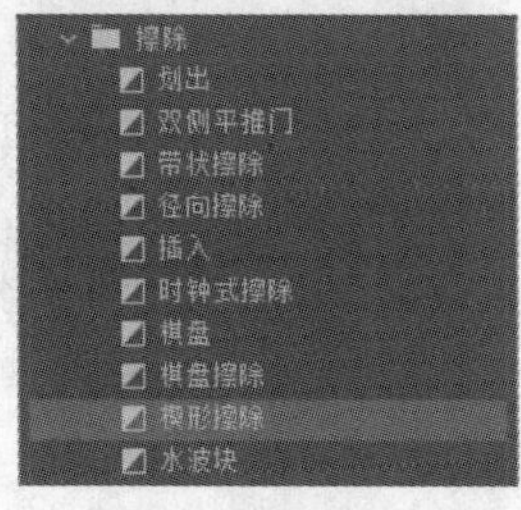

图 3-14

图 3-15

（8）选择“效果”面板，展开“视频过渡”分类选项，单击“擦除”文件夹前面的三角形按钮将其展开，选择“百叶窗”效果，如图 3-16 所示。将“百叶窗”效果拖曳到“时间轴”面板的“视频 1（V1）”轨道中的“03”文件的结束位置与“04”文件的开始位置之间，如图 3-17 所示。

（9）选择“效果”面板，展开“视频过渡”分类选项，单击“擦除”文件夹前面的三角形按钮将其展开，选择“风车”效果，如图 3-18 所示。将“风车”效果拖曳到“时间轴”面板的“视频 1（V1）”轨道中的“04”文件的结束位置，如图 3-19 所示。

（10）选择“效果”面板，展开“视频过渡”分类选项，单击“擦除”文件夹前面的三角形按钮将其展开，选择“插入”效果，如图 3-20 所示。将“插入”效果拖曳到“时间轴”面板的“视频 2（V2）”轨道中的“05”文件的开始位置，如图 3-21 所示。时尚女孩电子相册制作完成。

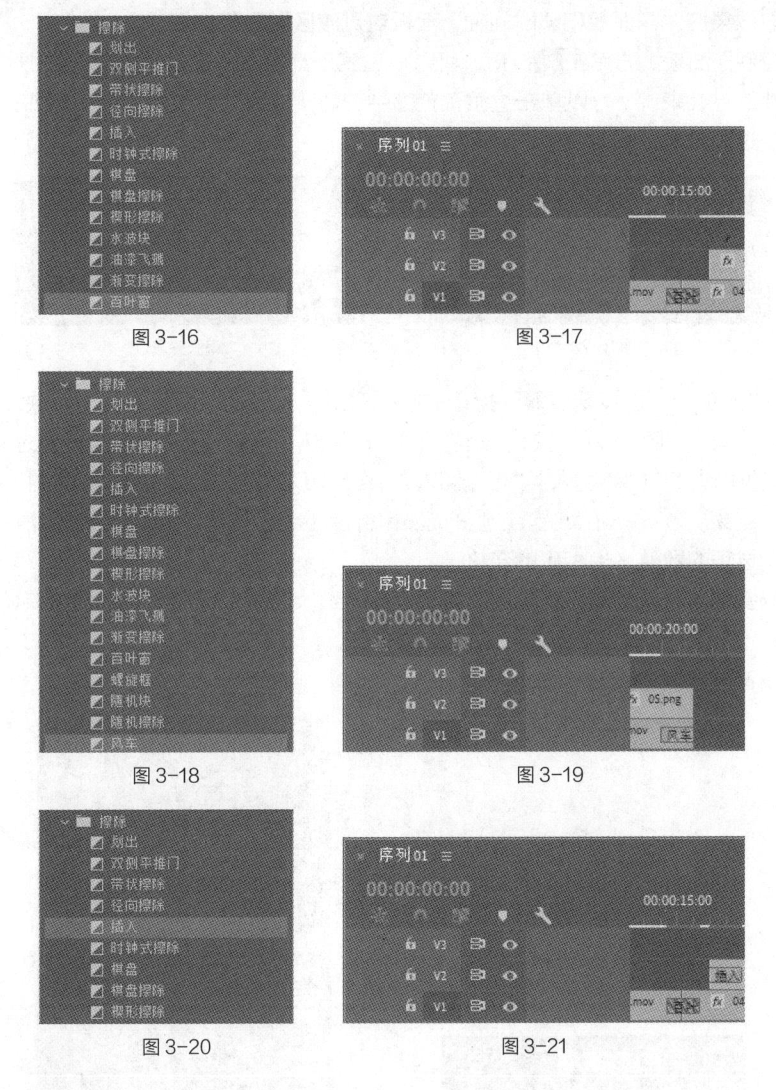

图 3-16　图 3-17
图 3-18　图 3-19
图 3-20　图 3-21

3.1.3 【相关工具】

1. 使用镜头过渡

一般情况下，过渡是在同一轨道的两个相邻素材之间使用的，如图 3-22 所示。也可以单独为一个素材添加过渡，例如，在素材与其下方的轨道中的素材之间使用过渡，但是下方的轨道中的素材只是作为背景使用，并不能被过渡所控制，如图 3-23 所示。

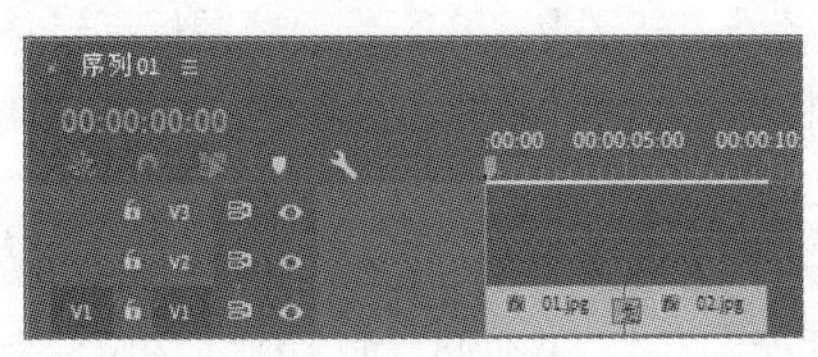

图 3-22

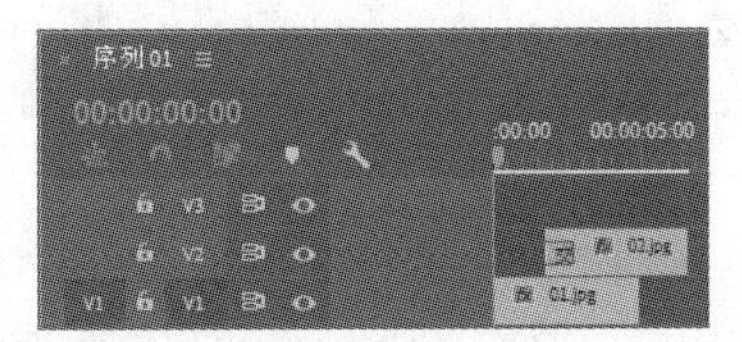

图 3-23

2. 镜头过渡设置

在两段影片之间进行过渡设置后，时间轴上会有一个重叠区域，这个重叠区域就是发生过渡的范围。可以通过“效果控件”面板和“时间轴”面板对过渡区域进行设置。

在“效果控件”面板上方单击▶按钮，可以在过渡预览窗中预览过渡效果，如图 3-24 所示。对于某些有方向性的过渡来说，可以单击过渡预览窗中的箭头来改变过渡的方向。例如，单击右上角的边缘选择器改变过渡方向，如图 3-25 所示。

图 3-24

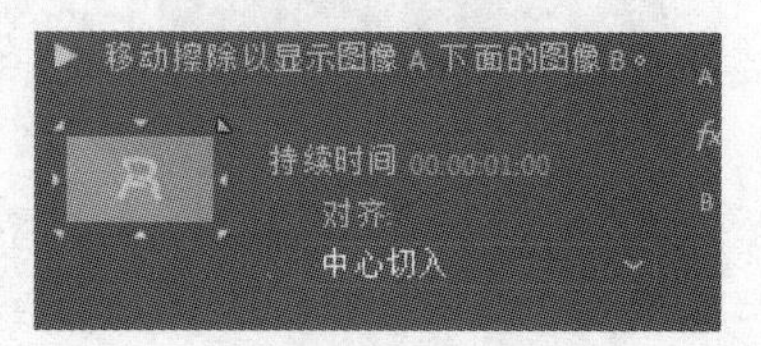

图 3-25

“持续时间”选项中可以设置过渡的持续时间。双击“时间轴”面板中的过渡块，弹出“设置过渡持续时间”对话框，如图 3-26 所示，设置完成后，单击“确定”按钮，即可设置过渡的持续时间。

“对齐”选项中包含“中心切入”“起点切入”“终点切入”“自定义起点”4 种对齐方式。

“开始”和“结束”选项中可以设置过渡的起始和结束状态。按住 Shift 键并拖曳滑块，可以使“开始”和“结束”选项的数值产生相应的变化。

勾选“显示实际源”复选框，可以在“开始”和“结束”视图窗中显示过渡的开始帧和结束帧，如图 3-27 所示。

其他选项设置会根据过渡的不同而产生相应的变化。

图 3-26

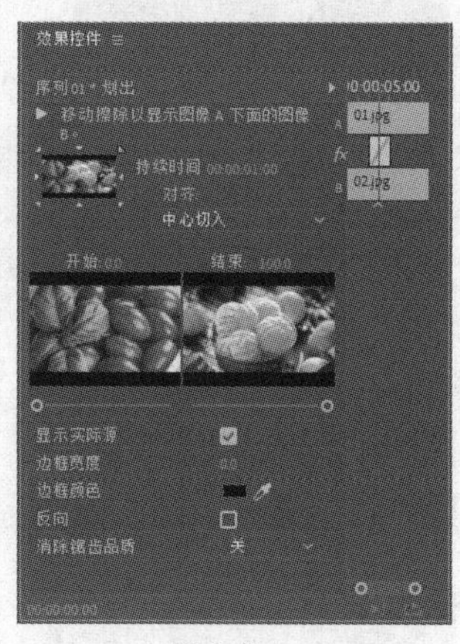

图 3-27

3. 镜头过渡调整

在“效果控件”面板的右侧区域和“时间轴”面板中，还可以对过渡进行进一步的调整。

在“效果控件”面板中，将鼠标指针移动到过渡中线上，当鼠标指针呈✥形状时，按住鼠标左键拖曳鼠标指针，可以改变过渡的持续时间和过渡的影响区域，如图 3-28 所示。将鼠标指针移动到过渡块上，当鼠标指针呈◂▭▸形状时，按住鼠标左键拖曳鼠标指针，可以改变过渡的切入位置，如图 3-29 所示。

在“效果控件”面板中，将鼠标指针移动到过渡的左侧边缘，当鼠标指针呈▸形状时，按住鼠标左键拖曳鼠标指针，可以改变过渡的长度，如图 3-30 所示。在“时间轴”面板中，将鼠标指针移动到过渡块的右侧边缘，当鼠标指针呈形状时，按住鼠标左键拖曳鼠标指针，也可以改变过渡的长度，如图 3-31 所示。

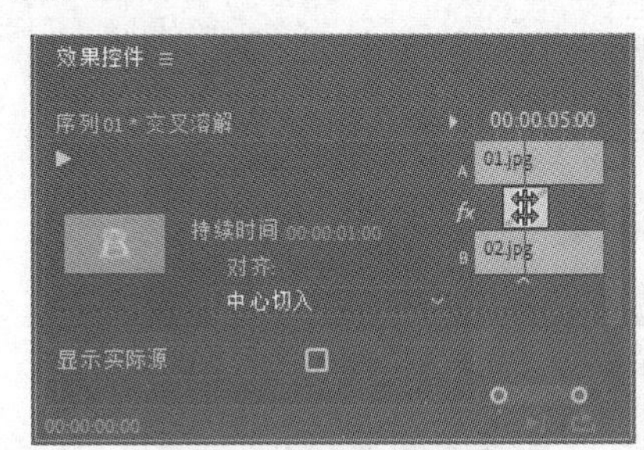

图 3-28

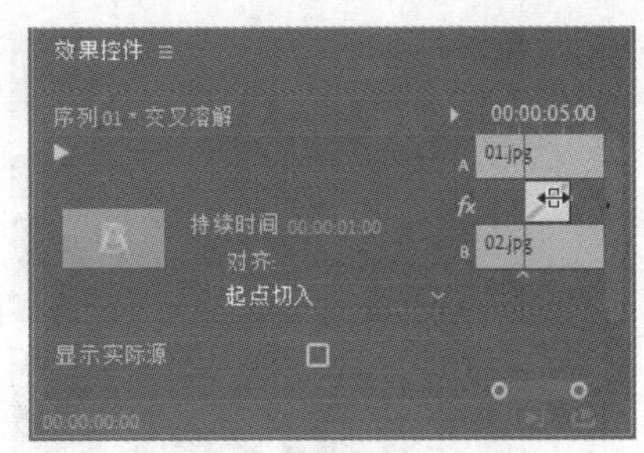

图 3-29

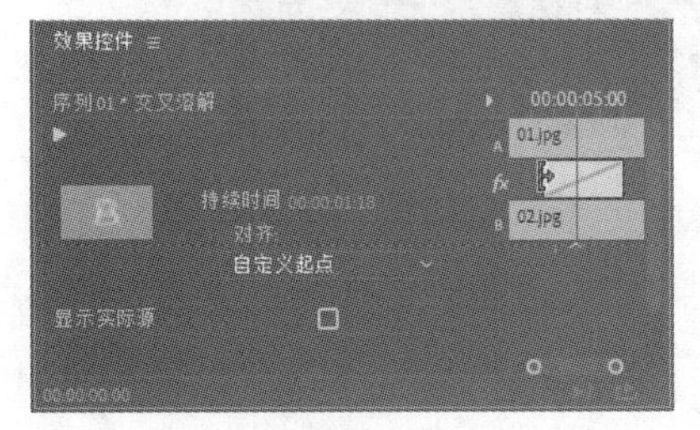

图 3-30

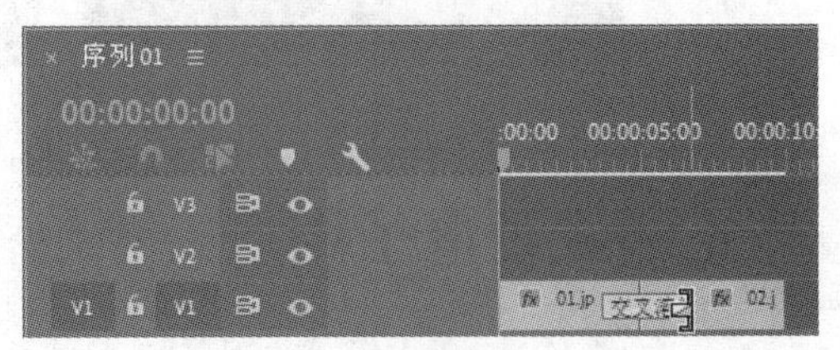

图 3-31

4. **默认过渡设置**

选择“编辑 > 首选项 > 时间轴”命令，弹出“首选项”对话框，可以分别设定视频和音频过渡的默认持续时间，如图 3-32 所示。

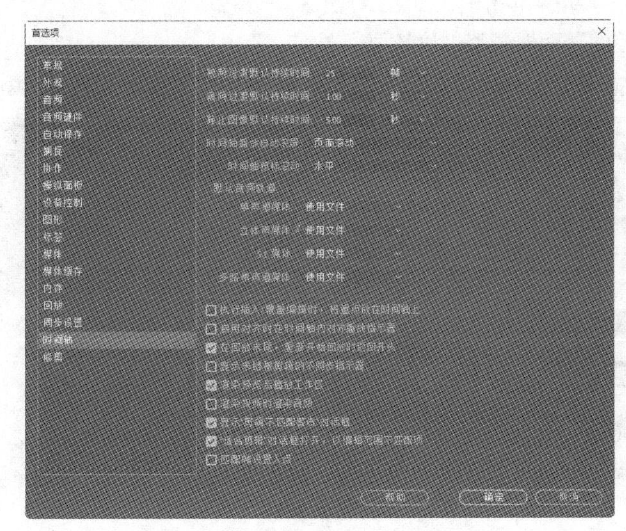

图 3-32

3.1.4 【实战演练】——陶瓷艺术宣传片

（1）使用“导入”命令导入素材文件。

（2）使用“滑动”效果、“划像”效果、“页面剥落”效果和“沉浸式视频”效果制作素材之间的过渡。

（3）使用“效果控件”面板调整过渡效果。

最终效果参看云盘中的“Ch03\陶瓷艺术宣传片\陶瓷艺术宣传片. prproj”，如图 3-33 所示。

图 3-33

3.2 儿童成长电子相册

3.2.1 【操作目的】

（1）使用“导入”命令导入素材文件。

（2）使用“立方体旋转”效果、“圆划像”效果、“带状滑动”效果和“VR 漏光”效果制作素材之间的过渡。

（3）使用“效果控件”面板调整过渡效果。

最终效果参看云盘中的“Ch03\儿童成长电子相册\儿童成长电子相册.prproj”，如图 3-34 所示。

图 3-34

3.2.2 【操作步骤】

（1）启动 Premiere Pro CC 2019 软件，选择“文件 > 新建 > 项目”命令，弹出“新建项目”对话框，如图 3-35 所示，单击“确定”按钮，新建项目。选择“文件 > 新建 > 序列”命令，弹出“新建序列”对话框，单击“设置”选项卡，具体参数设置如图 3-36 所示，单击“确定”按钮，新建序列。

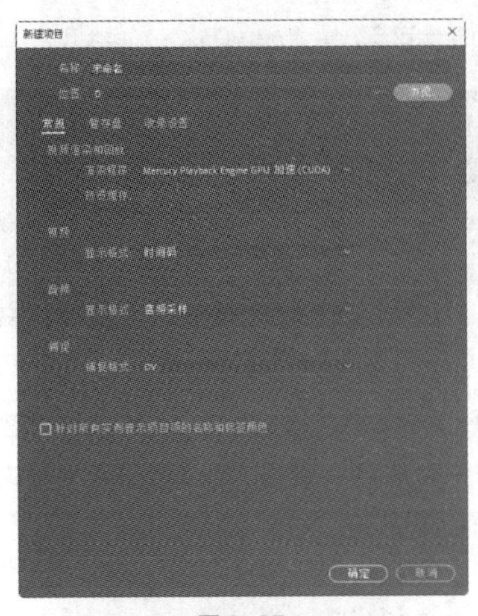

图 3-35

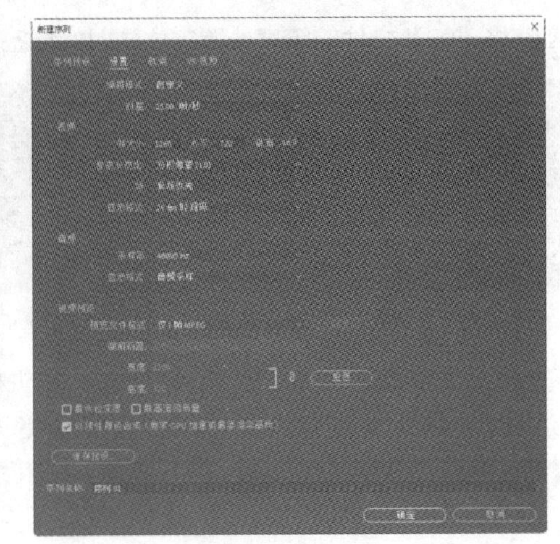

图 3-36

（2）选择“文件 > 导入”命令，弹出“导入”对话框，选择本书云盘中的“Ch03\儿童成长电子相册\素材\01～05”文件，如图 3-37 所示，单击“打开”按钮，将素材文件导入“项目”面板中，如图 3-38 所示。

（3）在“项目”面板中，选择“01”文件并将其拖曳到“时间轴”面板中的“视频 1（V1）”轨道中。弹出“剪辑不匹配警告”对话框，单击“保持现有设置”按钮，在保持现有序列设置的情况下将文件放置在“视频 1（V1）”轨道中，如图 3-39 所示。

（4）将时间标签放置在 05:00s 的位置上，单击“01”文件的结束位置，显示编辑点，按 E 键将“01”文件的结束位置定位到时间标签所在的位置，如图 3-40 所示。

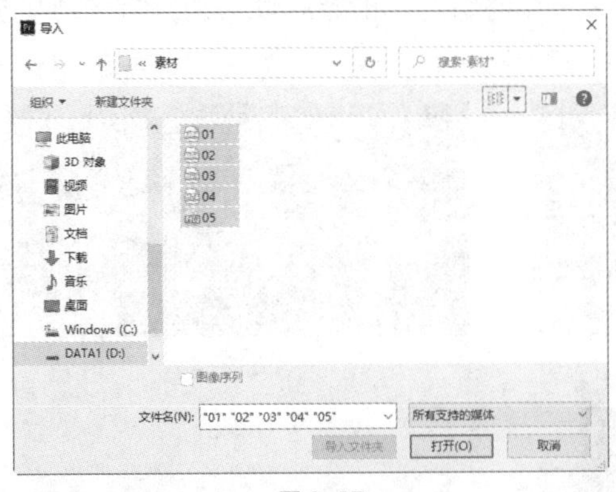

图 3-37

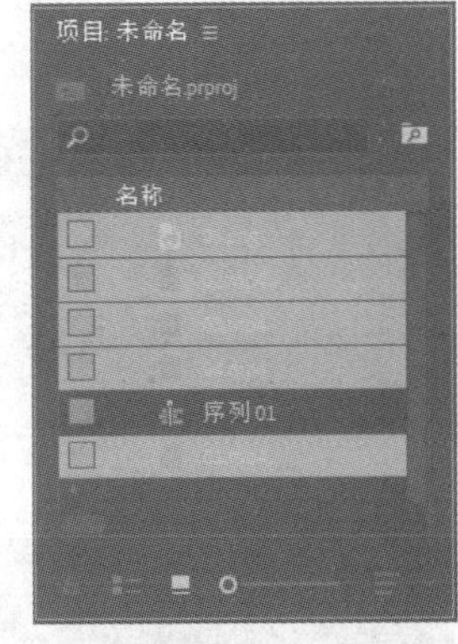

图 3-38

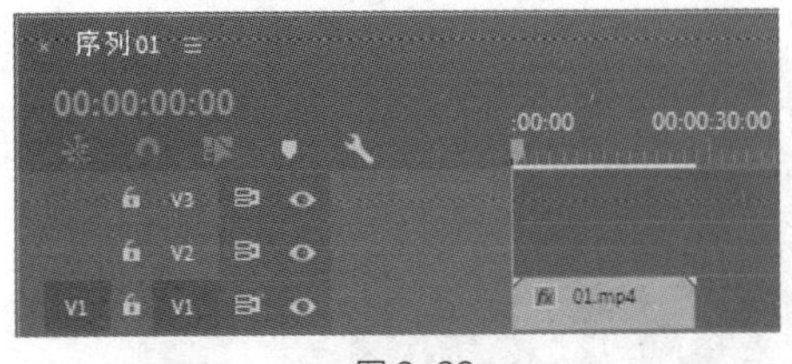

图 3-39

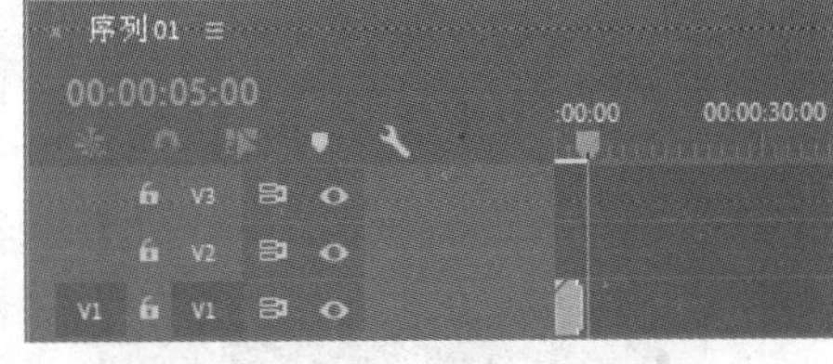

图 3-40

（5）在“项目”面板中，选择“02”文件并将其拖曳到“时间轴”面板中的“视频 1（V1）”轨道中，如图 3-41 所示。将时间标签放置在 09:14s 的位置上，单击“02”文件的结束位置，显示编辑点，按 E 键将“02”文件的结束位置定位到时间标签所在的位置，如图 3-42 所示。

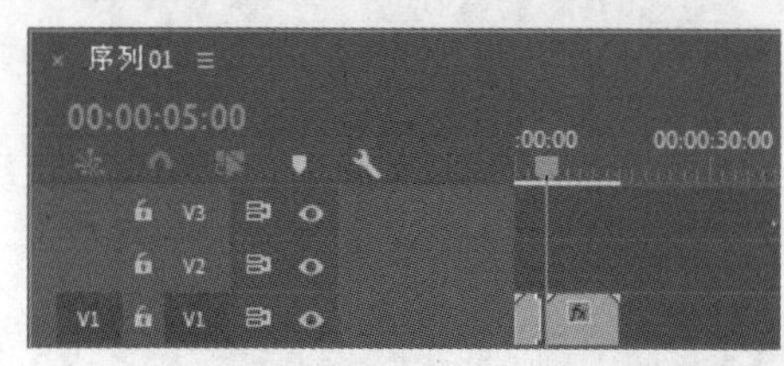

图 3-41

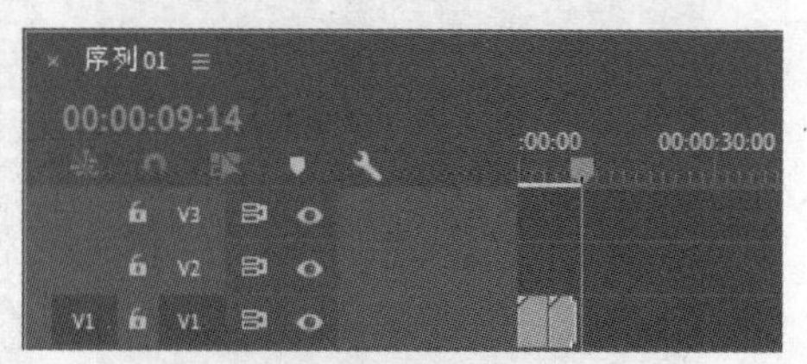

图 3-42

（6）用相同的方法添加“03”和“04”文件，并进行剪辑操作，如图 3-43 所示。将时间标签放置在 0s 的位置上。在“效果”面板中展开“视频过渡”分类选项，单击“3D 运动”文件夹前面的三角形按钮 将其展开，选择“立方体旋转”效果，如图 3-44 所示。

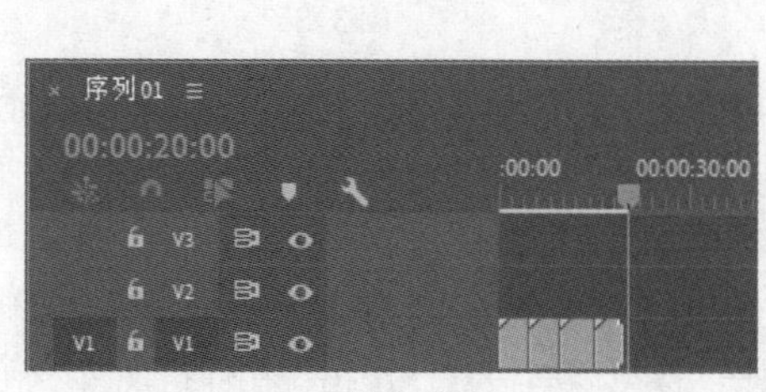

图 3-43

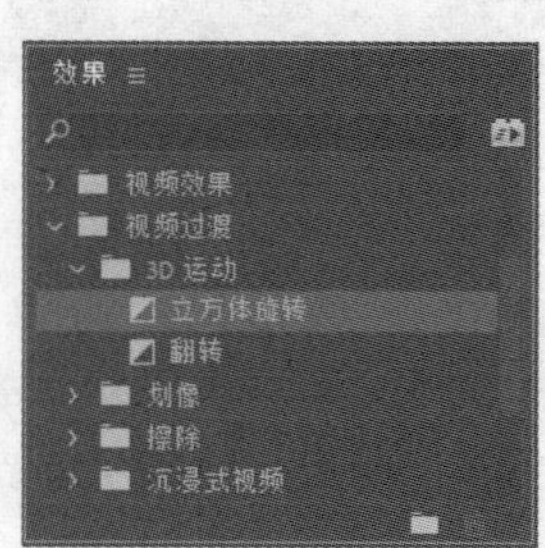

图 3-44

（7）将“立方体旋转”效果拖曳到“时间轴”面板中的“02”文件的开始位置，如图 3-45 所示。选择“时间轴”面板中的“立方体旋转”效果，如图 3-46 所示。选择“效果控件”面板，将“持续时间”选项设置为 03:00s，“对齐”选项设置为中心切入，如图 3-47 所示，“时间轴”面板如图 3-48 所示。

图 3-45

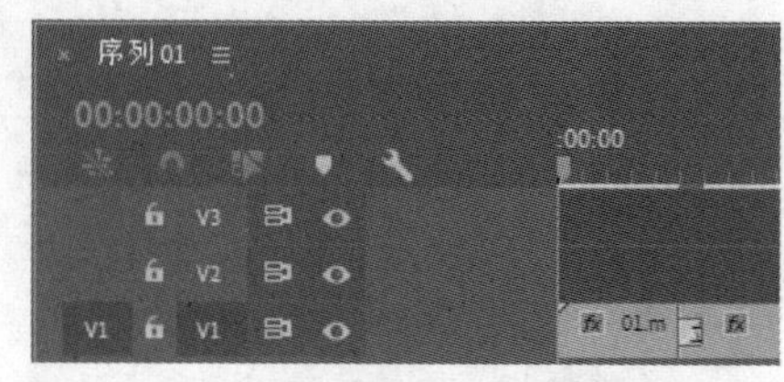

图 3-46

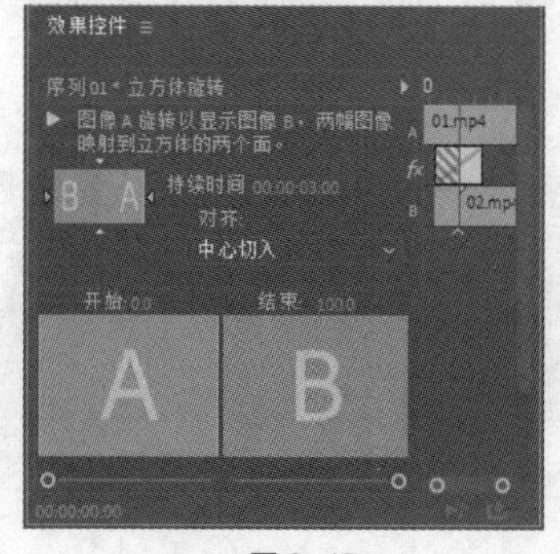

图 3-47

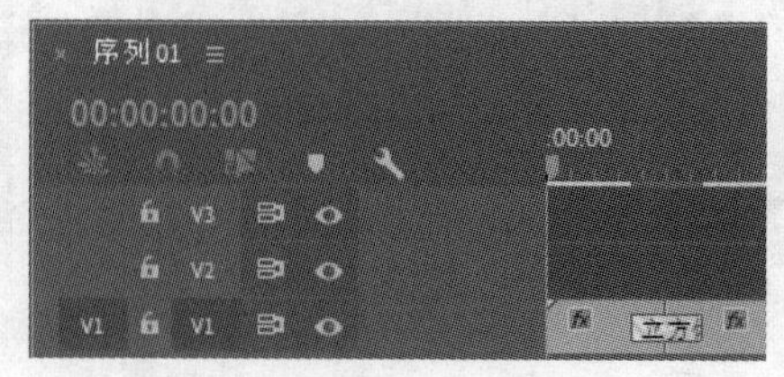

图 3-48

（8）在“效果”面板中，单击“划像”文件夹前面的三角形按钮 将其展开，选择“圆划像”效果，如图 3-49 所示。将“圆划像”效果拖曳到“时间轴”面板中的“03”文件的开始位置，“时间轴”面板如图 3-50 所示。

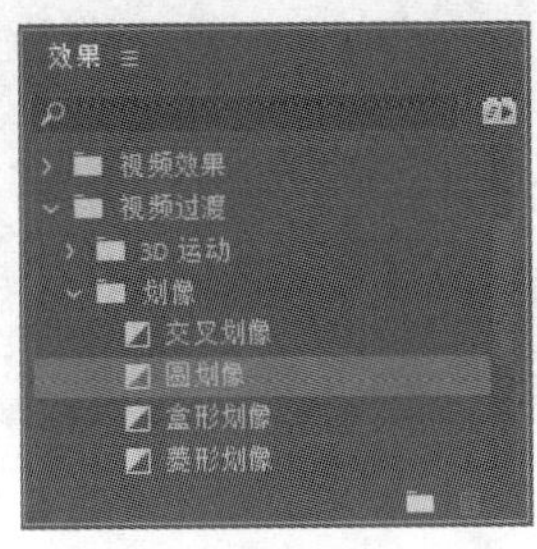

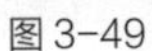
图 3-49

图 3-50

（9）在“效果”面板中，单击“擦除”文件夹前面的三角形按钮 将其展开，选择“带状擦除”效果，如图 3-51 所示。将“带状擦除”效果拖曳到“时间轴”面板中的“04”文件的开始位置，选择“时间轴”面板中的“带状擦除”效果。选择“效果控件”面板，将“持续时间”选项设置为 02:00s，“对齐”选项设置为中心切入，如图 3-52 所示。

（10）在“效果”面板中，单击“沉浸式视频”文件夹前面的三角形按钮 将其展开，选择“VR 漏光”效果，如图 3-53 所示。将“VR 漏光”效果拖曳到“时间轴”面板中的“04”文件的结束位置，“时间轴”面板如图 3-54 所示。

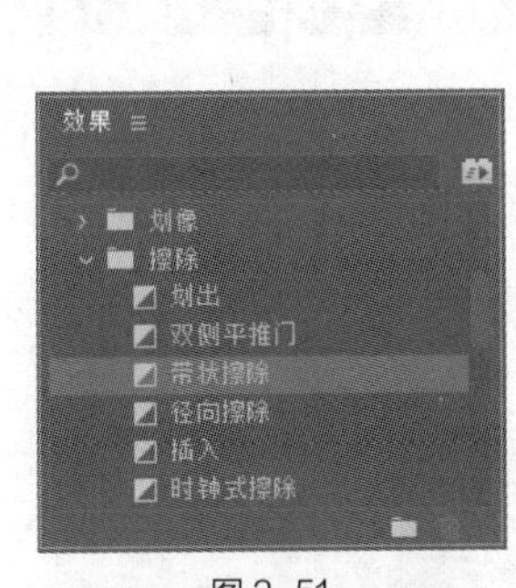

图 3-51

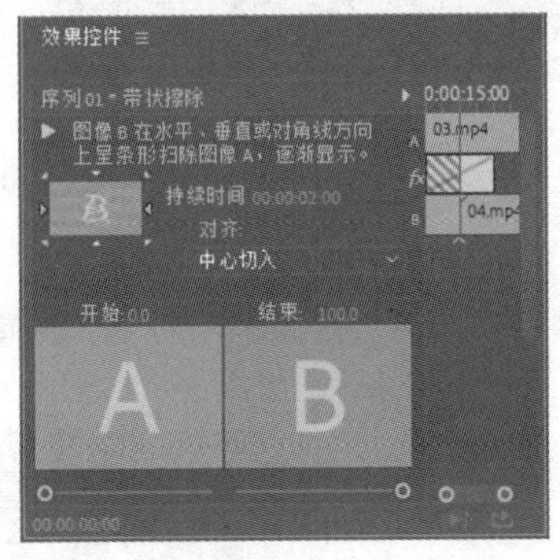

图 3-52

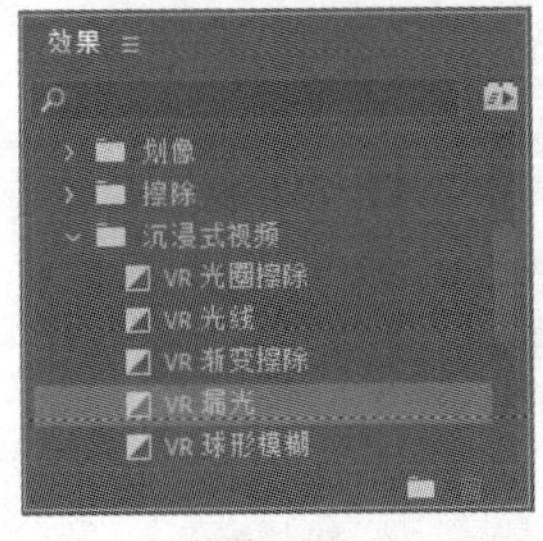

图 3-53

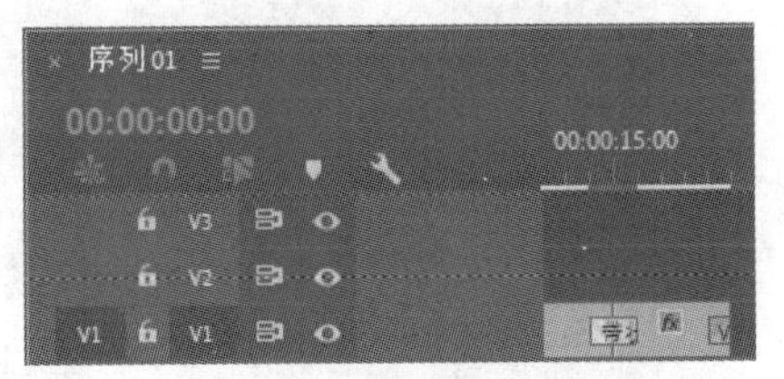

图 3-54

（11）在“项目”面板中，选择“05”文件并将其拖曳到“时间轴”面板中的“视频 2（V2）”轨道中，如图 3-55 所示。选择“时间轴”面板中的“05”文件。选择“效果控件”面板，展开“运动”选项，将“位置”选项设置为 1008.0 和 88.0，“缩放”选项设置为 120.0，如图 3-56 所示。儿童成长电子相册制作完成。

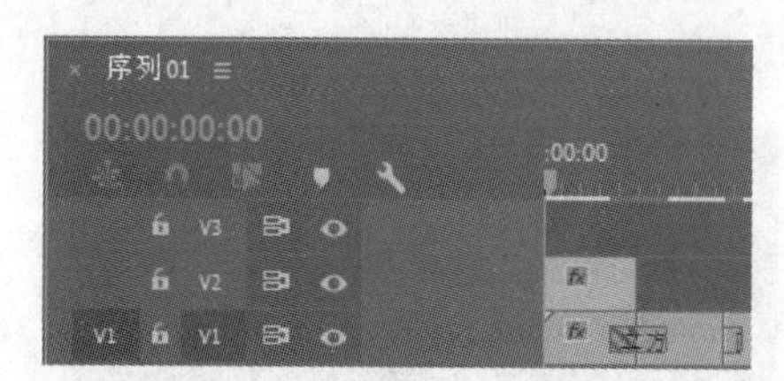

图 3-55

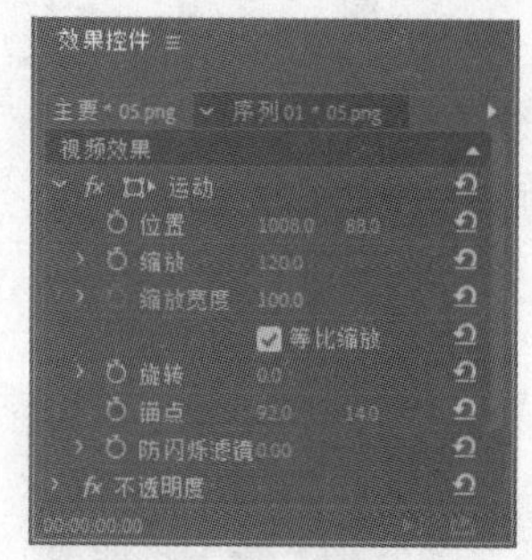

图 3-56

3.2.3 【相关工具】

1．3D 运动

在“3D 运动”文件夹中，共包含 2 种视频过渡效果，如图 3-57 所示。使用不同的过渡后，画面效果如图 3-58 所示。

图 3-57

立方体旋转

翻转

图 3-58

2．划像

在“划像”文件夹中，共包含 4 种视频过渡效果，如图 3-59 所示。使用不同的过渡后，画面效果如图 3-60 所示。

图 3-59

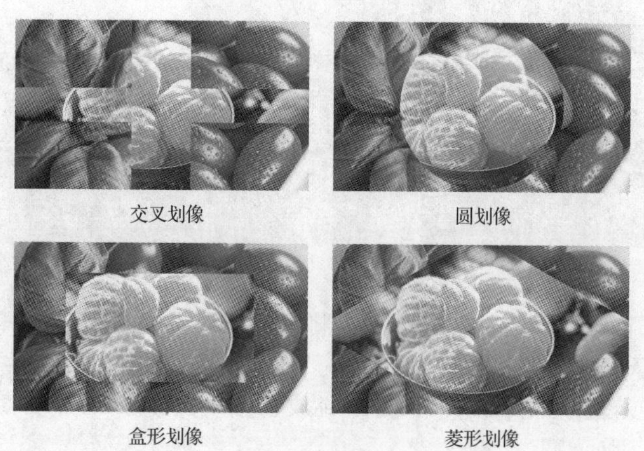

交叉划像　圆划像

盒形划像　菱形划像

图 3-60

3. **擦除**

在“擦除”文件夹中，共包含 17 种视频过渡效果，如图 3-61 所示。使用不同的过渡后，画面效果如图 3-62 所示。

图 3-61

划出　双侧平推门

带状擦除

径向擦除

插入

时钟式擦除

棋盘

棋盘擦除

楔形擦除

水波块

油漆飞溅

图 3-62

渐变擦除　百叶窗　螺旋框

随机块　随机擦除　风车

图 3-62（续）

4. 沉浸式视频

在“沉浸式视频”文件夹中，共包含 8 种视频过渡效果，如图 3-63 所示。使用不同的过渡后，画面效果如图 3-64 所示。

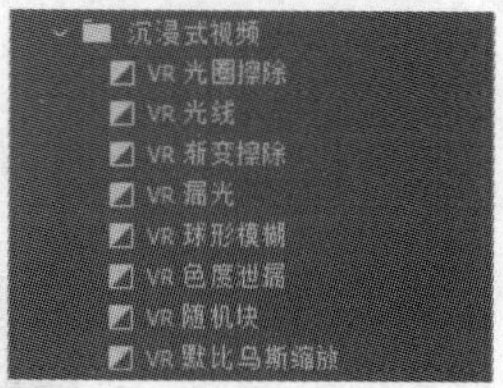

图 3-63

VR 光圈擦除　VR 光线

VR 渐变擦除　VR 漏光　VR 球形模糊

VR 色度泄漏　VR 随机块　VR 默比乌斯缩放

图 3-64

5. 溶解

在“溶解”文件夹中，共包含 7 种视频过渡效果，如图 3-65 所示。使用不同的过渡后，画面效果如图 3-66 所示。

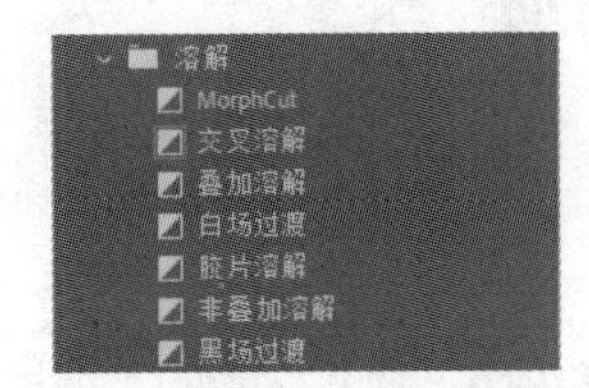

图 3-65

MorphCut

交叉溶解

叠加溶解

白场过渡

胶片溶解

非叠加溶解

黑场过渡

图 3-66

3.2.4 【实战演练】——餐厅新品宣传片

（1）使用“导入”命令导入素材文件。

（2）使用“VR 球形模糊”效果、“VR 漏光”效果、“叠加溶解”效果、“非叠加溶解”效果、“VR 默比乌斯缩放”效果和“交叉溶解”效果制作素材之间的过渡。

（3）使用“效果控件”面板编辑素材文件的大小。

最终效果参看云盘中的“Ch03\餐厅新品宣传片\餐厅新品宣传片. prproj”，如图 3-67 所示。

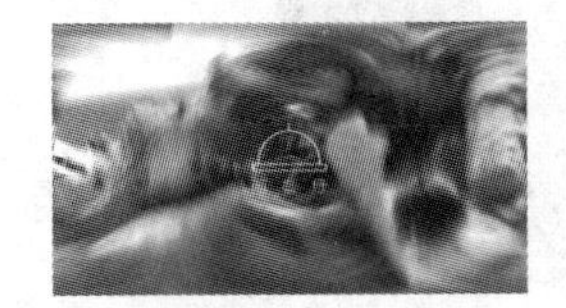

图 3-67

3.3 可爱猫咪电子相册

3.3.1 【操作目的】

（1）使用“导入”命令导入素材文件。

（2）使用“带状滑动”效果、“随机块”效果、“翻页”效果和“VR 色度泄漏”效果制作素材之间的过渡。

（3）使用“效果控件”面板调整过渡效果。

最终效果参看云盘中的“Ch03\可爱猫咪电子相册\可爱猫咪电子相册.prproj”，如图 3-68 所示。

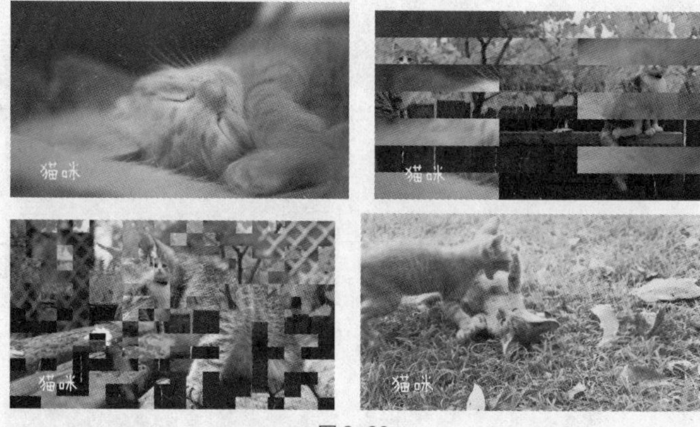

图 3-68

3.3.2 【操作步骤】

（1）启动 Premiere Pro CC 2019 软件，选择“文件 > 新建 > 项目”命令，弹出“新建项目”对话框，如图 3-69 所示，单击“确定”按钮，新建项目。选择“文件 > 新建 > 序列”命令，弹出“新建序列”对话框，单击“设置”选项卡，具体参数设置如图 3-70 所示，单击“确定”按钮，新建序列。

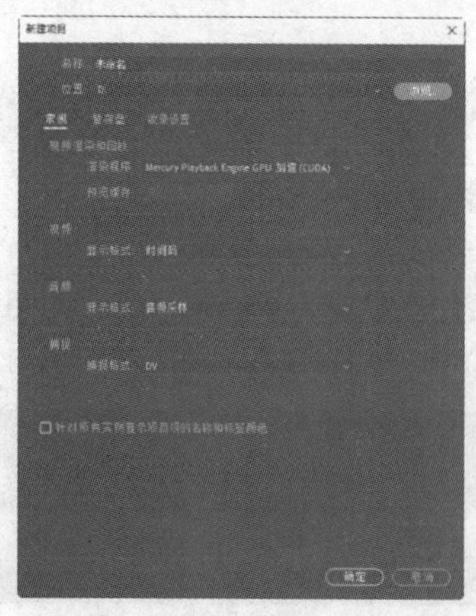

图 3-69

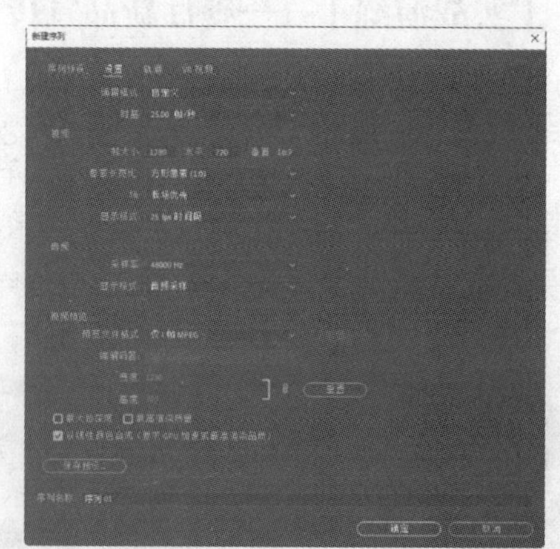

图 3-70

（2）选择“文件 > 导入”命令，弹出“导入”对话框，选择本书云盘中的“Ch03\可爱猫咪电子相册\素材\01～05”文件，如图 3-71 所示，单击“打开”按钮，将素材文件导入“项目”面板中，如图 3-72 所示。

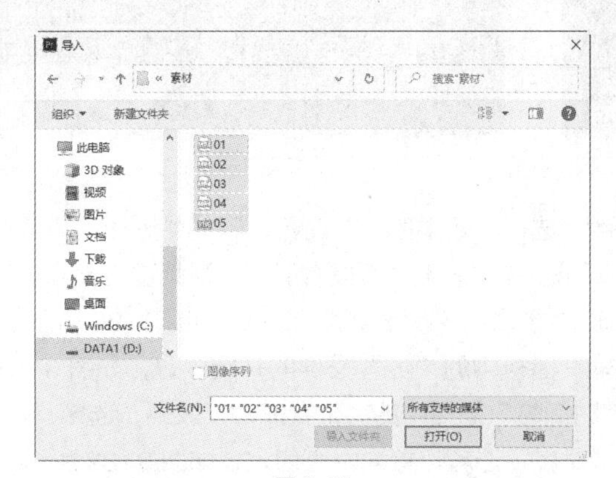

图 3-71

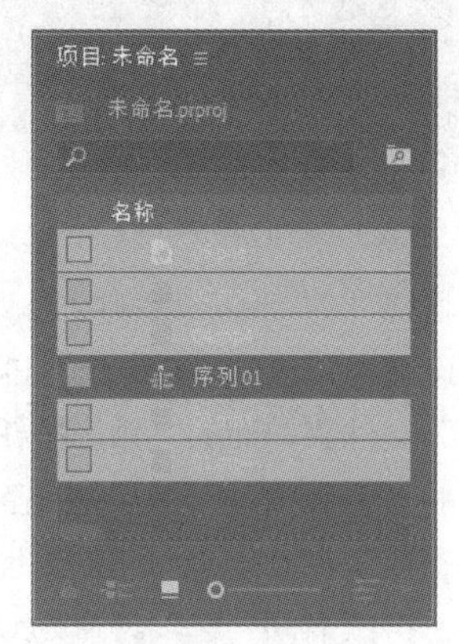

图 3-72

（3）在“时间轴”面板的 0S 处按 M 键，创建标记，如图 3-73 所示。用相同的方法分别在 05:00s、10:00s、15:00s 和 20:00s 处添加标记，如图 3-74 所示。

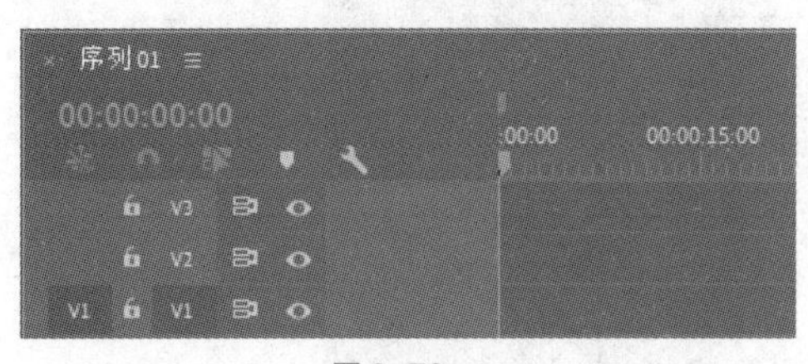

图 3-73

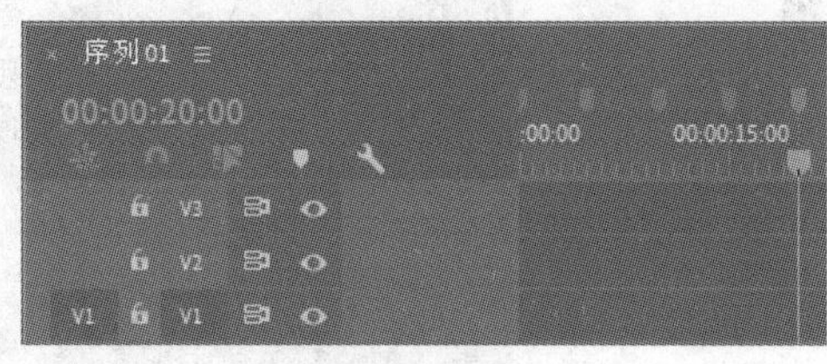

图 3-74

（4）将时间标签放置在 0s 的位置上。在“项目”面板中，按顺序选择“01”“02”“03”“04”文件。选择“剪辑 > 自动匹配序列”命令，在弹出的对话框中进行设置，如图 3-75 所示，单击“确定”按钮，自动匹配序列，“时间轴”面板如图 3-76 所示。

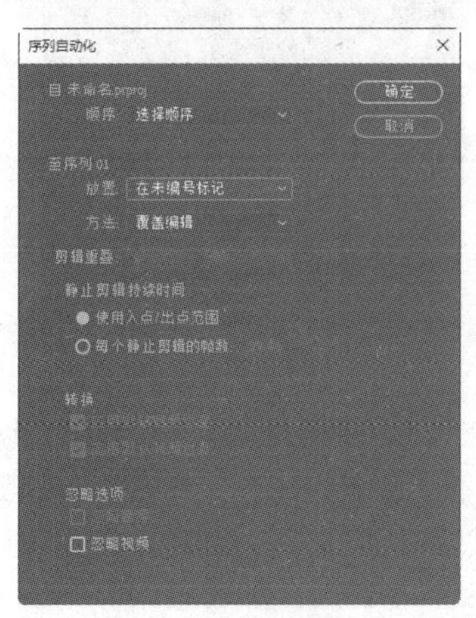

图 3-75

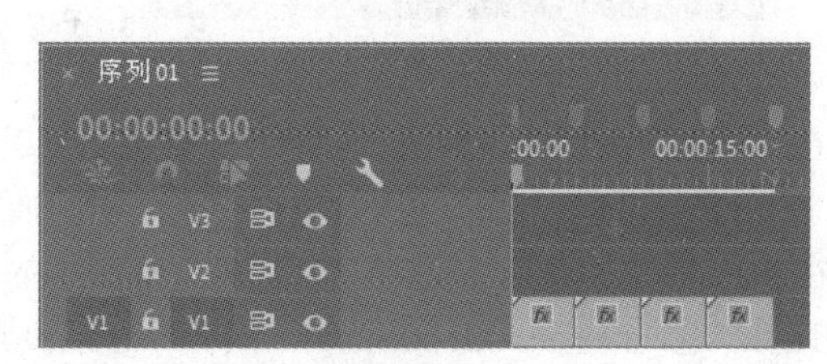

图 3-76

（5）在“项目”面板中，选择“05”文件并将其拖曳到“时间轴”面板中的“视频 2（V2）”轨道中，如图 3-77 所示。单击“05”文件的结束位置，显示编辑点，按住鼠标左键将其拖曳到“04”文件的结束位置，如图 3-78 所示。

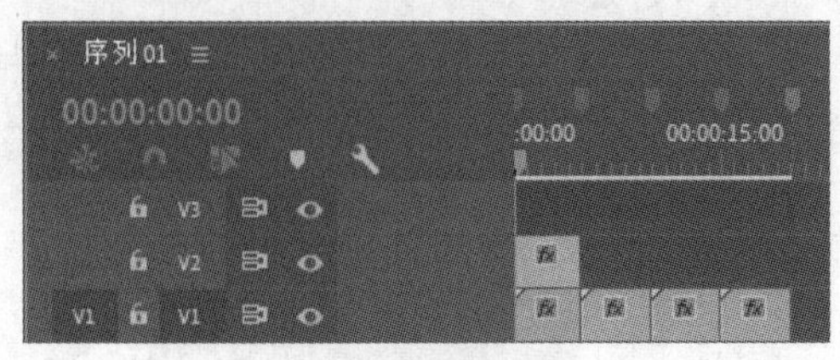

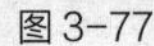
图 3-77

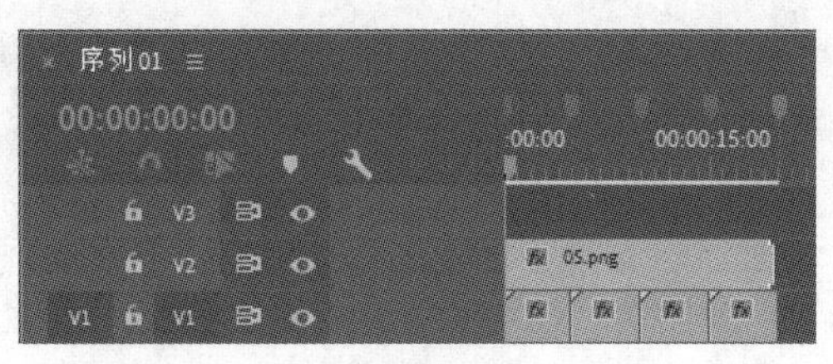

图 3-78

（6）选择“时间轴”面板中的“05”文件。选择“效果控件”面板，展开“运动”选项，将“位置”选项设置为 196.0 和 620.0，如图 3-79 所示。在“效果”面板中展开“视频过渡”分类选项，单击“滑动”文件夹前面的三角形按钮 将其展开，选择“带状滑动”效果，如图 3-80 所示。

（7）将“带状滑动”效果拖曳到“时间轴”面板中的“02”文件的开始位置，如图 3-81 所示。将时间标签放置在 05:00s 的位置上，选择“时间轴”面板中的“带状滑动”效果。选择“效果控件”面板，将“持续时间”选项设置为 02:00s，“对齐”选项设置为中心切入，如图 3-82 所示。

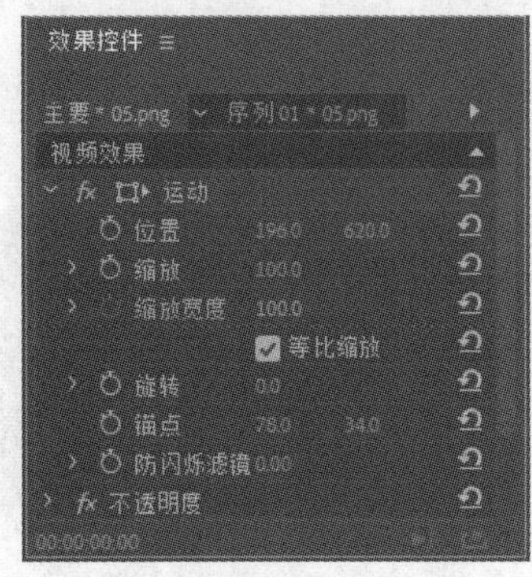

图 3-79

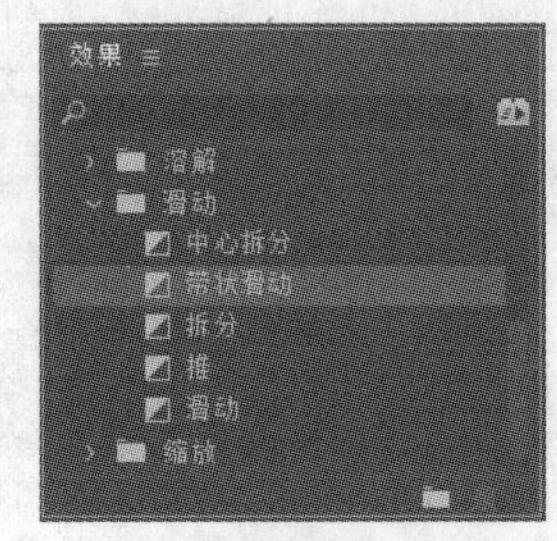

图 3-80

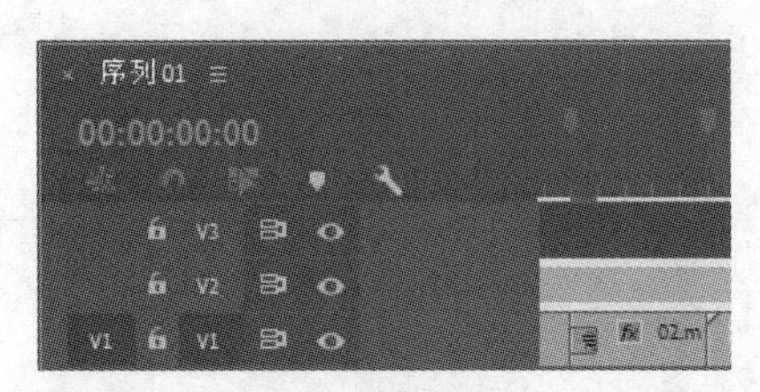

图 3-81

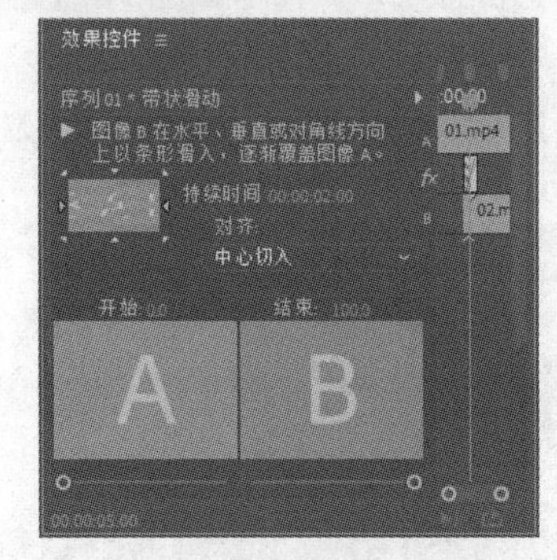

图 3-82

（8）在“效果”面板中，单击“擦除”文件夹前面的三角形按钮 将其展开，选择“随机块”效果，如图 3-83 所示。将“随机块”效果拖曳到“时间轴”面板中的“03”文件的开始位置，将时间标签放置在 10:00s 的位置上，选择“时间轴”面板中的“随机块”效果。选择“效果控件”面板，将“持续时间”选项设置为 03:00s，将“对齐”选项设置为中心切入，如图 3-84 所示。

（9）在“效果”面板中，单击“页面剥落”文件夹前面的三角形按钮 将其展开，选择“翻页”效果，如图 3-85 所示。将“翻页”效果拖曳到“时间轴”面板中的“04”文件的开始位置，将时间标签放置在 15:00s 的位置上，选择“时间轴”面板中的“翻页”效果。选择“效果控件”面板，将“持续时间”选项设置为 02:00s，如图 3-86 所示。

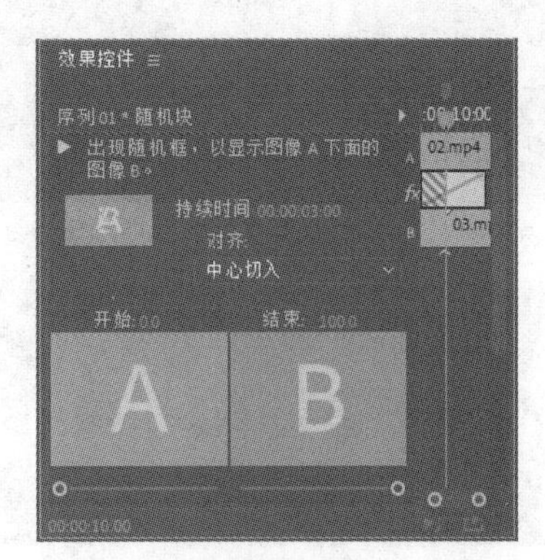

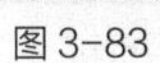
图3-83

图3-84

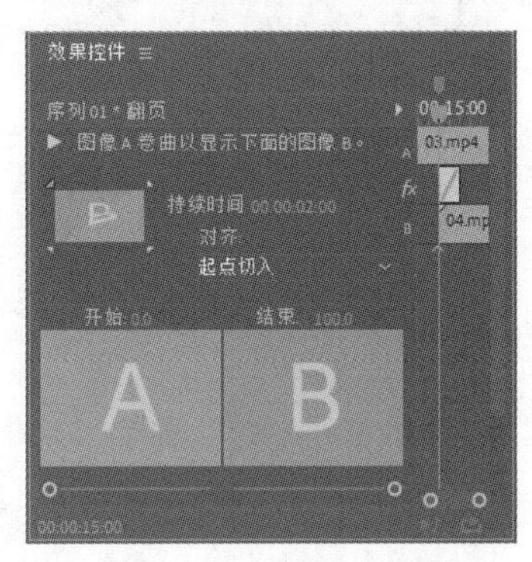

图3-85

图3-86

（10）在“效果”面板中，单击“沉浸式视频”文件夹前面的三角形按钮将其展开，选择“VR色度泄漏”效果，如图3-87所示。将“VR色度泄漏”效果分别拖曳到“时间轴”面板中的“04”和“05”文件的结束位置，如图3-88所示。可爱猫咪电子相册制作完成。

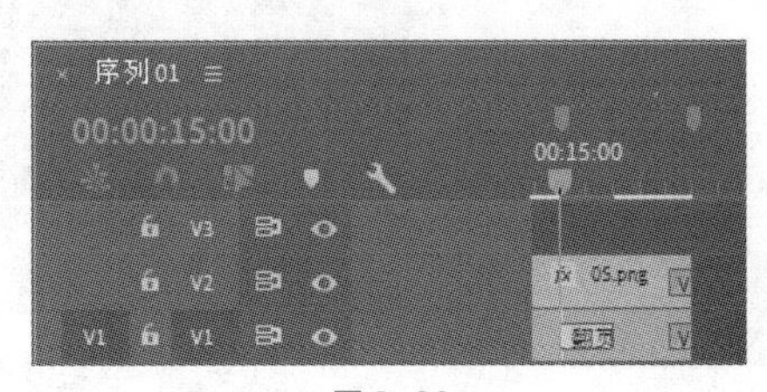

图3-87

图3-88

3.3.3 【相关工具】

图3-89

1. 滑动

在“滑动”文件夹中，共包含5种视频过渡效果，如图3-89所示。使用不同的过渡后，画面效果如图3-90所示。

中心拆分　　带状滑动　　拆分

推　　滑动

图 3-90

2. 缩放

在“缩放”文件夹中，共包含 1 种视频过渡效果，如图 3-91 所示。使用该过渡后，画面效果如图 3-92 所示。

图 3-91

交叉缩放

图 3-92

3. 页面剥落

在“页面剥落”文件夹中，共包含 2 种视频过渡效果，如图 3-93 所示。使用不同的过渡后，画面效果如图 3-94 所示。

图 3-93

翻页　　页面剥落

图 3-94

3.3.4 【实战演练】——自驾行宣传片

（1）使用“导入”命令导入素材文件。

（2）使用“带状滑动”效果、“推”效果、“交叉缩放”效果和“翻页”效果制作素材之间的过渡。

（3）使用“效果控件”面板编辑素材文件的大小。

最终效果参看云盘中的“Ch03\自驾行宣传片\自驾行宣传片.prproj”，如图 3-95 所示。

图3-95

3.4 综合案例——快乐童年电子相册

（1）使用“导入”命令导入素材文件。

（2）使用“滑动”效果、“拆分”效果、“翻页”效果和“交叉缩放”效果制作素材之间的过渡。

（3）使用“效果控件”面板编辑素材文件的大小。

最终效果参看云盘中的“Ch03\快乐童年电子相册\快乐童年电子相册.prproj”，如图3-96所示。

扫码观看
本案例视频

图3-96

3.5 综合案例——个人旅拍 Vlog 短视频

（1）使用“导入”命令导入素材文件。

（2）使用“菱形划像”效果、“时钟式擦除”效果和“带状滑动”效果制作素材之间的过渡。

最终效果参看云盘中的“Ch03\个人旅拍Vlog短视频\个人旅拍Vlog短视频.prproj”，如图3-97所示。

图 3-97

04

第4章 视频效果

本章主要介绍Premiere Pro CC 2019中的视频效果及其制作方法，这些效果可以应用在视频、图片和文字上。通过本章的学习，读者可以快速了解并掌握视频效果制作的精髓，随心所欲地创造出丰富多彩的视频效果。

课堂学习目标

- ✔ 掌握使用关键帧控制效果的方法。
- ✔ 掌握视频效果的应用方法。

4.1 森林美景宣传片

4.1.1 【操作目的】

（1）使用“导入”命令导入素材文件。

（2）使用“位置”“缩放”和“旋转”选项编辑素材并制作动画。

（3）使用“自动色阶”效果和“颜色平衡”效果调整素材颜色。

最终效果参看云盘中的“Ch04\森林美景宣传片\森林美景宣传片.prproj”，如图 4-1 所示。

图 4-1

4.1.2 【操作步骤】

（1）启动 Premiere Pro CC 2019 软件，选择“文件 > 新建 > 项目”命令，弹出“新建项目”对话框，如图 4-2 所示，单击“确定”按钮，新建项目。选择“文件 > 新建 > 序列”命令，弹出“新建序列”对话框，单击“设置”选项卡，具体参数设置如图 4-3 所示，单击“确定”按钮，新建序列。

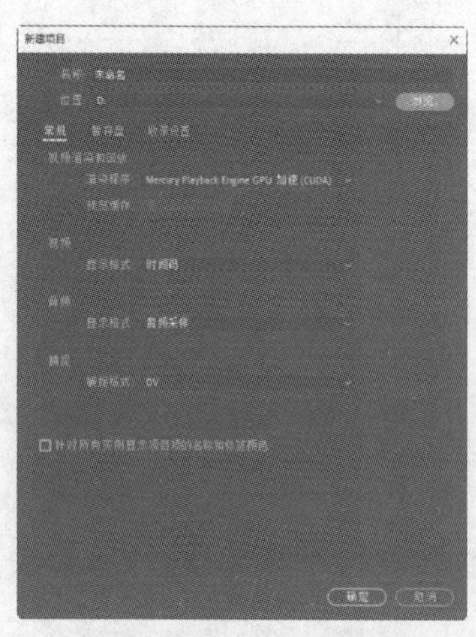

图 4-2

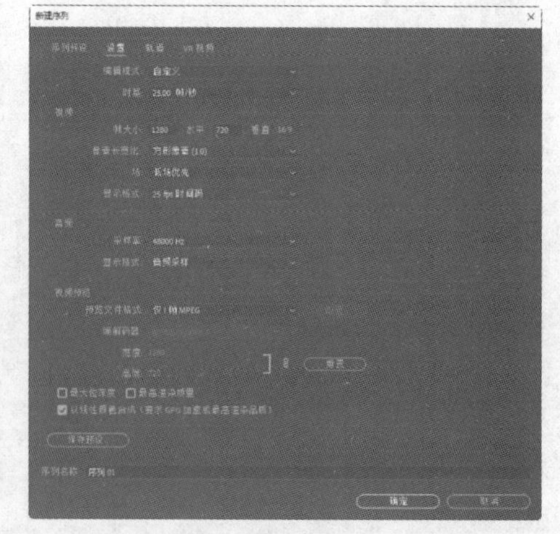

图 4-3

（2）选择“文件 > 导入”命令，弹出“导入”对话框，选择本书云盘中的“Ch04\森林美景宣传片\素材\01、02”文件，如图 4-4 所示，单击“打开”按钮，将素材文件导入“项目”面板中，如图 4-5 所示。

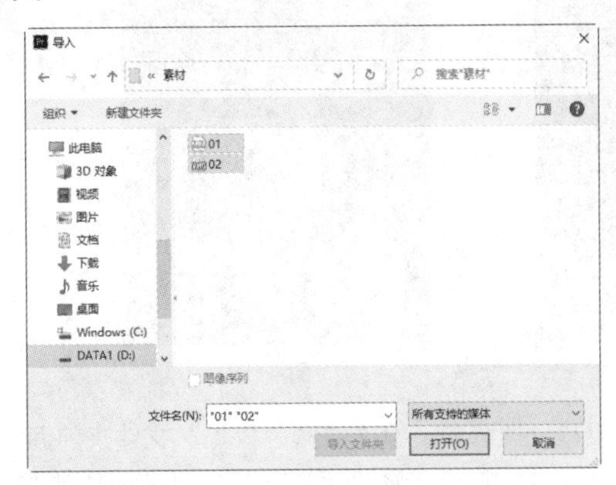

图 4-4

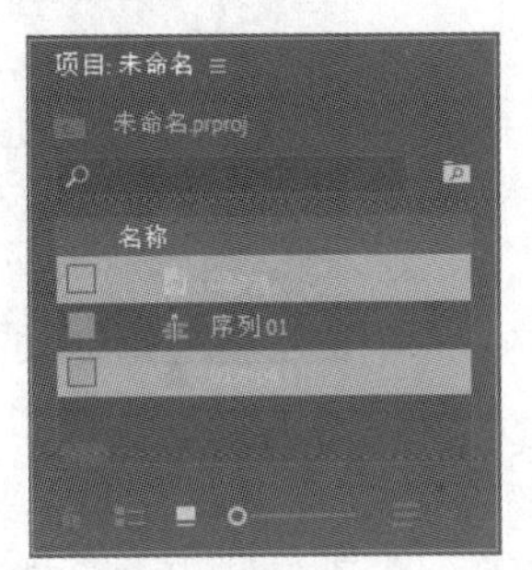

图 4-5

（3）在“项目”面板中，选择“01”文件并将其拖曳到“时间轴”面板中的“视频 1（V1）”轨道中。弹出“剪辑不匹配警告”对话框，单击“保持现有设置”按钮，在保持现有序列设置的情况下将文件放置在“视频 1（V1）”轨道中，如图 4-6 所示。将时间标签放置在 00:01s 的位置。将鼠标指针放置在“01”文件的开始位置，当鼠标指针呈形状时单击，显示编辑点，按 E 键将“01”文件的开始位置定位到时间标签所在位置，如图 4-7 所示。

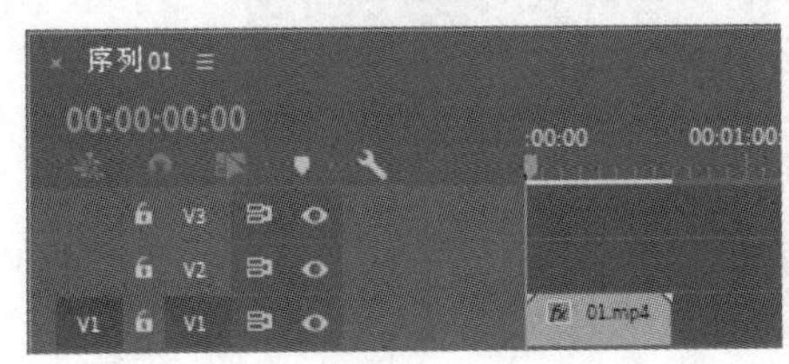

图 4-6

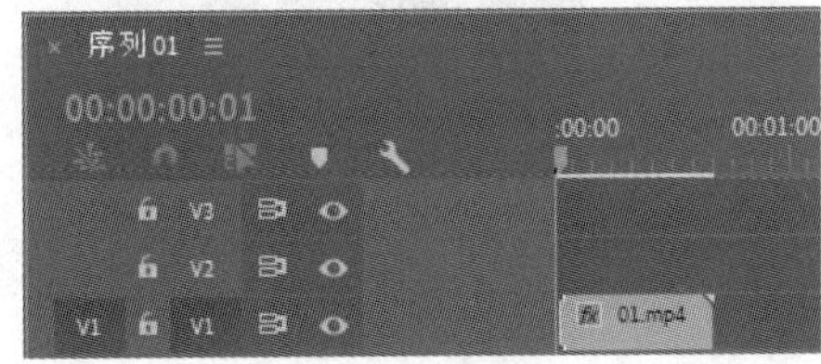

图 4-7

（4）将时间标签放置在 0s 的位置，将“01”文件向左拖曳到时间标签的位置，如图 4-8 所示。将时间标签放置在 05:00s 的位置，将鼠标指针放置在“01”文件的结束位置，当鼠标指针呈形状时单击，显示编辑点。按 E 键将“01”文件的结束位置定位到时间标签所在位置，如图 4-9 所示。

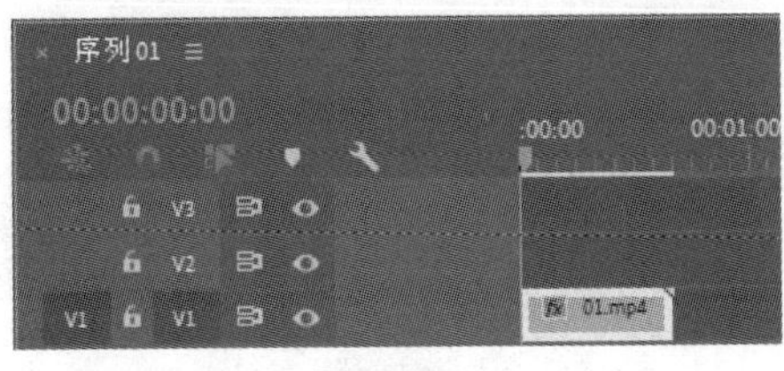

图 4-8

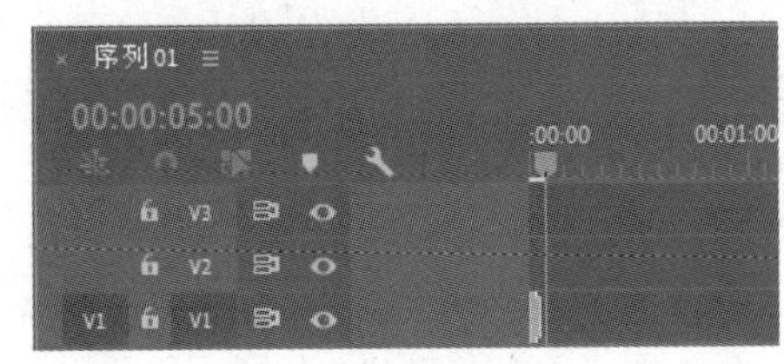

图 4-9

（5）将时间标签放置在 0s 的位置。选择“时间轴”面板中的“01”文件，在“效果控件”面板中展开“运动”选项，将“缩放”选项设置为 67.0，如图 4-10 所示。选择“效果”面板，展开“视频效果”分类选项，单击“过时”文件夹前面的三角形按钮将其展开，选择“自动色阶”效果，如图 4-11 所示。将“自动色阶”效果拖曳到“时间轴”面板的“视频 1（V1）”轨道中的“01”文件上。

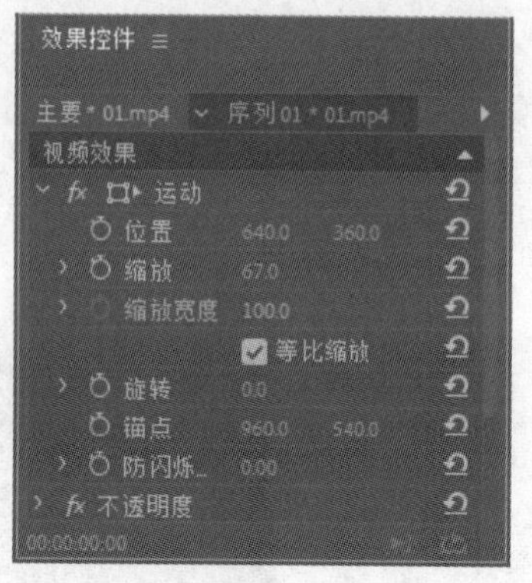

图 4-10

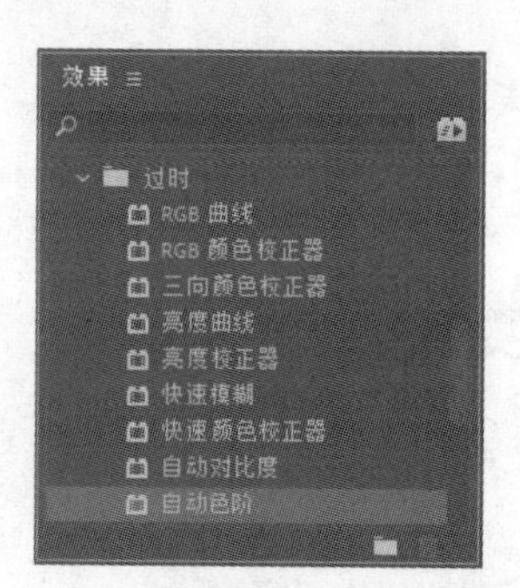

图 4-11

（6）选择“效果”面板，展开“视频效果”分类选项，单击“颜色校正”文件夹前面的三角形按钮▶将其展开，选择“颜色平衡”效果，如图 4-12 所示。将“颜色平衡”效果拖曳到“时间轴”面板的“视频 1（V1）”轨道中的“01”文件上。选择“效果控件”面板，展开“颜色平衡”选项，将“阴影绿色平衡”选项设置为 18.0，如图 4-13 所示。

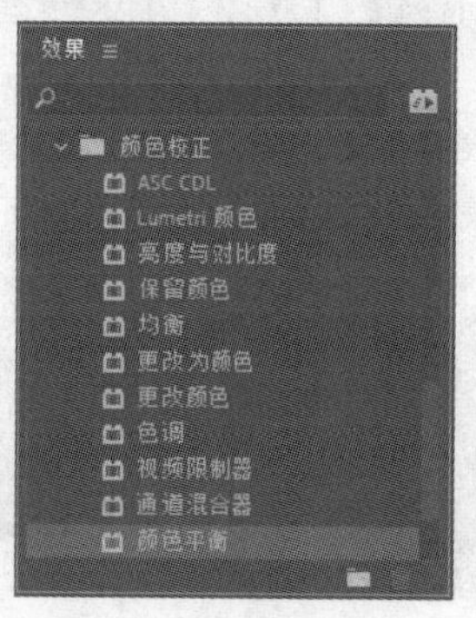

图 4-12

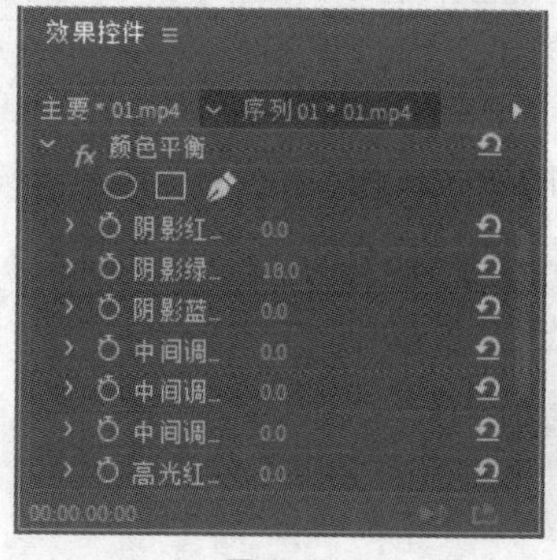

图 4-13

（7）将时间标签放置在 00:10s 的位置。在“项目”面板中，选择“02”文件并将其拖曳到“时间轴”面板中的“视频 2（V2）”轨道中，如图 4-14 所示。将鼠标指针放置在“02”文件的结束位置，当鼠标指针呈◀形状时单击，显示编辑点，按住鼠标左键将其拖曳到“01”文件的结束位置，如图 4-15 所示。

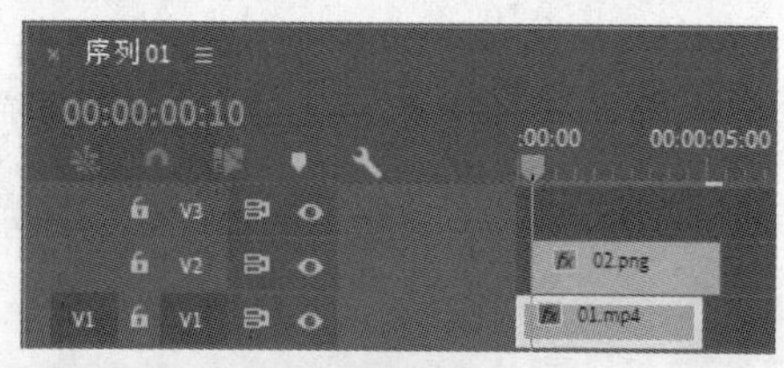

图 4-14

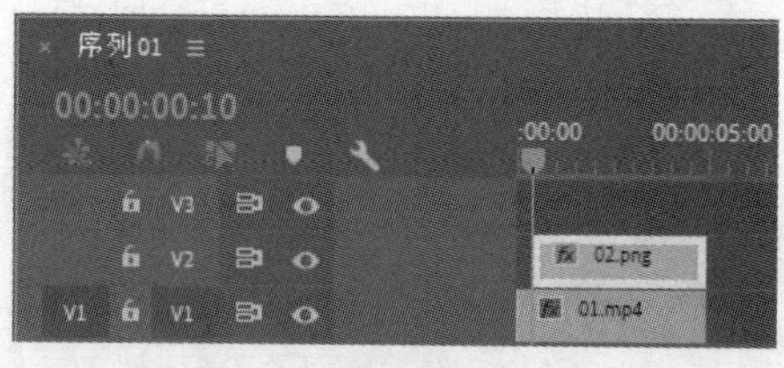

图 4-15

（8）选择“效果”面板，展开“视频效果”分类选项，单击“颜色校正”文件夹前面的三角形按钮▶将其展开，选择“颜色平衡”效果，如图 4-16 所示。将“颜色平衡”效果拖曳到“时间轴”面板的“视频 1（V1）”轨道中的“02”文件上。选择“效果控件”面板，展开“颜色平衡”选项，将“阴影红色平衡”选项设置为 58.0，“阴影绿色平衡”选项设置为-24.0，如图 4-17 所示。

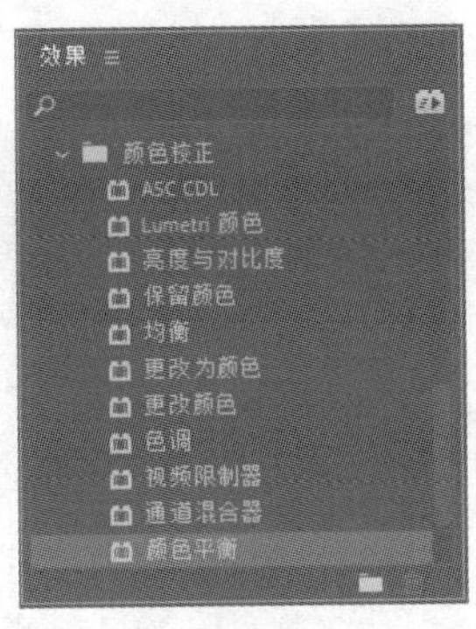

图 4-16

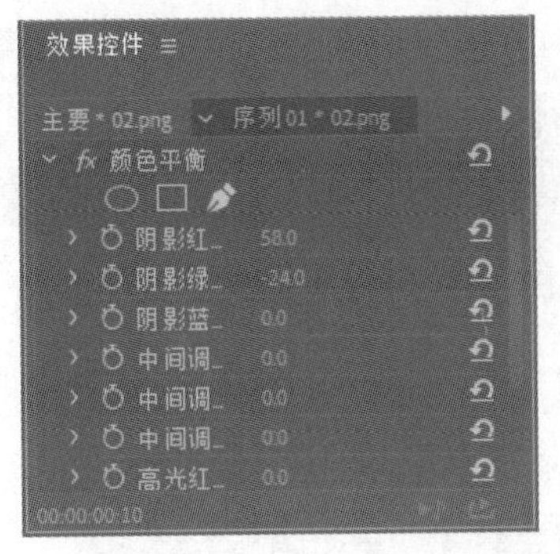

图 4-17

（9）展开“运动”选项，将“位置”选项设置为 770.5 和−39.3，“缩放”选项设置为 38.0，“旋转”选项设置为 51.0°，单击“位置”和“旋转”选项左侧的“切换动画”按钮，如图 4-18 所示，记录第 1 个动画关键帧。将时间标签放置在 01:10s 的位置，将“位置”选项设置为 649.6 和 78.7，如图 4-19 所示，记录第 2 个动画关键帧。

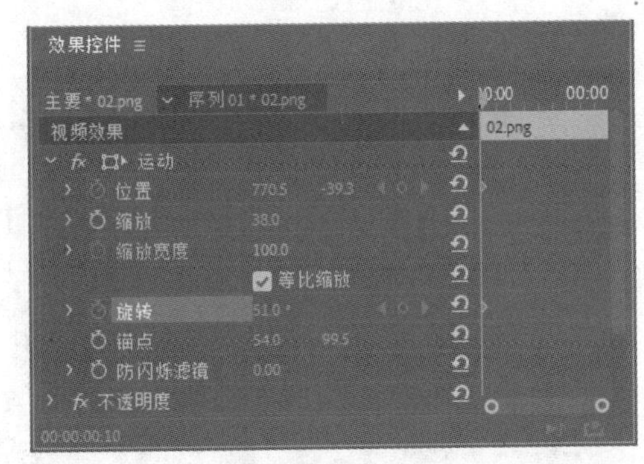

图 4-18

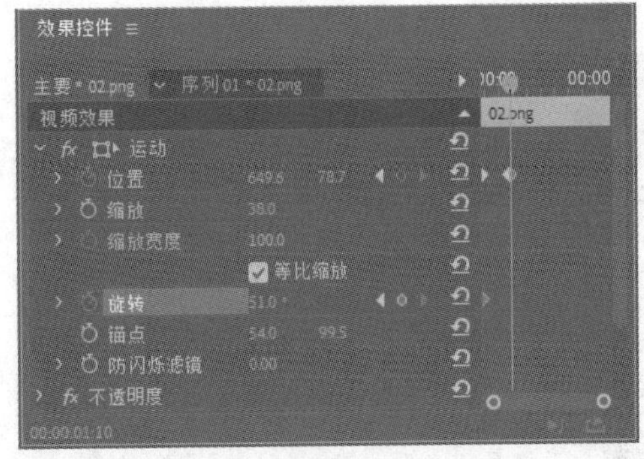

图 4-19

（10）将时间标签放置在 02:10s 的位置，将“位置”选项设置为 791.8 和 220.8，“旋转”选项设置为−51.0°，如图 4-20 所示，记录第 3 个动画关键帧。将时间标签放置在 03:07s 的位置，将“位置”选项设置为 630.0 和 407.0，如图 4-21 所示，记录第 4 个动画关键帧。

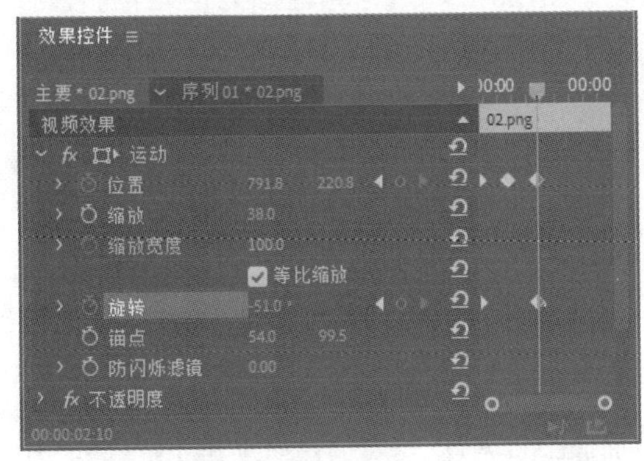

图 4-20

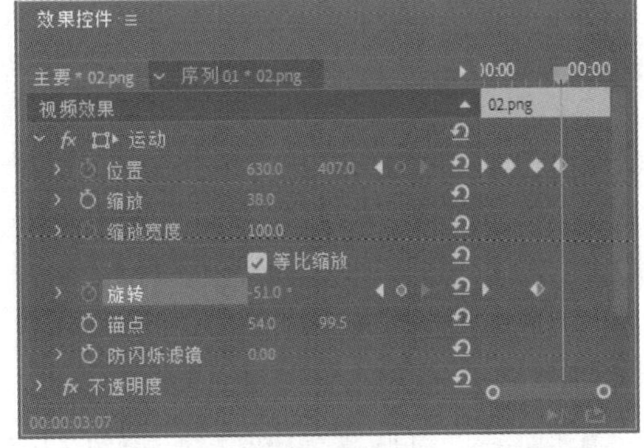

图 4-21

（11）将时间标签放置在 04:05s 的位置，将“位置”选项设置为 818.3 和 595.2，“旋转”选项设置为 90.0°，如图 4-22 所示，记录第 5 个动画关键帧。将时间标签放置在 04:23s 的位置，将“位置”

选项设置为 688.5 和 749.7，如图 4-23 所示，记录第 6 个动画关键帧。

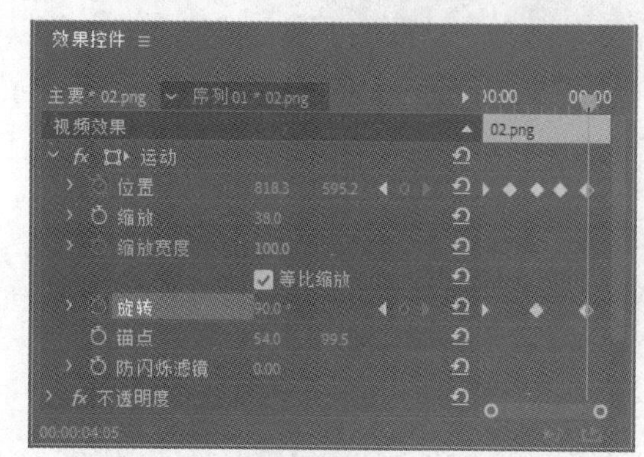

图 4-22

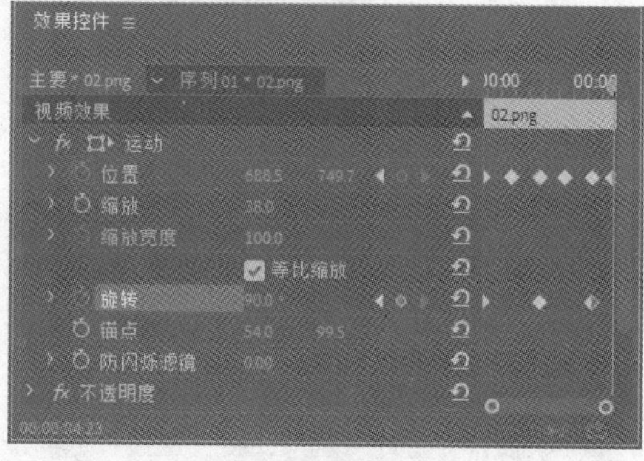

图 4-23

（12）在“效果控件”面板中，用框选的方法选择“位置”选项的关键帧，如图 4-24 所示。在关键帧上右击，在弹出的快捷菜单中选择“临时插值 > 自动贝塞尔曲线”命令，调整关键帧，效果如图 4-25 所示。

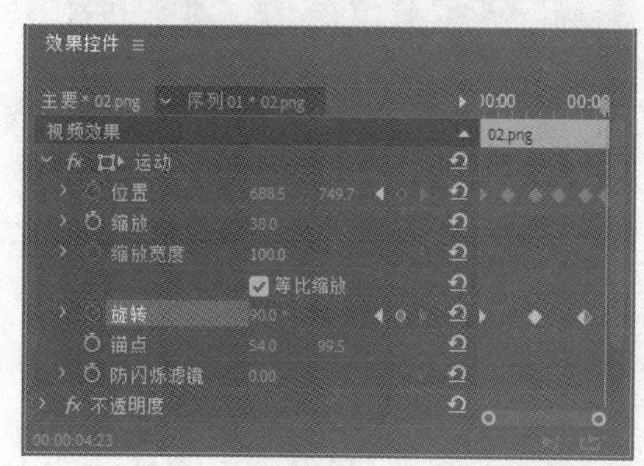

图 4-24

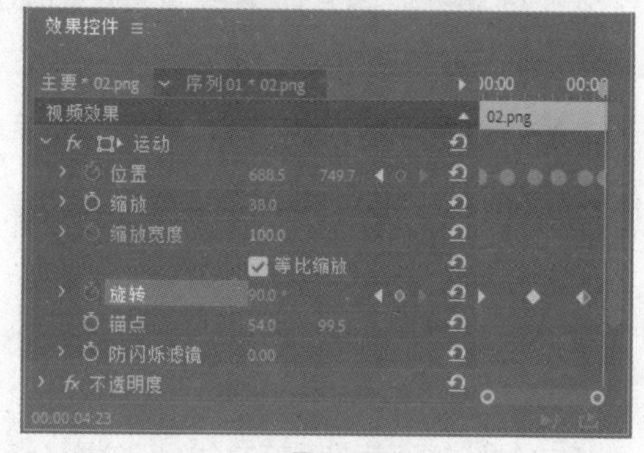

图 4-25

（13）将时间标签放置在 00:21s 的位置。在“项目”面板中，选择“02”文件并将其拖曳到“时间轴”面板中的“视频 3（V3）”轨道中，如图 4-26 所示。将鼠标指针放置在“02”文件的结束位置，当鼠标指针呈形状时单击，显示编辑点，按住鼠标左键将其拖曳到“01”文件的结束位置，如图 4-27 所示。

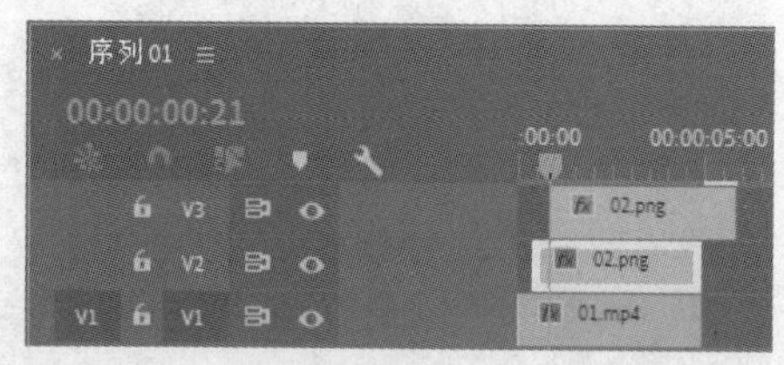

图 4-26

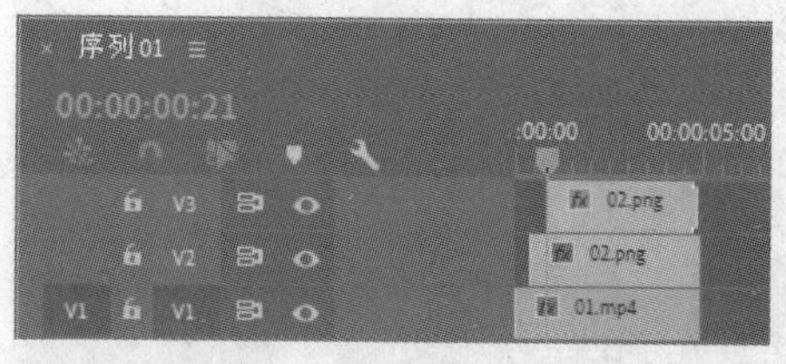

图 4-27

（14）在“时间轴”面板中选择“视频 2（V2）”轨道中的“02”文件。在“效果控件”面板中，选择“颜色平衡”效果，如图 4-28 所示，按 Ctrl+C 组合键复制效果。在“时间轴”面板中选择“视频 3（V3）”轨道中的“02”文件，在“效果控件”面板中，按 Ctrl+V 组合键粘贴效果，如图 4-29 所示。

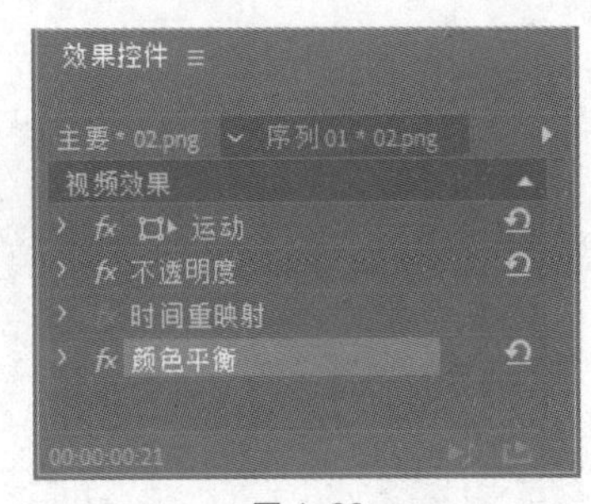

图 4-28

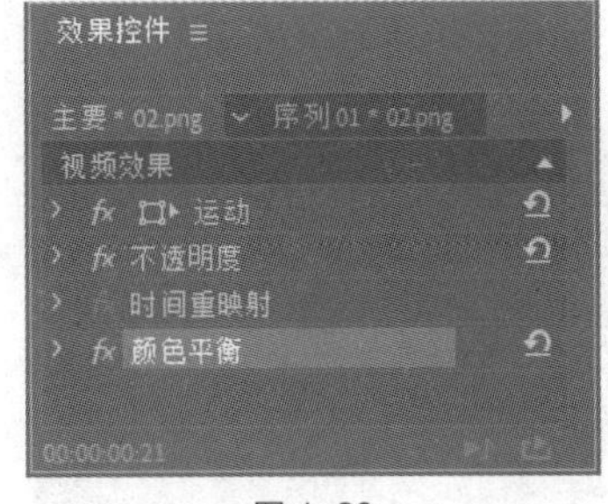

图 4-29

（15）展开“运动”选项，将“位置”选项设置为 392.1 和-49.9，“缩放”选项设置为 23.0，“旋转”选项设置为 58.8°，单击“位置”和“旋转”选项左侧的“切换动画”按钮，如图 4-30 所示，记录第 1 个动画关键帧。将时间标签放置在 01:21s 的位置，将“位置”选项设置为 478.6 和 51.8，如图 4-31 所示，记录第 2 个动画关键帧。

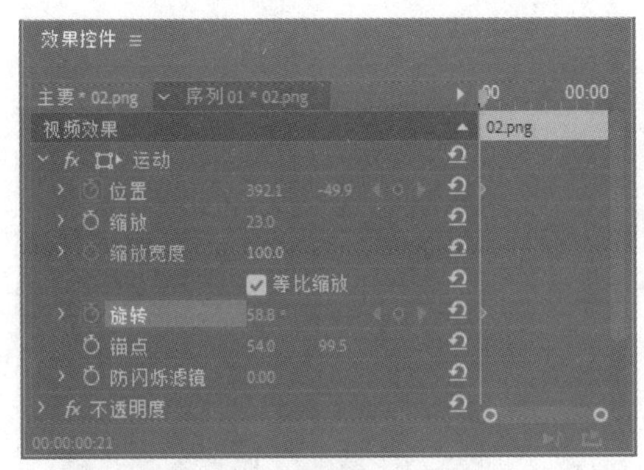

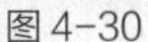

图 4-30

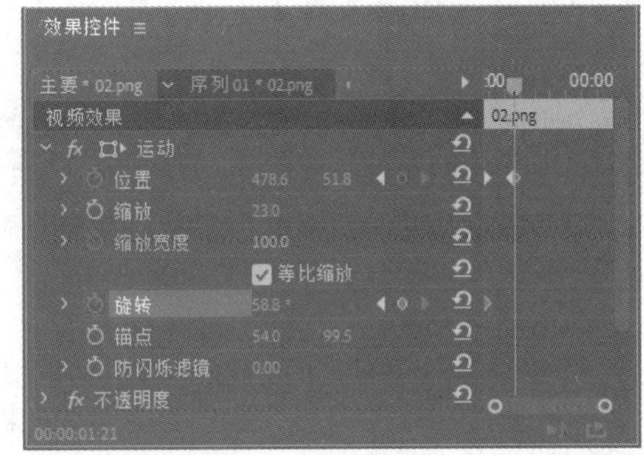

图 4-31

（16）将时间标签放置在 02:21s 的位置，将“位置”选项设置为 367.1 和 199.7，“旋转”选项设置为-58.8°，如图 4-32 所示，记录第 3 个动画关键帧。将时间标签放置在 03:18s 的位置，将“位置”选项设置为 524.7 和 351.4，如图 4-33 所示，记录第 4 个动画关键帧。

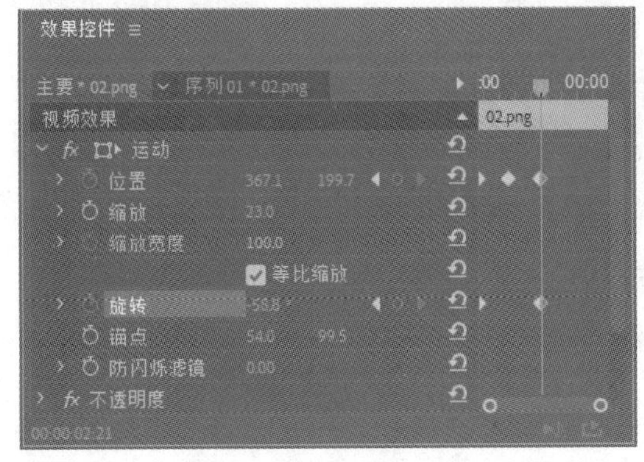

图 4-32

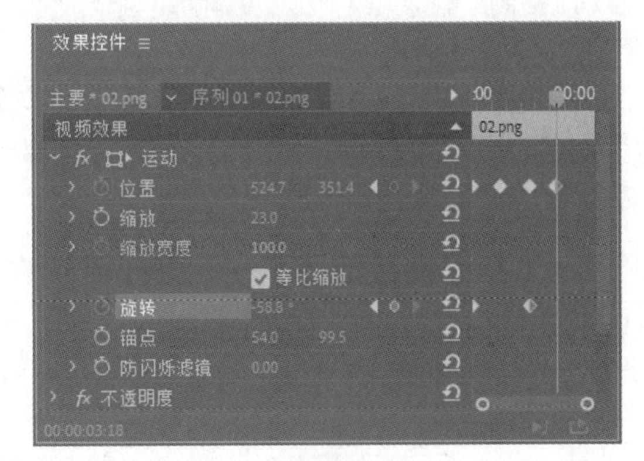

图 4-33

（17）将时间标签放置在 04:16s 的位置，将“位置”选项设置为 401.7 和 737.3，“旋转”选项设置为 180.0°，如图 4-34 所示，记录第 5 个动画关键帧。用框选的方法选择“位置”选项的关键帧，在关键帧上右击，在弹出的快捷菜单中选择“临时插值 > 自动贝塞尔曲线”命令，调整关键帧，效果如图 4-35 所示。森林美景宣传片制作完成。

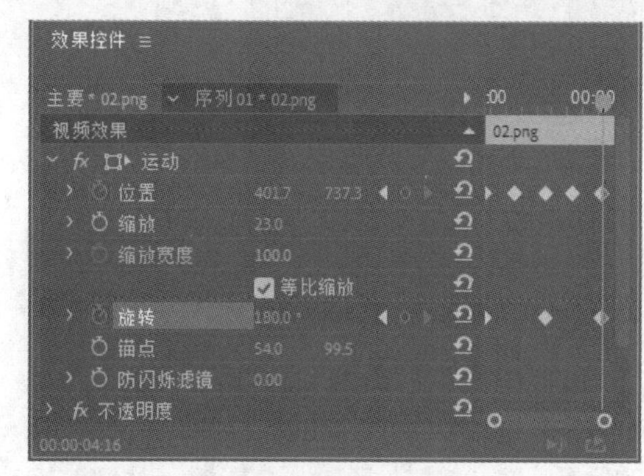

图 4-34

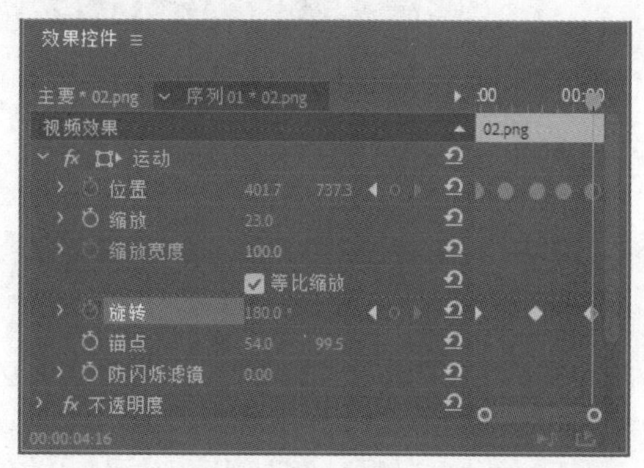

图 4-35

4.1.3 【相关工具】

1. 应用视频效果

为素材添加一个视频效果很简单，只需从“效果”面板中将效果拖曳到“时间轴”面板中的素材片段上。如果素材片段处于被选中状态，也可以双击“效果”面板中的效果或直接将效果拖曳到该片段的“效果控件”面板中。

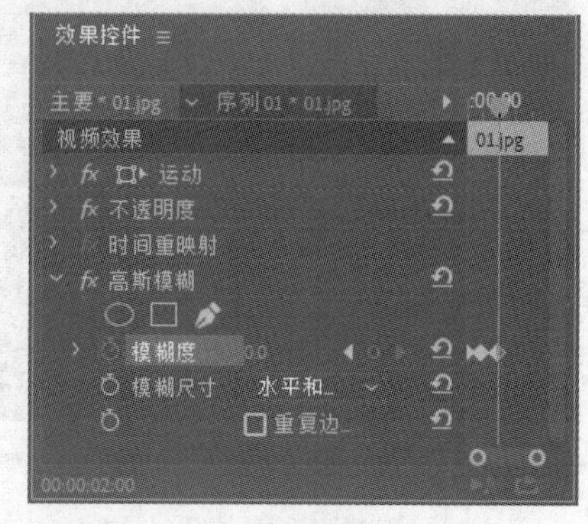

图 4-36

2. 关于关键帧

若想要视频效果随时间变化而改变，可以使用关键帧技术。当创建了一个关键帧后，就可以指定一个效果的属性在确切的时间点上的值。当为多个关键帧赋予不同的值时，Premiere Pro CC 2019 会自动调整关键帧之间的值，这个处理过程称为“插补”。可以在素材的整个时间长度中为大多数标准效果设置关键帧。对于固定效果，如位置和缩放，可以通过设置关键帧来使素材产生动画。可以移动、复制或删除关键帧和改变插补的模式。

3. 激活关键帧

要设置动画效果属性，必须激活效果属性的关键帧，任何支持关键帧的效果属性都有“切换动画”按钮，单击该按钮即可插入一个关键帧。插入关键帧（即激活关键帧）后，就可以添加和调整素材所需要的属性，效果如图 4-36 所示。

4.1.4 【实战演练】——野外风景宣传片

（1）使用“导入”命令导入素材文件。

（2）使用“Lumetri”效果调整素材的颜色。

（3）使用“基本图形”面板添加颜色块。

（4）使用“效果控件”面板调整素材的不透明度和混合模式，并制作位置动画。

最终效果参看云盘中的“Ch04\野外风景宣传片\野外风景宣传片.prproj”，如图 4-37 所示。

图 4-37

4.2 涂鸦女孩电子相册

4.2.1 【操作目的】

（1）使用“导入”命令导入素材文件。

（2）使用“效果控件”面板的“缩放”选项调整素材大小。

（3）使用“高斯模糊”效果和“方向模糊”效果制作素材文件的模糊效果。

（4）使用“效果控件”面板制作动画。

（5）最终效果参看云盘中的“Ch04\涂鸦女孩电子相册\涂鸦女孩电子相册.prproj”，如图 4-38 所示。

图 4-38

4.2.2 【操作步骤】

（1）启动 Premiere Pro CC 2019 软件，选择“文件 > 新建 > 项目”命令，弹出“新建项目”对话框，如图 4-39 所示，单击“确定”按钮，新建项目。选择“文件 > 新建 > 序列”命令，弹出“新建序列”对话框，单击“设置”选项卡，具体参数设置如图 4-40 所示，单击“确定”按钮，新建序列。

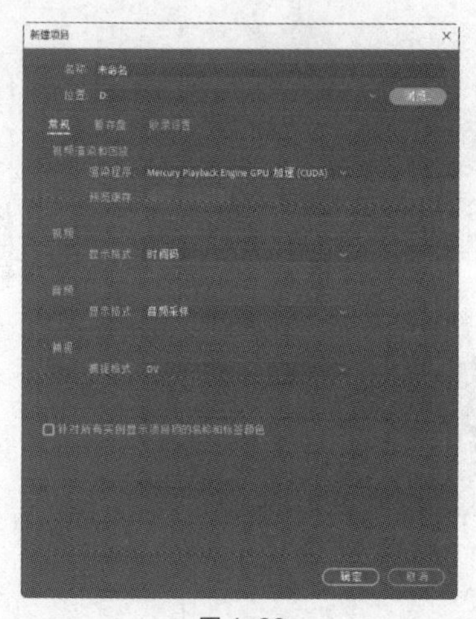

图 4-39

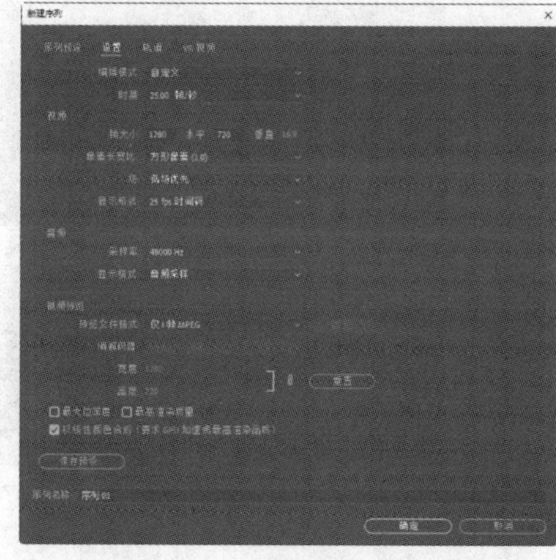

图 4-40

（2）选择“文件 > 导入”命令，弹出“导入”对话框，选择本书云盘中的“Ch04\涂鸦女孩电子相册\素材\01～03”文件，如图 4-41 所示，单击“打开”按钮，将素材文件导入“项目”面板中，如图 4-42 所示。

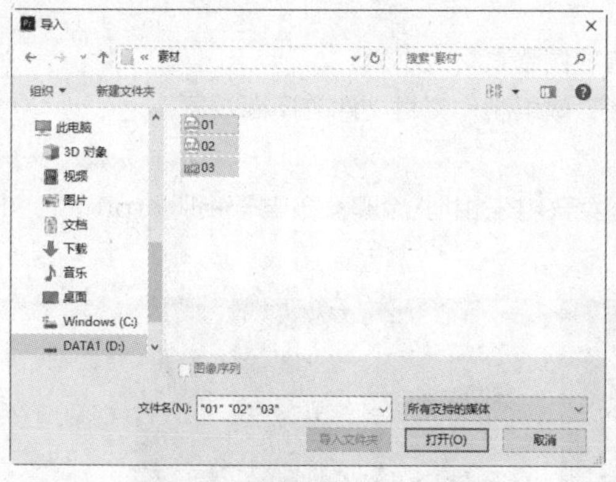

图 4-41

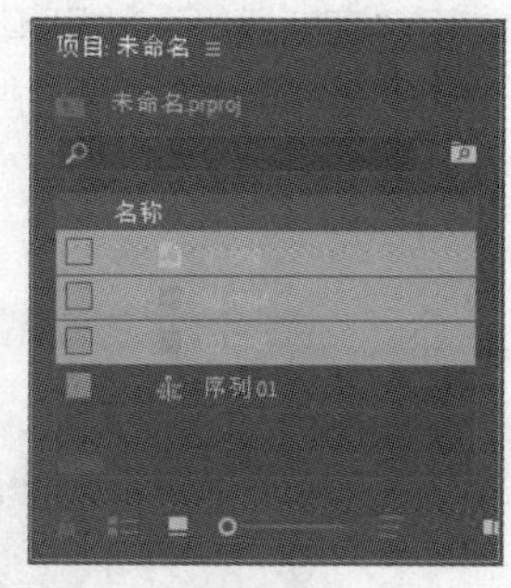

图 4-42

（3）在“项目”面板中，选择“01 和 02”文件并将其拖曳到“时间轴”面板中的“视频 1（V1）”轨道中。弹出“剪辑不匹配警告”对话框，单击“保持现有设置”按钮，在保持现有序列设置的情况下将文件放置在“视频 1（V1）”轨道中，如图 4-43 所示。选择“时间轴”面板中的“01”文件，在“效果控件”面板中展开“运动”选项，将“缩放”选项设置为 67.0，如图 4-44 所示。用相同的方法和数据调整“02”文件的缩放效果。

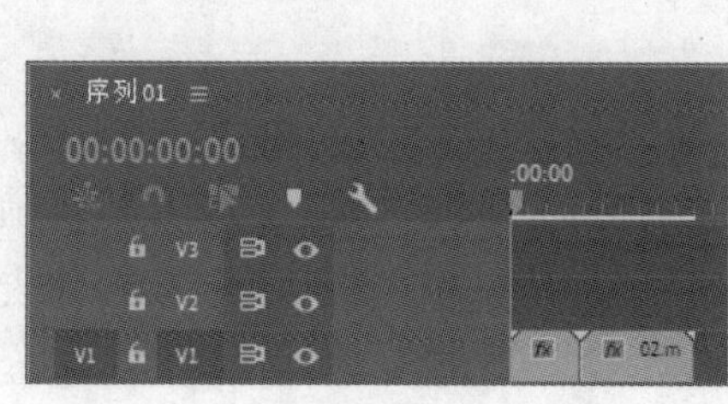

图 4-43

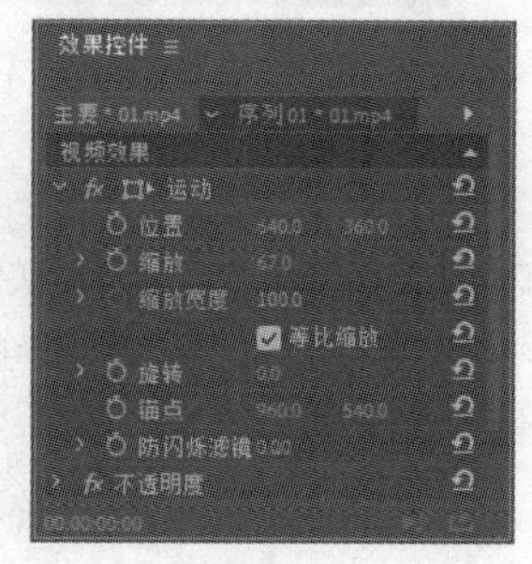

图 4-44

（4）将时间标签放置在 13:14s 的位置上，在“项目”面板中，选择“03”文件并将其拖曳到“时间轴”面板中的“视频 2（V2）”轨道中，如图 4-45 所示。单击“03”文件的结束位置，显示编辑点，当鼠标指针呈形状时，按住鼠标左键向右拖曳鼠标指针到“02”文件的结束位置，如图 4-46 所示。

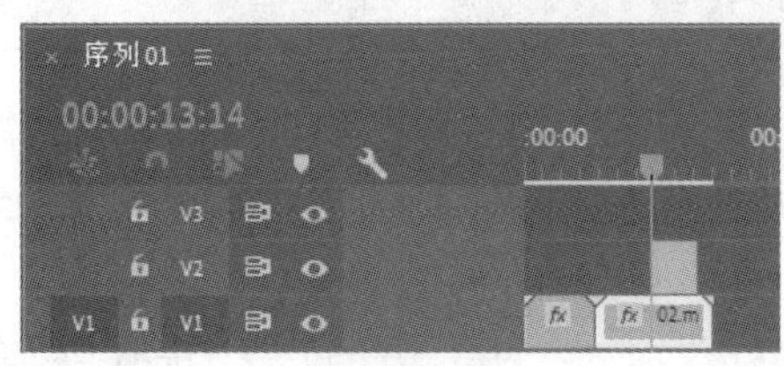

图 4-45

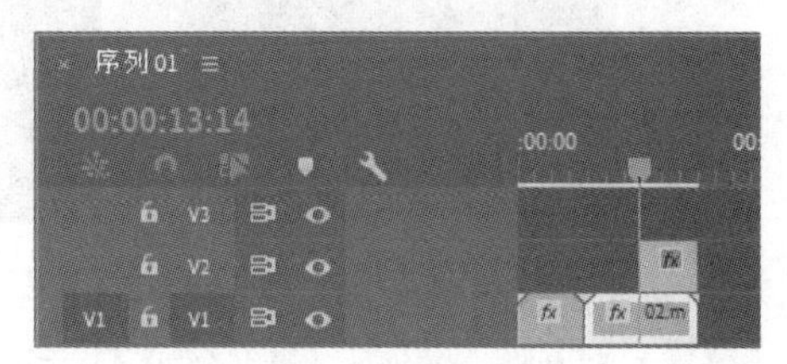

图 4-46

（5）选择“效果”面板，展开“视频效果”分类选项，单击“模糊与锐化”文件夹前面的三角形按钮将其展开，选择“高斯模糊”效果，如图 4-47 所示。将“高斯模糊”效果拖曳到“时间轴”面板的“视频 1（V1）”轨道中的“01”文件上，如图 4-48 所示。

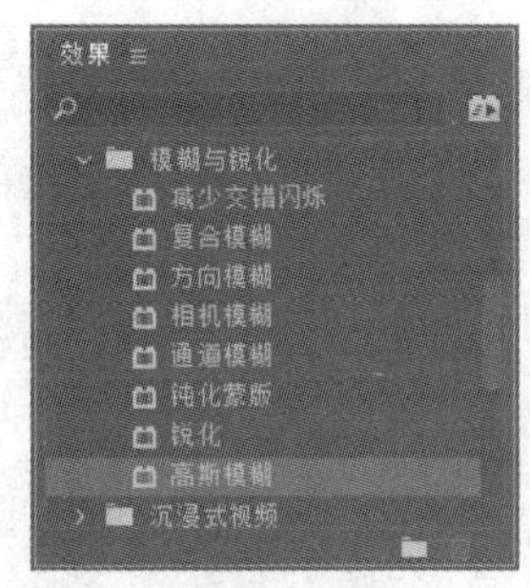

图 4-47

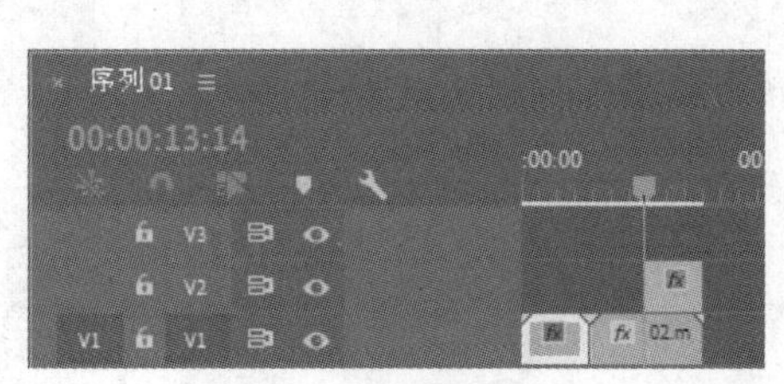

图 4-48

（6）选择“时间轴”面板中的“01”文件，将时间标签放置在 0s 的位置。选择“效果控件”面板，展开“高斯模糊”选项，将“模糊度”选项设置为 200.0，单击“模糊度”选项左侧的“切换动画”按钮，如图 4-49 所示，记录第 1 个动画关键帧。将时间标签放置在 01:15s 的位置，将“模糊度”选项设置为 0，如图 4-50 所示，记录第 2 个动画关键帧。

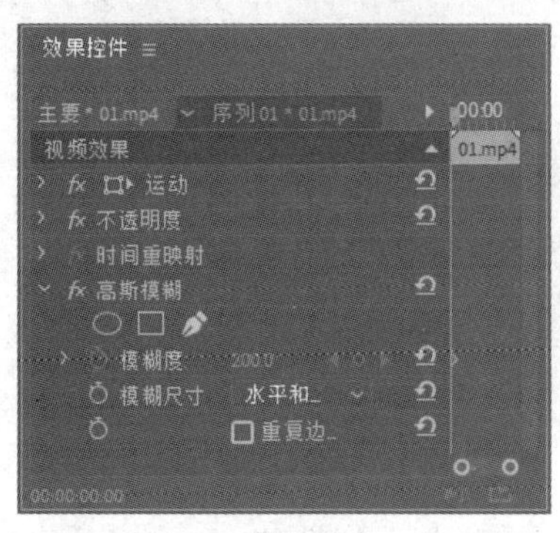

图 4-49

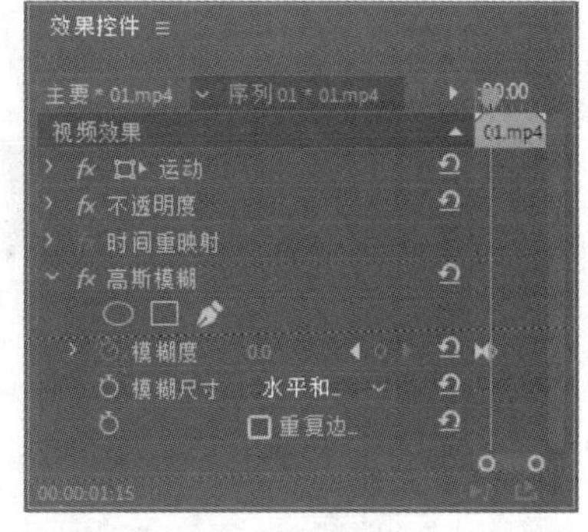

图 4-50

（7）选择“效果”面板，展开“视频效果”分类选项，单击“模糊与锐化”文件夹前面的三角形按钮将其展开，选择“方向模糊”效果，如图 4-51 所示。将“方向模糊”效果拖曳到“时间轴”面板的“视频 1（V1）”轨道中的“02”文件上，如图 4-52 所示。

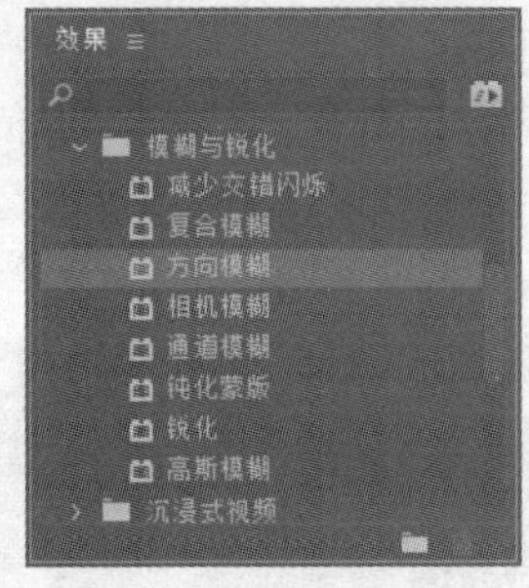

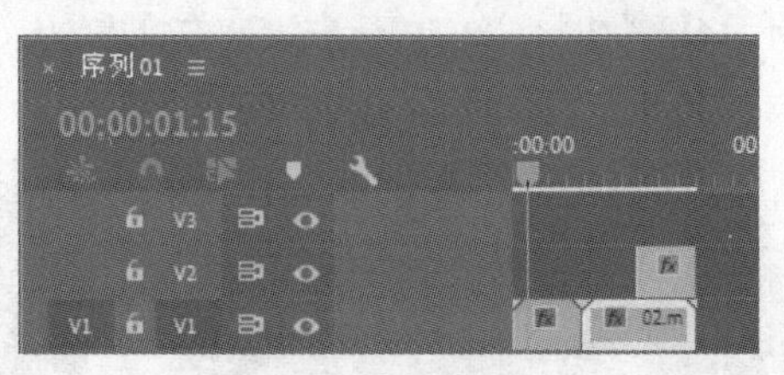

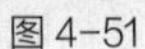
图 4-51　　图 4-52

（8）选择“时间轴”面板中的“02”文件，将时间标签放置在 07:16s 的位置。选择“效果控件”面板，展开“方向模糊”选项，将“方向”选项设置为 0，“模糊长度”选项设置为 200.0，单击“方向”和“模糊长度”选项左侧的“切换动画”按钮，如图 4-53 所示，记录第 1 个动画关键帧。将时间标签放置在 09:20s 的位置，将“方向”选项设置为 30.0，“模糊长度”选项设置为 0，如图 4-54 所示，记录第 2 个动画关键帧。

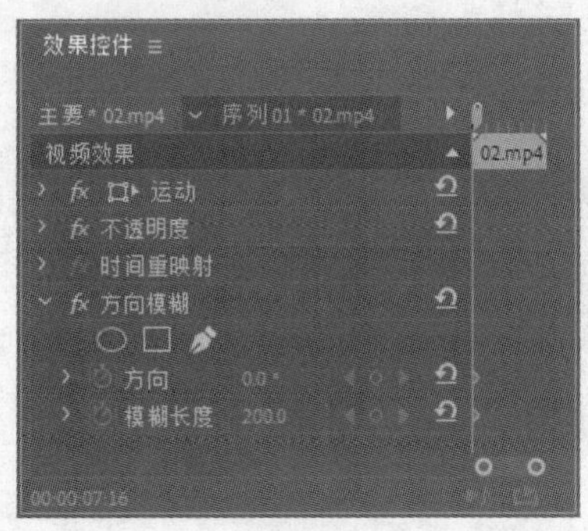

图 4-53

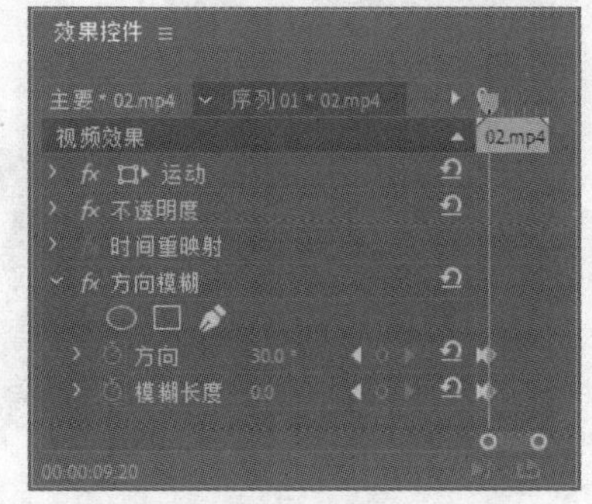

图 4-54

（9）将时间标签放置在 13:14s 的位置，选择“时间轴”面板中的“03”文件，如图 4-55 所示。选择“效果控件”面板，展开“运动”选项，将“缩放”选项设置为 140.0，如图 4-56 所示。

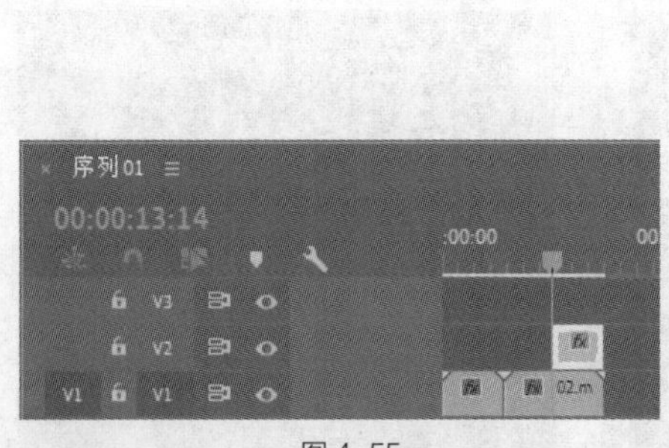

图 4-55

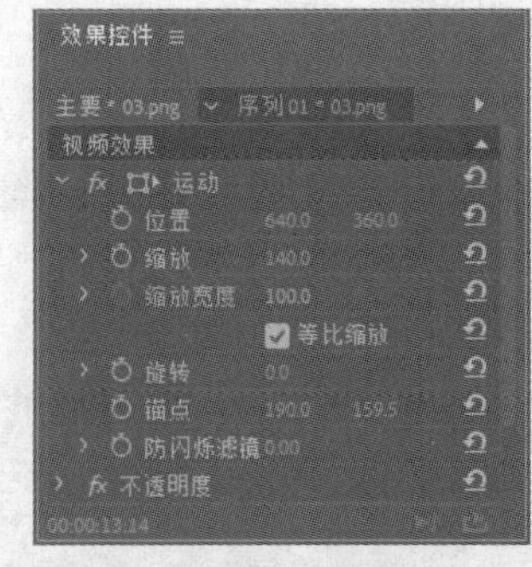

图 4-56

（10）选择“效果控件”面板，展开“不透明度”选项，将“不透明度”选项设置为 0，如图 4-57 所示，记录第 1 个动画关键帧。将时间标签放置在 15:00s 的位置，将“不透明度”选项设置为 100.0%，如图 4-58 所示，记录第 2 个动画关键帧。涂鸦女孩电子相册制作完成。

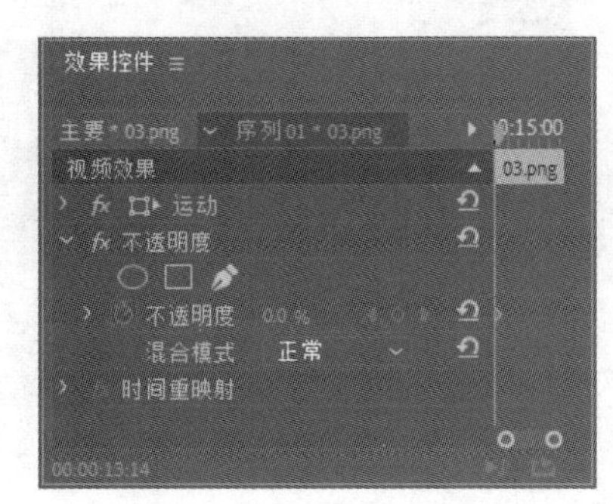

图 4-57

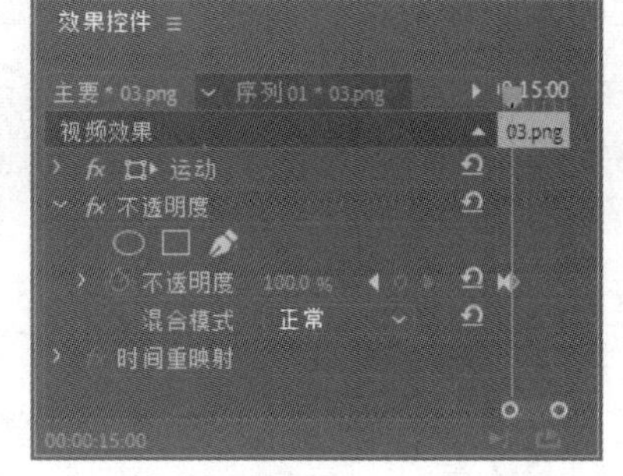

图 4-58

4.2.3 【相关工具】

1. "变换"效果

"变换"文件夹中的效果主要通过对影像进行变换来制作出各种画面，共包含 4 种效果，如图 4-59 所示。使用不同的效果后，画面效果如图 4-60 所示。

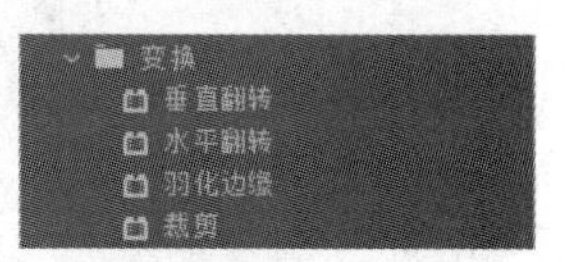

图 4-59

原图

垂直翻转

水平翻转

羽化边缘

裁剪

图 4-60

2. "实用程序"效果

"实用程序"文件夹只包含"Cineon 转换器"一种效果，该效果主要对影像色调进行调整和设置，如图 4-61 所示。使用效果后，画面效果如图 4-62 所示。

图 4-61

原图

Cineon 转换器

图 4-62

3．“扭曲”效果

“扭曲”文件夹中的效果主要通过对图像进行几何扭曲变形来制作出各种画面，共包含 12 种效果，如图 4-63 所示。使用不同的效果后，画面效果如图 4-64 所示。

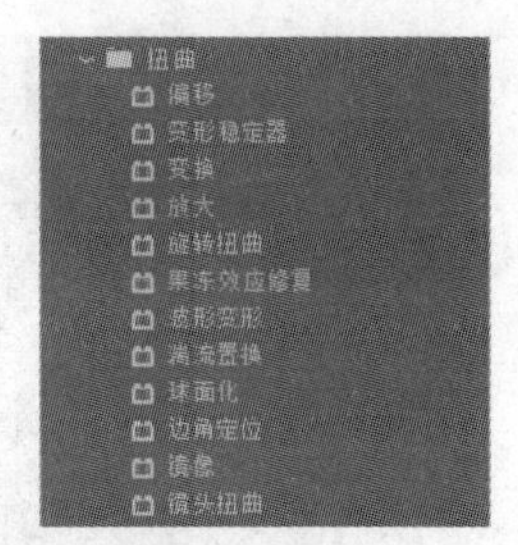

图 4-63

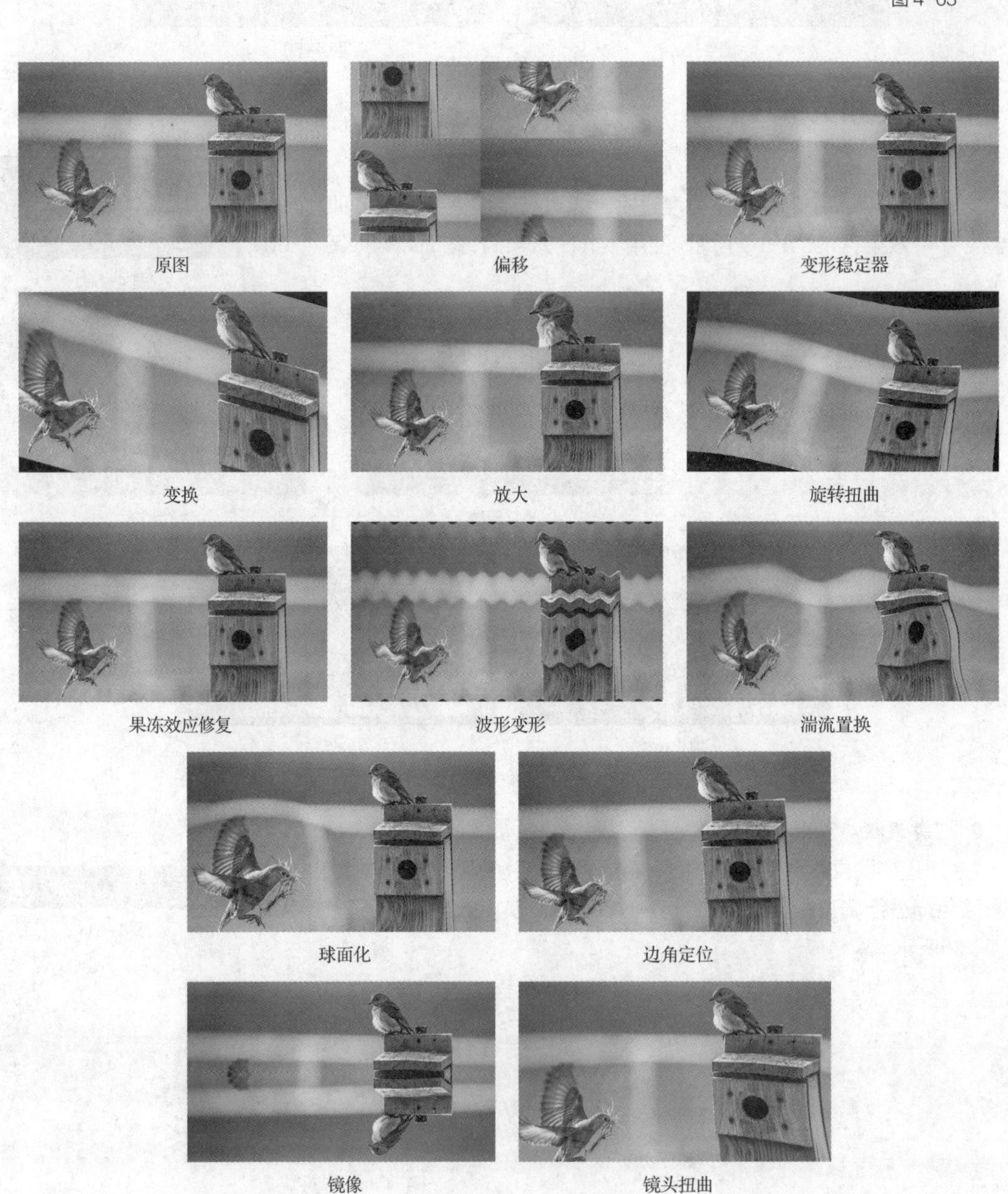
原图　偏移　变形稳定器
变换　放大　旋转扭曲
果冻效应修复　波形变形　湍流置换
球面化　边角定位
镜像　镜头扭曲

图 4-64

4. “时间”效果

“时间”文件夹中的效果用于对素材的时间特性进行控制，共包含 4 种效果，如图 4-65 所示。使用不同的效果后，画面效果如图 4-66 所示。

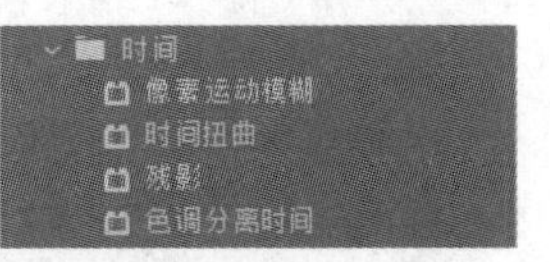

图 4-65

图 4-66

5. “杂色与颗粒”效果

“杂色与颗粒”文件夹中的效果主要用于去除素材画面中的擦痕及噪点，共包含 6 种效果，如图 4-67 所示。使用不同的效果后，画面效果如图 4-68 所示。

图 4-67

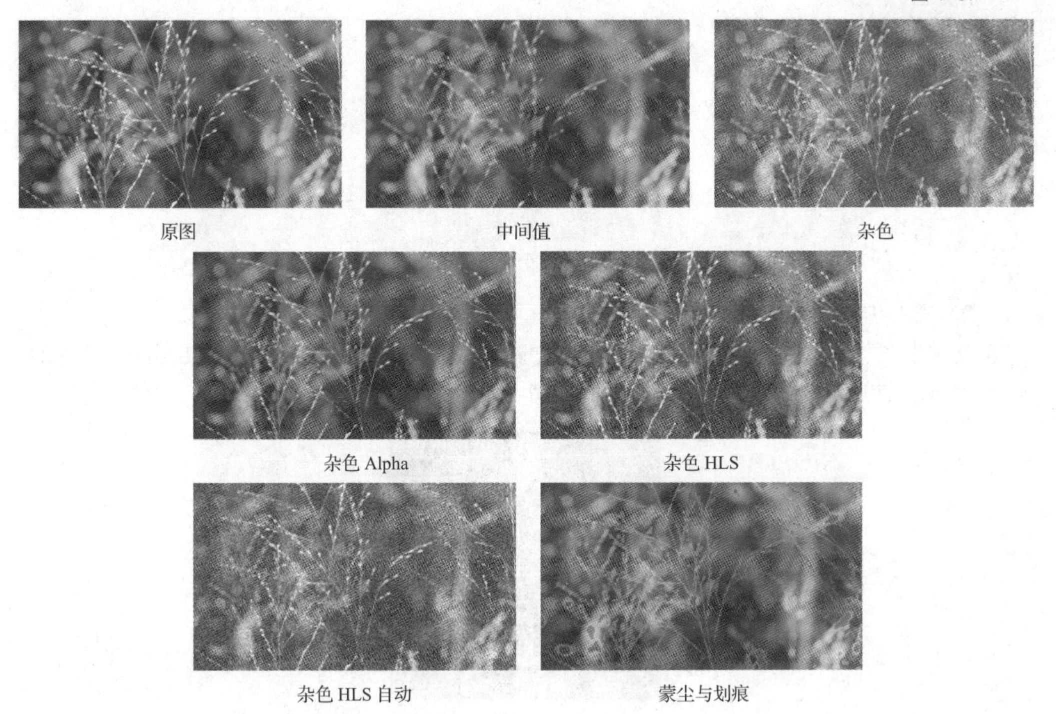

图 4-68

6. “模糊与锐化”效果

“模糊与锐化”文件夹中的效果主要针对镜头画面进行锐化或模糊处理，共包含 8 种效果，如图 4-69 所示。使用不同的效果后，画面效果如图 4-70 所示。

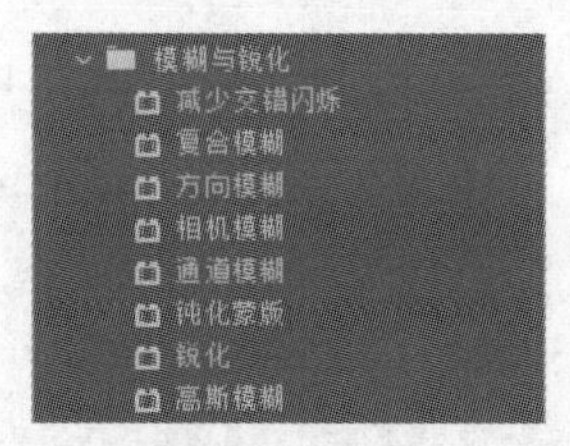

图 4-69

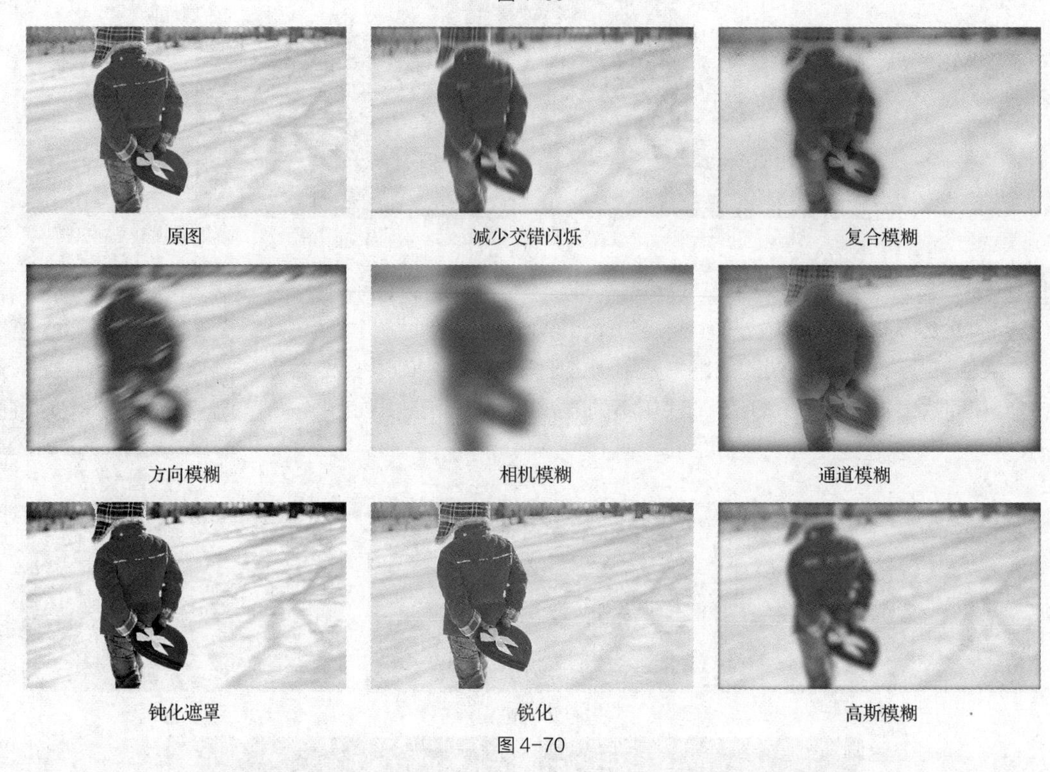

原图　减少交错闪烁　复合模糊

方向模糊　相机模糊　通道模糊

钝化遮罩　锐化　高斯模糊

图 4-70

7. “沉浸式视频”效果

“沉浸式视频”文件夹中的效果主要是通过虚拟现实技术来实现虚拟现实，共包含 11 种效果，如图 4-71 所示。使用不同的效果后，画面效果如图 4-72 所示。

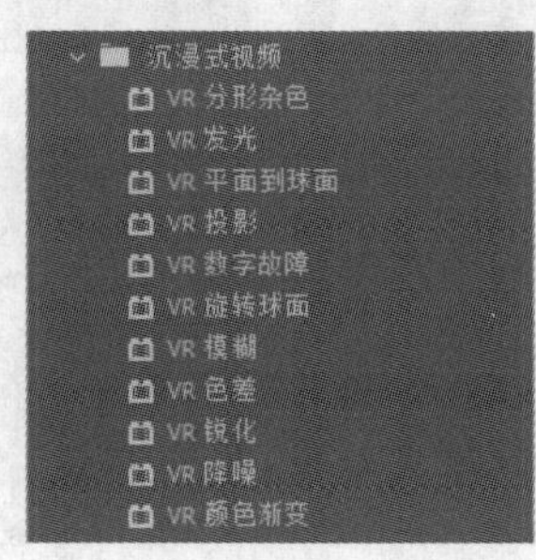

图 4-71

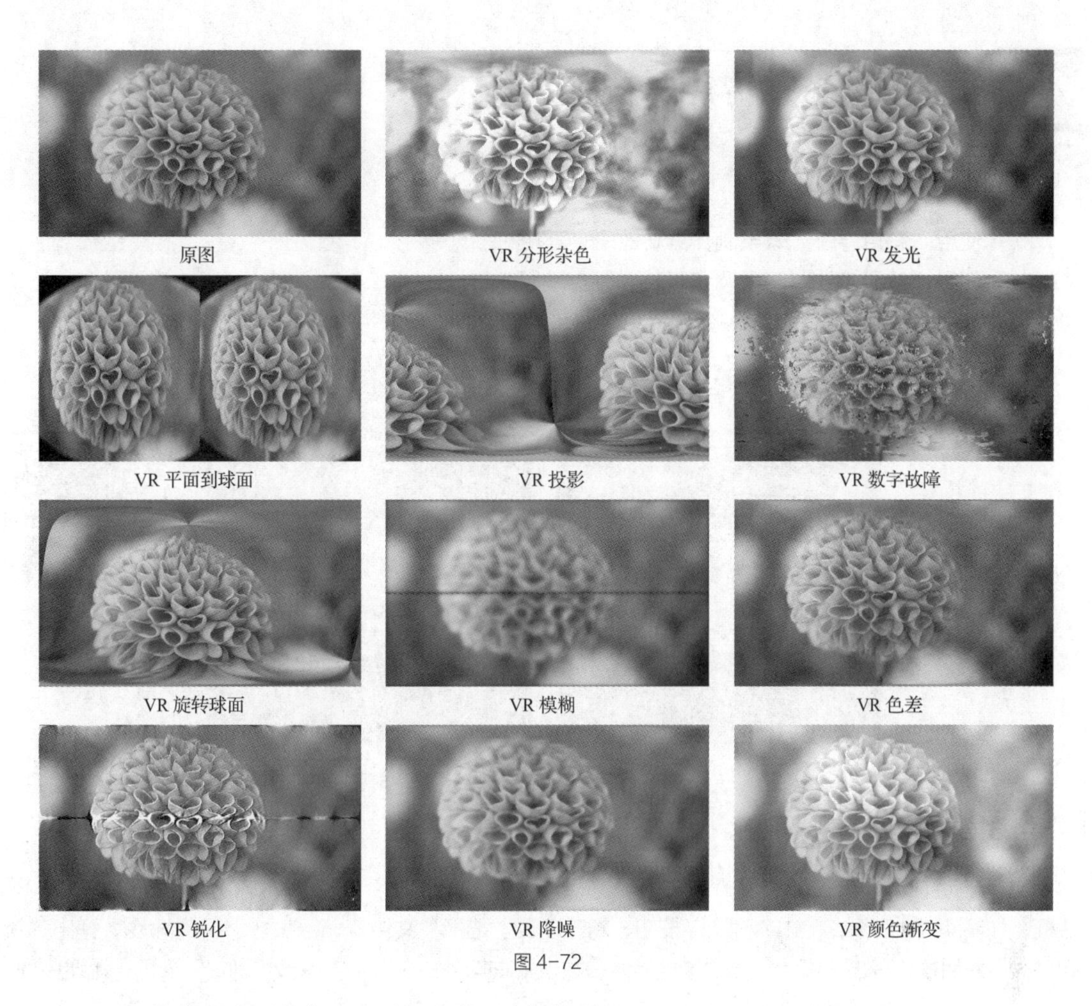

图 4-72

4.2.4 【实战演练】——街头艺人宣传单

（1）使用“效果控件”面板调整素材大小。

（2）使用“高斯模糊”效果制作模糊效果。

（3）使用“色调”效果调整图像颜色。

最终效果参看云盘中的“Ch04\街头艺人宣传单\街头艺人宣传单.prproj”，如图 4-73 所示。

扫码观看
本案例视频

图 4-73

4.3 旅行风光宣传片

4.3.1 【操作目的】

（1）使用“彩色浮雕”效果制作素材的彩色浮雕。

（2）使用“效果控件”面板调整素材并制作动画效果。

最终效果参看云盘中的“Ch04\旅行风光宣传片\旅行风光宣传片.prproj”，如图 4-74 所示。

图 4-74

4.3.2 【操作步骤】

（1）启动 Premiere Pro CC 2019 软件，选择“文件 > 新建 > 项目”命令，弹出“新建项目”对话框，如图 4-75 所示，单击“确定”按钮，新建项目。选择“文件 > 新建 > 序列”命令，弹出“新建序列”对话框，单击“设置”选项卡，具体参数设置如图 4-76 所示，单击“确定”按钮，新建序列。

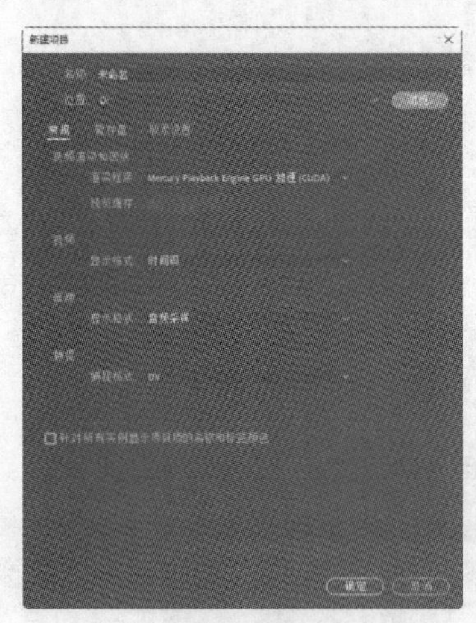

图 4-75

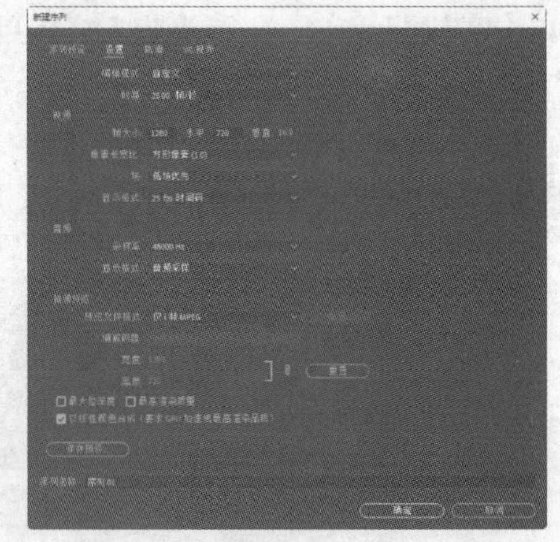

图 4-76

（2）选择“文件 > 导入”命令，弹出“导入”对话框，选择本书云盘中的“Ch04\旅行风光宣传片\素材\01～03”文件，如图 4-77 所示，单击“打开”按钮，将素材文件导入“项目”面板中，如图 4-78 所示。

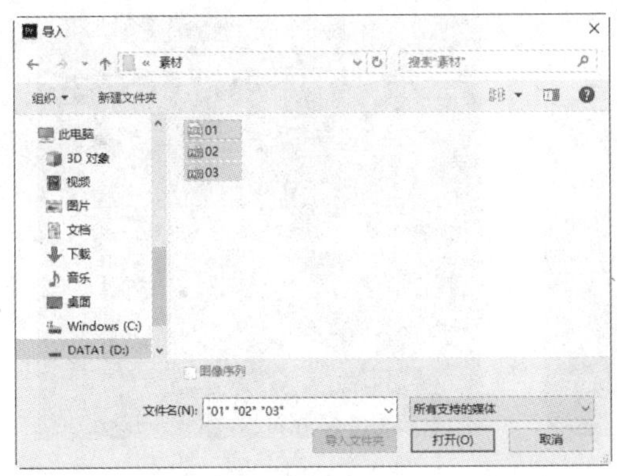

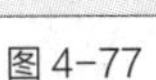
图 4-77

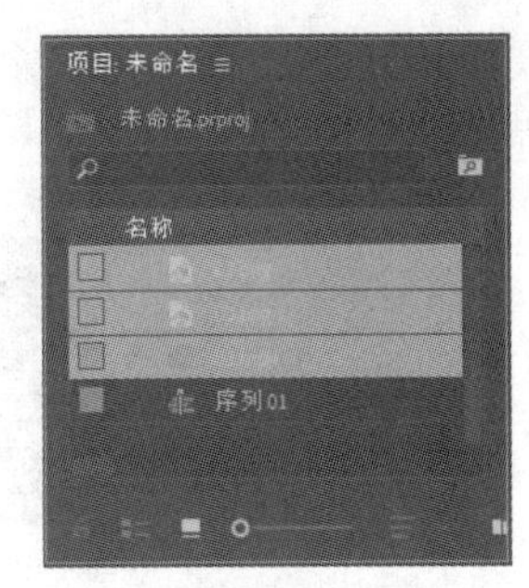

图 4-78

（3）在“项目”面板中，选择“01”文件并将其拖曳到“时间轴”面板中的“视频 1（V1）”轨道中。弹出“剪辑不匹配警告”对话框，单击“保持现有设置”按钮，在保持现有序列设置的情况下将“01”文件放置在“视频 1（V1）”轨道中，如图 4-79 所示。将时间标签放置在 04:00s 的位置上，单击“01”文件的结束位置，显示编辑点。当鼠标指针呈形状时，按住鼠标左键向右拖曳鼠标指针到 04:00s 的位置，如图 4-80 所示。

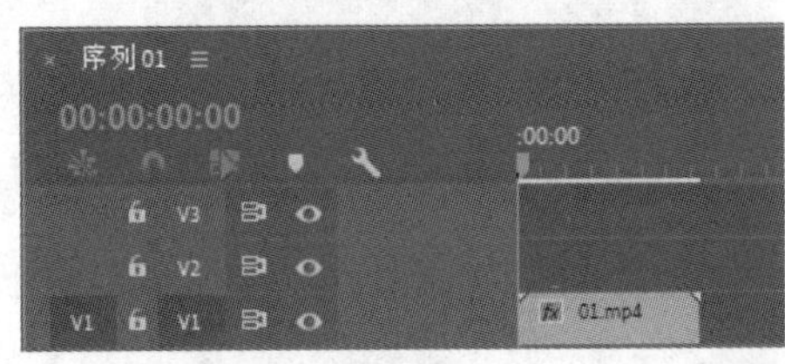

图 4-79

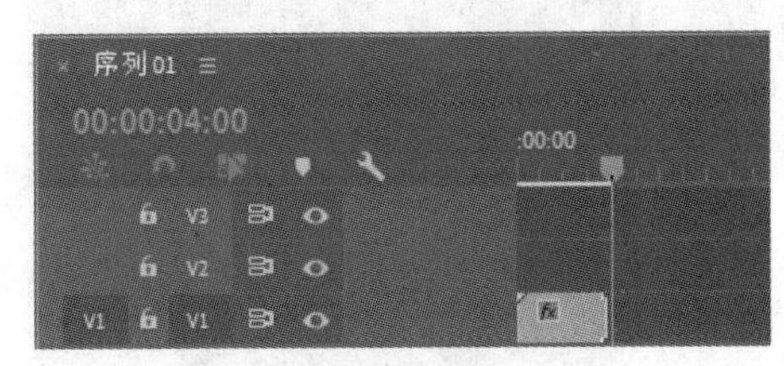

图 4-80

（4）选择“时间轴”面板中的“01”文件，如图 4-81 所示。选择“效果控件”面板，展开“运动”选项，将“缩放”选项设置为 67.0，如图 4-82 所示。

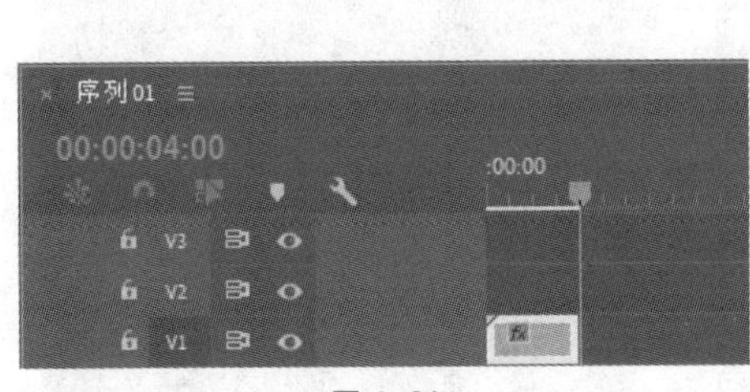

图 4-81

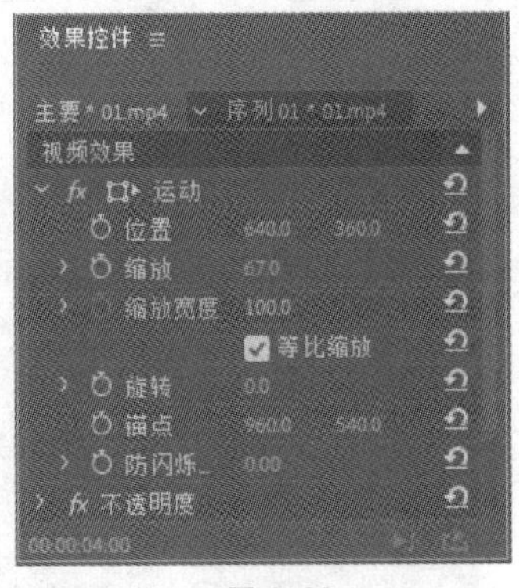

图 4-82

（5）将时间标签放置在 00:07s 的位置上。在“项目”面板中，选择“02”文件并将其拖曳到“时间轴”面板中的“视频 2（V2）”轨道中，如图 4-83 所示。选择“时间轴”面板中的“02”文件，在“效果控件”面板中展开“运动”选项，将“缩放”选项设置为 2.0，单击“缩放”选项左侧的“切换动画”按钮，如图 4-84 所示，记录第 1 个动画关键帧。

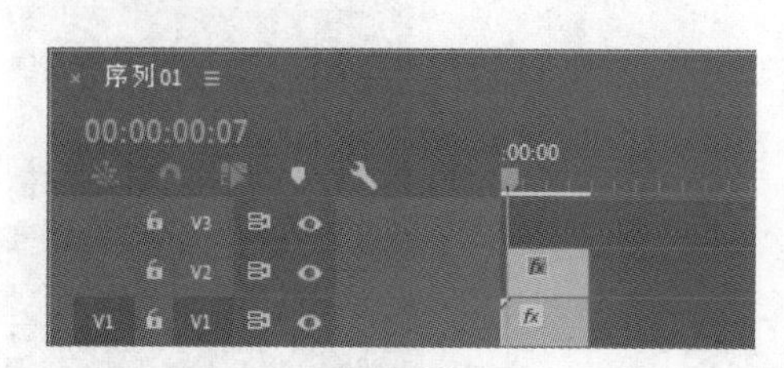

图 4-83

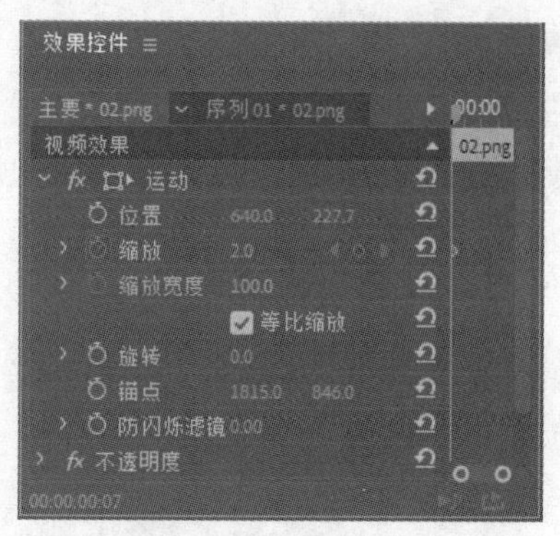

图 4-84

（6）将时间标签放置在 01:05s 的位置，将“缩放”选项设置为 20.0，如图 4-85 所示，记录第 2 个动画关键帧。将时间标签放置在 02:01s 的位置，展开“不透明度”选项，单击“不透明度”选项右侧的“添加/移除关键帧”按钮，如图 4-86 所示，记录第 1 个动画关键帧。

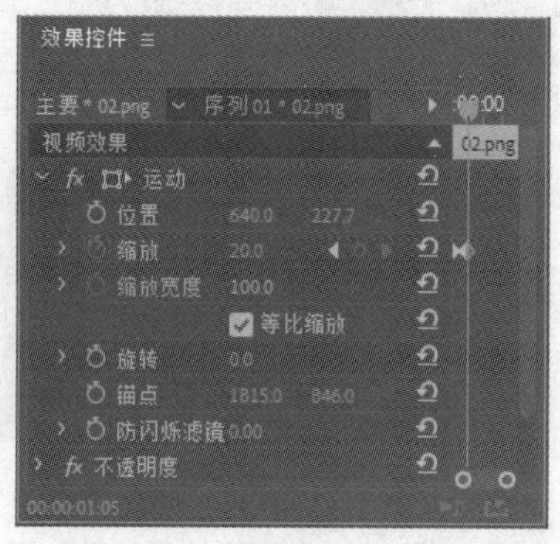

图 4-85

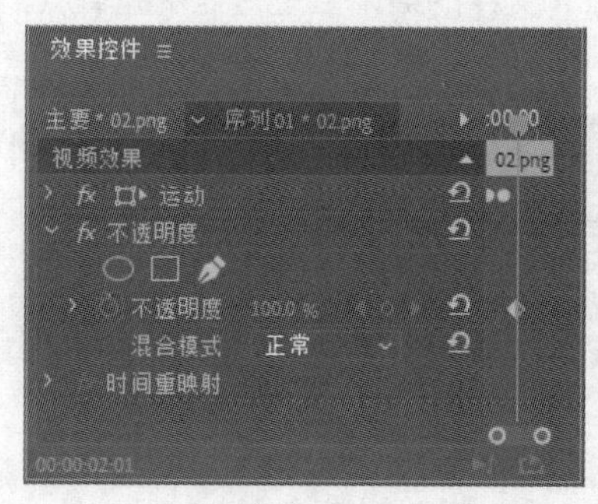

图 4-86

（7）将时间标签放置在 02:06s 的位置，将“不透明度”选项设置为 0，如图 4-87 所示，记录第 2 个动画关键帧。将时间标签放置在 02:11s 的位置，将“不透明度”选项设置为 100.0%，如图 4-88 所示，记录第 3 个动画关键帧。

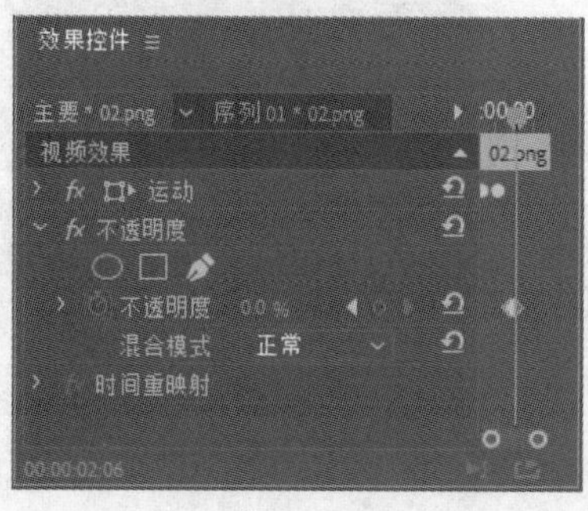

图 4-87

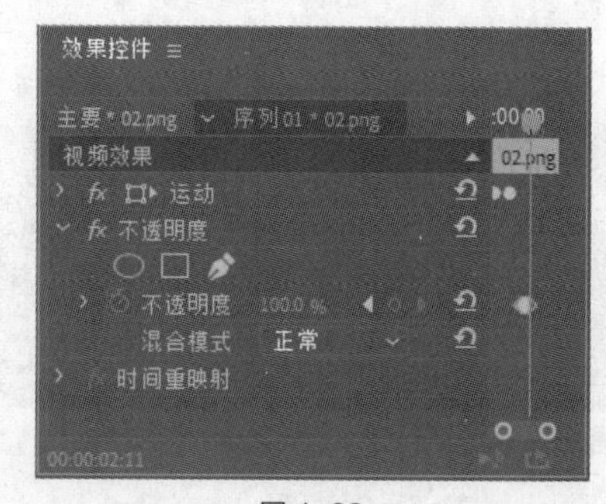

图 4-88

（8）将时间标签放置在 02:16s 的位置，将“不透明度”选项设置为 0，如图 4-89 所示，记录第 4 个动画关键帧。将时间标签放置在 02:21s 的位置，将“不透明度”选项设置为 100.0%，如图 4-90 所示，记录第 5 个动画关键帧。

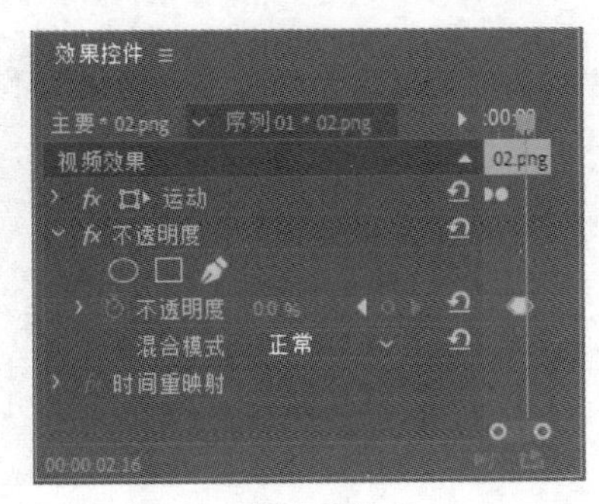

图 4-89

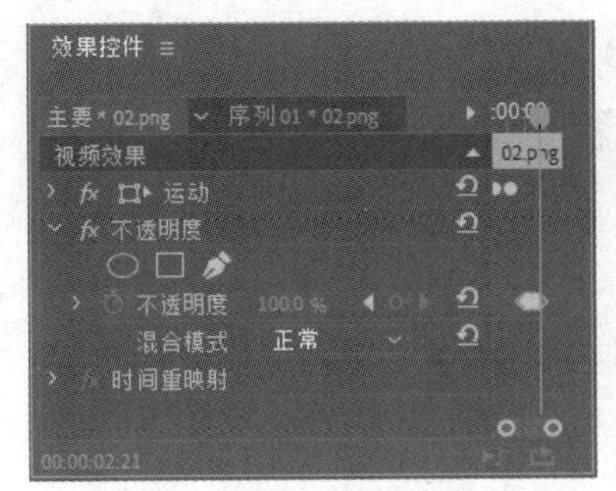

图 4-90

（9）选择“效果”面板，展开“视频效果”分类选项，单击“风格化”文件夹前面的三角形按钮将其展开，选择“彩色浮雕”效果，如图 4-91 所示。将“彩色浮雕”效果拖曳到“时间轴”面板的“视频 2（V2）”轨道中的“02”文件上，如图 4-92 所示。

（10）选择“效果控件”面板，展开“彩色浮雕”选项，将“方向”选项设置为 45.0°，“起伏”选项设置为 25.00，“对比度”选项设置为 100，“与原始图像混合”选项设置为 50%，如图 4-93 所示。

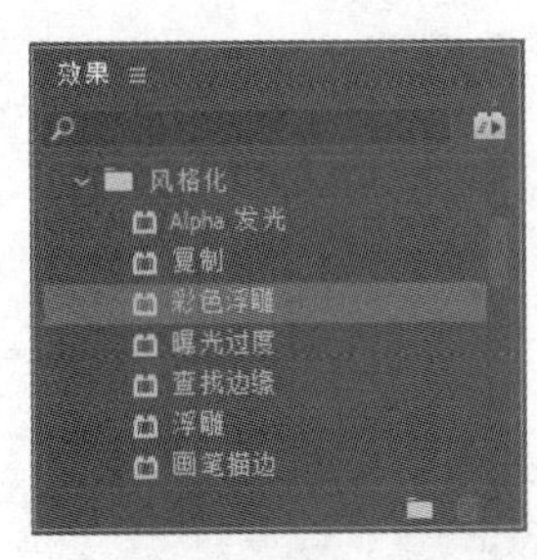

图 4-91

图 4-92

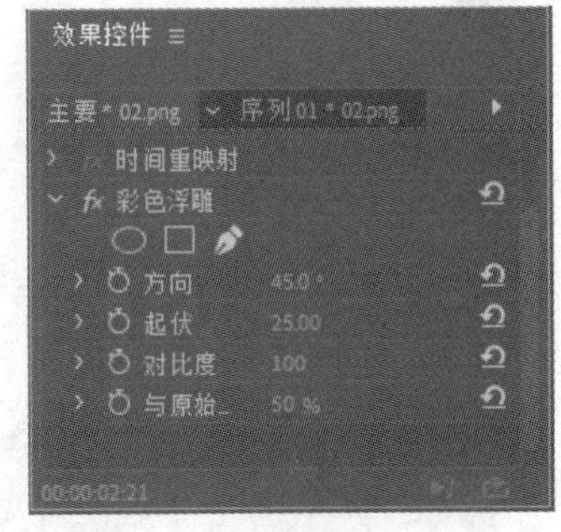

图 4-93

（11）将时间标签放置在 00:07s 的位置上。在“项目”面板中，选择“03”文件并将其拖曳到“时间轴”面板中的“视频 3（V3）”轨道中，如图 4-94 所示。单击“03”文件的结束位置，显示编辑点，当鼠标指针呈形状时，按住鼠标左键向左拖曳鼠标指针到“02”文件的结束位置，如图 4-95 所示。

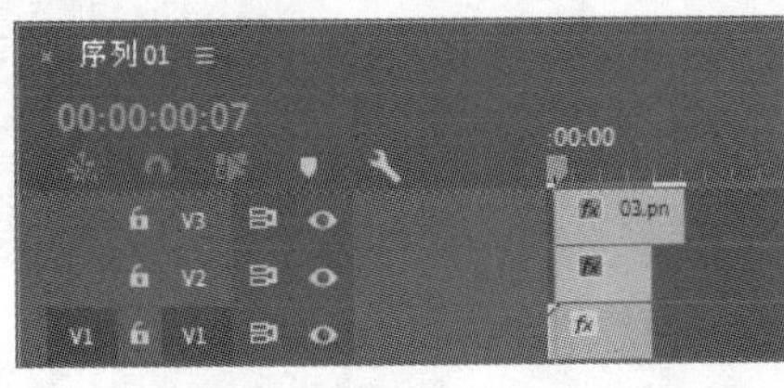

图 4-94

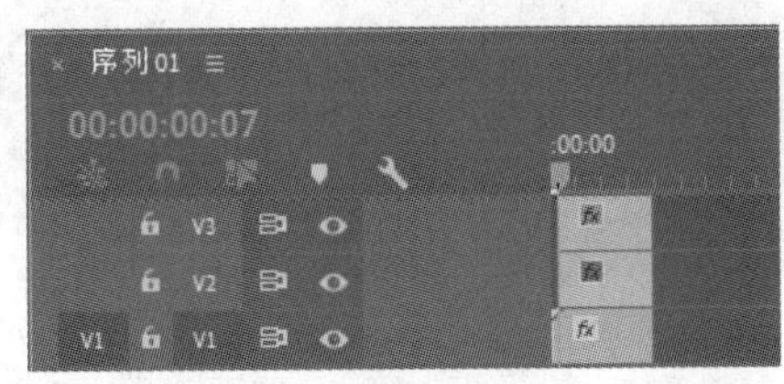

图 4-95

（12）选择“时间轴”面板中的“03”文件。选择“效果控件”面板，展开“运动”选项，将“位置”选项设为 640.0 和 230.0，“缩放”选项设置为 0，单击“位置”和“缩放”选项左侧的“切换动画”按钮，如图 4-96 所示，记录第 1 个动画关键帧。将时间标签放置在 01:05s 的位置上，将“位置”选项设为 640.0 和 316.0，“缩放”选项设置为 100.0，如图 4-97 所示，记录第 2 个动画关键帧。旅行风光宣传片制作完成。

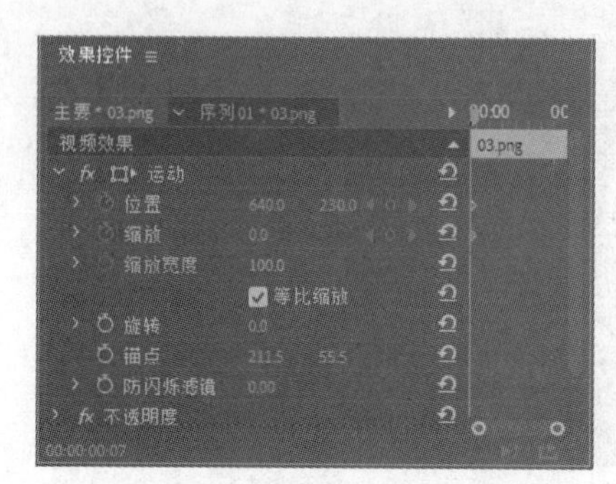

图 4-96

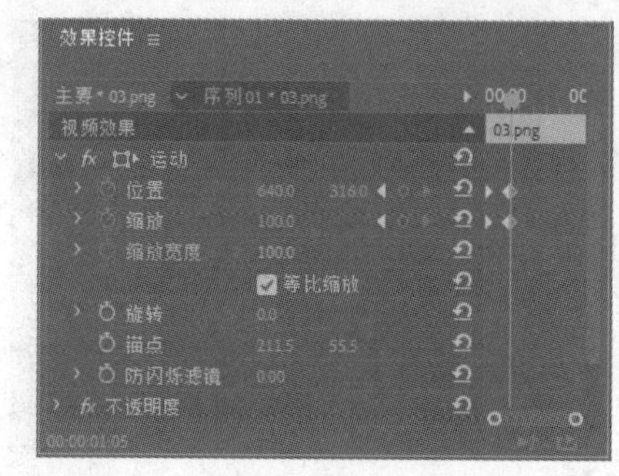

图 4-97

4.3.3 【相关工具】

1. “生成”效果

“生成”文件夹中的效果主要用来生成一些效果，共包含 12 种效果，如图 4-98 所示。使用不同的效果后，画面效果如图 4-99 所示。

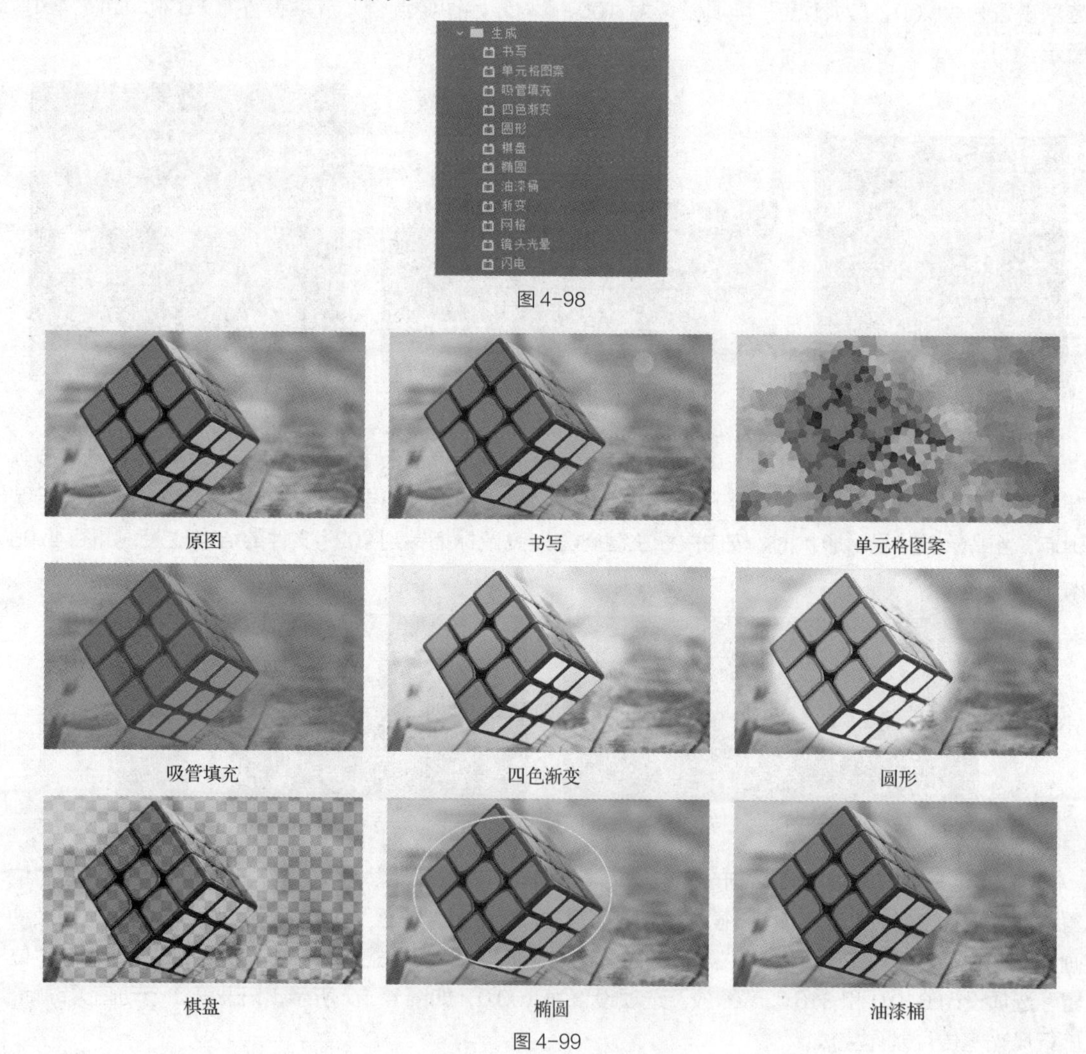

图 4-98

图 4-99

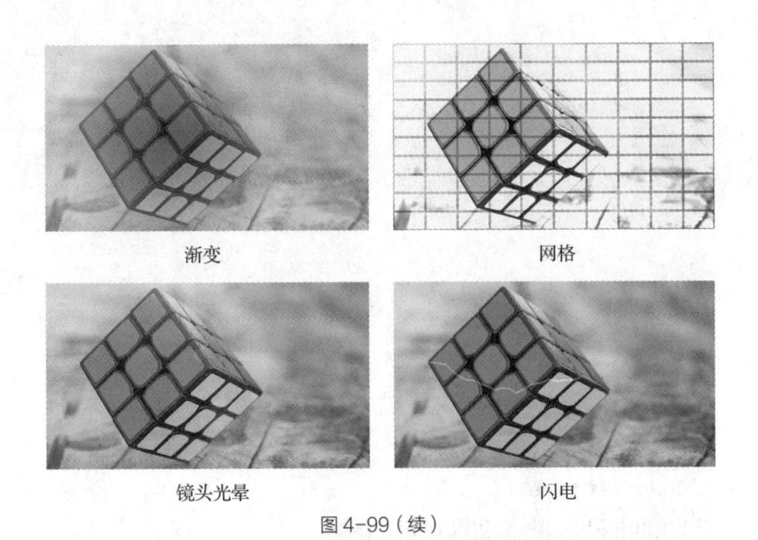

图4-99（续）

2. “视频”效果

“视频”文件夹中的效果用于对视频特性进行控制，共包含4种效果，如图4-100所示。使用不同的效果后，画面效果如图4-101所示。

视频
SDR 遵从情况
剪辑名称
时间码
简单文本

图4-100

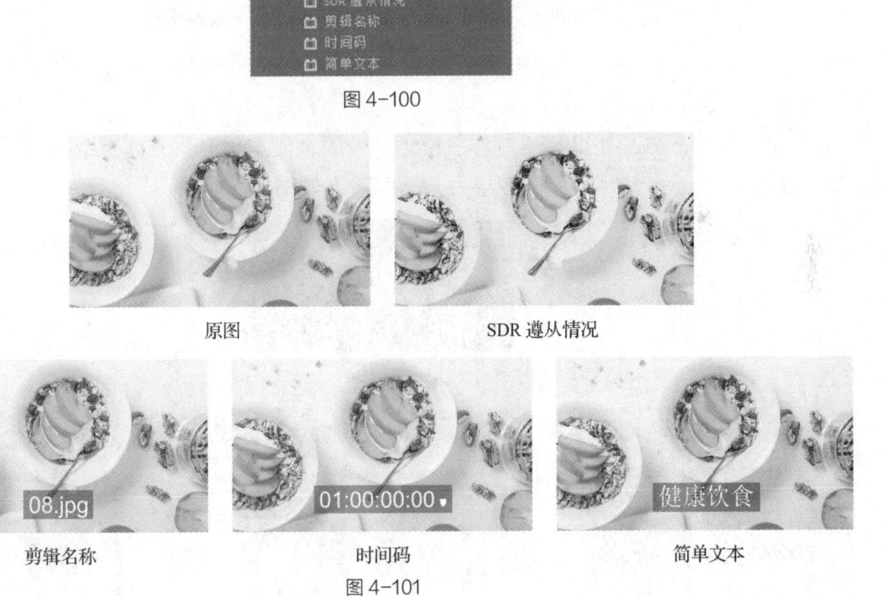

图4-101

3. “过渡”效果

“过渡”文件夹中的效果主要用于对两个素材之间进行过渡，共包含5种效果，如图4-102所示。使用不同的效果后，画面效果如图4-103所示。

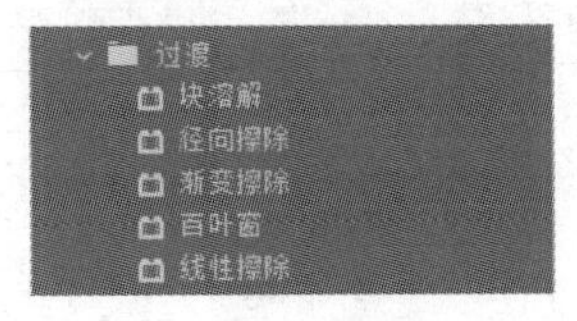

图4-102

原图
块溶解
径向擦除
渐变擦除
百叶窗
线性擦除

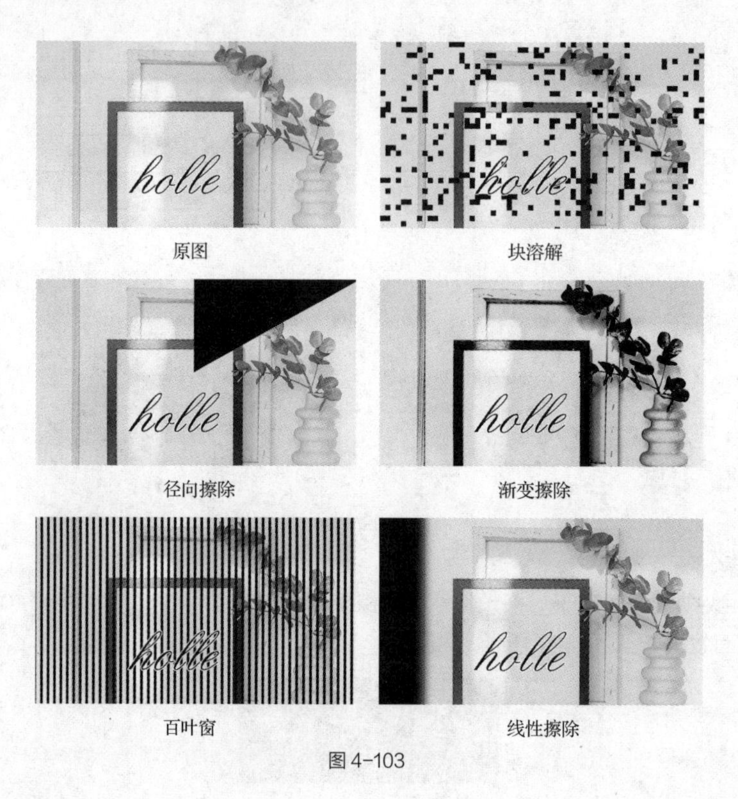

图 4-103

4. “透视”效果

“透视”文件夹中的效果主要用于制作三维透视效果，使素材产生立体感或空间感，共包含 5 种效果，如图 4-104 所示。使用不同的效果后，画面效果如图 4-105 所示。

透视
基本 3D
径向阴影
投影
斜面 Alpha
边缘斜面

图 4-104

原图
基本 3D
径向阴影
投影
斜面 Alpha
边缘斜面

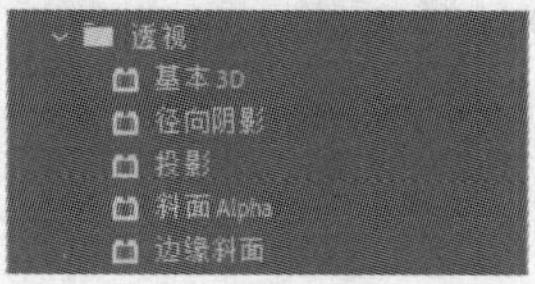

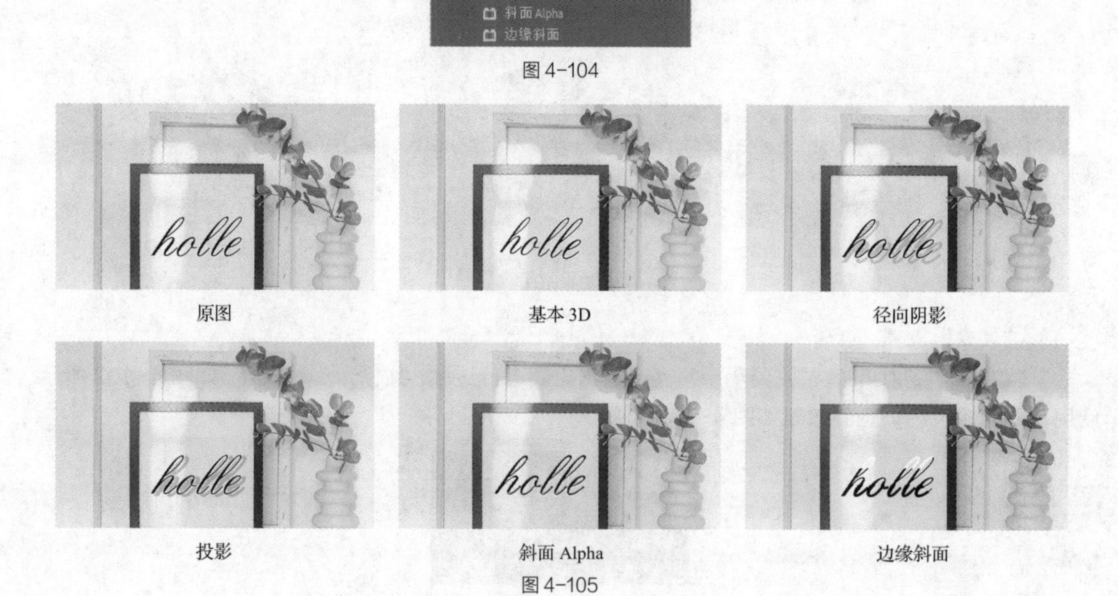

图 4-105

5. “通道”效果

“通道”文件夹中的效果可以对素材的通道进行处理，改变图像颜色、色调、饱和度和亮度等颜色属性，共包含 7 种效果，如图 4-106 所示。使用不同的效果后，画面效果如图 4-107 所示。

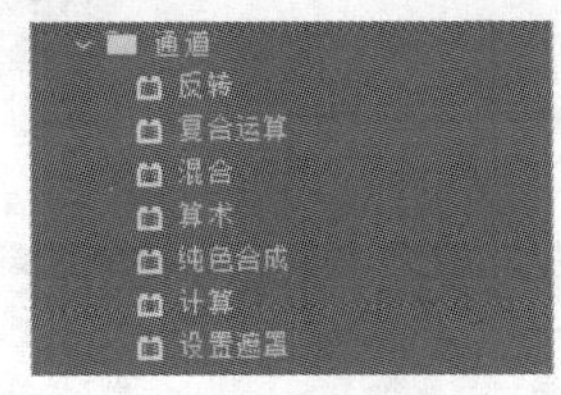

图 4-106

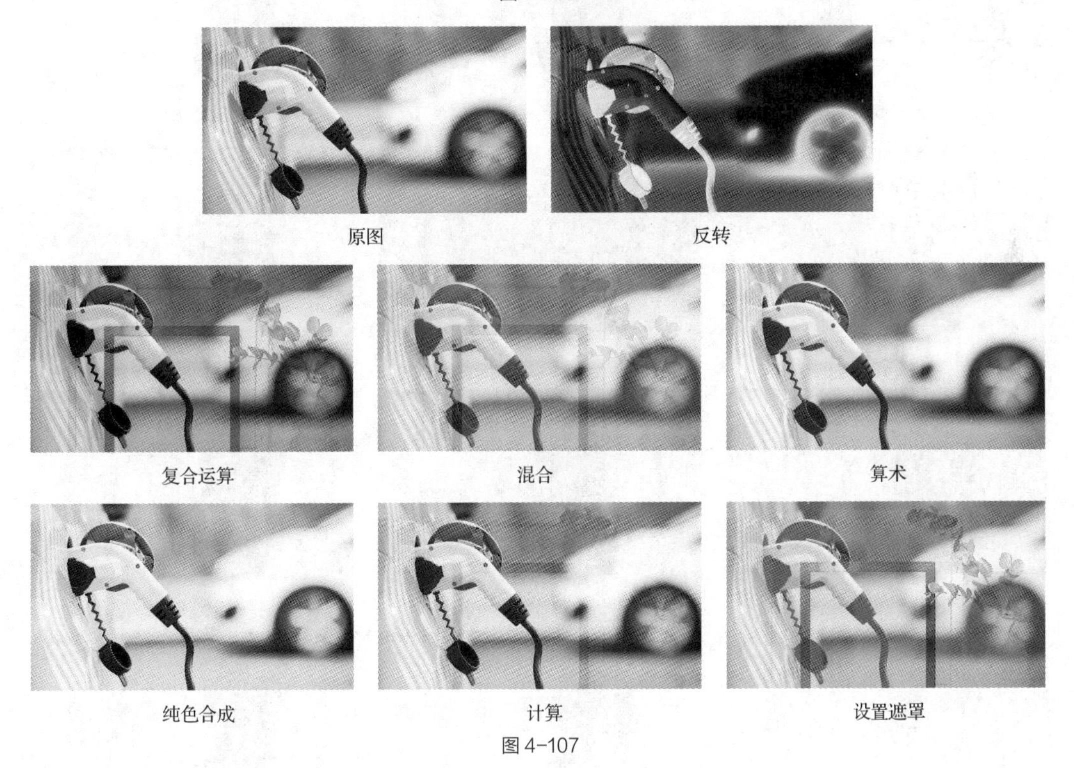

图 4-107

6. “风格化”效果

“风格化”文件夹中的效果主要是模拟一些美术风格，丰富画面，共包含 13 种效果，如图 4-108 所示。使用不同的效果后，画面效果如图 4-109 所示。

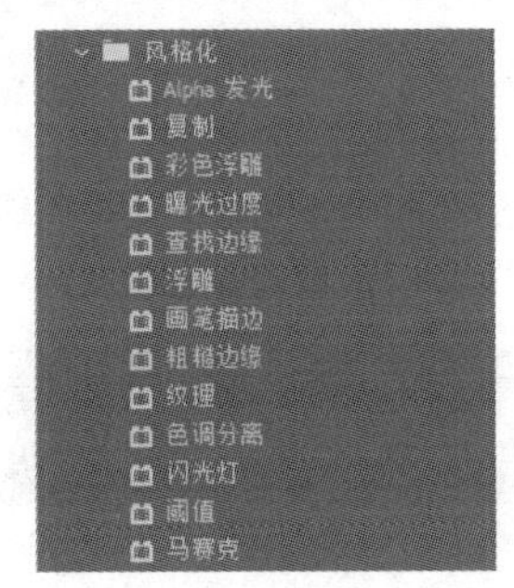

图 4-108

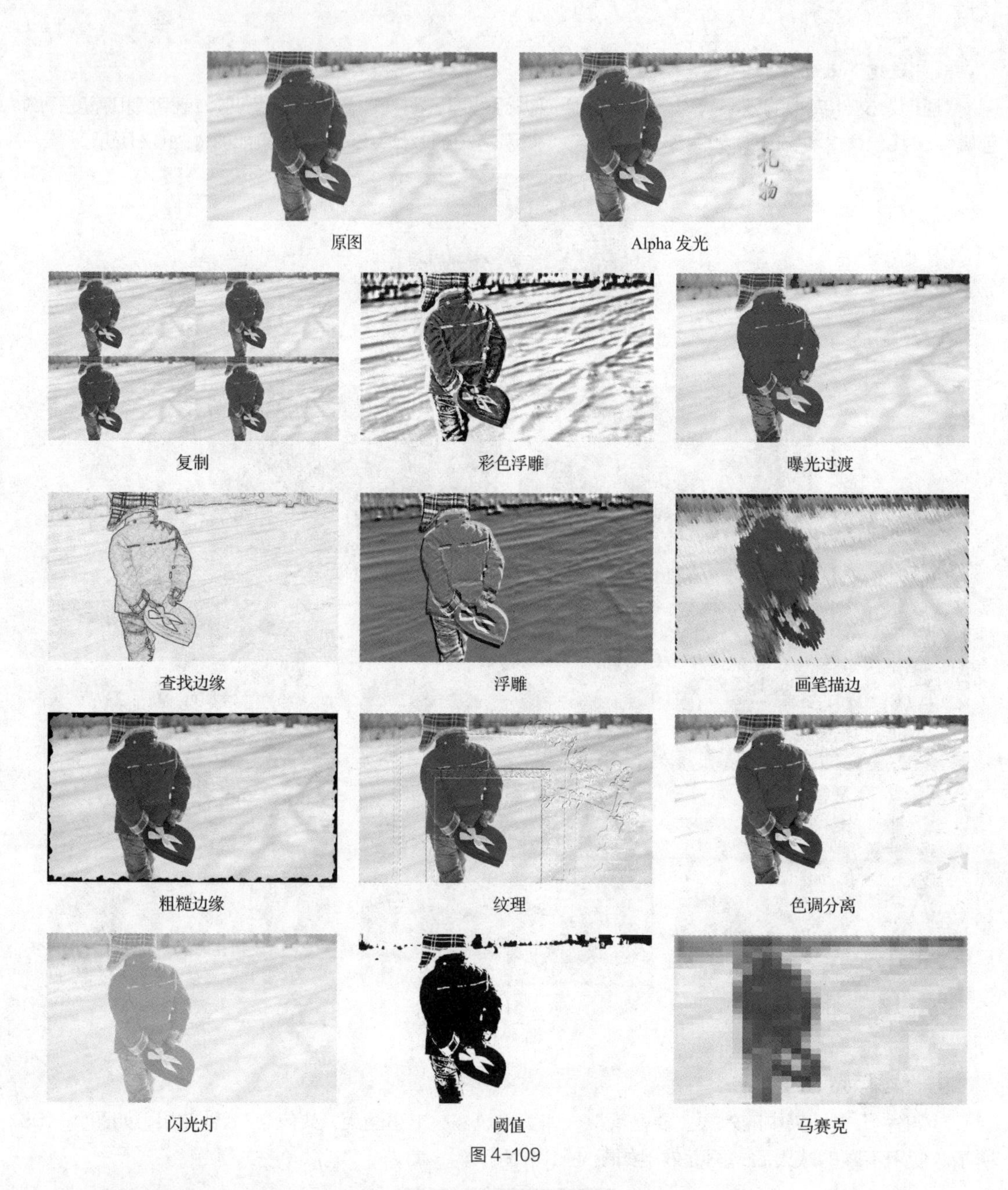

图 4-109

7. 预设效果

◎“模糊”效果

预设的“模糊”文件夹中的效果主要用于快速制作画面的模糊效果。“模糊”文件夹共包含 2 种效果，如图 4-110 所示。使用不同的效果后，画面效果如图 4-111 所示。

图 4-110

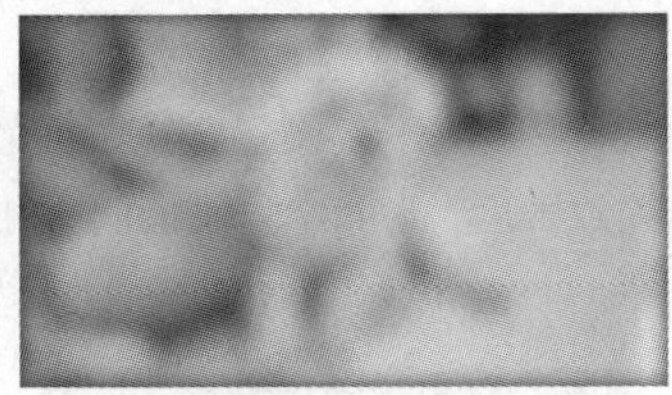

快速模糊入点

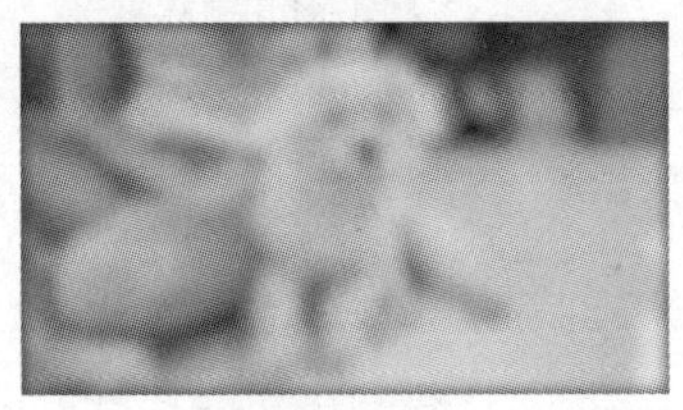

快速模糊出点

图 4-111

◎ “画中画”效果

预设的“画中画”文件夹中的效果主要用于制作画面的位置变化和比例缩放的效果。“画中画”文件夹共包含 38 种效果，如图 4-112 所示。使用不同的效果后，画面效果如图 4-113 所示。

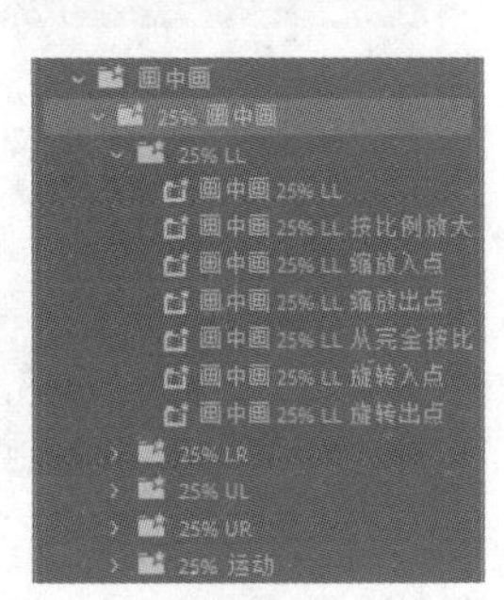

图 4-112

画中画 25%LL 按比例放大至完全

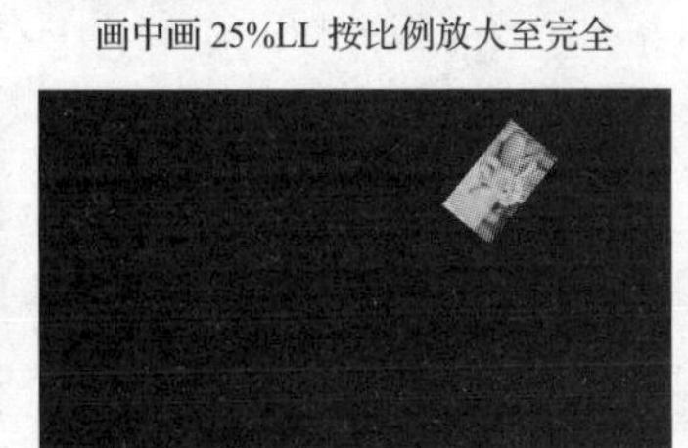

画中画 25%UR 旋转入点

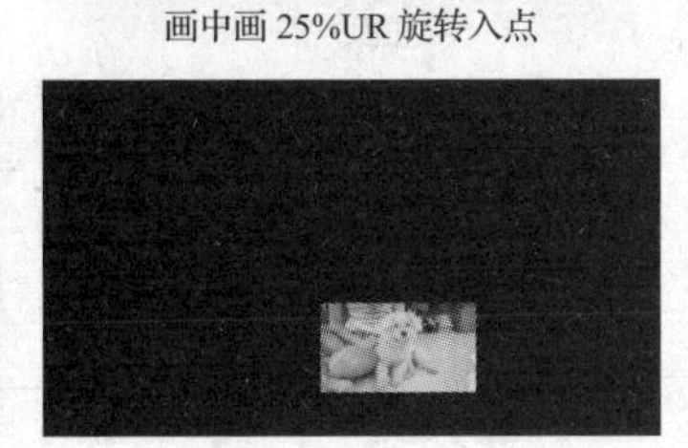

画中画 25%LR 至 LL

图 4-113

◎“马赛克”效果

预设的“马赛克”文件夹中的效果主要用于制作马赛克画面效果。“马赛克”文件夹共包含两种效果，如图 4-114 所示。使用不同的效果后，画面效果如图 4-115 所示。

图 4-114

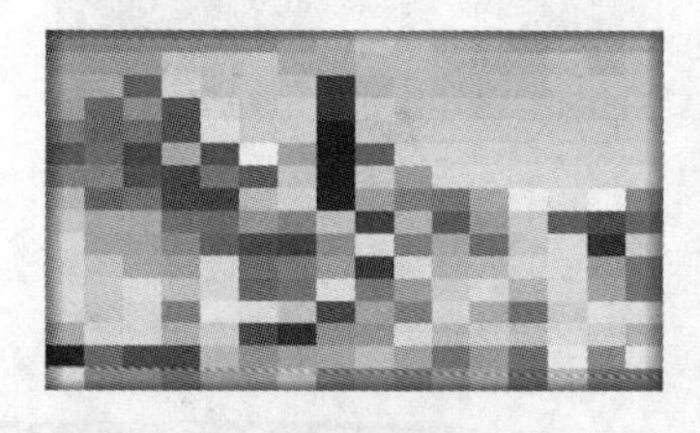

马赛克入点

马赛克出点

图 4-115

◎“扭曲”效果

预设的“扭曲”文件夹中的效果主要用于制作扭曲画面效果。“扭曲”文件夹共包含 2 种效果，如图 4-116 所示。使用不同的效果后，画面效果如图 4-117 所示。

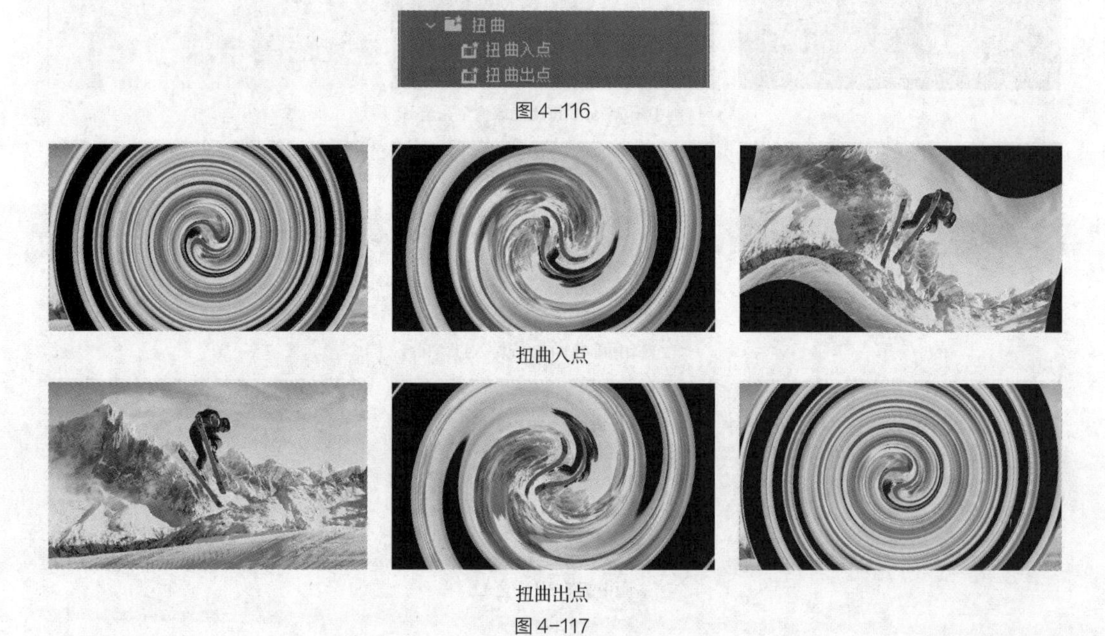

图 4-116

扭曲入点

扭曲出点

图 4-117

◎“卷积内核”效果

预设的“卷积内核”文件夹中的效果主要通过改变影片素材中每个像素的颜色和亮度值来改变图像的质感。“卷积内核”文件夹共包含 10 种效果，如图 4-118 所示。使用不同的效果后，画面效果如图 4-119 所示。

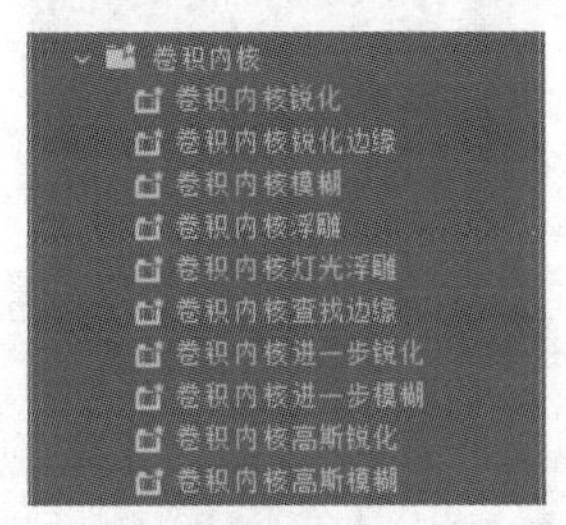

图 4-118

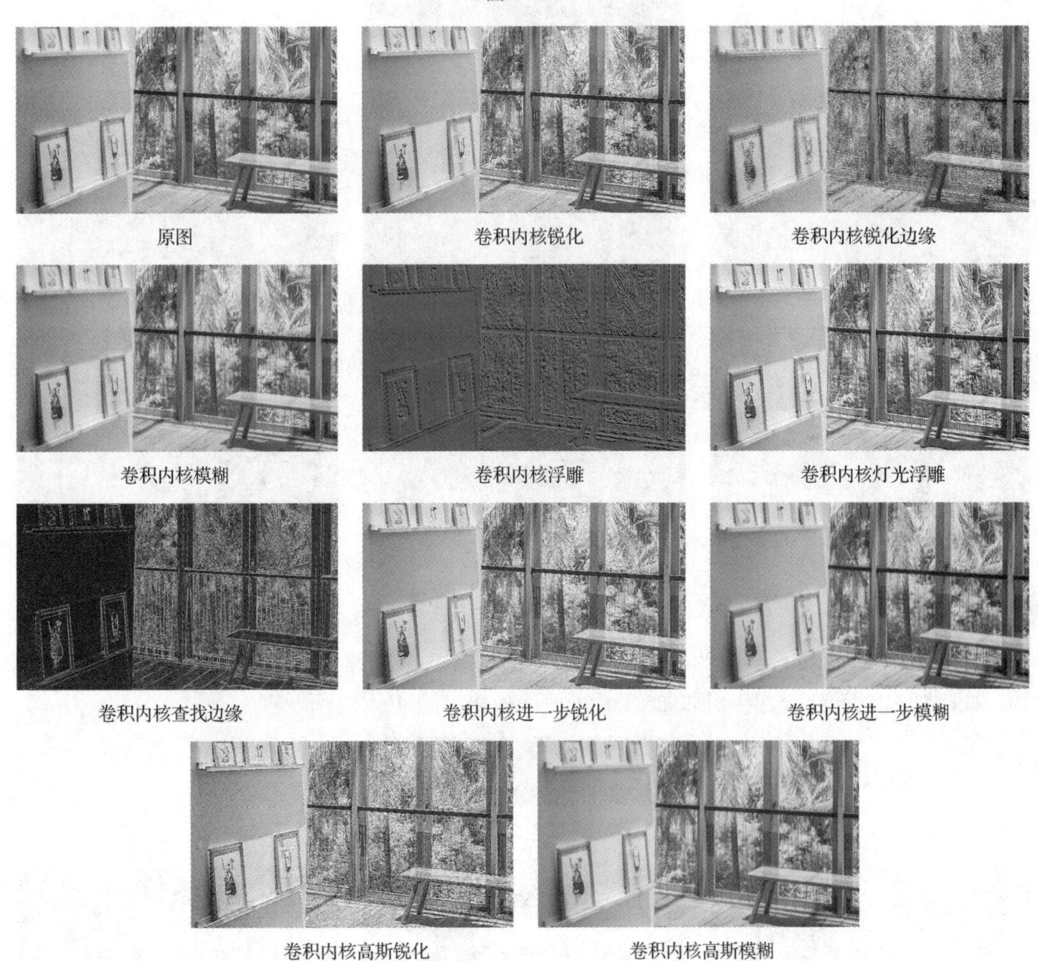

图 4-119

◎“去除镜头扭曲”效果

预设的“去除镜头扭曲”文件夹中的效果主要用于去除影片素材的镜头扭曲。“去除镜头扭曲”文件夹共包含 62 种效果，如图 4-120 所示。使用不同的效果后，画面效果如图 4-121 所示。

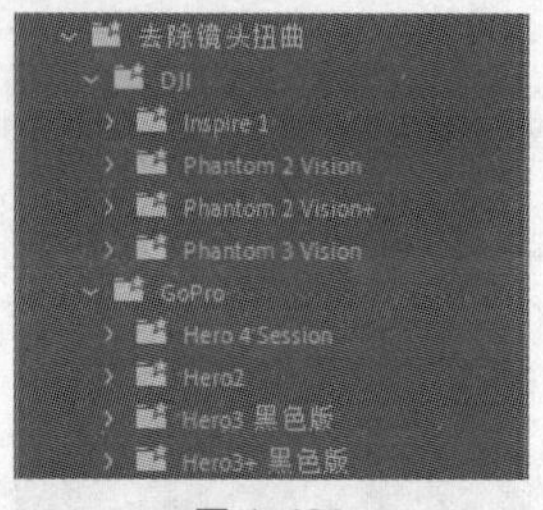

图 4-120

原图

Phantom 2 Vision（480）

Phantom 3 Vision（4K）

Hero 4 Session（1080-宽）

Hero2（960-宽）

Hero3 黑色版（4K 影院-宽）

Hero3+ 黑色版（720-窄）

图 4-121

◎ “斜角边”效果

预设的“斜角边”文件夹中的效果主要用于制作斜角边画面效果。“斜角边”文件夹共包含两种效果，如图 4-122 所示。使用不同的效果后，画面效果如图 4-123 所示。

图 4-122

原图

厚斜角边

薄斜角边

图 4-123

◎ **“过度曝光”效果**

预设的“过度曝光”文件夹中的效果主要用于制作画面的过度曝光效果。“过度曝光”文件夹共包含 2 种效果，如图 4-124 所示。使用不同的效果后，画面效果如图 4-125 所示。

图 4-124

过度曝光入点

过度曝光出点

图 4-125

4.3.4 【实战演练】——飞机起飞宣传片

（1）使用“杂色”效果为素材添加杂色。

（2）使用“旋转扭曲”效果旋转图像，制作素材的扭曲效果。

最终效果参看云盘中的“Ch04\飞机起飞宣传片\飞机起飞宣传片.prproj”，如图 4-126 所示。

图 4-126

4.4 综合案例——健康出行宣传片

（1）使用“边角定位”效果调整视频的位置和大小。

（2）使用“亮度与对比度”效果调整图像的亮度与对比度。

（3）使用“颜色平衡”效果调整图像的颜色。

最终效果参看云盘中的“Ch04\健康出行宣传片\健康出行宣传片.prproj”，如图 4-127 所示。

图 4-127

4.5 综合案例——峡谷风光宣传片

（1）使用“缩放”选项改变图像的大小。

（2）使用“镜像”命令制作镜像图像。

（3）使用“裁剪”命令剪切图像。

（4）使用“不透明度”选项改变图像的不透明度。

（5）使用“照明效果”效果改变图像的灯光亮度。

最终效果参看云盘中的“Ch04\峡谷风光宣传片\峡谷风光宣传片.prproj”，如图 4-128 所示。

图 4-128

05

第5章 调色、叠加与键控（抠像）

本章主要介绍在 Premiere Pro CC 2019 中调色、叠加与键控素材的基础方法。调色、叠加和键控技术属于剪辑中较高级的应用技术，它通过剪辑影片将不同的画面合成在一起。通过本章的学习，读者可以掌握 Premiere Pro CC 2019 的调色、叠加与键控技术。

课堂学习目标

- 掌握视频调色技术。
- 掌握叠加和键控技术。

5.1 活力青春宣传片

5.1.1 【操作目的】

（1）使用“ProcAmp”效果调整素材的饱和度。

（2）使用“光照效果”效果为素材添加光照效果并制作动画。

最终效果参看云盘中的“Ch05\活力青春宣传片\活力青春宣传片.prproj”，如图 5-1 所示。

图 5-1

5.1.2 【操作步骤】

（1）启动 Premiere Pro CC 2019 软件，选择“文件 > 新建 > 项目”命令，弹出“新建项目”对话框，如图 5-2 所示，单击“确定”按钮，新建项目。选择“文件 > 新建 > 序列”命令，弹出“新建序列”对话框，单击“设置”选项卡，具体参数设置如图 5-3 所示，单击“确定”按钮，新建序列。

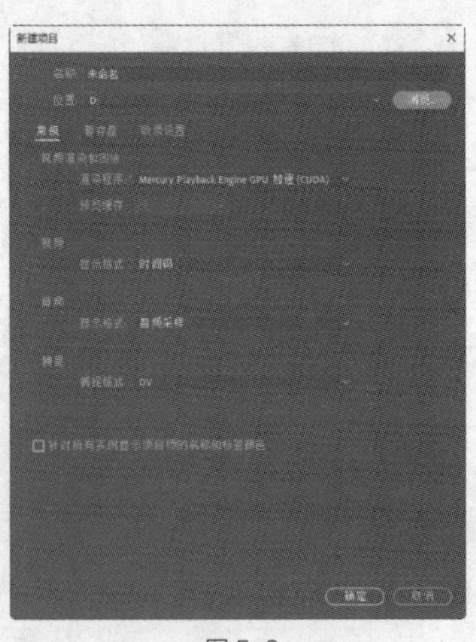

图 5-2

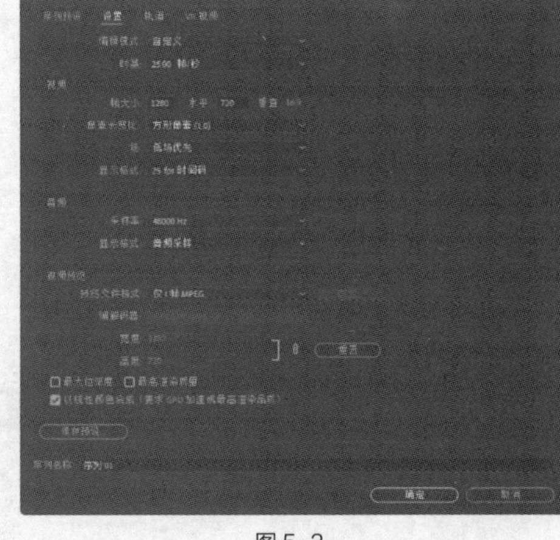

图 5-3

（2）选择“文件 > 导入”命令，弹出“导入”对话框，选择本书云盘中的“Ch05\活力青春宣传片\素材\01”文件，如图 5-4 所示，单击“打开”按钮，将素材文件导入“项目”面板中，如图 5-5 所示。

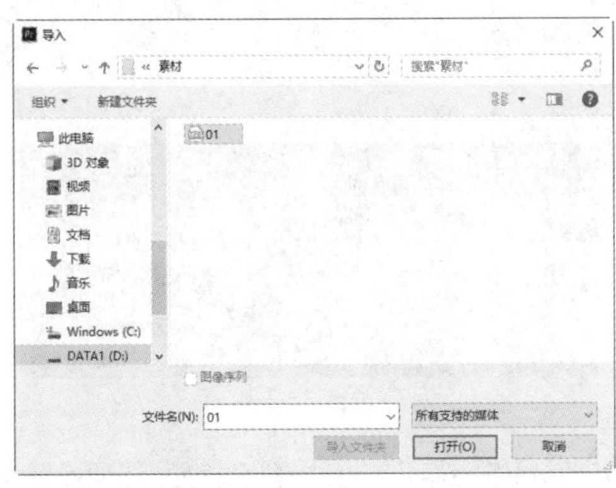

图5-4

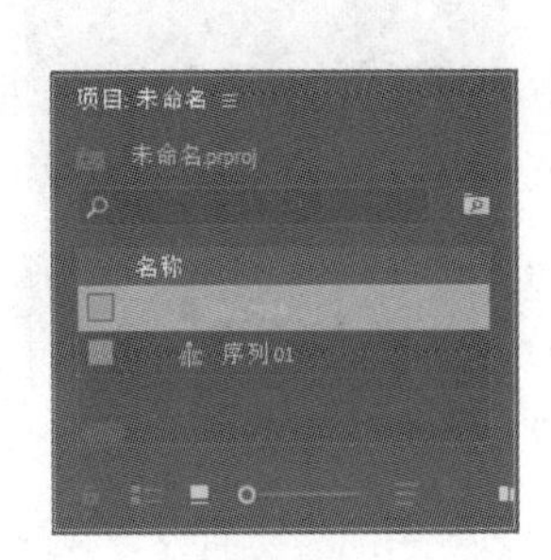

图5-5

（3）在“项目”面板中，选择“01”文件并将其拖曳到“时间轴”面板中的“视频1（V1）”轨道中。弹出“剪辑不匹配警告”对话框，单击“保持现有设置”按钮，在保持现有序列设置的情况下将“01”文件放置在“视频1（V1）”轨道中，如图5-6所示。选择“时间轴”面板中的“01”文件，在“效果控件”面板中展开“运动”选项，将“缩放”选项设置为67.0，如图5-7所示。

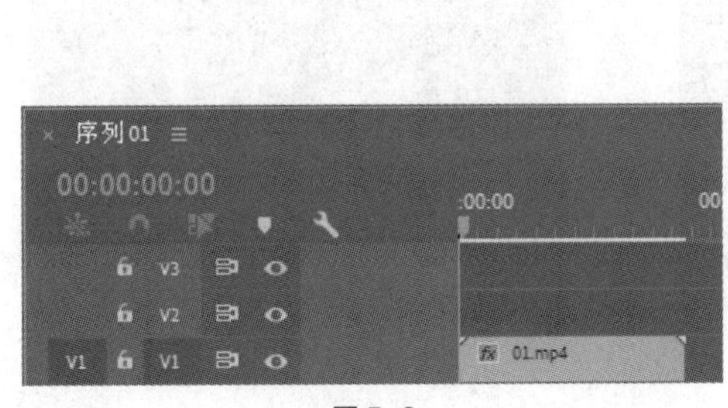

图5-6

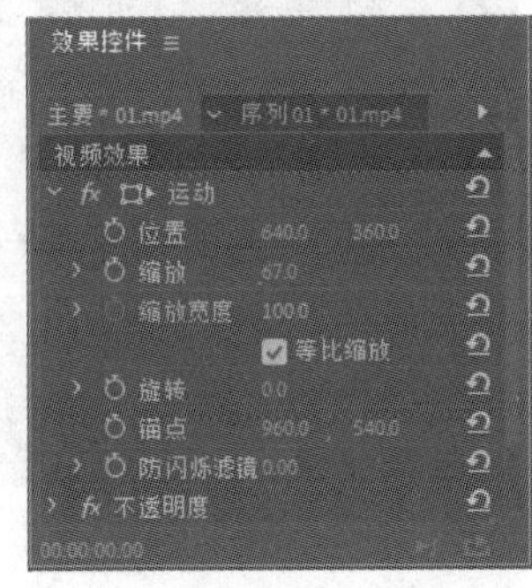

图5-7

（4）选择“效果”面板，展开“视频效果”分类选项，单击“调整”文件夹前面的三角形按钮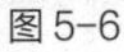将其展开，选择“ProcAmp”效果，如图5-8所示。将“ProcAmp”效果拖曳到“时间轴”面板的“视频1（V1）”轨道中的“01”文件上，如图5-9所示。选择“效果控件”面板，展开“ProcAmp”选项，将“饱和度”选项设置为135.0，如图5-10所示。

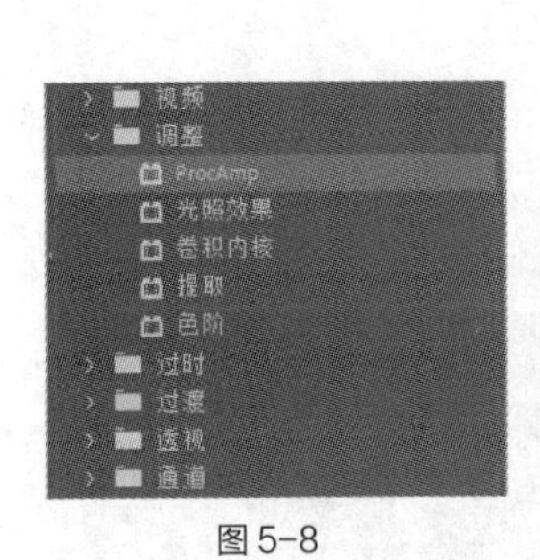

图5-8

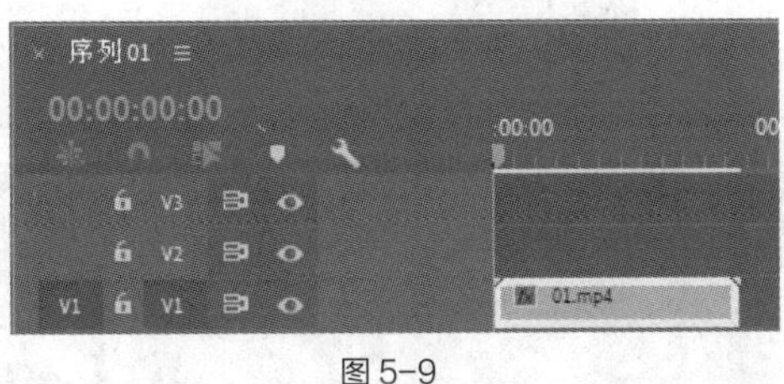

图5-9

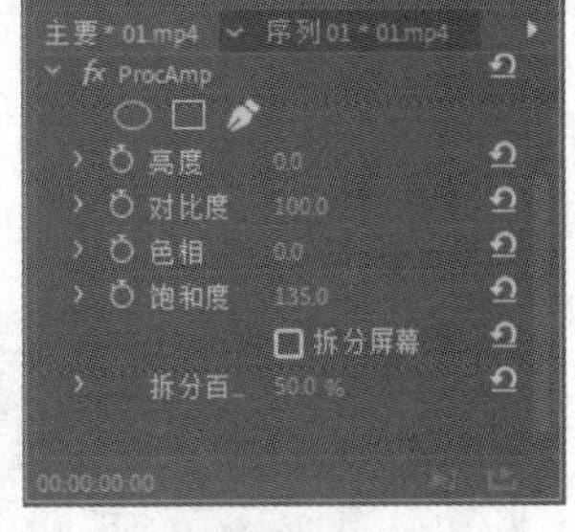

图5-10

（5）选择“效果”面板，展开“视频效果”分类选项，单击“调整”文件夹前面的三角形按钮▶将其展开，选择“光照效果”效果，如图5-11所示。将“光照效果”效果拖曳到“时间轴”面板的“视频 1（V1）”轨道中的“01”文件上，如图 5-12 所示。

图 5-11

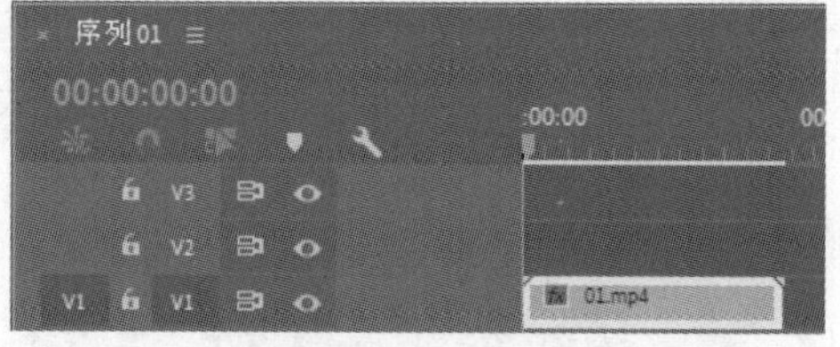

图 5-12

（6）选择“效果控件”面板，展开“光照效果”选项，将“光照类型”选项设置为全光源，“中央”选项设置为 100.0 和 472.0，“主要半径”选项设置为 20.0，“强度”选项设置为 38.0，单击“中央”选项左侧的“切换动画”按钮，如图 5-13 所示，记录第 1 个动画关键帧。将时间标签放置在 10:00s 的位置，将“中央”选项设置为 1373.0 和 472.0，如图 5-14 所示，记录第 2 个动画关键帧。活力青春宣传片制作完成。

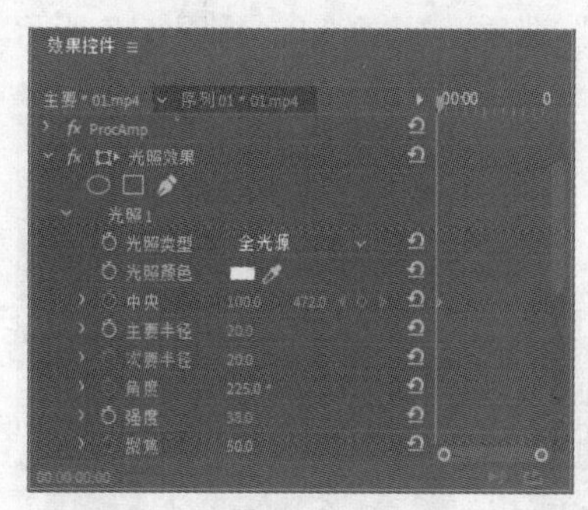

图 5-13

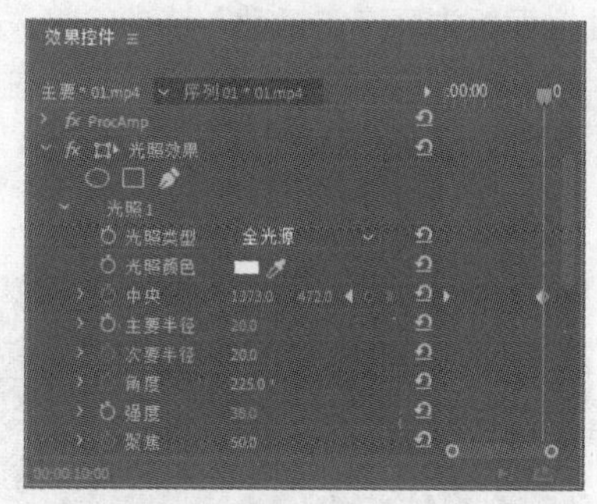

图 5-14

5.1.3 【相关工具】

1. “图像控制”效果

“图像控制”文件夹中的效果的主要用途是对素材的色彩进行处理。它广泛应用于视频编辑中，可以处理一些素材前期拍摄中的缺陷。“图像控制”文件夹中的效果非常重要，它包含 5 种效果，如图 5-15 所示。使用不同的效果后，画面效果如图 5-16 所示。

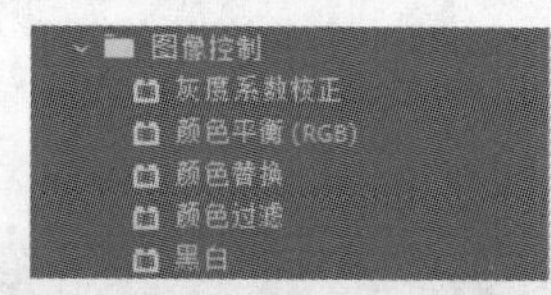

图 5-15

原图

灰度系数校正

颜色平衡（RGB）

图 5-16

颜色替换　　颜色过滤　　黑白

图5-16（续）

2. “调整”效果

“调整”文件夹中的效果可以调整素材文件的明暗度，并为素材文件添加光照效果，它包含 5 种效果，如图 5-17 所示。使用不同的效果后，画面效果如图 5-18 所示。

图5-17

原图　　ProcAmp　　光照效果

卷积内核　　提取　　色阶

图5-18

3. “过时”效果

“过时”文件夹中的效果用于对视频进行颜色分级与校正，它包含 12 种效果，如图 5-19 所示。使用不同的效果后，画面效果如图 5-20 所示。

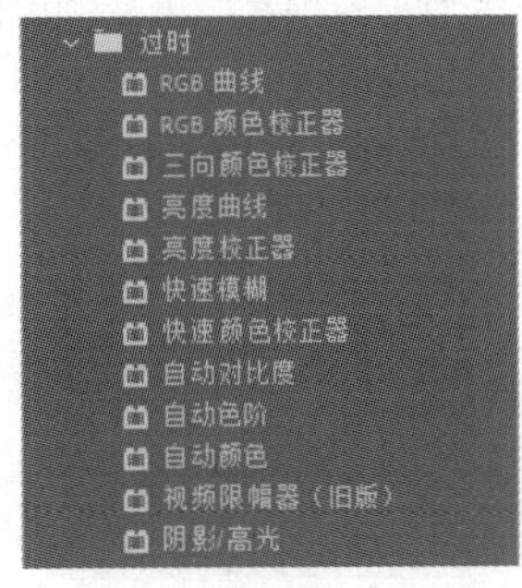

图5-19

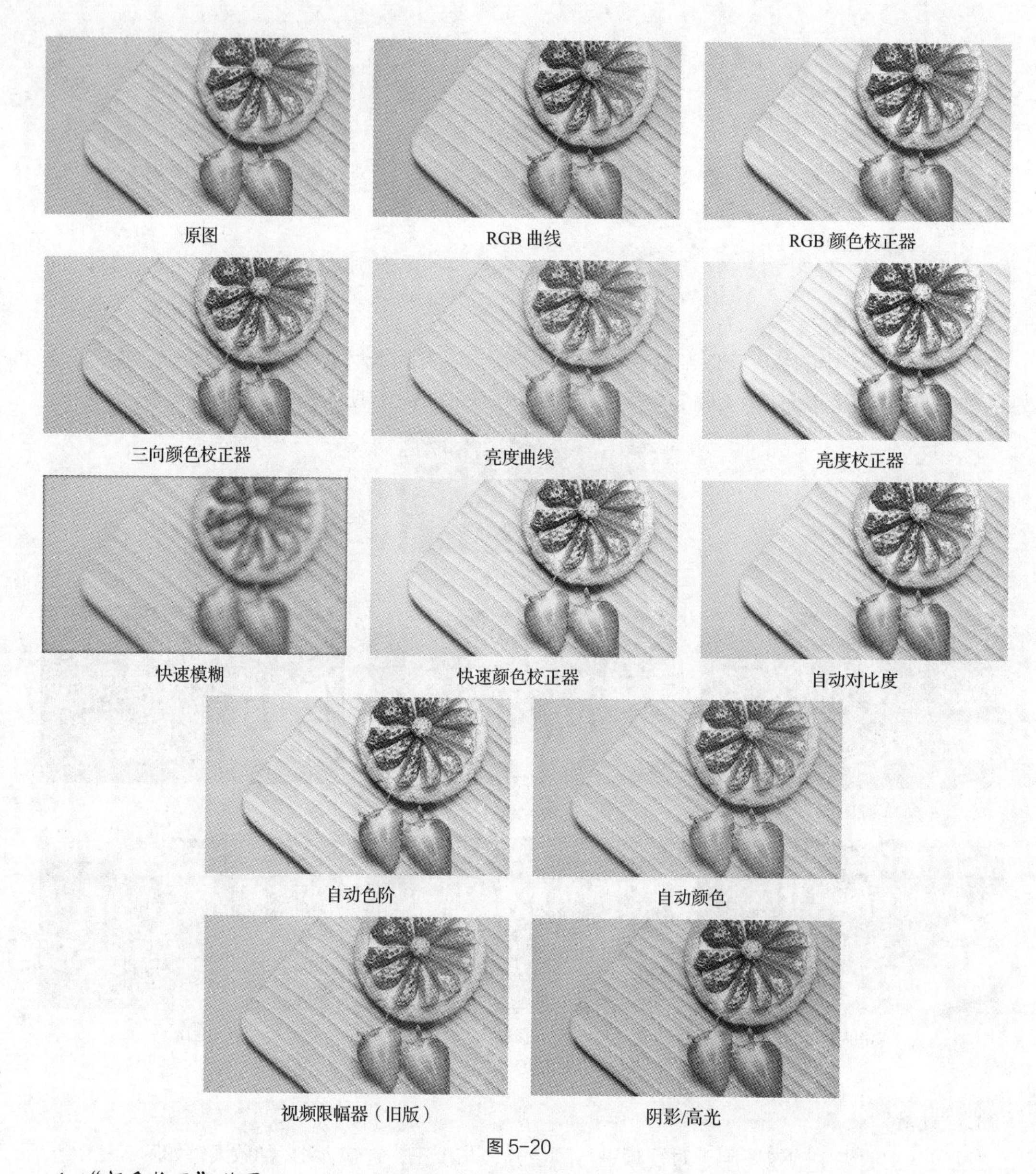

图 5-20

4. “颜色校正”效果

“颜色校正”文件夹中的效果主要用于对视频素材进行颜色校正，它包含 12 种效果，如图 5-21 所示。使用不同的效果后，画面效果如图 5-22 所示。

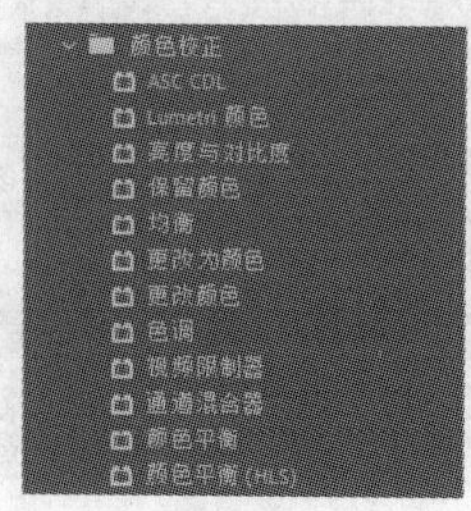

图 5-21

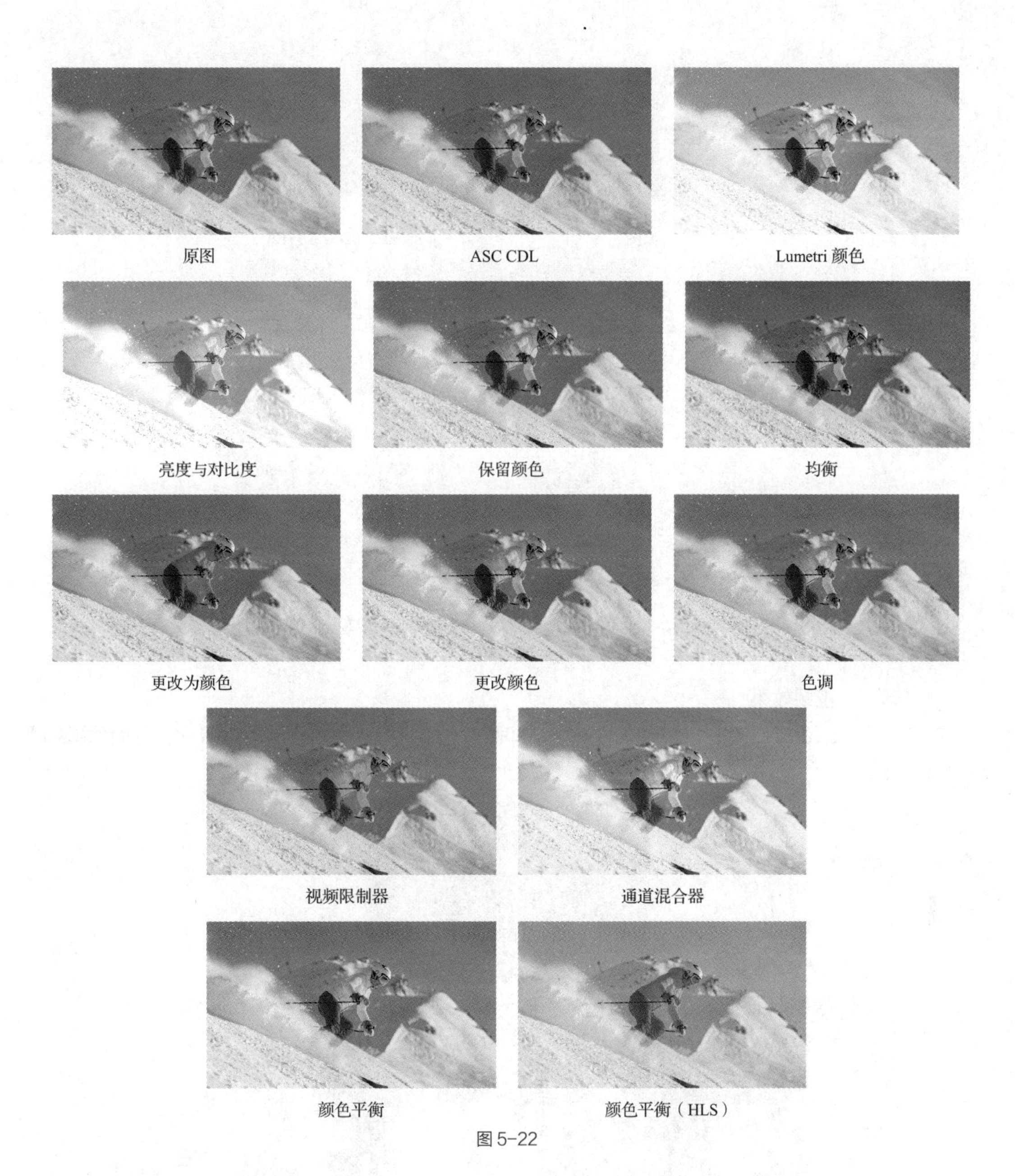

图 5-22

5. “Lumetri”预设

“Lumetri”预设效果主要用于调整视频素材的颜色，该效果包含五大类。

◎ Filmstocks 视频效果

在“Filmstocks”预设文件夹中，包含 5 种效果，如图 5-23 所示。使用不同的效果后，画面效果如图 5-24 所示。

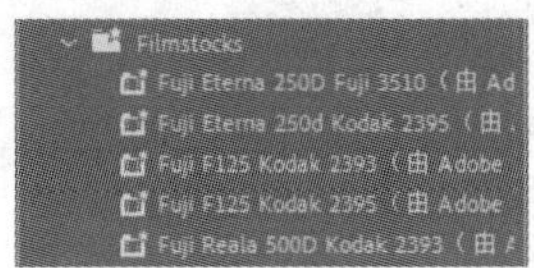

图 5-23

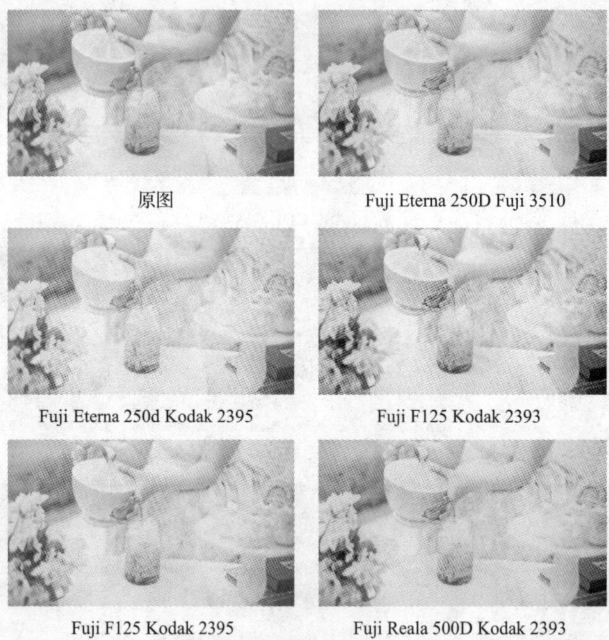

图 5-24

◎ **“影片”视频效果**

在“影片”预设文件夹中，包含 7 种效果，如图 5-25 所示。使用不同的效果后，画面效果如图 5-26 所示。

图 5-25

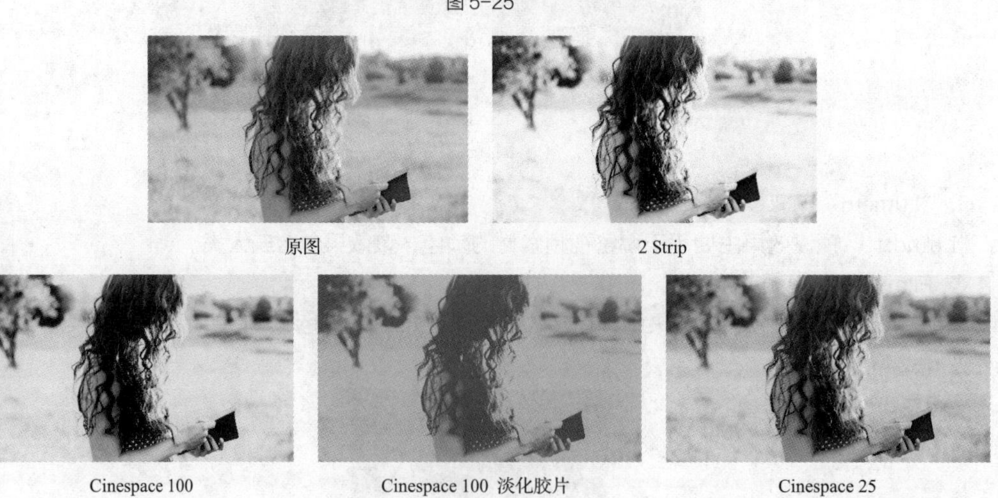

图 5-26

Cinespace 25 淡化胶片　　Cinespace 50　　Cinespace 50 淡化胶片

图5-26（续）

◎“SpeedLooks”视频效果

在“SpeedLooks”预设文件夹中还包含不同的子文件夹，共包含300种效果，如图5-27所示。使用不同的效果后，画面效果如图5-28所示。

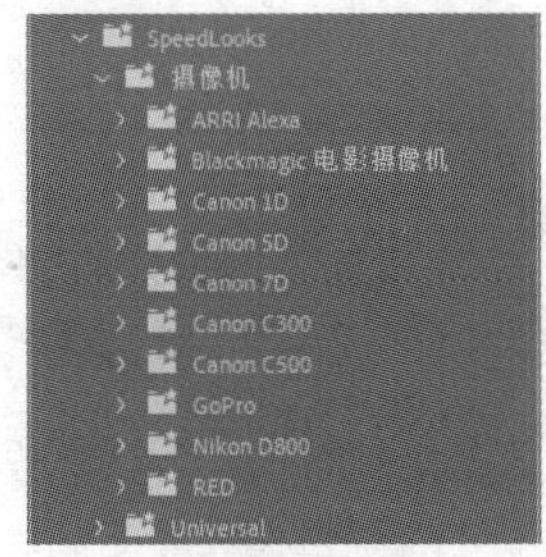

图5-27

原图　　SL 清楚出拳 NDR（ARRI Alexa）

SL 冰蓝（ARRI Alexa）　　SL 亮蓝（BMC ProRes）　　SL 复古棕色（Canon 1D）

SL 淘金 LDR（Canon 7D）　　SL Noir 红波（RED）　　SL 冷蓝（Universal）

图5-28

◎“单色”视频效果

在“单色”预设文件夹中，包含7种效果，如图5-29所示。使用不同的效果后，画面效果如图5-30所示。

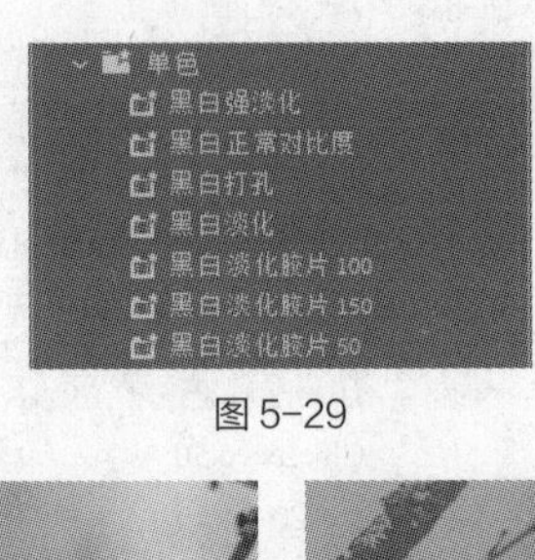

图 5-29

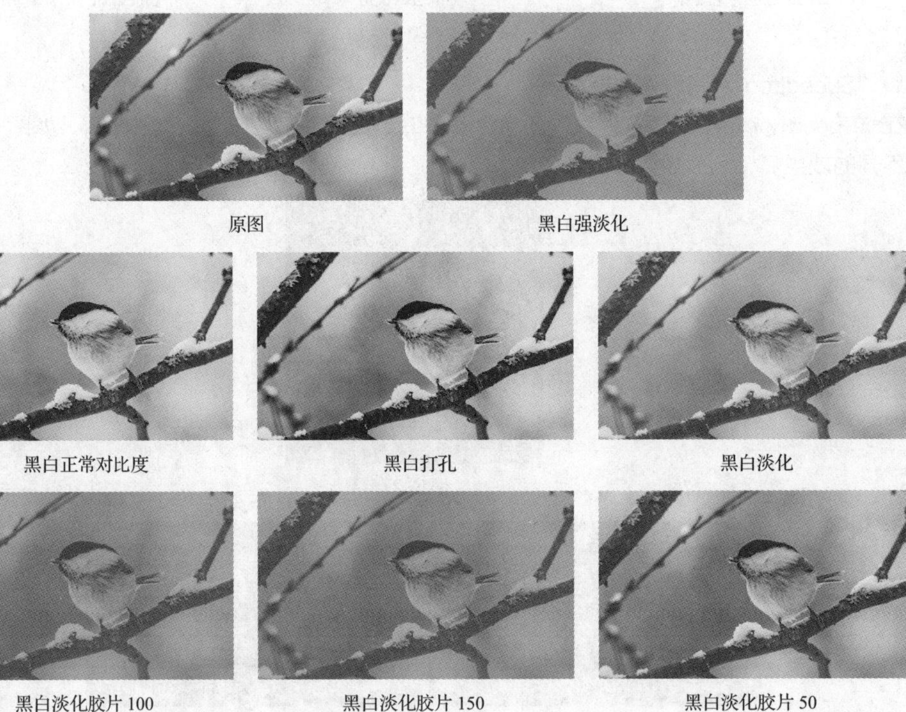

原图　黑白强淡化

黑白正常对比度　黑白打孔　黑白淡化

黑白淡化胶片 100　黑白淡化胶片 150　黑白淡化胶片 50

图 5-30

◎ 技术视频效果

在“技术”预设文件夹中，包含 6 种效果，如图 5-31 所示。使用不同的效果后，画面效果如图 5-32 所示。

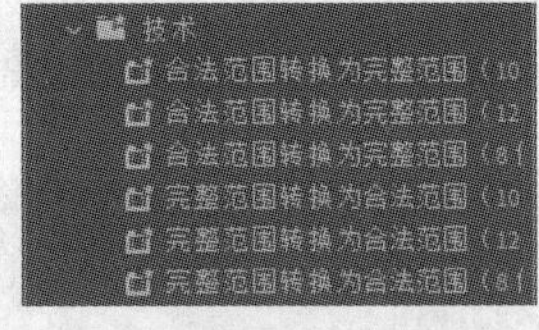

图 5-31

原图　合法范围转换为完整范围（10 位）　合法范围转换为完整范围（12 位）

图 5-32

合法范围转换为完整范围（8位）

完整范围转换为合法范围（10位）

完整范围转换为合法范围（12位）

完整范围转换为合法范围（8位）

图5-32（续）

5.1.4 【实战演练】——儿童网站宣传片

（1）使用“导入”命令导入素材文件。

（2）使用“灰度系数校正”效果调整图像的灰度系数。

（3）使用“颜色平衡”效果调整素材中的部分颜色。

（4）使用“DE_AgedFilm”外部效果制作老电影效果。

最终效果参看云盘中的“Ch05\儿童网站宣传片\儿童网站宣传片.prproj”，如图5-33所示。

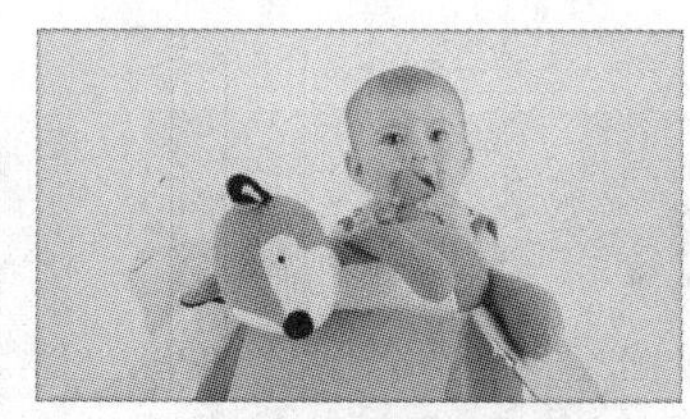
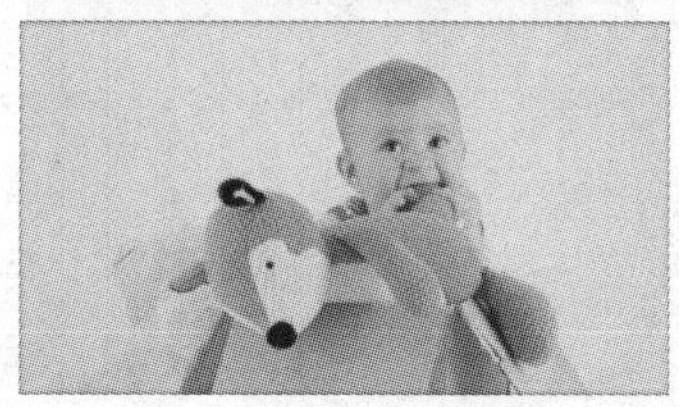

图5-33

5.2 体育运动宣传片

5.2.1 【操作目的】

（1）使用“导入”命令导入素材文件。

（2）使用“镜头扭曲”效果制作素材的镜头扭曲效果。

（3）使用“色阶”效果调整素材颜色。

（4）使用“颜色键”效果制作融合效果。

（5）使用“效果控件”面板调整图像的不透明度和混合模式，并制作动画效果。

最终效果参看云盘中的“Ch05\体育运动宣传片\体育运动宣传片.prproj”，如图 5-34 所示。

图 5-34

扫码观看本案例视频

5.2.2 【操作步骤】

（1）启动 Premiere Pro CC 2019 软件，选择“文件 > 新建 > 项目”命令，弹出“新建项目”对话框，如图 5-35 所示，单击“确定”按钮，新建项目。选择“文件 > 新建 > 序列”命令，弹出“新建序列”对话框，单击“设置”选项卡，具体参数设置如图 5-36 所示，单击“确定”按钮，新建序列。

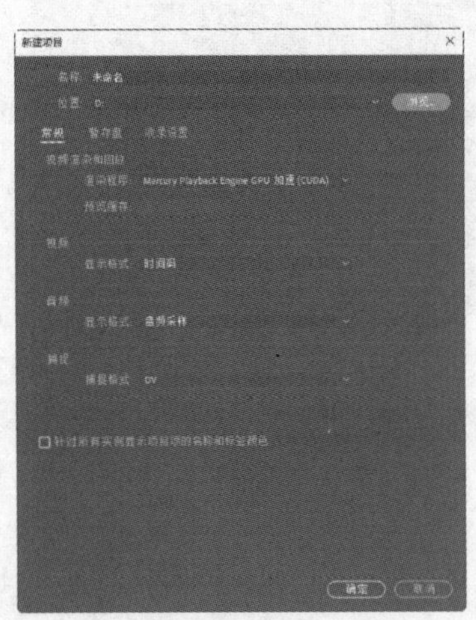

图 5-35

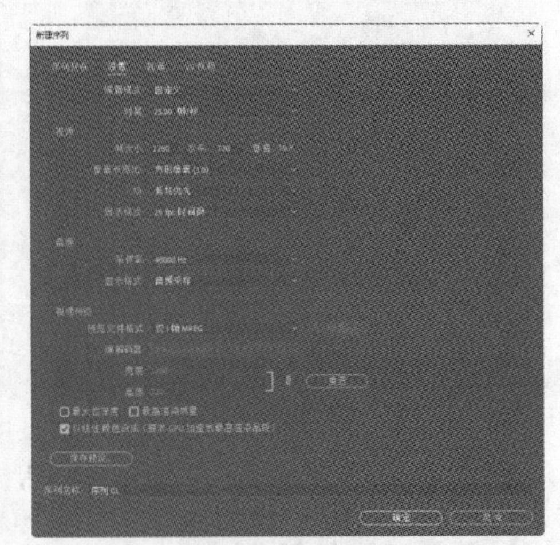

图 5-36

（2）选择“文件 > 导入”命令，弹出“导入”对话框，选择本书云盘中的“Ch05\体育运动宣传片\素材\01、02”文件，如图 5-37 所示，单击“打开”按钮，将素材文件导入“项目”面板中，如图 5-38 所示。

（3）在“项目”面板中，选择“01”文件并将其拖曳到“时间轴”面板中的“视频 1（V1）”轨道中。弹出“剪辑不匹配警告”对话框，单击“保持现有设置”按钮，在保持现有序列设置的情况下将文件放置在“视频 1（V1）”轨道中，如图 5-39 所示。

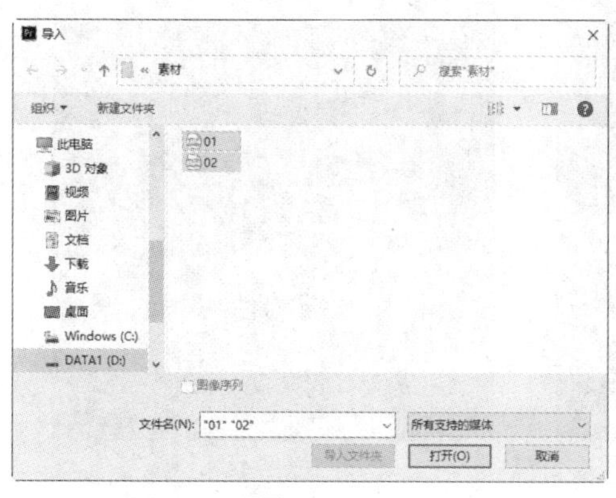

图 5-37

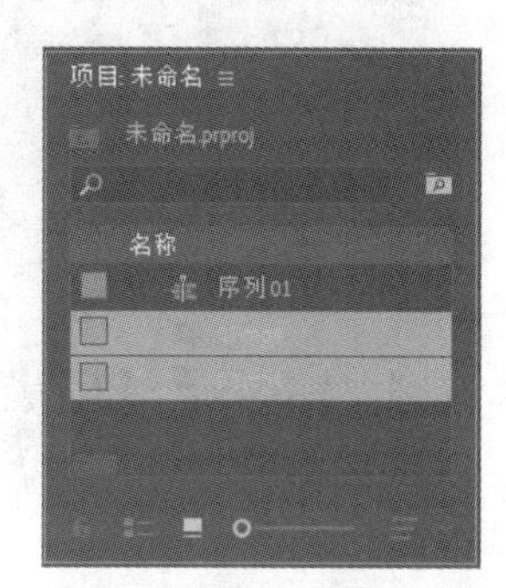

图 5-38

（4）将时间标签放置在 05:00s 的位置，单击“01”文件的结束位置，显示编辑点。当鼠标指针呈形状时，按住鼠标左键向左拖曳鼠标指针到 05:00s 的位置上，如图 5-40 所示。

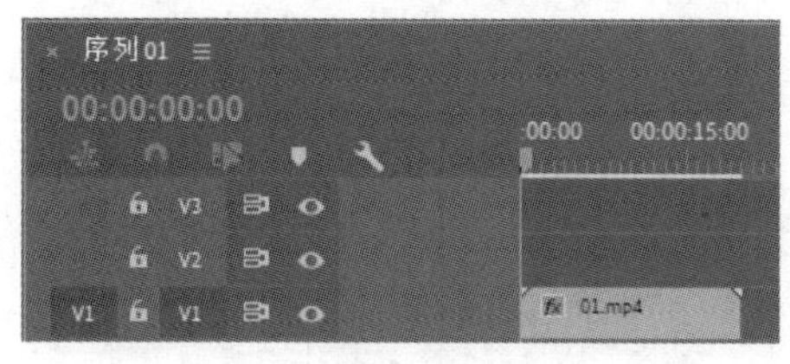

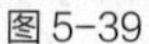

图 5-39

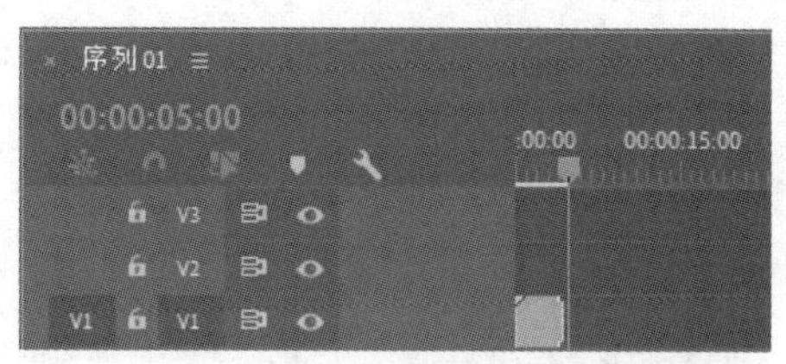

图 5-40

（5）将时间标签放置在 0s 的位置。选择“时间轴”面板中的“01”文件，在“效果控件”面板中展开“运动”选项，将“缩放”选项设置为 67.0，如图 5-41 所示。选择“效果”面板，展开“视频效果”分类选项，单击“扭曲”文件夹前面的三角形按钮将其展开，选择“镜头扭曲”效果，如图 5-42 所示。将“镜头扭曲”效果拖曳到“时间轴”面板的“视频 1（V1）”轨道中的“01”文件上。

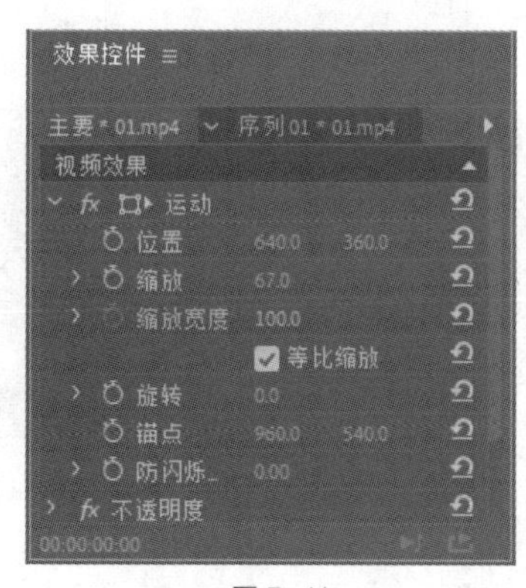

图 5-41

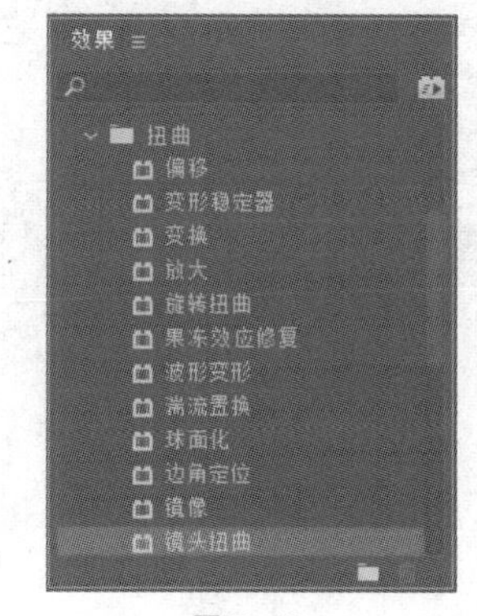

图 5-42

（6）选择“效果控件”面板，展开“镜头扭曲”选项，将“曲率”选项设置为-60，单击“曲率”选项左侧的“切换动画”按钮，如图 5-43 所示，记录第 1 个动画关键帧。将时间标签放置在 01:00s 的位置，在“效果控件”面板中，将“曲率”选项设置为 0，如图 5-44 所示，记录第 2 个动画关键帧。

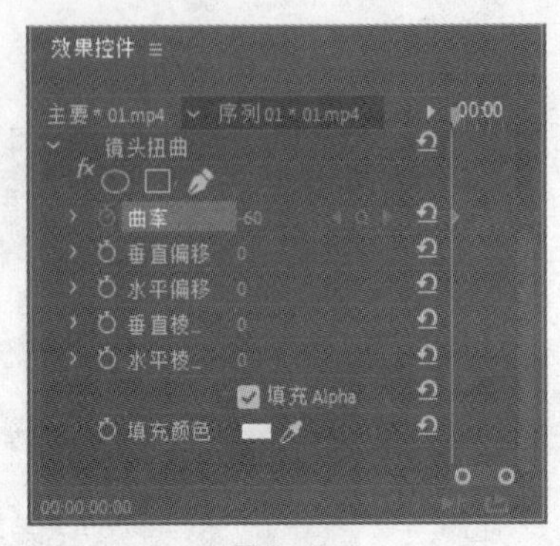

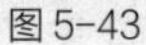
图 5-43

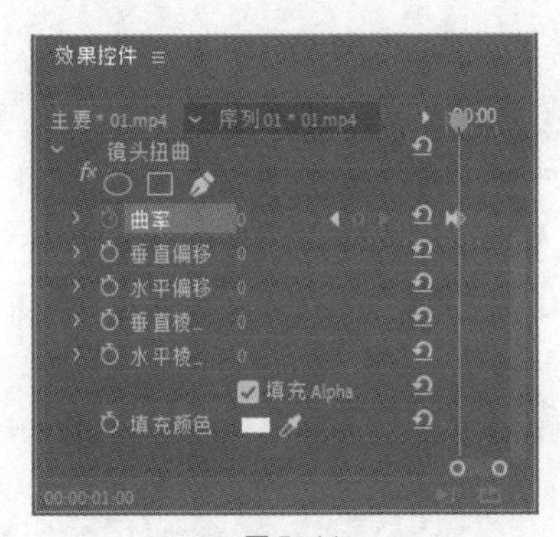

图 5-44

（7）在“项目”面板中，选择“02”文件并将其拖曳到“时间轴”面板中的“视频 2（V2）”轨道中，如图 5-45 所示。单击“02”文件的结束位置，显示编辑点。当鼠标指针呈形状时，按住鼠标左键向左拖曳鼠标指针到“01”文件的结束位置，如图 5-46 所示。

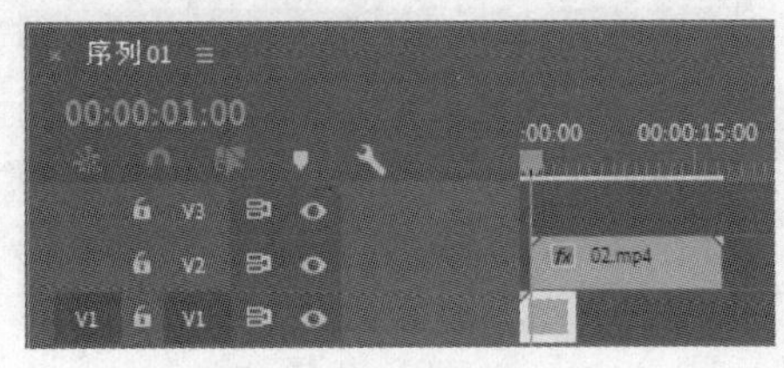

图 5-45

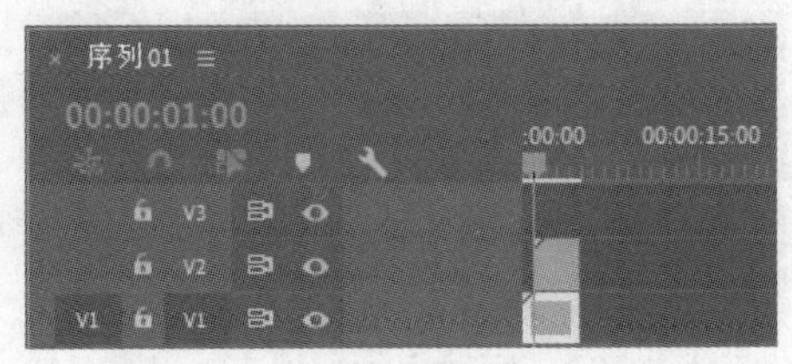

图 5-46

（8）在“时间轴”面板中选择“02”文件。在“效果控件”面板中展开“运动”选项，将“缩放”选项设置为 67.0，如图 5-47 所示。展开“不透明度”选项，将“混合模式”选项设置为叠加，将“不透明度”选项设置为 0%单击“不透明度”选项左侧的“切换动画”按钮，如图 5-48 所示，记录第 1 个动画关键帧。

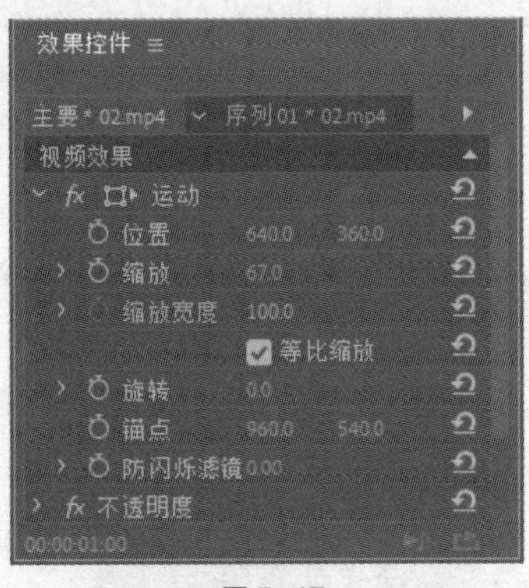

图 5-47

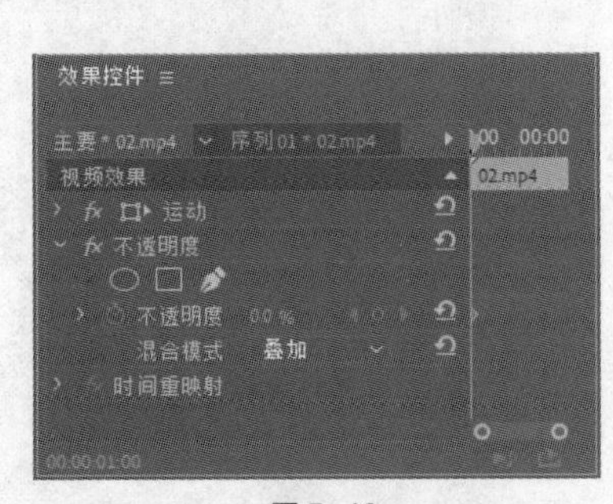

图 5-48

（9）将时间标签放置在 02:01s 的位置，将“不透明度”选项设置为 80.0%，如图 5-49 所示，记录第 2 个动画关键帧。将时间标签放置在 04:22s 的位置，将“不透明度”选项设置为 100.0%，如图 5-50 所示，记录第 3 个动画关键帧。

（10）选择“效果”面板，单击“调整”文件夹前面的三角形按钮将其展开，选择“色阶”效果，如图 5-51 所示。将“色阶”效果拖曳到“时间轴”面板的“视频 2（V2）”轨道中的“02”文件上。选择“效果控件”面板，展开“色阶”选项，将“(RGB)输入黑色阶”选项设置为 40，“(RGB)

输入白色阶”选项设置为221，如图5-52所示。

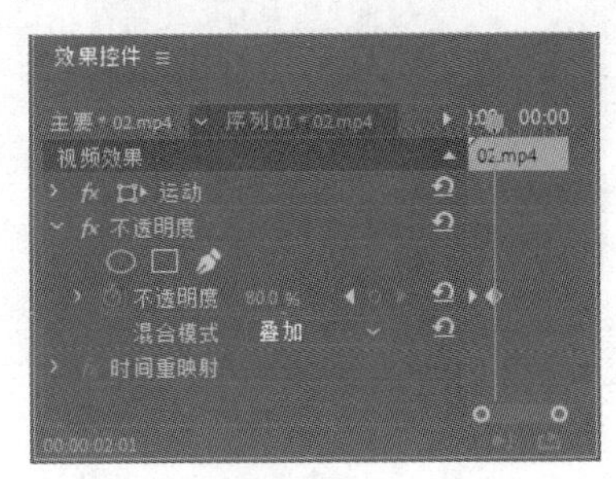

图5-49

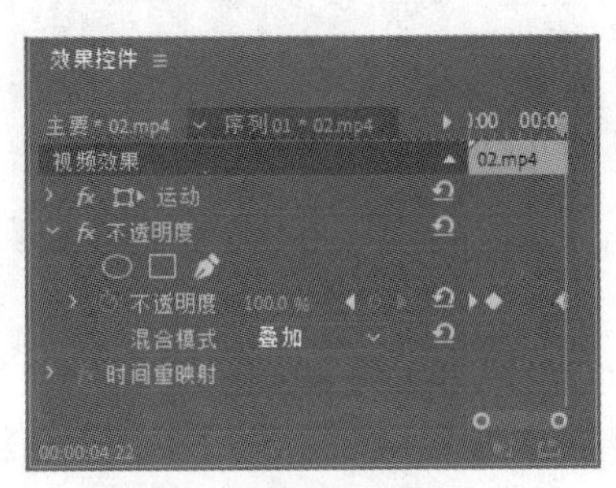

图5-50

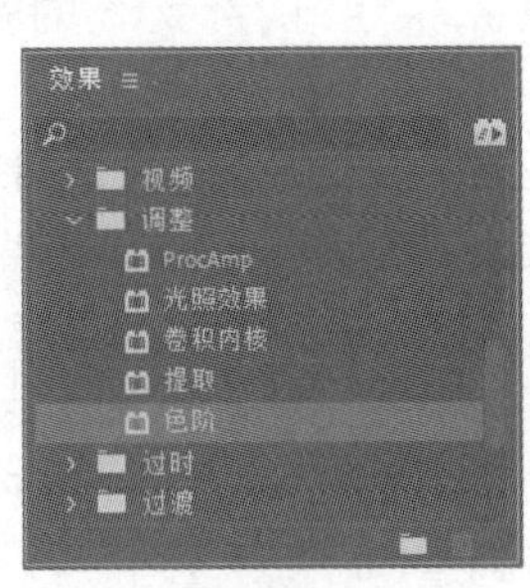

图5-51

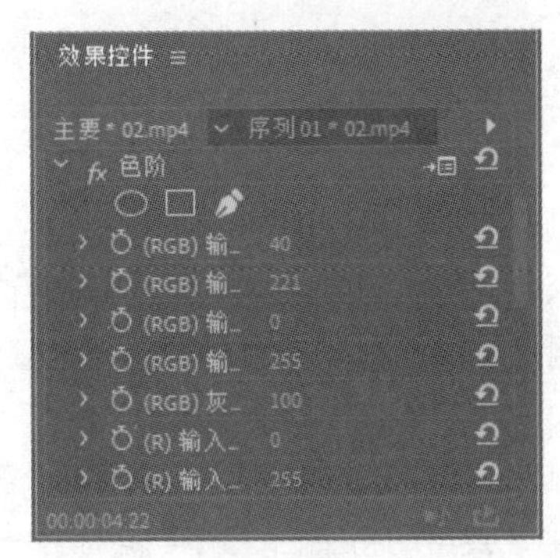

图5-52

（11）选择“效果”面板，单击“键控”文件夹前面的三角形按钮 将其展开，选择“颜色键”效果，如图5-53所示。将“颜色键”效果拖曳到“时间轴”面板的“视频2（V2）”轨道中的“02”文件上。选择“效果控件”面板，展开“颜色键”选项，将“主要颜色”选项设置为白色，“颜色容差”选项设置为9，如图5-54所示。体育运动宣传片制作完成。

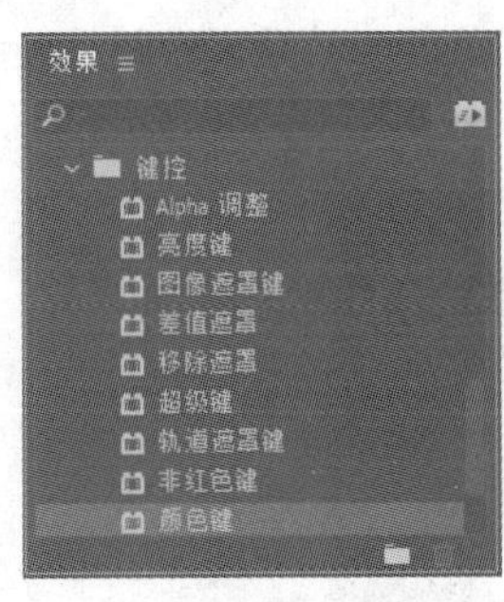

图5-53

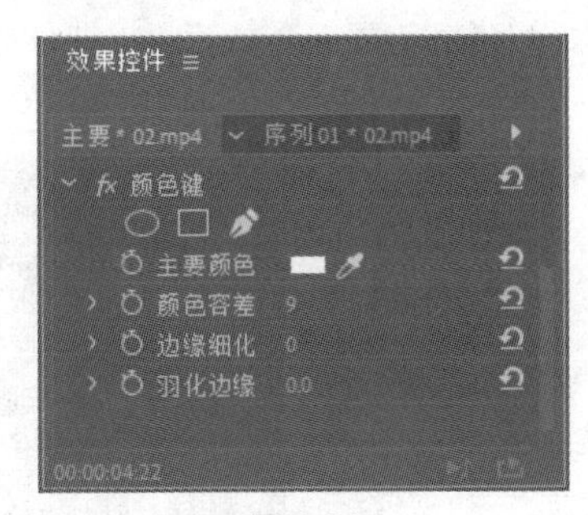

图5-54

5.2.3 【相关工具】

1. 透明

使用透明叠加的原理是因为每个素材都有一定的不透明度。在不透明度为0时，图像完全透明；在不透明度为100%时，图像完全不透明；在不透明度介于两者之间时，图像呈半透明。在Premiere Pro CC 2019中，将一个素材叠加在另一个素材上之后，画面中能够显示下方素材的部分图像就是利用设置素材的不透明度来实现的。因此，通过素材不透明度的设置，可以制作透明叠加的效果，原图和叠加后的效果如图5-55和图5-56所示。

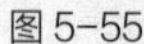

图 5-55

图 5-56

用户可以使用 Alpha 通道、遮罩或键控来定义素材的透明度区域和不透明区域，通过设置素材的不透明度并结合使用不同的混合模式就可以创建出绚丽多彩的视觉效果。

2. Alpha 通道

素材的颜色信息都被保存在 3 个通道中，这 3 个通道分别是红色通道、绿色通道和蓝色通道。另外，在素材中还包含看不见的第 4 个通道，即 Alpha 通道，它用于存储素材的透明度信息。

3. 遮罩

“遮罩”是一个层，用于定义层的透明区域，白色区域定义的是完全不透明的区域，黑色区域定义的是完全透明的区域，灰色区域定义的则是半透明的区域，这点与 Alpha 通道类似。通常，Alpha 通道被用作遮罩，但是使用遮罩定义素材的透明区域要比使用 Alpha 通道更好，因为很多原始素材不包含 Alpha 通道。

TGA、TIFF、EPS 等格式素材都包含 Alpha 通道。在使用 AI、EPS 和 PDF 格式的素材时，Premiere ProCC 2019 会自动将空白区域转换为 Alpha 通道。

4. 键控

前面已经介绍过，在进行素材合成时，可以使用 Alpha 通道将不同的素材对象合成到一个场景中。但是在实际的工作中，能够使用 Alpha 通道进行合成的原始素材非常少，因为摄像机是无法产生 Alpha 通道的，这时候键控（抠像）技术就非常重要了。

使用键控可以很容易地为一幅颜色或者亮度一致的视频素材替换背景，这一技术一般称为“蓝屏技术”或“绿屏技术”，背景色要完全是蓝色或者绿色的，当然也可以是其他颜色，图像调整的过程图如图 5-57、图 5-58 和图 5-59 所示。

图 5-57

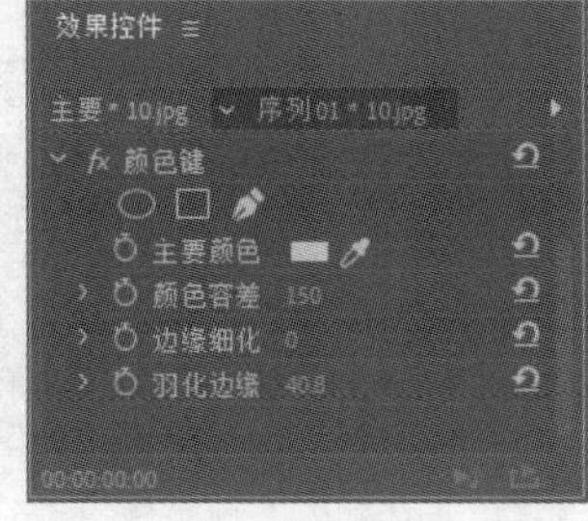

图 5-58

图 5-59

5.2.4 【实战演练】——摄影网站宣传片

（1）使用“导入”命令导入素材文件。

（2）使用“不透明度”选项合成素材。

（3）使用“查找边缘”效果制作素材的边缘。

（4）使用“色阶”效果调整素材的颜色。

（5）使用“画笔描边”效果为素材制作效果。

最终效果参看云盘中的“Ch05\摄影网站宣传片\摄影网站宣传片.prproj”，如图 5-60 所示。

图 5-60

5.3 个人网站宣传片

5.3.1 【操作目的】

（1）使用“导入”命令导入素材文件。

（2）使用“光照效果”效果给背景添加光照并制作动画。

（3）使用“颜色键”效果抠出人物。

最终效果参看云盘中的“Ch05\个人网站宣传片\个人网站宣传片.prproj”，如图 5-61 所示。

扫 码 观 看
本案例视频

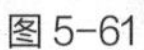

图 5-61

5.3.2 【操作步骤】

（1）启动 Premiere Pro CC 2019 软件，选择“文件 > 新建 > 项目”命令，弹出“新建项目”对话框，如图 5-62 所示，单击“确定”按钮，新建项目。选择“文件 > 新建 > 序列”命令，弹出“新建序列”对话框，单击“设置”选项卡，具体参数设置如图 5-63 所示，单击“确定”按钮，新建序列。

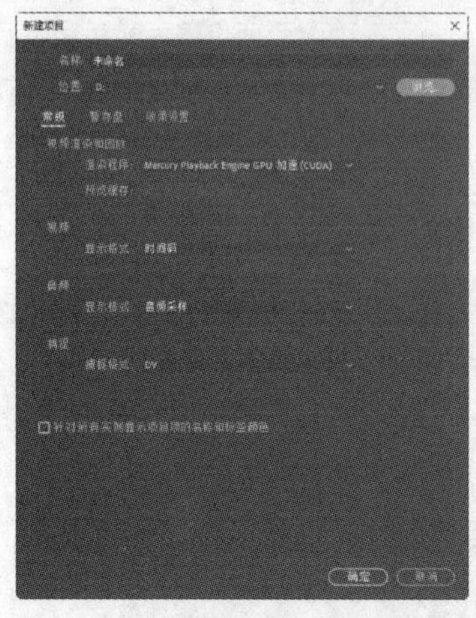

图 5-62

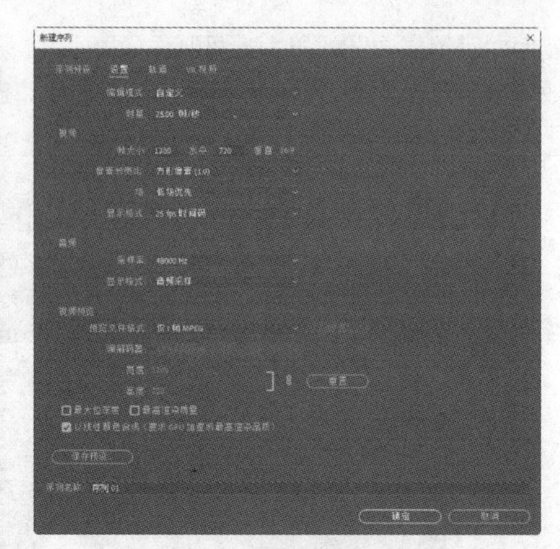

图 5-63

（2）选择“文件 > 导入”命令，弹出“导入”对话框，选择本书云盘中的“Ch05\个人网站宣传片\素材\01、02”文件，如图 5-64 所示，单击“打开”按钮，将素材文件导入“项目”面板中，如图 5-65 所示。

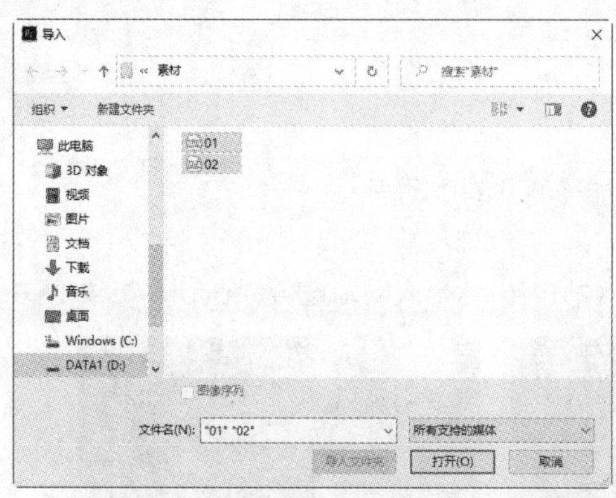

图 5-64

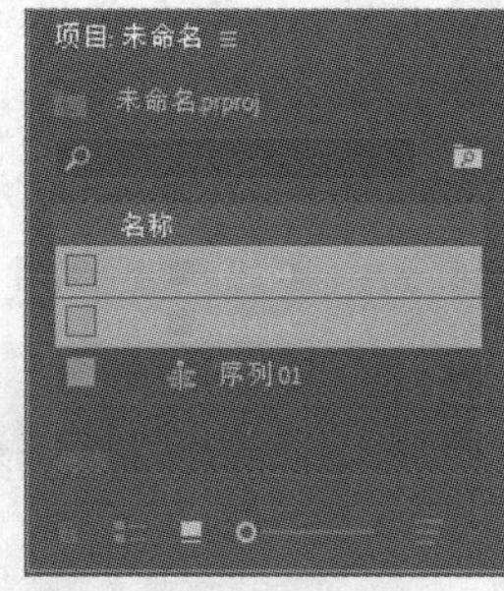

图 5-65

（3）在“项目”面板中，选择“01”文件并将其拖曳到“时间轴”面板中的“视频 1（V1）”轨道中。弹出“剪辑不匹配警告”对话框，单击“保持现有设置”按钮，在保持现有序列设置的情况下将文件放置在“视频 1（V1）”轨道中，如图 5-66 所示。选择“时间轴”面板中的“01”文件，在“效果控件”面板中展开“运动”选项，将“缩放”选项设置为 67.0，如图 5-67 所示。

图 5-66

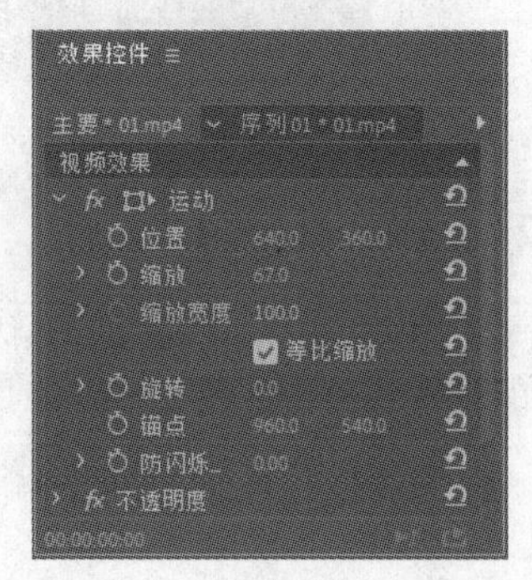

图 5-67

（4）选择“效果”面板，展开“视频效果”分类选项，单击“调整”文件夹前面的三角形按钮▶将其展开，选择“光照效果”效果，如图 5-68 所示。将“光照效果”效果拖曳到“时间轴”面板的“视频 1（V1）”轨道中的“01”文件上。

（5）选择“效果控件”面板，展开“光照效果”选项，将“中央”选项设置为 574.0 和 540.0，单击“中央”和“角度”选项左侧的“切换动画”按钮，如图 5-69 所示，记录第 1 个动画关键帧。将时间标签放置在 10:00s 的位置，将“中央”选项设置为 1449.0 和 540.0，“角度”选项设置为 311.0°，如图 5-70 所示，记录第 2 个动画关键帧。

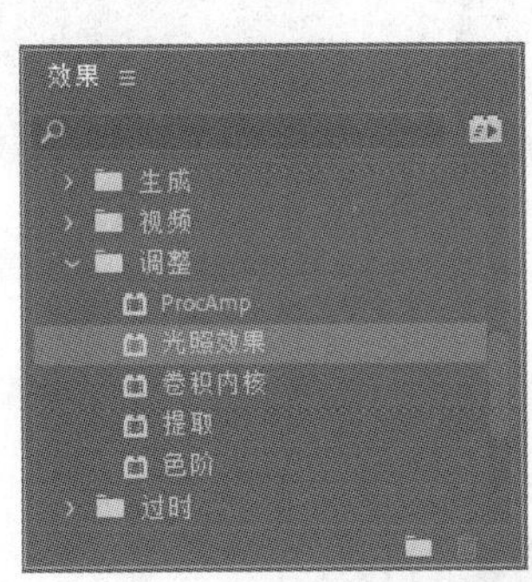

图 5-68

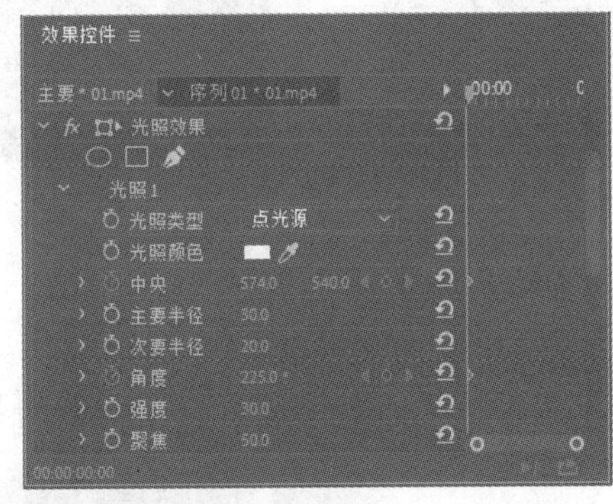

图 5-69

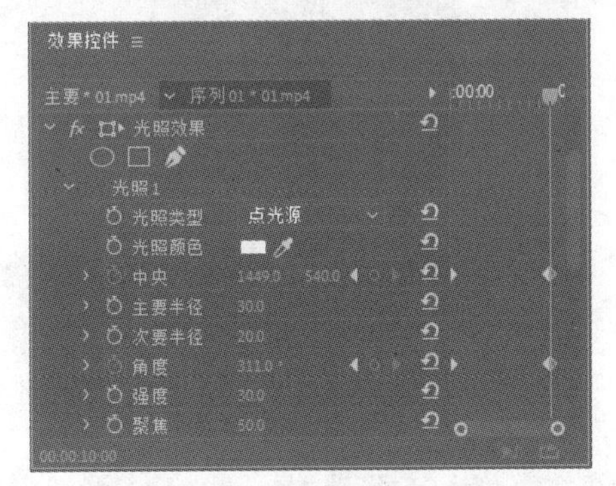

图 5-70

（6）在“项目”面板中，选择“02”文件并将其拖曳到“时间轴”面板中的“视频 2（V2）”轨道中，如图 5-71 所示。单击“02”文件的结束位置，显示编辑点。当鼠标指针呈形状时，按住鼠标左键向左拖曳鼠标指针到“01”文件的结束位置，如图 5-72 所示。

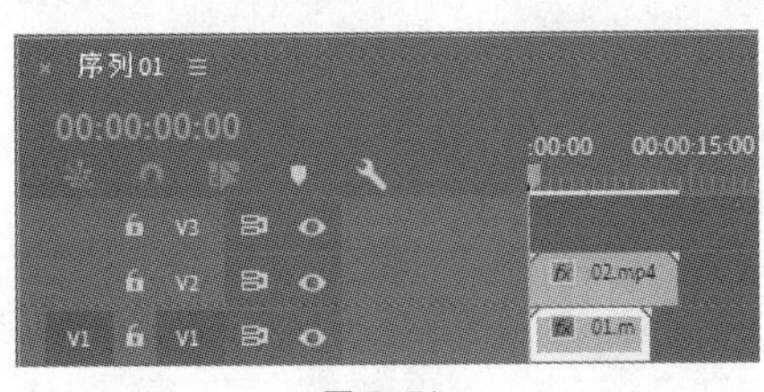

图 5-71

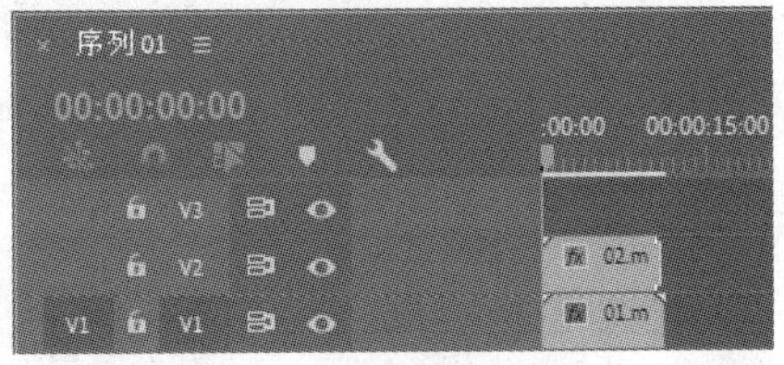

图 5-72

（7）在“时间轴”面板中选择“02”文件。选择“效果控件”面板，展开“运动”选项，将“缩放”选项设置为 67.0，如图 5-73 所示。选择“效果”面板，单击“键控”文件夹前面的三角形按钮▶将其展开，选择“颜色键”效果，如图 5-74 所示。将“颜色键”效果拖曳到“时间轴”面板的“视频 2（V2）”轨道中的“02”文件上。选择“效果控件”面板，展开“颜色键”选项，将“主要颜色”选项设置为绿色，其他选项的设置如图 5-75 所示。个人网站宣传片制作完成。

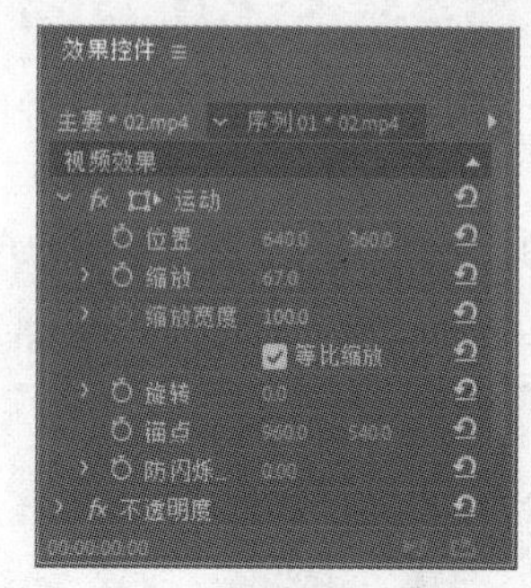

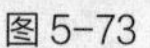

图 5-73

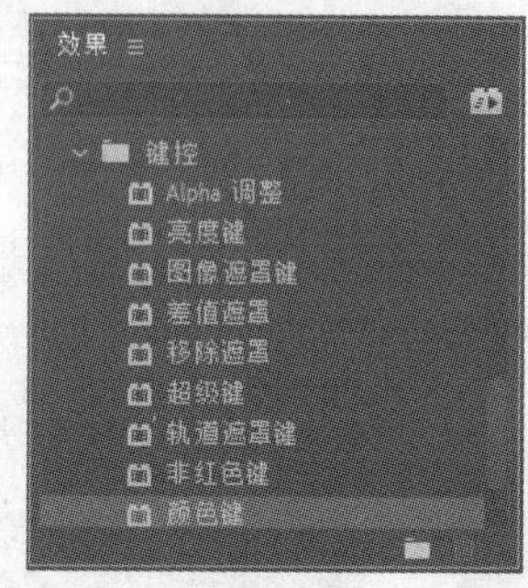

图 5-74

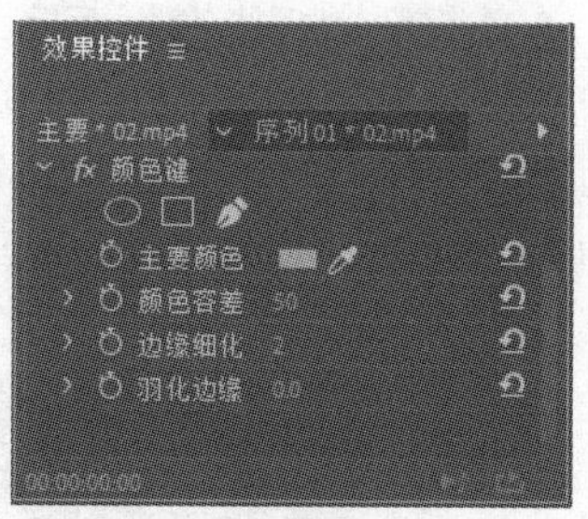

图 5-75

5.3.3 【相关工具】

键控使用特定的颜色值（颜色键控）和亮度值（亮度键控）来定义视频素材中的透明区域。“键控”文件夹包含 9 种效果，如图 5-76 所示。使用不同的效果后，画面效果如图 5-77 所示。

图 5-76

原图 1

原图 2

Alpha 调整

亮度键

图像遮罩键

差值遮罩

移除遮罩

超级键

图 5-77

轨道遮罩键　　非红色键　　颜色键

图5-77（续）

提示：“移除遮罩”效果调整的是透明和不透明的边界，可以减少白色或黑色边界。在使用“图像遮罩键”效果进行图像遮罩时，遮罩图像的名称和文件夹都不能使用中文，否则图像遮罩将没有效果。

5.3.4 【实战演练】——折纸世界栏目片头

（1）使用“导入”命令导入素材文件。

（2）使用“颜色键”效果抠出折纸视频。

（3）使用“效果控件”面板制作文字动画。

最终效果参看云盘中的“Ch05\折纸世界栏目片头\折纸世界栏目片头.prproj”，如图5-78所示。

图5-78

5.4 综合案例——花开美景宣传片

（1）使用“效果控件”面板调整图像的大小并制作动画。

（2）使用“更改颜色”效果改变图像的颜色。

最终效果参看云盘中的“Ch05\花开美景宣传片\花开美景宣传片.prproj”，如图5-79所示。

图5-79

图 5-79（续）

5.5 综合案例——美好生活宣传片

（1）使用“ProcAmp”效果调整视频的饱和度。

（2）使用“亮度与对比度”效果调整素材的亮度与对比度。

（3）使用“颜色平衡”效果调整素材颜色。

最终效果参看云盘中的“Ch05\美好生活宣传片\美好生活宣传片.prproj”，如图 5-80 所示。

图 5-80

06

第6章 添加字幕

本章主要介绍字幕的制作方法，对字幕的创建和编辑进行详细介绍。通过本章的学习，读者可以掌握创建及编辑字幕的方法。

课堂学习目标

- 掌握字幕文字对象的创建。
- 掌握字幕文字的编辑与修饰。
- 掌握滚动字幕的创建。

6.1 快乐旅行节目片头

6.1.1 【操作目的】

（1）使用“导入”命令导入素材文件。

（2）使用“旧版标题”命令和“字幕”编辑面板创建字幕。

（3）使用“效果控件”面板制作文字特效。

最终效果参看云盘中的“Ch06\快乐旅行节目片头\快乐旅行节目片头.prproj”，如图 6-1 所示。

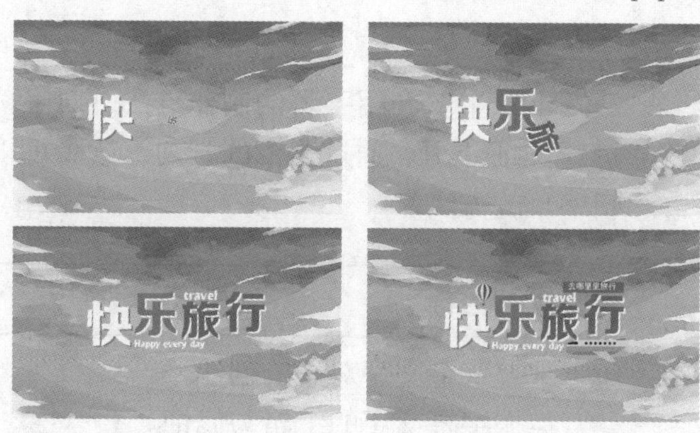

图 6-1

6.1.2 【操作步骤】

（1）启动 Premiere Pro CC 2019 软件，选择“文件 > 新建 > 项目”命令，弹出“新建项目”对话框，如图 6-2 所示，单击“确定”按钮，新建项目。选择“文件 > 新建 > 序列”命令，弹出“新建序列”对话框，单击“设置”选项卡，具体参数设置如图 6-3 所示，单击“确定”按钮，新建序列。

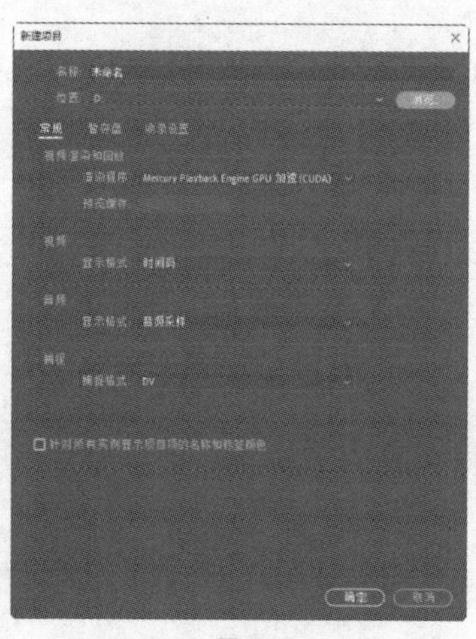

图 6-2

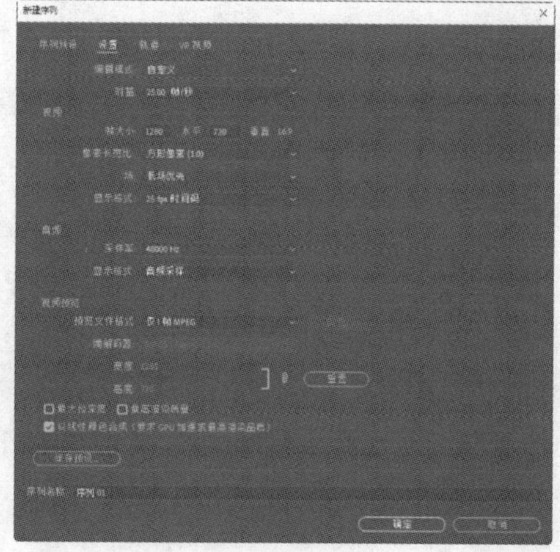

图 6-3

（2）选择“文件 > 导入”命令，弹出“导入”对话框，选择本书云盘中的“Ch06\快乐旅行节目片头\素材\01～03”文件，如图 6-4 所示，单击“打开”按钮，将素材文件导入“项目”面板中，如图 6-5 所示。

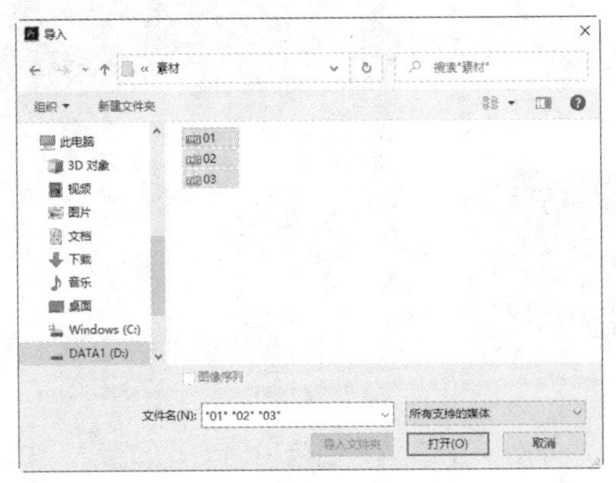

图 6-4

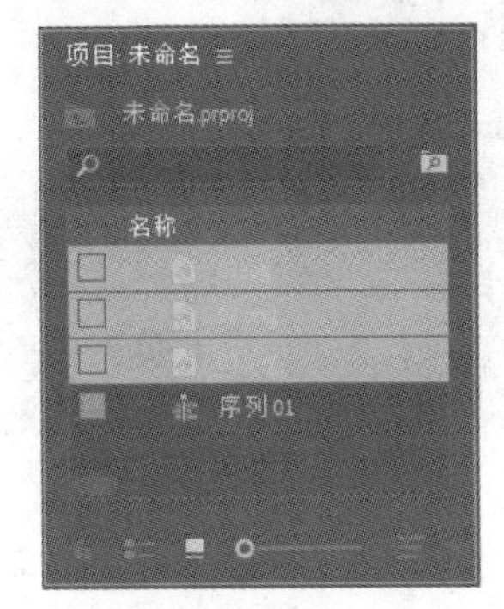

图 6-5

（3）在“项目”面板中，选择“01”文件并将其拖曳到“时间轴”面板中的“视频 1（V1）”轨道中，如图 6-6 所示。将时间标签放置在 02:05s 的位置上。将鼠标指针放在“01”文件的结束位置，当鼠标指针呈![]状时，按住鼠标左键向左拖曳鼠标指针到时间标签的位置，如图 6-7 所示。

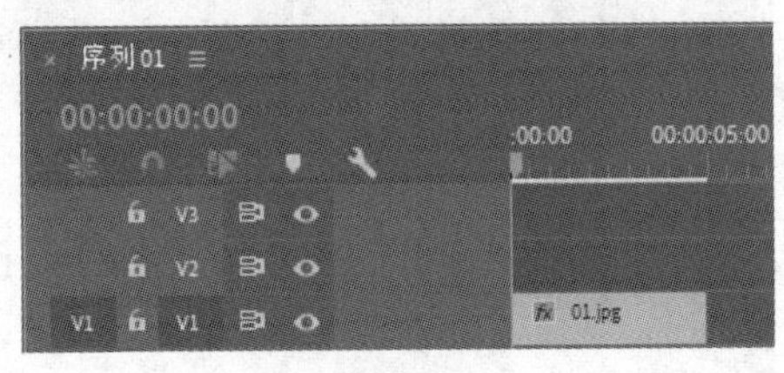

图 6-6

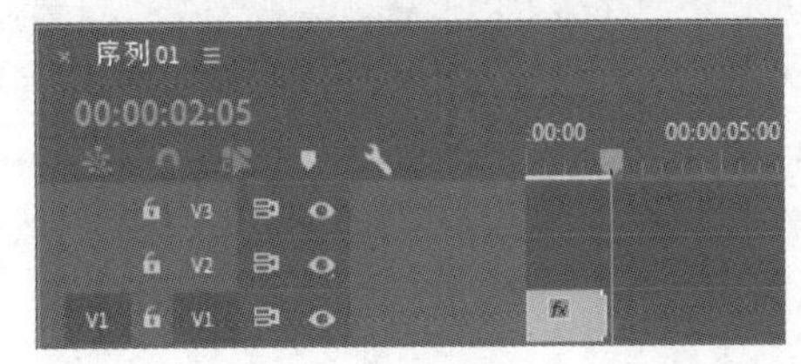

图 6-7

（4）将时间标签放置在 0s 的位置上。选择“文件 > 新建 > 旧版标题”命令，弹出“新建字幕”对话框，如图 6-8 所示，单击“确定”按钮，弹出“字幕”编辑面板。选择“旧版标题工具”面板中的“文字”工具![]，在“字幕”编辑面板中单击并输入需要的文字，如图 6-9 所示。

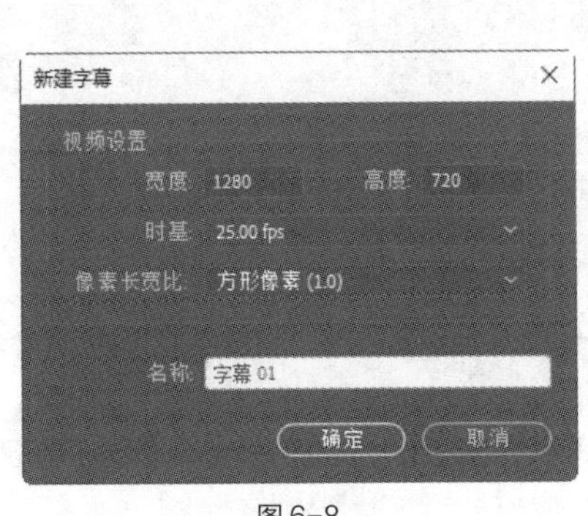

图 6-8

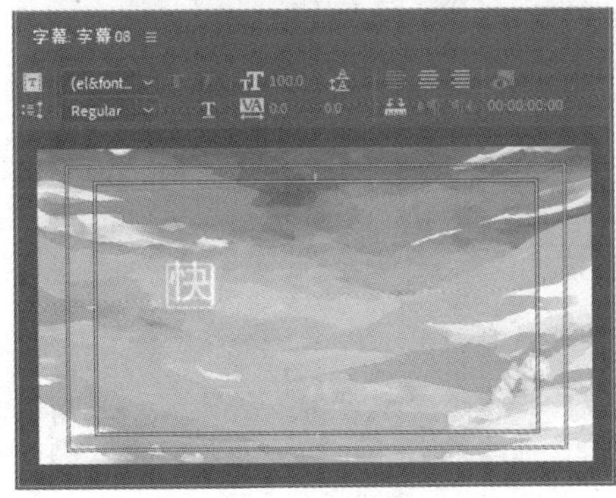

图 6-9

（5）选择“旧版标题属性”面板，展开“属性”选项，具体参数设置如图 6-10 所示。展开“填充”选项，将“颜色”选项设置为白色。展开“阴影”选项，将“颜色”选项设置为橘色（219、93、0），其他选项的设置如图 6-11 所示，“字幕”编辑面板中字的效果如图 6-12 所示。在“项目”面板中生成“字幕 01”文件。

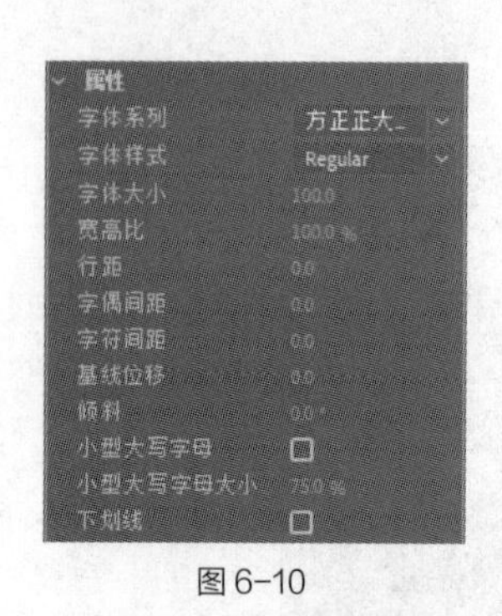

图 6-10

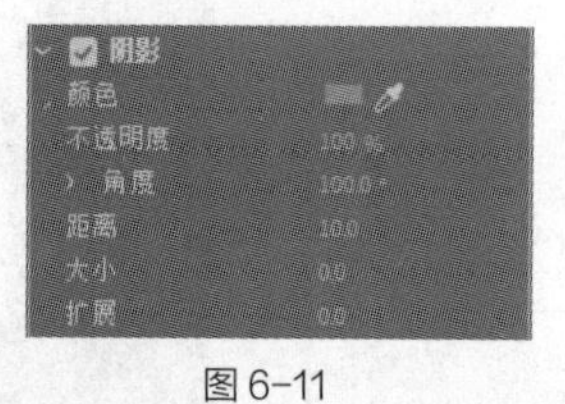

图 6-11

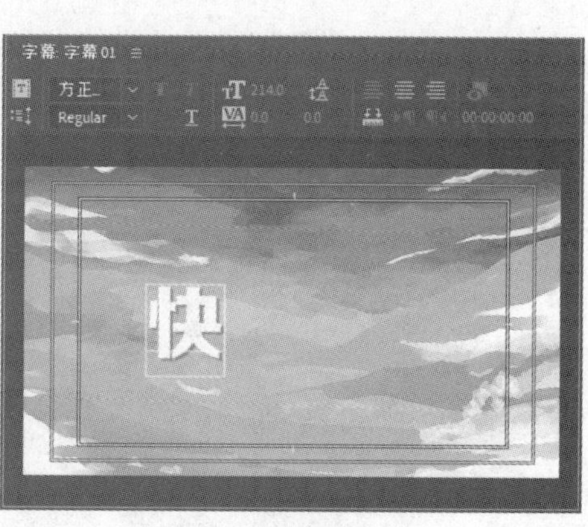

图 6-12

（6）用相同的方法再新建 3 个字幕，并分别填充适当的颜色和阴影，如图 6-13、图 6-14 和图 6-15 所示。用相同的方法新建“字幕 05”文件，并将其填充为白色，输入的文本内容如图 6-16 所示。

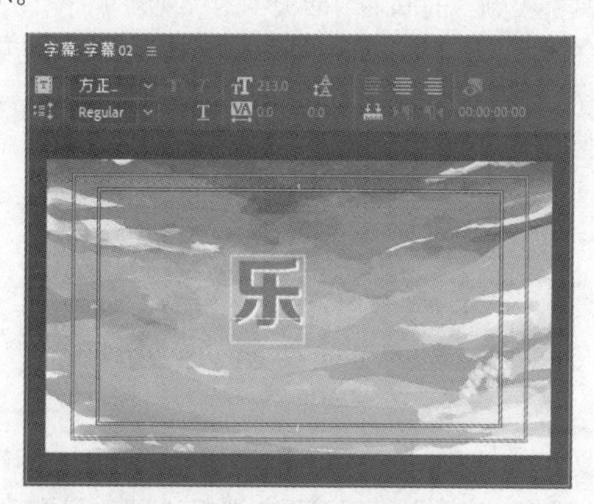

图 6-13

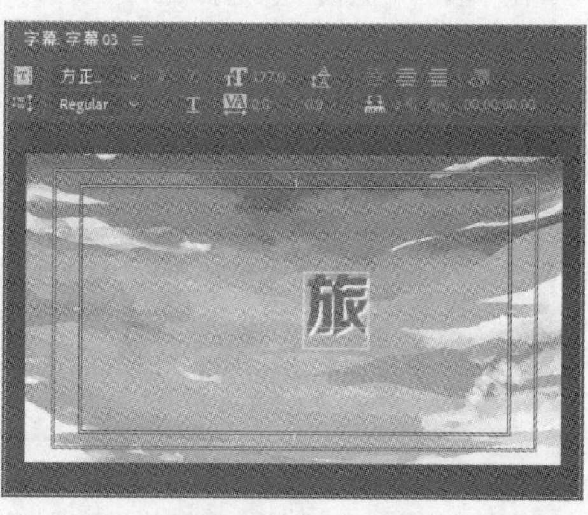

图 6-14

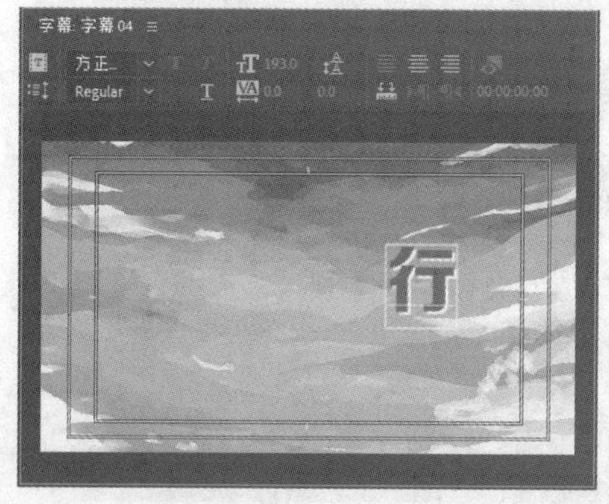

图 6-15

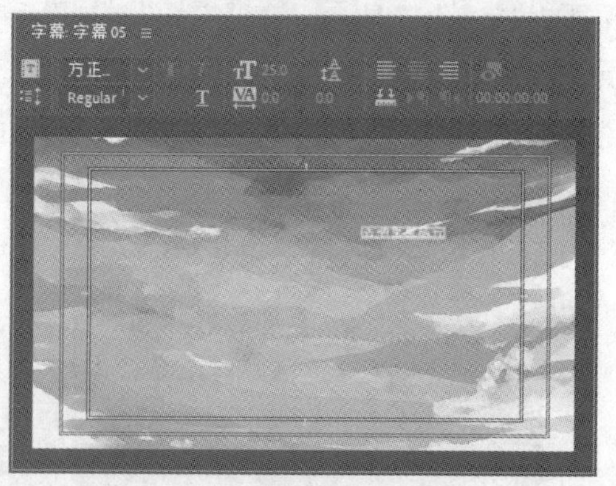

图 6-16

（7）选择“旧版标题工具”面板中的“矩形”工具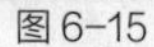，在“字幕”编辑面板中绘制矩形。选择“旧版标题属性”面板，展开“填充”选项，将“颜色”选项设置为蓝色（27、114、220），如图 6-17 所示。按 Ctrl+Shift+[组合键，后移矩形，将其移到文字下面，如图 6-18 所示。

图6-17

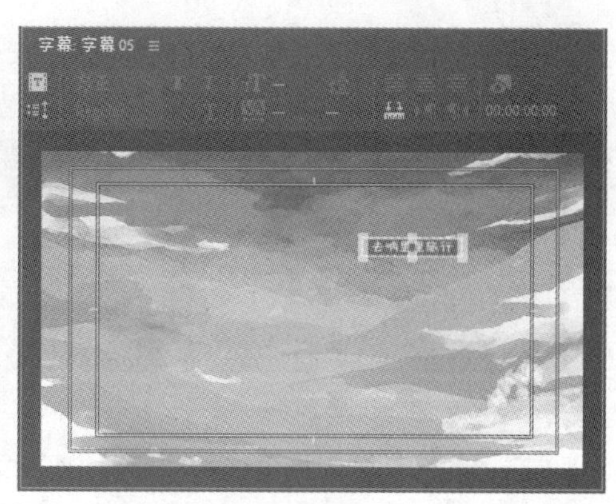

图6-18

（8）用相同的方法再新建“字幕06”和“字幕07”文件，并将其填充为白色，文本内容如图6-19和图6-20所示。

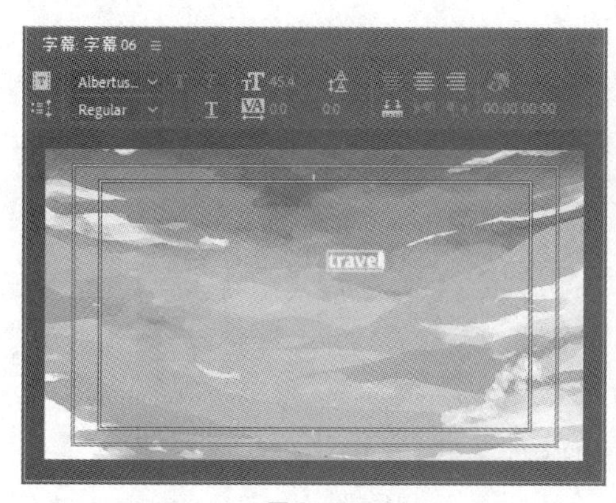

图6-19

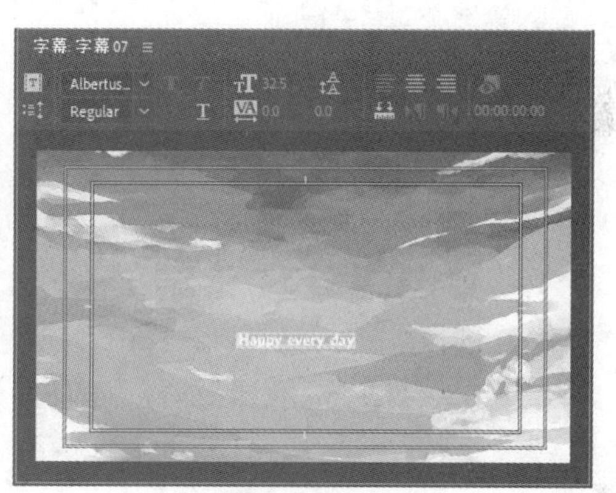

图6-20

（9）在“时间轴”面板中选择“01”文件。在“效果控件”面板中展开“运动”选项，单击“缩放”选项左侧的“切换动画”按钮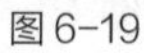，如图6-21所示，记录第1个动画关键帧。将时间标签放置在02:05s的位置，将“缩放”选项设置为120.0，如图6-22所示，记录第2个动画关键帧。

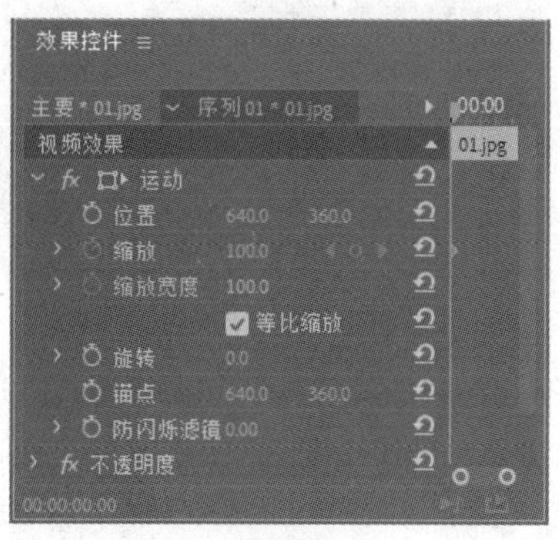

图6-21

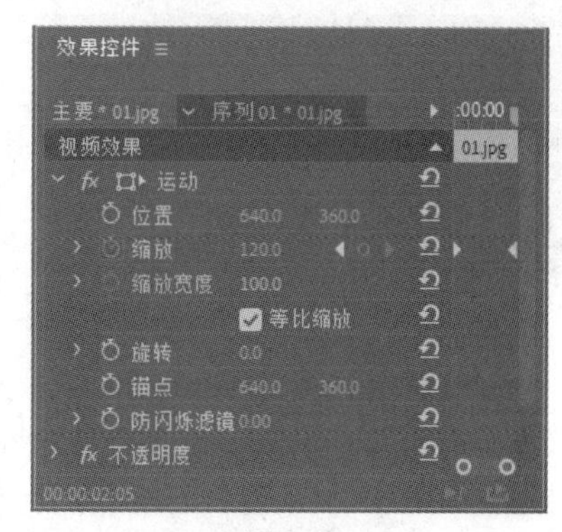

图6-22

（10）将时间标签放置在0s的位置。在“项目”面板中，选择“字幕01”文件并将其拖曳到“时间轴”面板中的“视频2（V2）”轨道中，如图6-23所示。单击“字幕01”文件的结束位置，显示编辑点。当鼠标指针呈形状时，按住鼠标左键向左拖曳鼠标指针到“01”文件的结束位置，如图 6-24 所示。

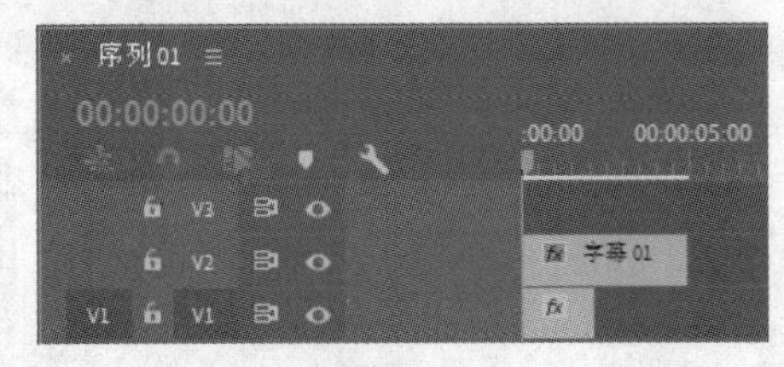

图 6-23

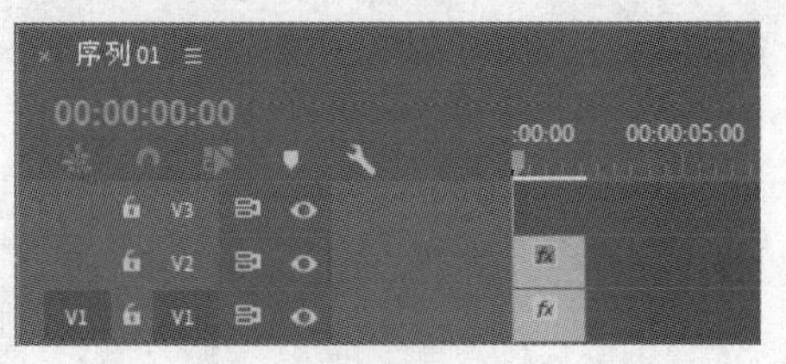

图 6-24

（11）在“时间轴”面板中选择“字幕 01”文件。在“效果控件”面板中展开“运动”选项，将“位置”选项设置为 641.8 和 347.5，“缩放”选项设置为 0，“旋转”选项设置为 1×0.0°，单击“缩放”和“旋转”选项左侧的“切换动画”按钮，如图 6-25 所示，记录第 1 个动画关键帧。将时间标签放置在 00:05s 的位置，将“缩放”选项设置为 100.0，“旋转”选项设置为 0°，如图 6-26 所示，记录第 2 个动画关键帧。

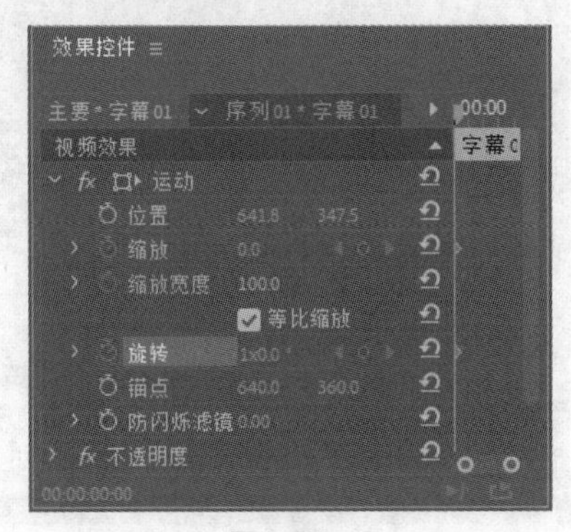

图 6-25

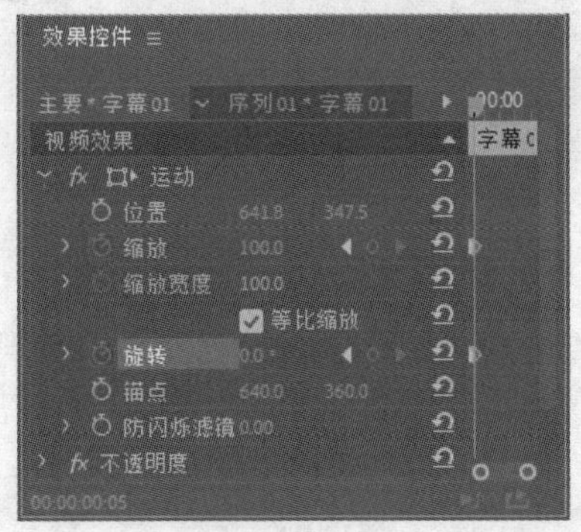

图 6-26

（12）在“项目”面板中，选择“字幕 02”文件并将其拖曳到“时间轴”面板中的“视频 3（V3）”轨道中，如图 6-27 所示。单击“字幕 02”文件的结束位置，显示编辑点。当鼠标指针呈形状时，按住鼠标左键向左拖曳鼠标指针到“字幕 01”文件的结束位置，如图 6-28 所示。

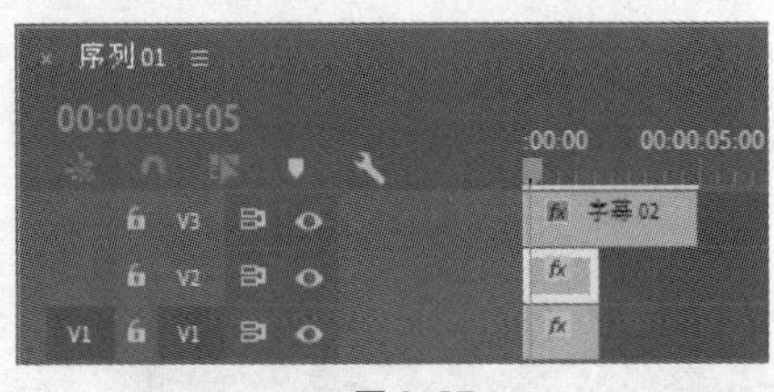

图 6-27

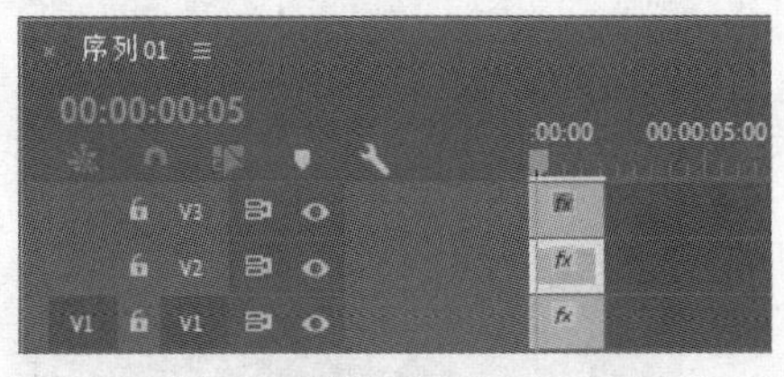

图 6-28

（13）在“时间轴”面板中选择“字幕 02”文件。在“效果控件”面板中展开“运动”选项，将“缩放”选项设置为 0，“旋转”选项设置为 1×0.0°，单击“缩放”和“旋转”选项左侧的“切换动画”按钮，如图 6-29 所示，记录第 1 个动画关键帧。将时间标签放置在 00:10s 的位置。将“缩放”选项设置为 100.0，“旋转”选项设置为 0°，如图 6-30 所示，记录第 2 个动画关键帧。

（14）选择“序列 > 添加轨道”命令，在弹出的“添加轨道”对话框中进行设置，具体参数设置如图 6-31 所示，单击“确定”按钮，添加轨道。用上述方法在“时间轴”面板中添加字幕素材，并制作关键帧，如图 6-32 所示。

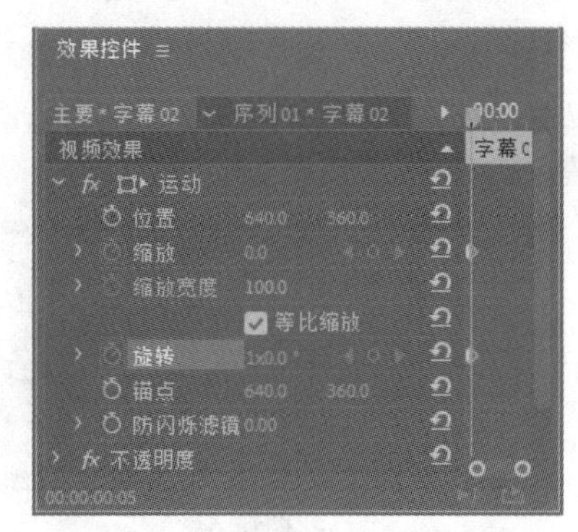

图 6-29

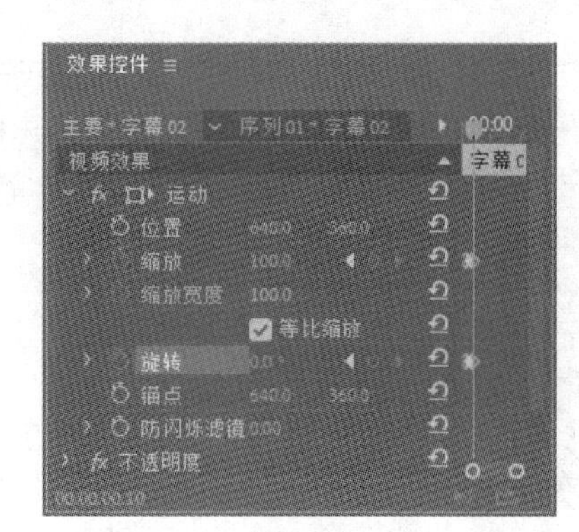

图 6-30

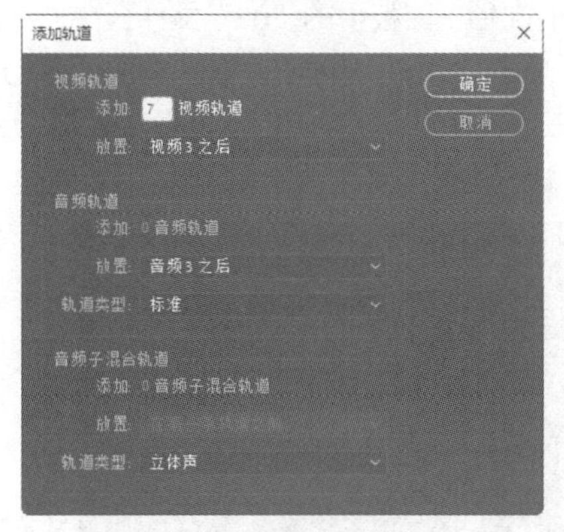

图 6-31

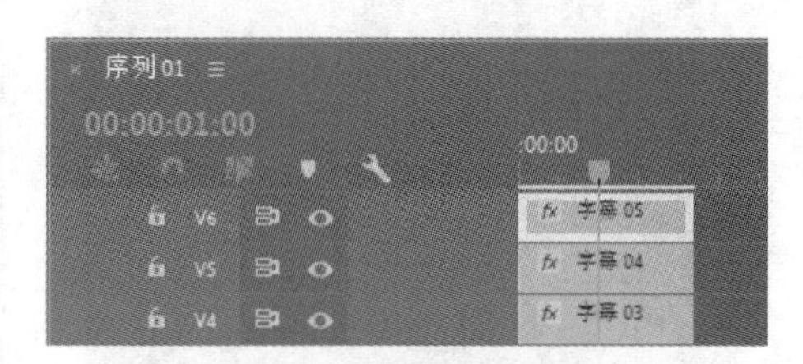

图 6-32

（15）将时间标签放置在 00:20s 的位置。在“项目”面板中，选择“字幕 06”“字幕 07”“02”文件并将它们分别拖曳到“时间轴”面板中的“视频 7（V7）”“视频 8（V8）”“视频 9（V9）”轨道中，并剪辑素材，如果 6-33 所示。

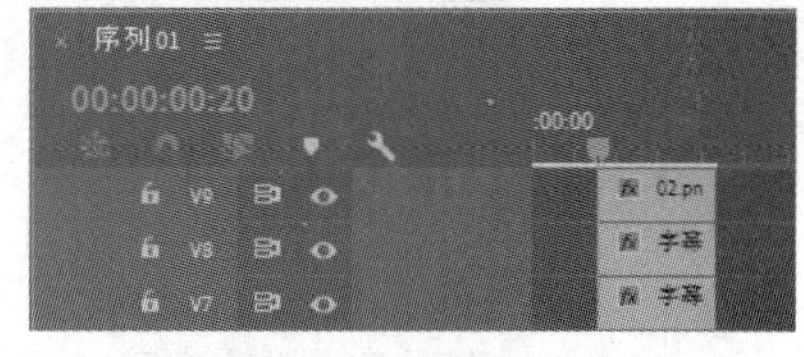

图 6-33

（16）在“时间轴”面板中选择“02”文件。在“效果控件”面板中展开“运动”选项，将“位置”选项设置为 1408.0 和 434.0，单击“位置”选项左侧的“切换动画”按钮，如图 6-34 所示，记录第 1 个动画关键帧。将时间标签放置在 01:00s 的位置，将“位置”选项设置为 886.0 和 434.0，如图 6-35 所示，记录第 2 个动画关键帧。

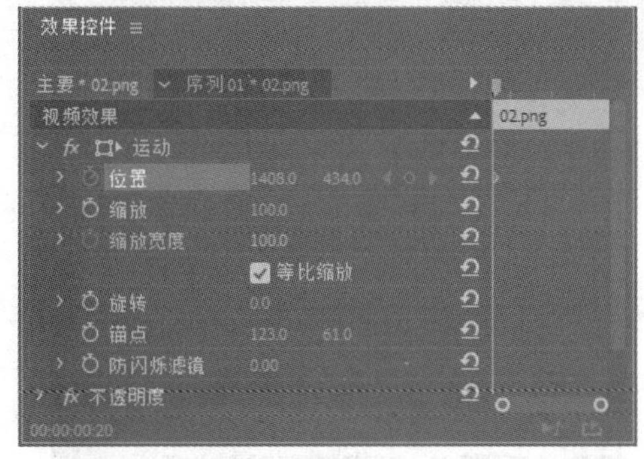

图 6-34

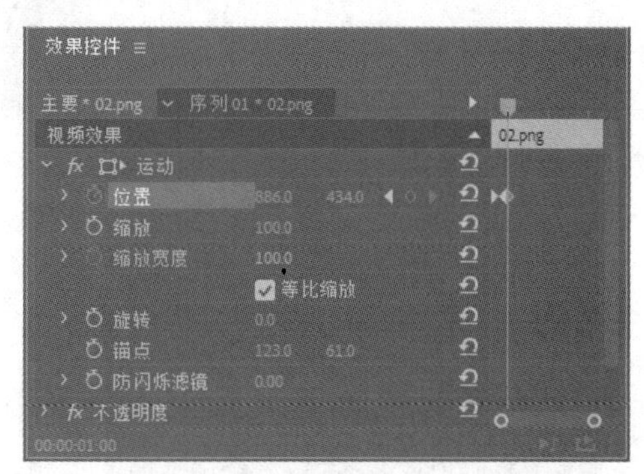

图 6-35

（17）在“项目”面板中，选择“03”文件并将其拖曳到“时间轴”面板中的“视频 10（V10）”轨道中，如图 6-36 所示。单击“03”文件的结束位置，显示编辑点。当鼠标指针呈形状时，按住鼠标左键向左拖曳鼠标指针到“02”文件的结束位置，如图 6-37 所示。

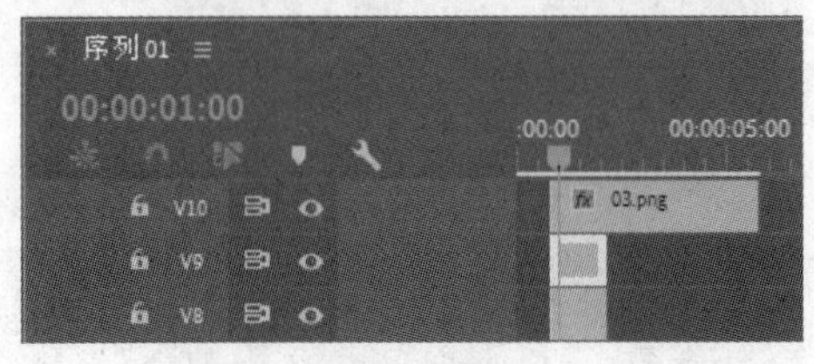

图 6-36

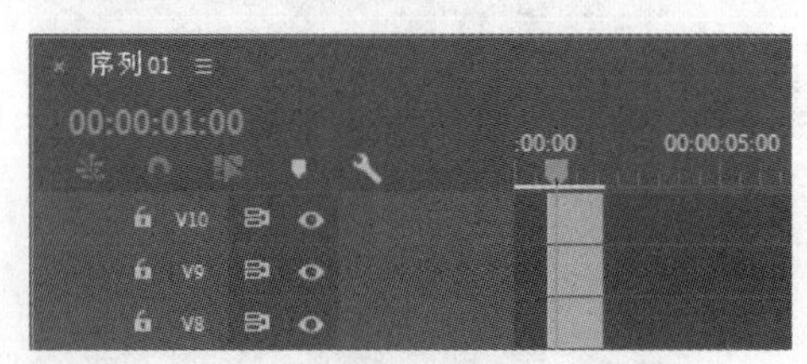

图 6-37

（18）将时间标签放置在 00:20s 的位置。选择“时间轴”面板中的“03”文件，在“效果控件”面板中展开“运动”选项，将“缩放”选项设置为 0，单击“缩放”选项左侧的“切换动画”按钮，如图 6-38 所示，记录第 1 个动画关键帧。将时间标签放置在 01:00s 的位置，将“缩放”选项设置为 100.0，如图 6-39 所示，记录第 2 个动画关键帧。快乐旅行节目片头制作完成。

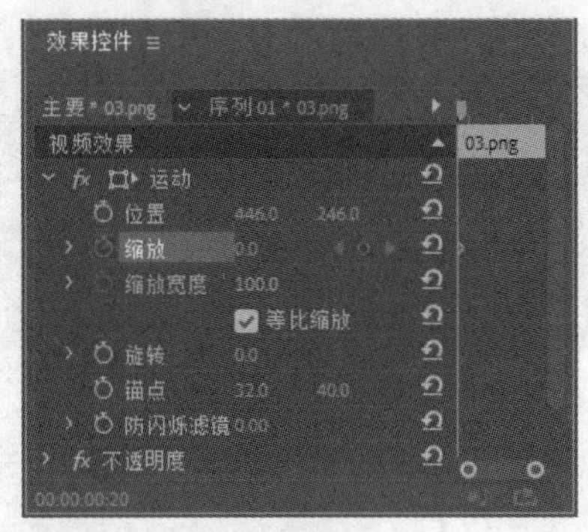

图 6-38

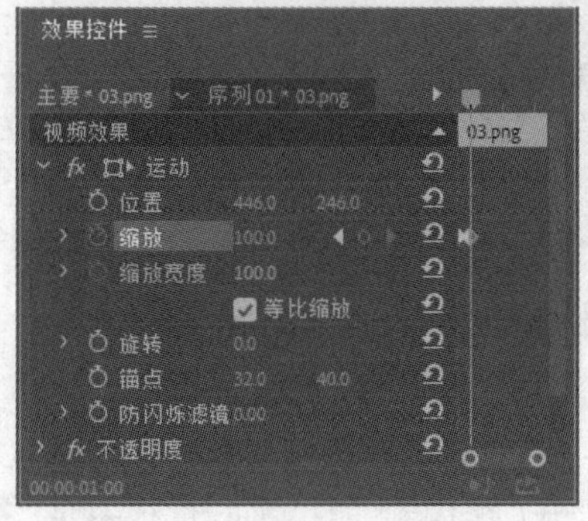

图 6-39

6.1.3 【相关工具】

1. 创建传统字幕

创建水平或垂直的传统字幕的具体操作步骤如下。

（1）选择“文件 > 新建 > 旧版标题”命令，弹出“新建字幕”对话框，如图 6-40 所示，单击“确定”按钮，弹出“字幕”编辑面板，如图 6-41 所示。

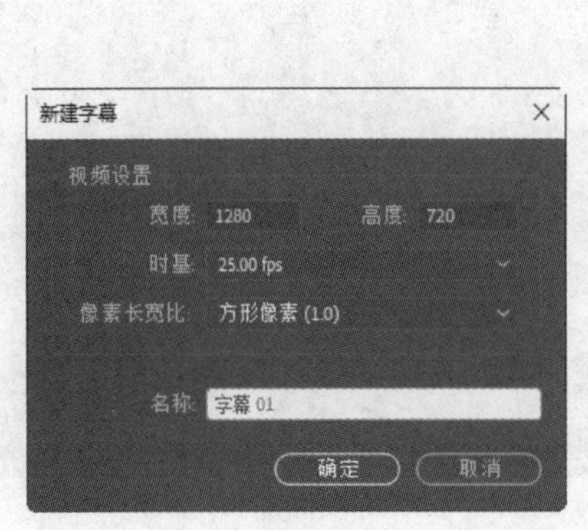

图 6-40

图 6-41

（2）单击“字幕”编辑面板左上角的☰按钮，在弹出的菜单中选择“工具”命令，如图6-42所示，弹出“旧版标题工具”面板，如图6-43所示。

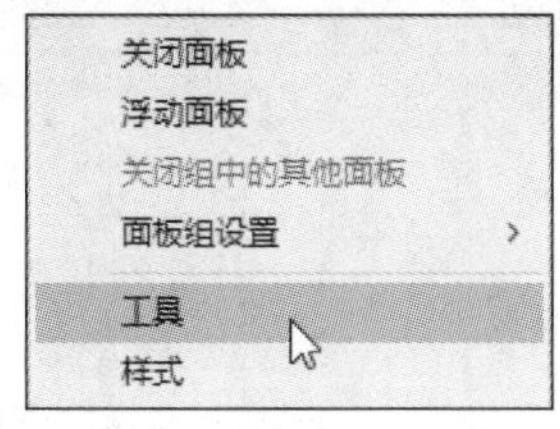

图6-42

图6-43

（3）选择“旧版标题工具”面板中的“文字”工具T，在“字幕”编辑面板中单击并输入文本，如图6-44所示。单击“字幕”编辑面板左上角的☰按钮，在弹出的菜单中选择“样式”命令，弹出“旧版标题样式”面板，如图6-45所示。

图6-44

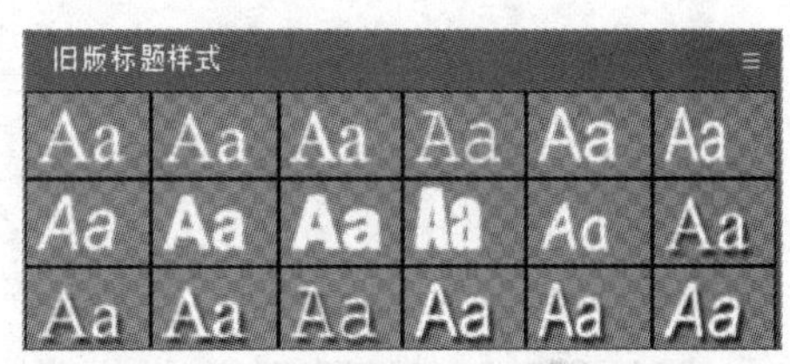

图6-45

（4）在“旧版标题样式”面板中选择需要的字幕样式，如图6-46所示，“字幕”编辑面板中的文字如图6-47所示。

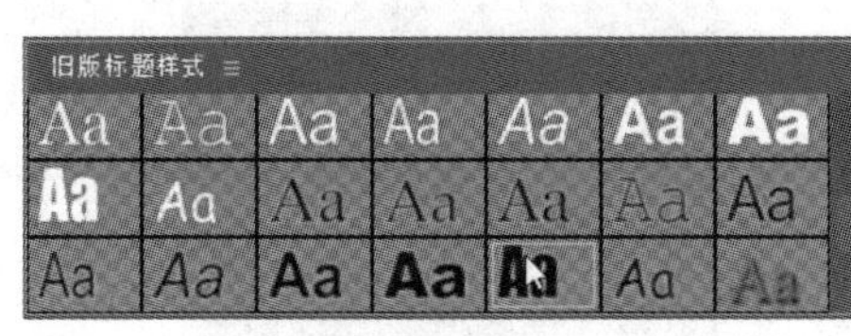

图6-46

图6-47

（5）在“字幕”编辑面板上方的属性栏中设置字体、字号和字体间距，“字幕”编辑面板中的文字如图6-48所示。选择“旧版标题工具”面板中的“垂直文字”工具↓T，在“字幕”编辑面板中单击并输入文本，设置字幕样式和属性，效果如图6-49所示。

图 6-48

图 6-49

2. 创建图形字幕

创建水平或垂直的图形字幕的具体操作步骤如下。

（1）选择工具面板中的“文字”工具T，在“节目”面板中单击并输入文本，如图 6-50 所示。在“时间轴”面板中的“视频 2（V2）”轨道中生成“一寸光阴一寸金”图形文件，如图 6-51 所示。

图 6-50

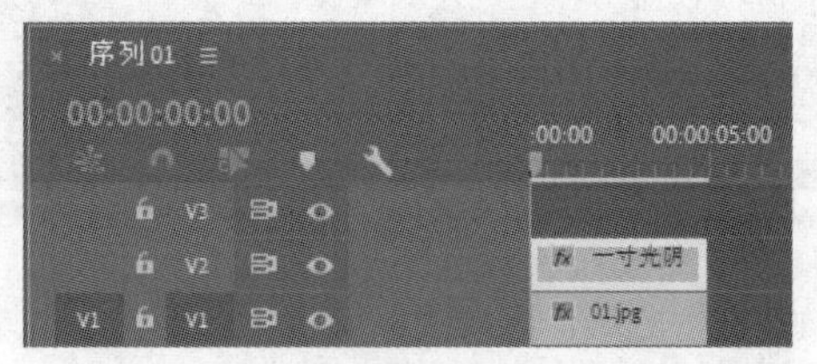
图 6-51

（2）选择“节目”面板中输入的文字，如图 6-52 所示。选择“窗口 > 基本图形”命令，弹出“基本图形”面板，在“外观”栏中将“填充”选项设置为黑色，“文本”栏中的设置如图 6-53 所示。

图 6-52

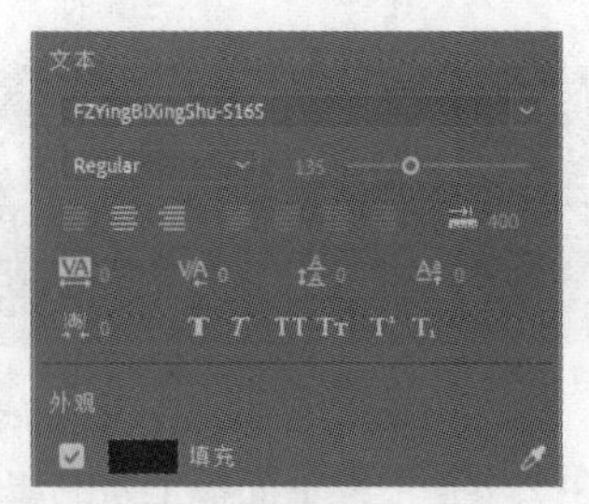

图 6-53

（3）在“基本图形”面板的“对齐并变换”栏中的设置如图 6-54 所示，“节目”面板中的效果如图 6-55 所示。

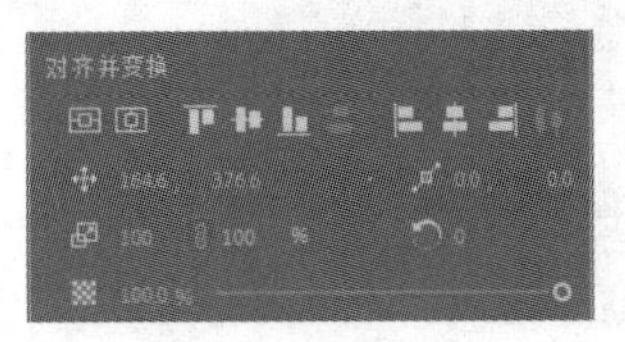

图 6-54

图 6-55

（4）选择工具面板中的“垂直文字”工具，在“节目”面板中输入文字，并在“基本图形”面板中设置属性，效果如图 6-56 所示，“时间轴”面板如图 6-57 所示。

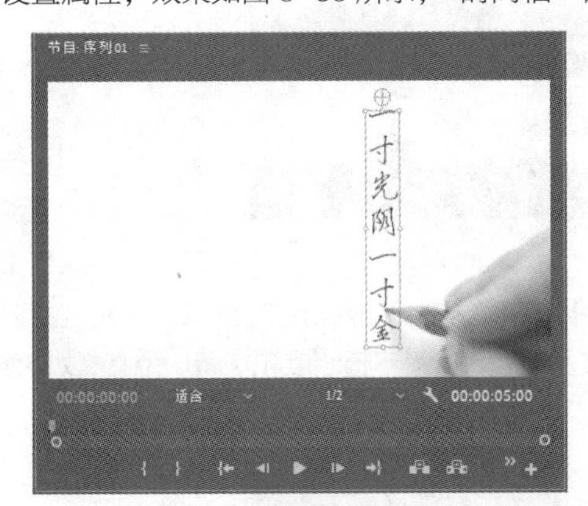

图 6-56

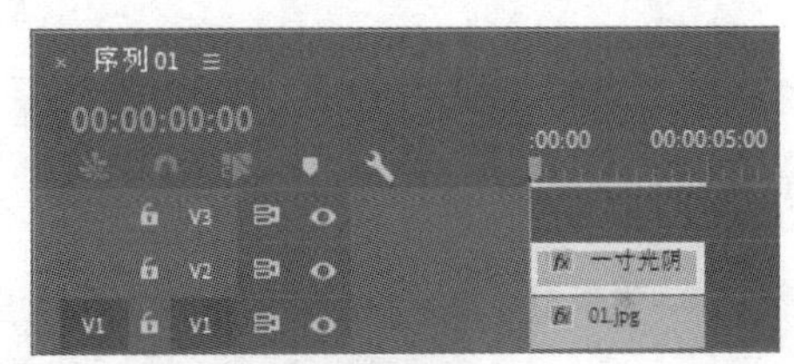

图 6-57

3. 创建开放式字幕

创建开放式字幕的具体操作步骤如下。

（1）选择“文件 > 新建 > 字幕”命令，弹出“新建字幕”对话框，具体参数设置如图 6-58 所示，单击“确定”按钮，在“项目”面板中生成“开放式字幕”文件，如图 6-59 所示。

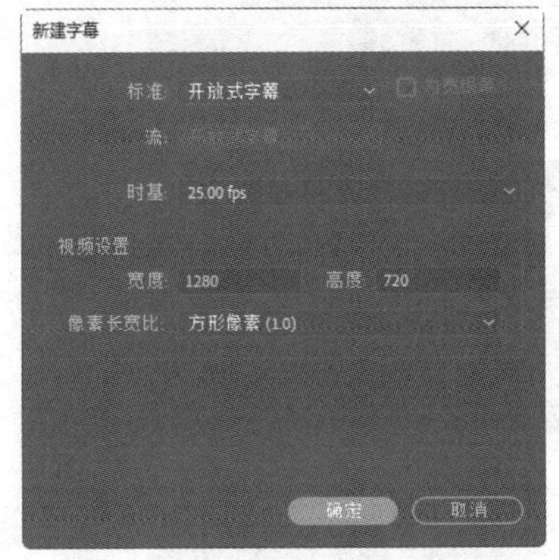

图 6-58

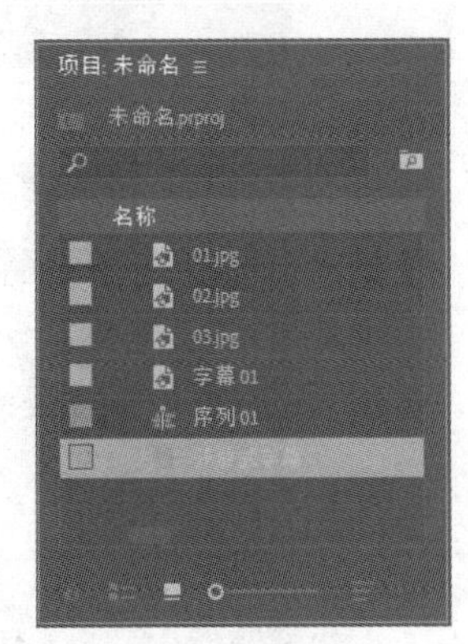

图 6-59

（2）双击“项目”面板中的“开放式字幕”文件，弹出“字幕”面板，如图 6-60 所示。在面板右下角输入字幕文本，并在上方的属性栏中设置文字字体、大小、文本颜色、背景不透明度和字幕块位置，如图 6-61 所示。

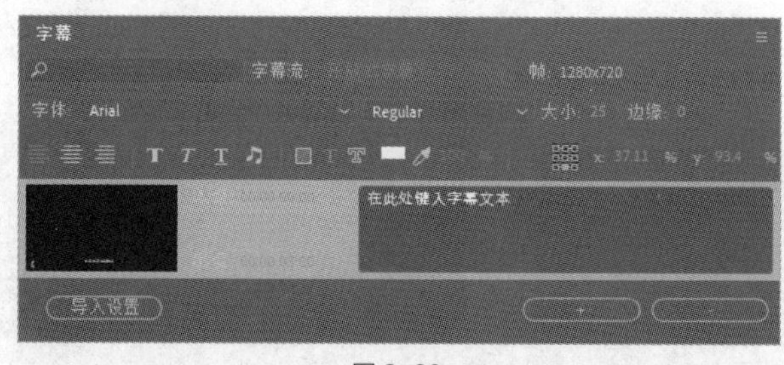

图 6-60

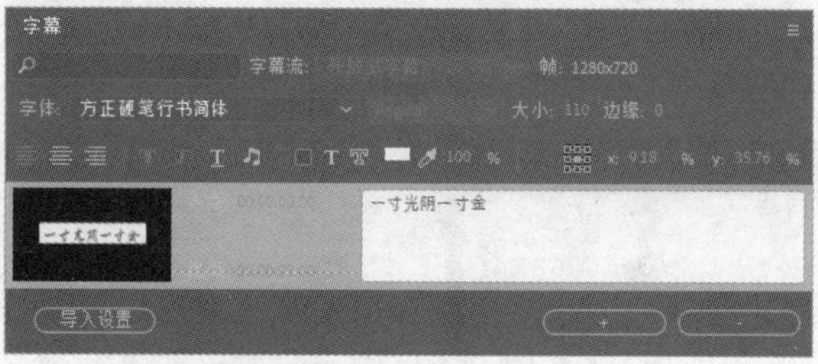

图 6-61

（3）在“字幕”面板下方单击 + 按钮，添加字幕，如图 6-62 所示。在面板右下角输入字幕文本，并在上方的属性栏中设置文字大小、文本颜色、背景不透明度和字幕块位置，如图 6-63 所示。

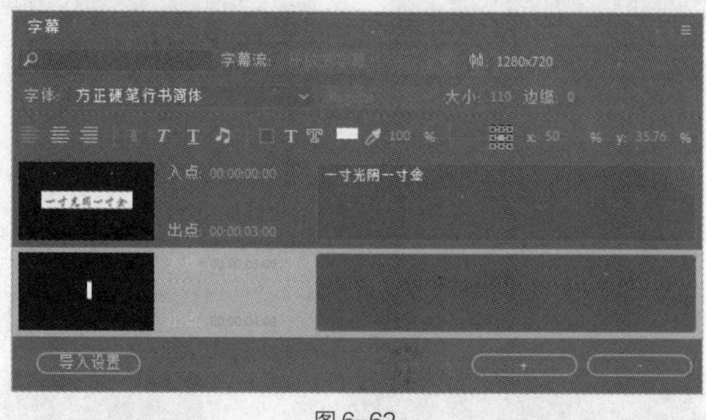

图 6-62

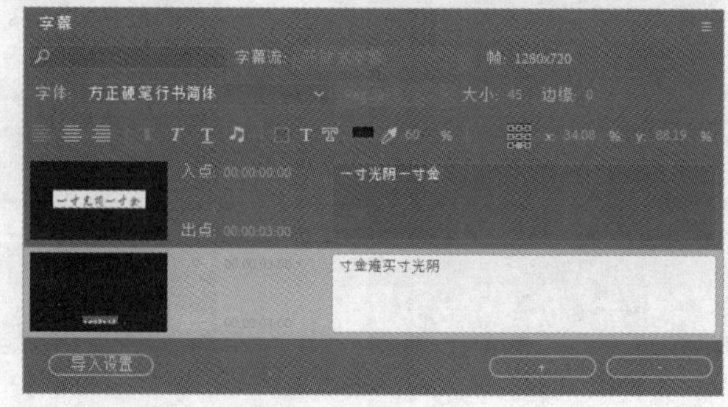

图 6-63

（4）在“项目”面板中，选择“开放式字幕”文件并将其拖曳到“时间轴”面板中的“视频2（V2）”轨道中，如图6-64所示。将鼠标指针放在“开放式字幕”文件的结束位置，当鼠标指针呈形状时，按住鼠标左键向右拖曳鼠标指针到“01”文件的结束位置，如图6-65所示，“节目”面板中的效果如图6-66所示。将时间标签放置在03:09s的位置上，“节目”面板中的效果如图6-67所示。

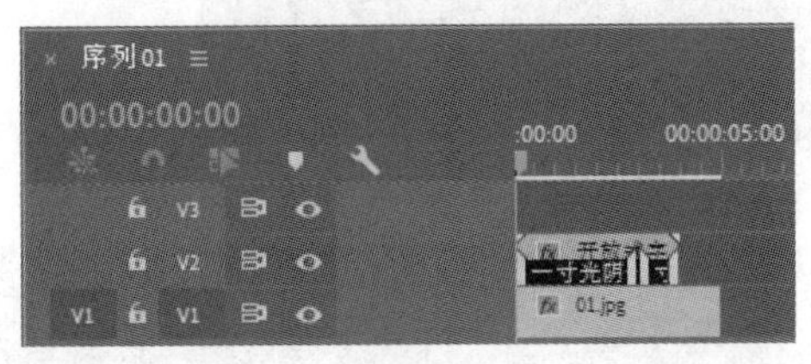

图6-64

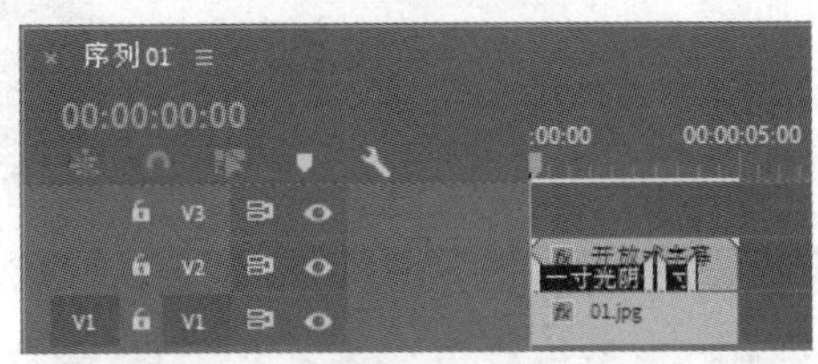

图6-65

图6-66

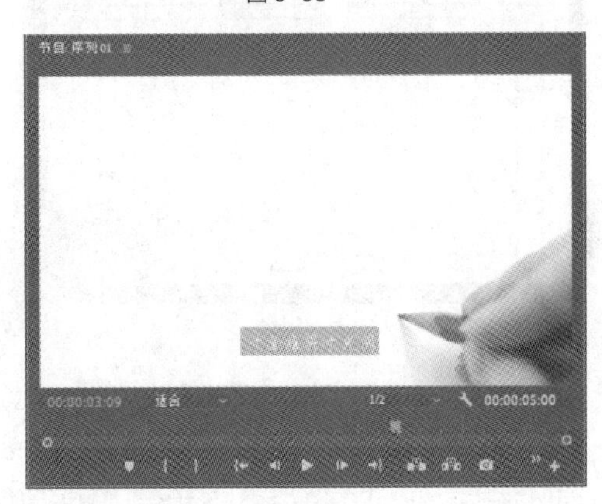

图6-67

4. 创建路径字幕

创建水平或垂直路径字幕的具体操作步骤如下。

（1）选择“文件 > 新建 > 旧版标题”命令，弹出“新建字幕”对话框，如图6-68所示，单击“确定”按钮，弹出“字幕”编辑面板，如图6-69所示。

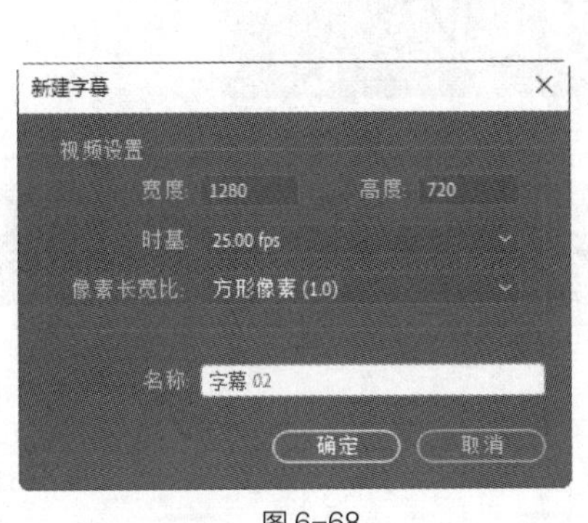

图6-68

图6-69

（2）单击“字幕”编辑面板左上角的按钮，在弹出的菜单中选择“工具”命令，如图6-70所示，弹出“旧版标题工具”面板，如图6-71所示。

（3）选择“旧版标题工具”面板中的“路径文字”工具，在“字幕”编辑面板中按住鼠标左键拖曳鼠标指针绘制路径，如图6-72所示。选择“路径文字”工具，在路径上单击以插入光标，输入需要的文字，如图 6-73 所示。

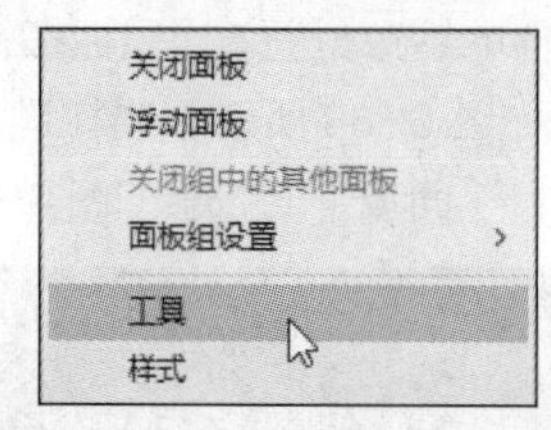

图 6-70

图 6-71

图 6-72

图 6-73

（4）单击“字幕”编辑面板左上角的☰按钮，在弹出的菜单中选择“属性”命令，如图 6-74 所示，弹出“旧版标题属性”面板，展开“填充”选项，将“颜色”选项设置为黑色；展开“属性”选项，选项的设置如图 6-75 所示，“字幕”编辑面板中的效果如图 6-76 所示。用相同的方法制作垂直路径文字，“字幕”编辑面板中的效果如图 6-77 所示。

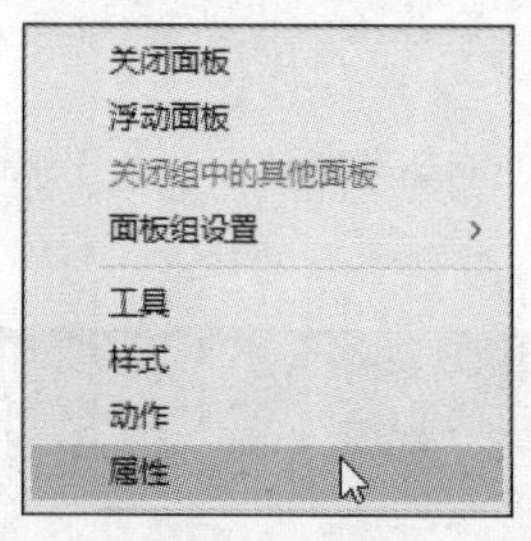

图 6-74

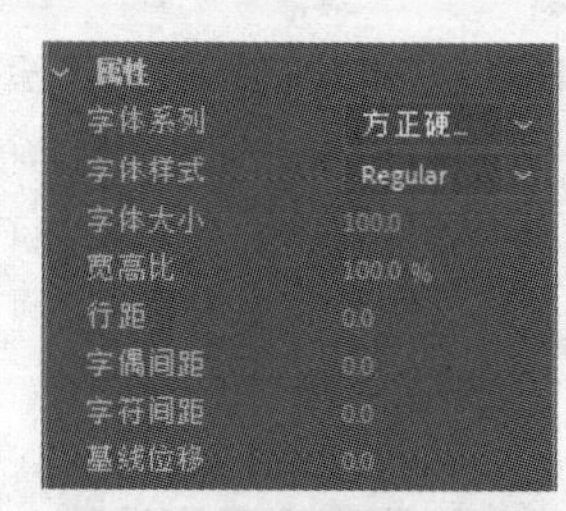

图 6-75

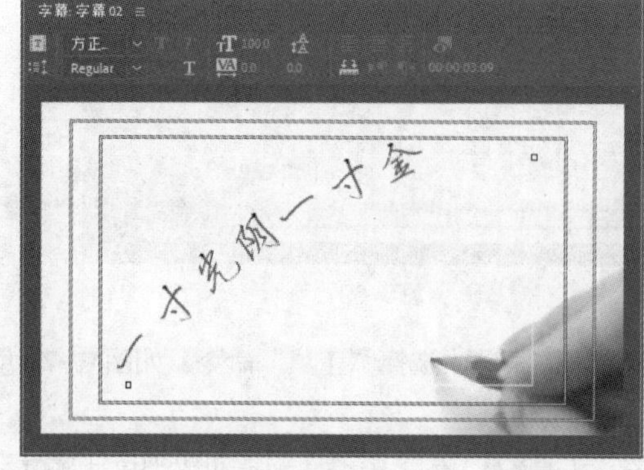

图 6-76

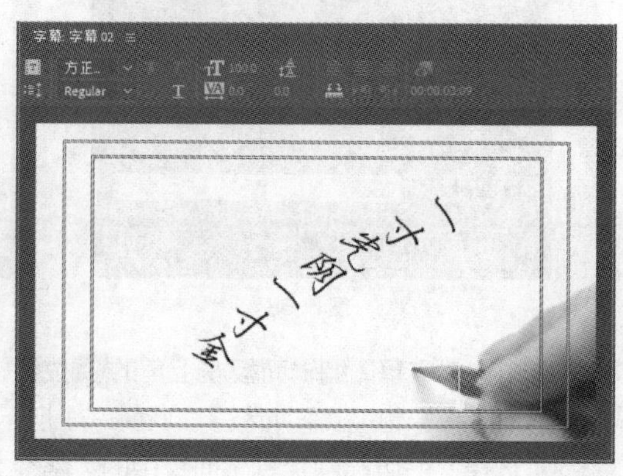

图 6-77

5. 创建段落字幕

（1）选择“文件 > 新建 > 旧版标题”命令，弹出“新建字幕”对话框，如图6-78所示，单击“确定”按钮，弹出“字幕”编辑面板。选择“旧版标题工具”中的“文字”工具T，在“字幕”编辑面板中按住鼠标左键拖曳出文本框，如图6-79所示。

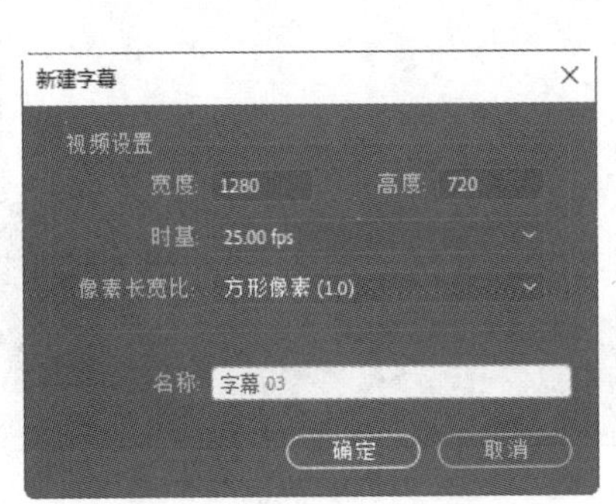

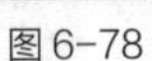
图6-78

图6-79

（2）在“字幕”编辑面板中输入需要的段落文字，如图6-80所示。在“旧版标题属性”面板中，展开“填充”选项，将“颜色”选项设置为黑色；展开“属性”选项，选项的设置如图6-81所示，“字幕”编辑面板中的效果如图6-82所示。用相同的方法制作垂直段落文字，“字幕”编辑面板中的效果如图6-83所示。

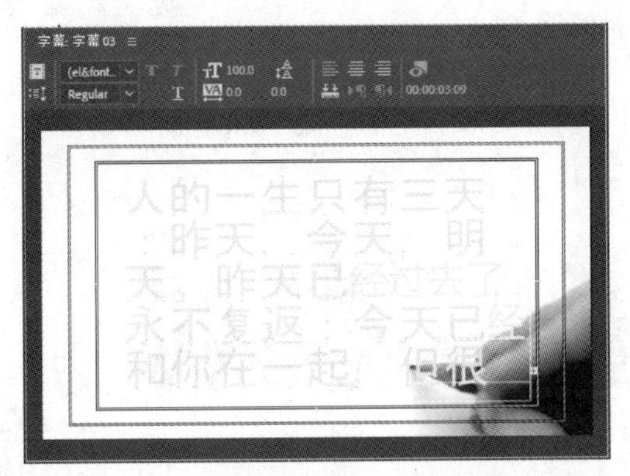

图6-80

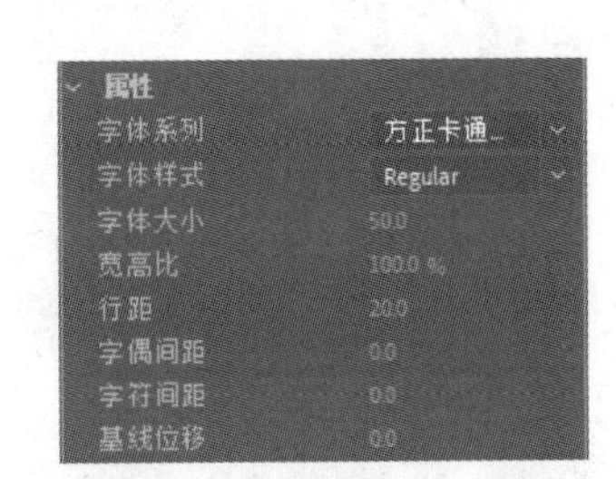

图6-81

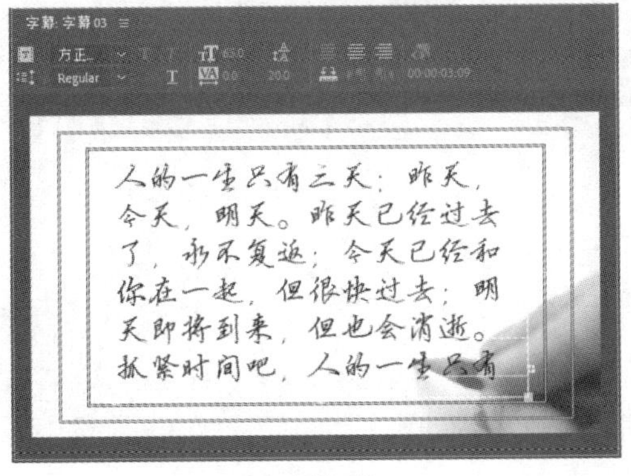

图6-82

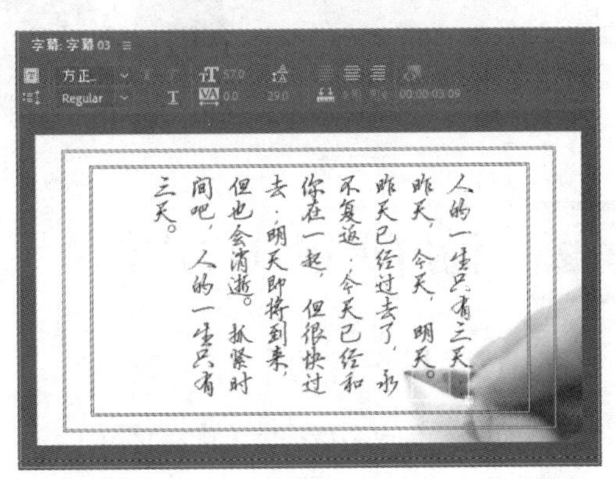

图6-83

（3）选择工具面板中的“文字”工具 T ，直接在“节目”面板中按住鼠标左键拖曳出文本框，然后输入文字。在“基本图形”面板中编辑文字，效果如图 6-84 所示。用相同的方法输入垂直段落文字，效果如图 6-85 所示。

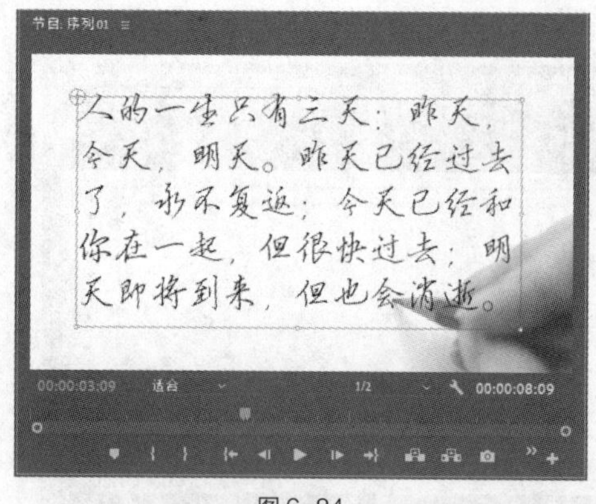

图 6-84

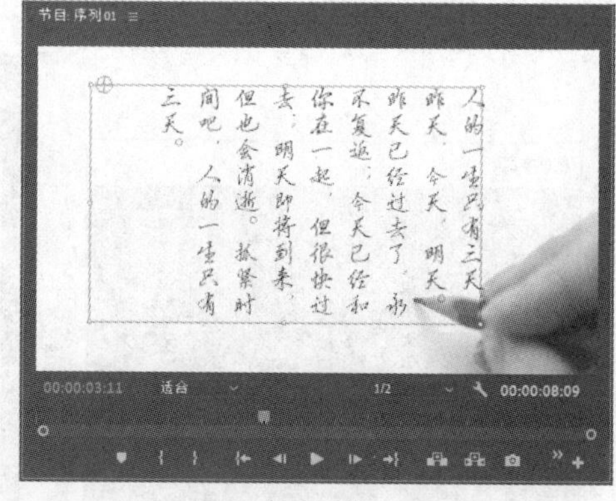

图 6-85

6.1.4 【实战演练】——女孩电子写真片头

（1）使用“导入”命令导入素材文件。
（2）使用“旧版标题”命令创建字幕。
（3）使用“字幕”面板和“旧版标题属性”面板添加并编辑字幕。
（4）使用“Lumetri 颜色”效果调整素材颜色。
（5）使用预设的“模糊”效果制作文字入点和出点的特效。
最终效果参看云盘中的“Ch06\女孩电子写真片头\女孩电子写真片头.prproj”，如图 6-86 所示。

图 6-86

6.2 海鲜火锅宣传广告

6.2.1 【操作目的】

（1）使用“导入”命令导入素材文件。
（2）使用“旧版标题”命令创建字幕。

（3）使用“字幕”面板添加文字。

（4）使用“旧版标题属性”面板编辑字幕。

（5）使用“效果控件”面板调整影视素材的位置、缩放和不透明度。

最终效果参看云盘中的“Ch06\海鲜火锅宣传广告\海鲜火锅宣传广告.prproj”，如图6-87所示。

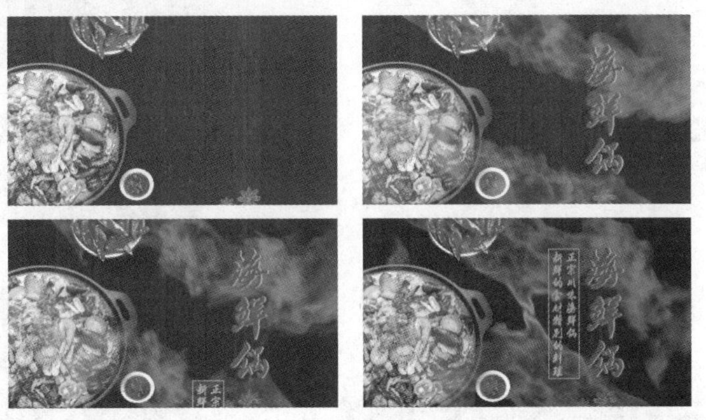

图6-87

6.2.2 【操作步骤】

1. 添加并剪辑影视素材

（1）启动Premiere Pro CC 2019软件，选择“文件 > 新建 > 项目”命令，弹出“新建项目”对话框，如图6-88所示，单击“确定”按钮，新建项目。选择“文件 > 新建 > 序列”命令，弹出“新建序列”对话框，单击“设置”选项卡，具体参数设置如图6-89所示，单击“确定”按钮，新建序列。

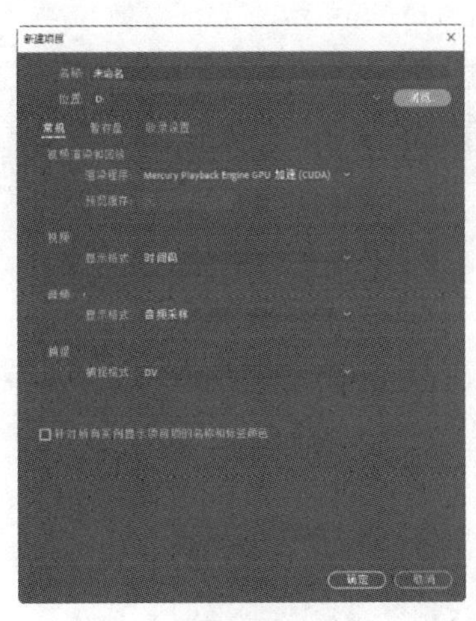

图6-88

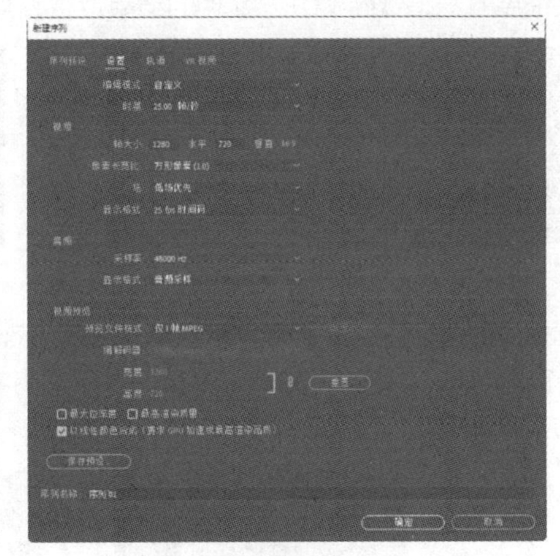

图6-89

（2）选择“文件 > 导入”命令，弹出“导入”对话框，选择本书云盘中的“Ch06\海鲜火锅宣传广告\素材\01、02”文件，如图6-90所示，单击“打开”按钮，将素材文件导入“项目”面板中，如图6-91所示。

（3）在“项目”面板中，选择“01”文件并将其拖曳到“时间轴”面板中的“视频1（V1）”轨道中，如图6-92所示。选择“时间轴”面板中的“01”文件，在“效果控件”面板中展开“运动”

选项，将“位置”选项设置为 492.0 和 360.0，“缩放”选项设置为 125.0，如图 6-93 所示。

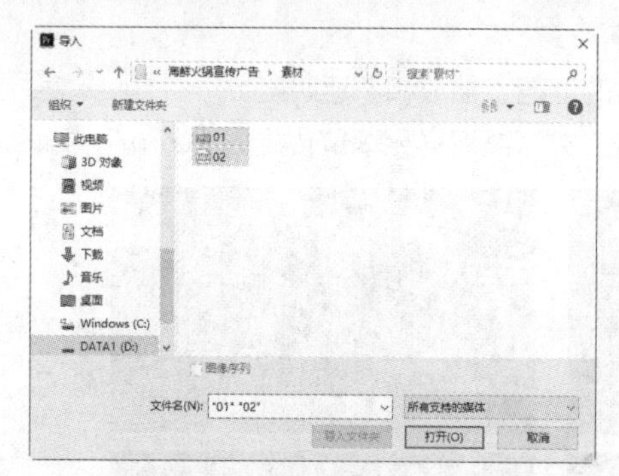

图 6-90

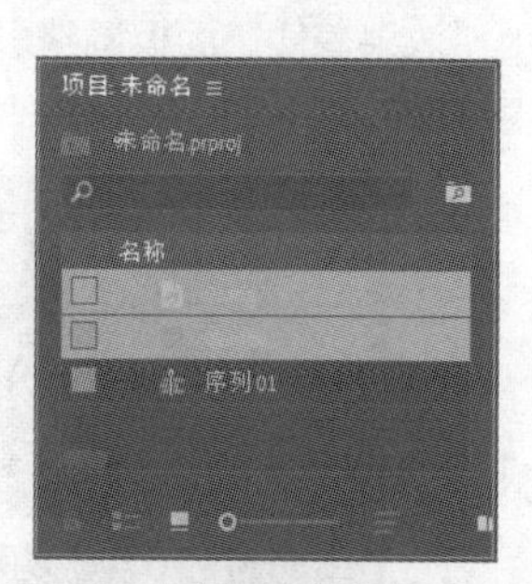

图 6-91

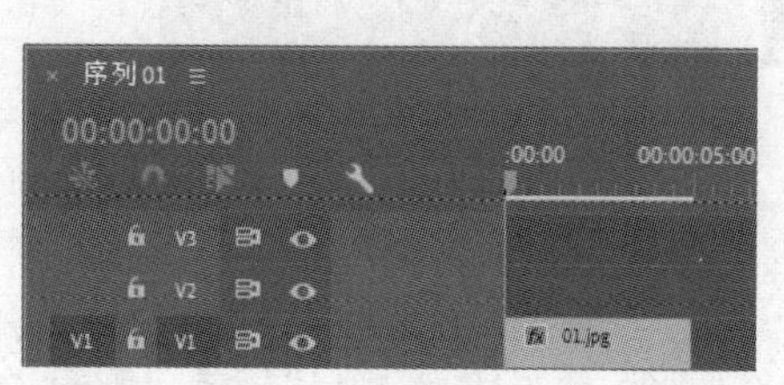

图 6-92

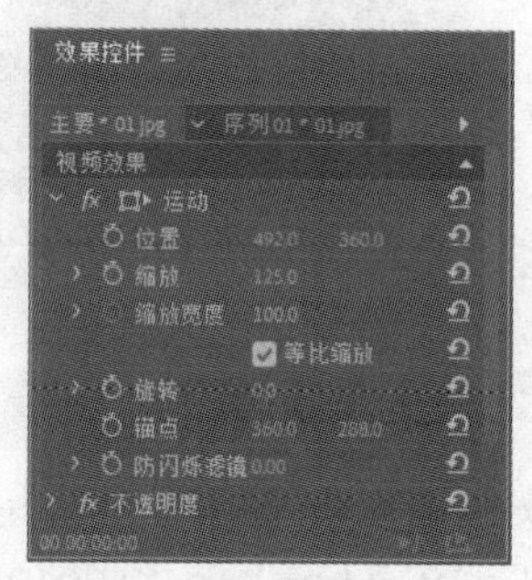

图 6-93

（4）在“项目”面板中，选择“02”文件并将其拖曳到“时间轴”面板中的“视频 2（V2）”轨道中，如图 6-94 所示。将鼠标指针放在“02”文件的结束位置，当鼠标指针呈形状时，按住鼠标左键向左拖曳鼠标指针到“01”文件的结束位置，如图 6-95 所示。

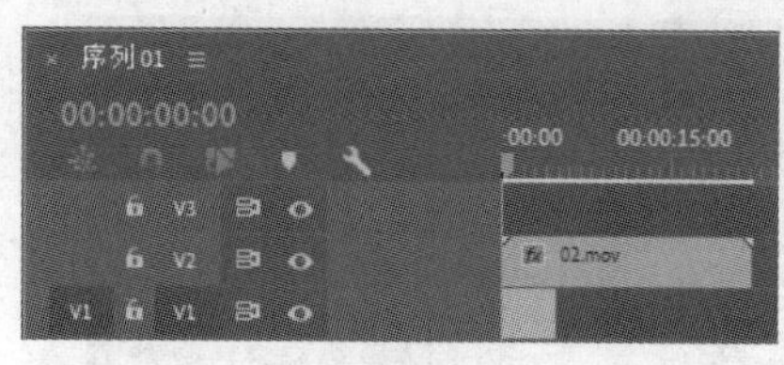

图 6-94

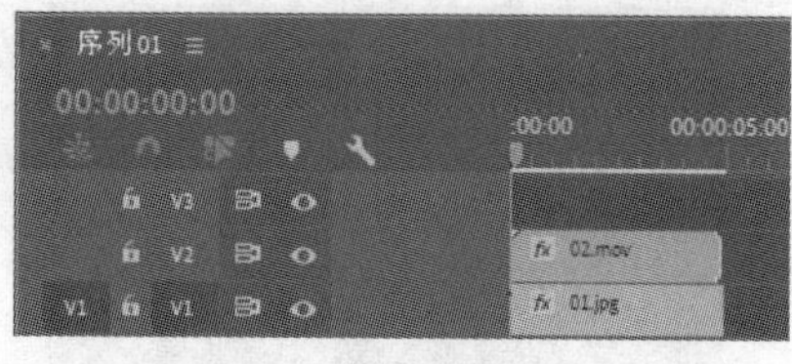

图 6-95

（5）选择“时间轴”面板中的“02”文件。在“效果控件”面板中，展开“运动”选项，将“缩放”选项设置为 70.0，如图 6-96 所示；展开“不透明度”选项，将“不透明度”选项设置为 80.0%，如图 6-97 所示。

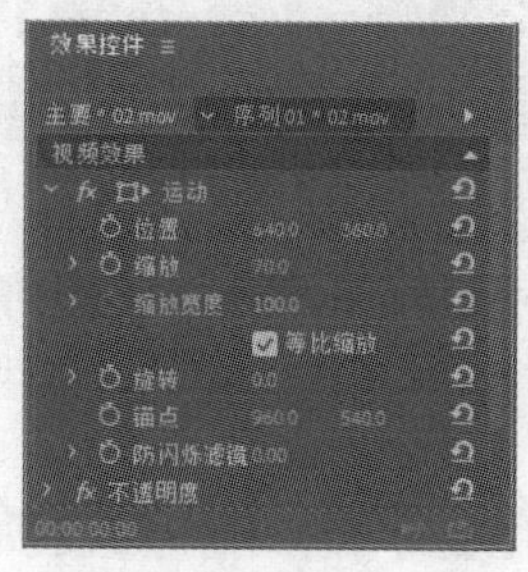

图 6-96

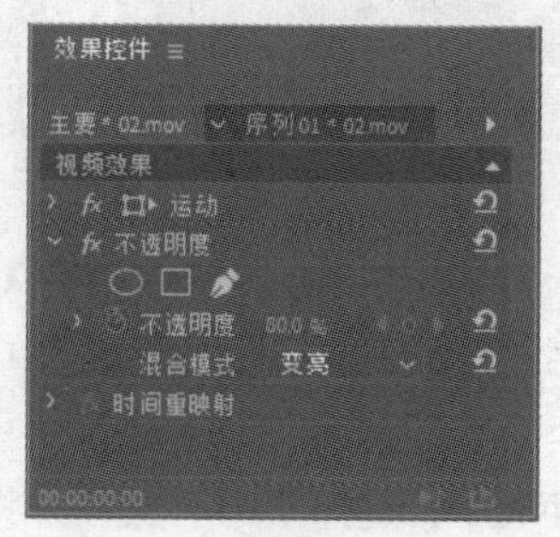

图 6-97

2. **制作字幕文字和图形**

（1）选择“文件 > 新建 > 旧版标题”命令，弹出“新建字幕”对话框，如图6-98所示，单击“确定”按钮。选择工具面板中的“垂直文字”工具，在“字幕”面板中单击以插入光标，输入需要的文字。在“旧版标题属性”面板中展开“变换”选项，选项的设置如图6-99所示。

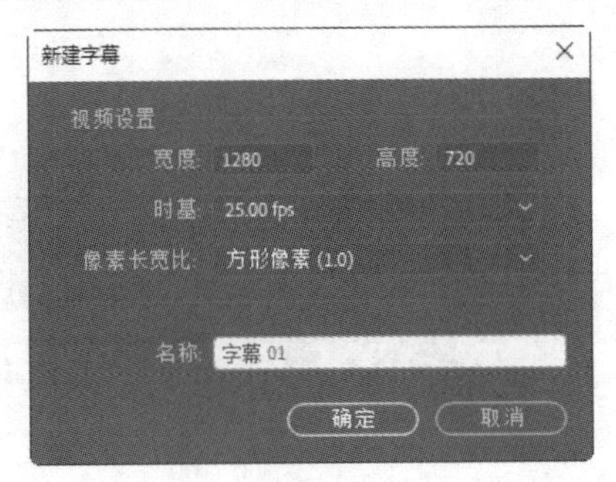

图6-98

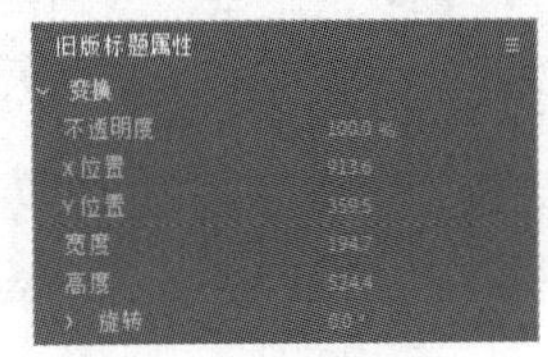

图6-99

（2）展开“属性”选项，选项的设置如图6-100所示。展开“填充”选项，将“颜色”选项设置为红色（186、0、0）。展开“描边”选项，添加外描边，将“颜色”选项设置为土黄色（195、133、89），其他选项的设置如图6-101所示。“字幕”编辑面板中的效果如图6-102所示，新建的字幕文件自动保存到“项目”面板中。

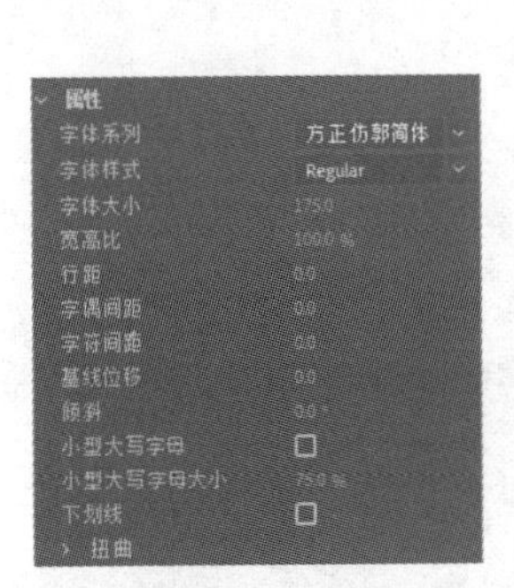

图6-100

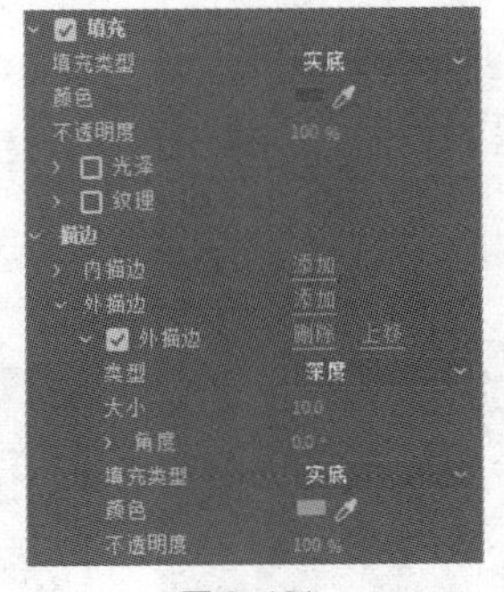

图6-101

图6-102

（3）在“字幕”编辑面板中单击“滚动/游动选项”按钮，在弹出的对话框中选中“向左游动”单选项，在“定时（帧）”选项中勾选“开始于屏幕外”复选框，其他参数的设置如图6-103所示，单击“确定”按钮。在“项目”面板中，选择“字幕01”文件并将其拖曳到“时间轴”面板中的“视频3（V3）”轨道中，如图6-104所示。

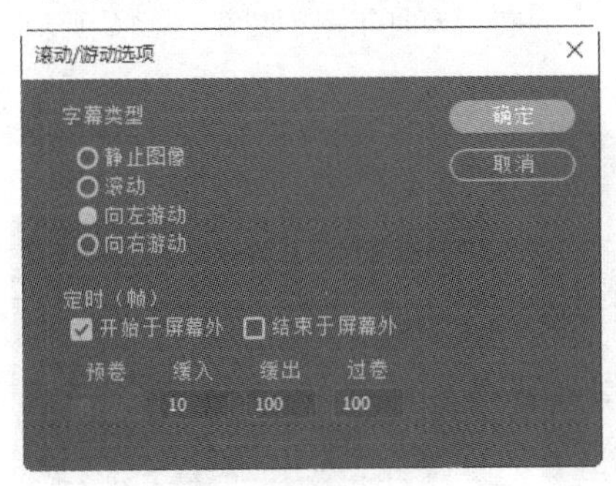

图6-103

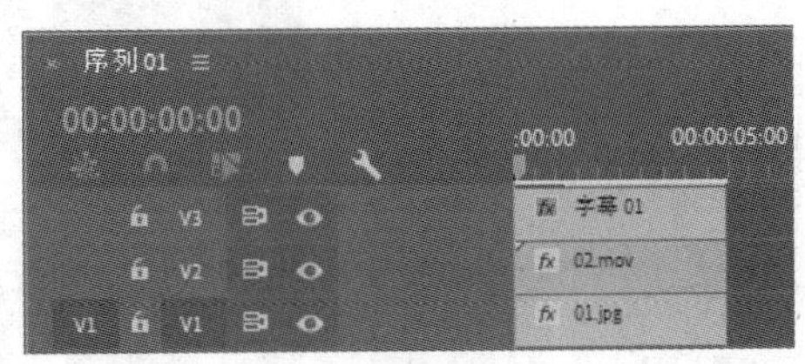

图6-104

（4）选择“序列 > 添加轨道”命令，在弹出的对话框中进行设置，具体参数设置如图 6-105 所示，单击“确定”按钮，在“时间轴”面板中添加 1 条视频轨道，效果如图 6-106 所示。

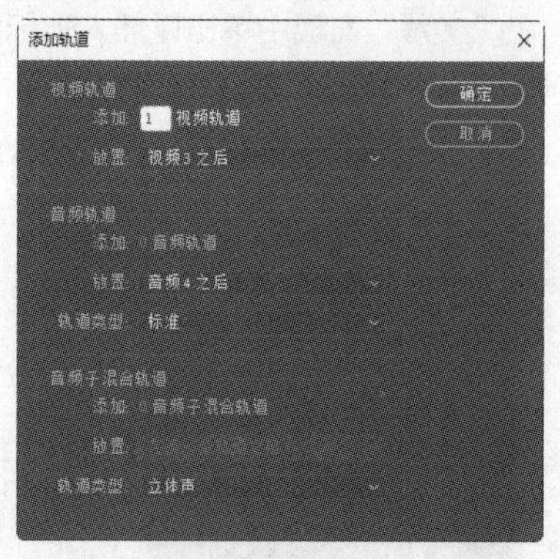

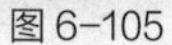
图 6-105

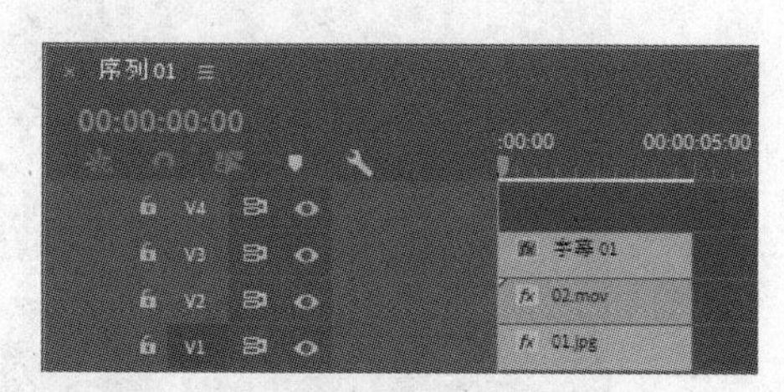

图 6-106

（5）选择“文件 > 新建 > 旧版标题”命令，弹出“新建字幕”对话框，单击“确定”按钮。选择工具面板中的“垂直文字”工具，在“字幕”编辑面板中按住鼠标左键拖曳出文本框，然后输入需要的文字。在“旧版标题属性”面板中，展开“变换”选项，选项的设置如图 6-107 所示；展开“属性”选项和“填充”选项，将“颜色”选项设为土黄色（195、133、88），其他选项的设置如图 6-108 所示。“字幕”面板中的效果如图 6-109 所示。

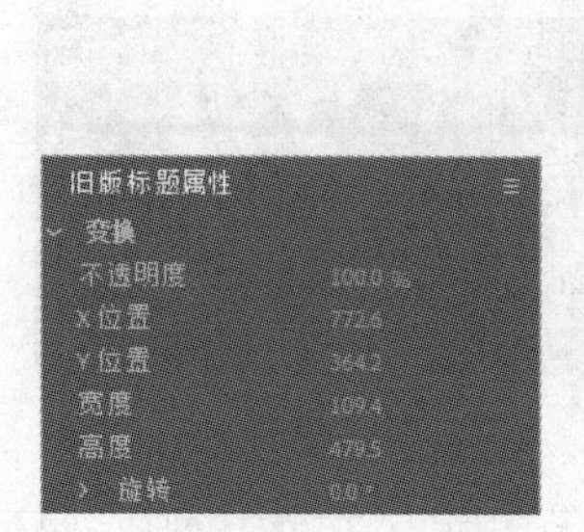

图 6-107

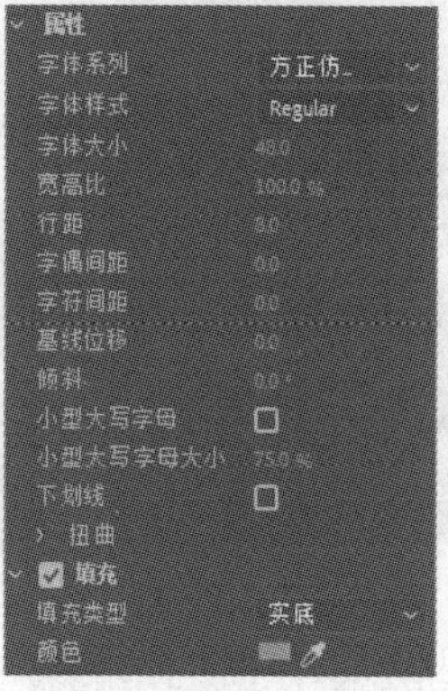

图 6-108

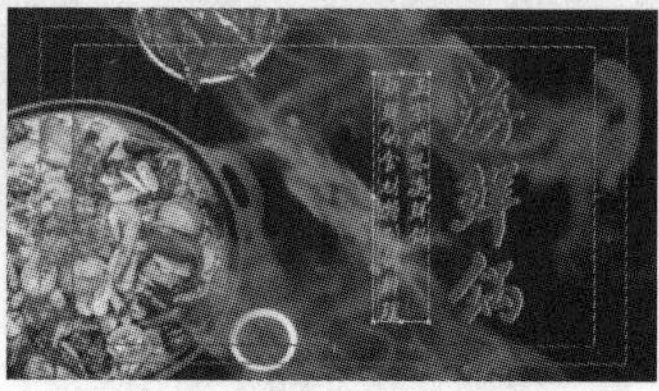

图 6-109

（6）选择“旧版标题工具”面板中的“矩形”工具，在“字幕”编辑面板中绘制矩形。在“旧版标题属性”面板中，展开“变换”选项，选项的设置如图 6-110 所示；展开“描边”选项，添加内描边，将“颜色”选项设置为土黄色（195、133、88），其他选项的设置如图 6-111 所示。“字幕”面板中的效果如图 6-112 所示。

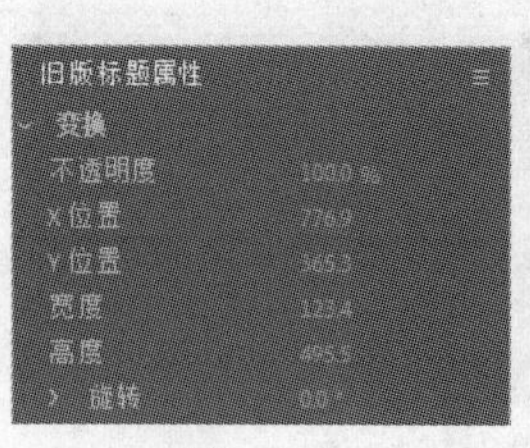

图 6-110

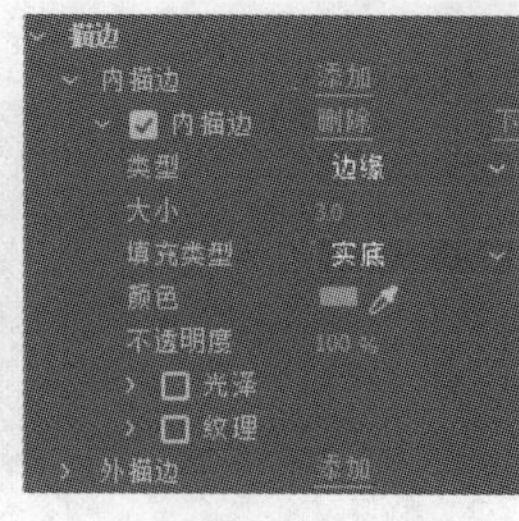

图 6-111

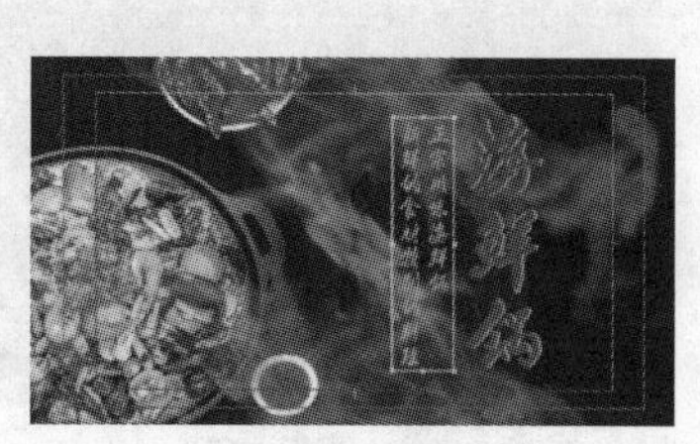

图 6-112

（7）在“字幕”编辑面板中单击“滚动/游动选项”按钮，在弹出的对话框中选中“滚动”单选项，在“定时（帧）”选项中勾选“开始于屏幕外”复选框，其他参数的设置如图6-113所示，单击“确定”按钮，新建的字幕文件自动保存到“项目”面板中。将时间标签放置在01:05s的位置上。在“项目”面板中，选择“字幕02”文件并将其拖曳到“时间轴”面板中的“视频4（V4）”轨道中，如图6-114所示。

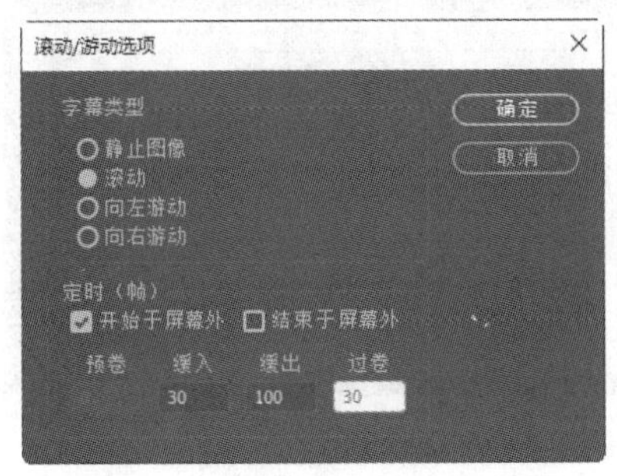

图6-113

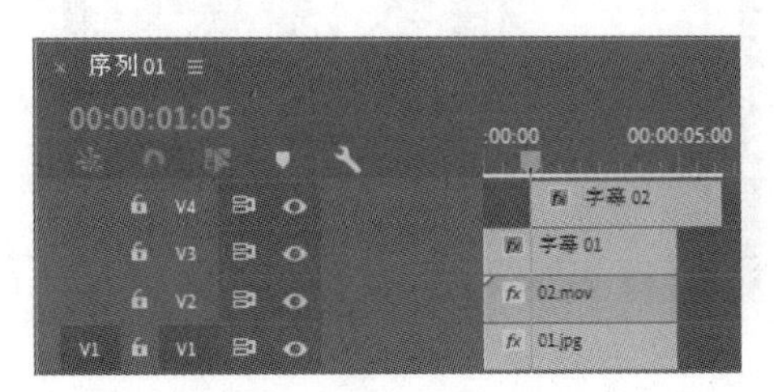

图6-114

（8）将鼠标指针放在“字幕02”文件的结束位置，当鼠标指针呈形状时，按住鼠标左键向左拖曳鼠标指针到“字幕01”文件的结束位置，如图6-115所示。海鲜火锅宣传广告制作完成，效果如图6-116所示。

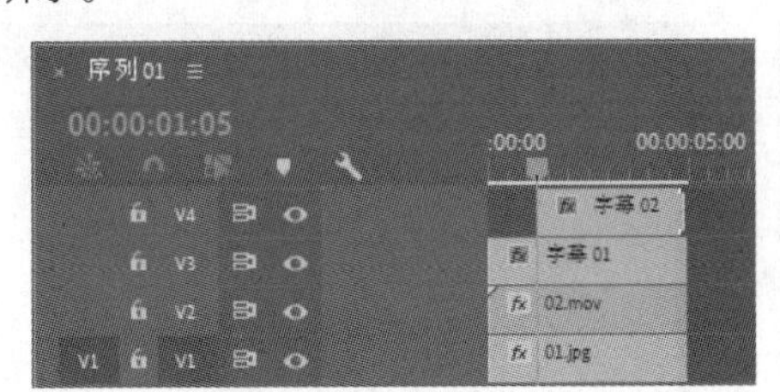

图6-115

图6-116

6.2.3 【相关工具】

1. 编辑字幕文字

◎ 编辑传统字幕

（1）在“字幕”编辑面板中输入并设置文字属性，如图6-117所示。选择“选择”工具，选择文字，将鼠标指针移动至矩形框内，按住鼠标左键进行拖曳，可移动文字对象，效果如图6-118所示。

图6-117

图6-118

（2）将鼠标指针移至矩形框的任意一个点，当鼠标指针呈、或形状时，按住鼠标左键拖曳，可缩放文字对象，效果如图 6-119 所示。将鼠标指针移至矩形框的任意一点外侧，当鼠标指针呈、或形状时，按住鼠标左键拖曳，可旋转文字对象，效果如图 6-120 所示。

图 6-119

图 6-120

◎ **编辑图形字幕**

（1）在“节目”面板中输入文字，设置属性后，效果如图 6-121 所示。选择“选择”工具，选择文字，将鼠标指针移动至矩形框内，按住左键不放进行拖曳，可移动文字对象，效果如图 6-122 所示。

图 6-121

图 6-122

（2）将鼠标指针移至矩形框的任意一个点，当鼠标指针呈、或形状时，按住鼠标左键拖曳，可缩放文字对象，效果如图 6-123 所示。将鼠标指针移至矩形框的任意一点外侧，当鼠标指针呈、或形状时，按住鼠标左键拖曳，可旋转文字对象，效果如图 6-124 所示。

图 6-123

图 6-124

（3）将鼠标指针移至矩形框的锚点⊕处，当鼠标指针呈形状时，按住鼠标左键将其拖曳到适当的位置，如图6-125所示。将鼠标指针移至矩形框的任意一点外侧，当鼠标指针呈、或形状时，按住鼠标左键拖曳，可以锚点为中心旋转文字对象，效果如图6-126所示。

图6-125

图6-126

◎ **编辑开放式字幕**

（1）在“节目”面板中预览开放式字幕，如图6-127所示。在“项目”面板中双击“开放式字幕”文件，打开“字幕”面板，设置字幕块位置为上方居中的位置，如图6-128所示。

（2）在“节目”面板中预览效果，如图6-129所示。在右侧设置水平和垂直位置，在“节目”面板中预览效果，如图6-130所示。

图6-127

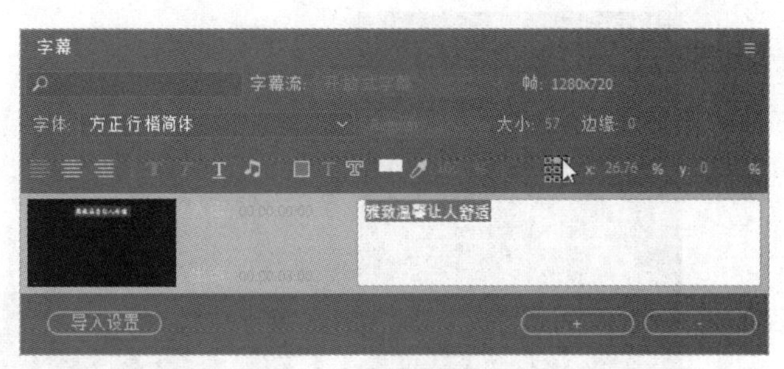

图6-128

图6-129

图6-130

2. **设置字幕属性**

在 Premiere Pro CC 2019 中可以非常方便地对字幕文字进行修改，包括调整其位置、不透明度、字体、字号、颜色和阴影等。

◎ **在旧版标题属性面板中编辑传统字幕属性**

在“旧版标题属性”面板的“变换”选项中可以对字幕的文字或图形的不透明度、位置、高度、宽度及旋转等属性进行操作，如图 6–131 所示。“属性”选项中可以对字幕文字的字体、字号、外观、行距、扭曲等一些基本属性进行设置，如图 6–132 所示。“填充”选项中可以设置字幕文字或者图形的填充类型、颜色和不透明度等属性，如图 6–133 所示。

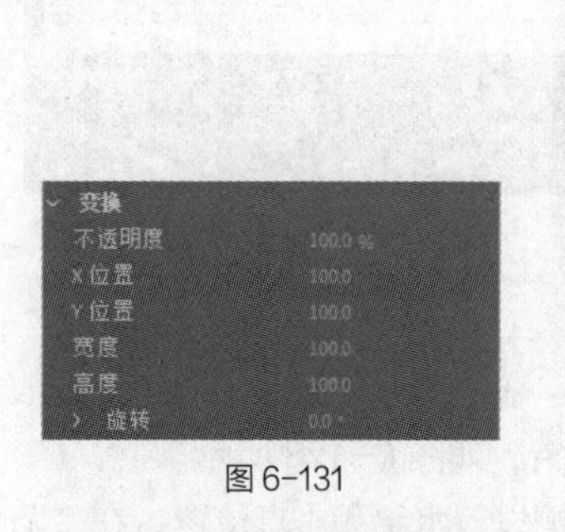

图 6–131

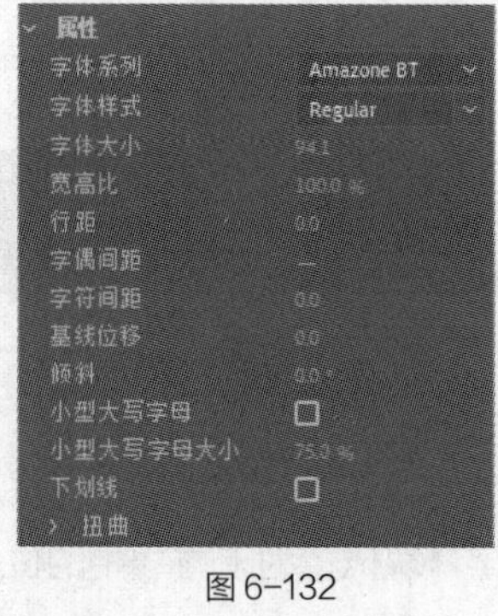

图 6–132

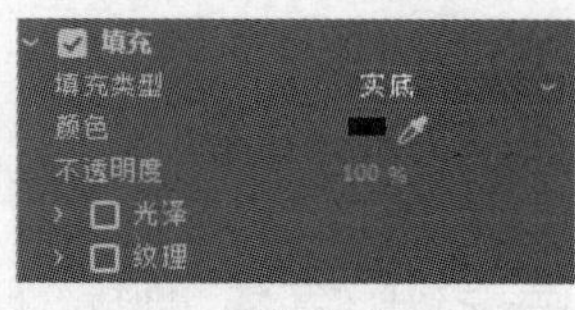

图 6–133

“描边”选项用于设置文字或者图形的描边效果，可以设置内描边和外描边，如图 6–134 所示。“阴影”选项用于添加阴影效果，如图 6–135 所示。“背景”选项用于设置字幕背景的填充类型、颜色和不透明度等属性，如图 6–136 所示。

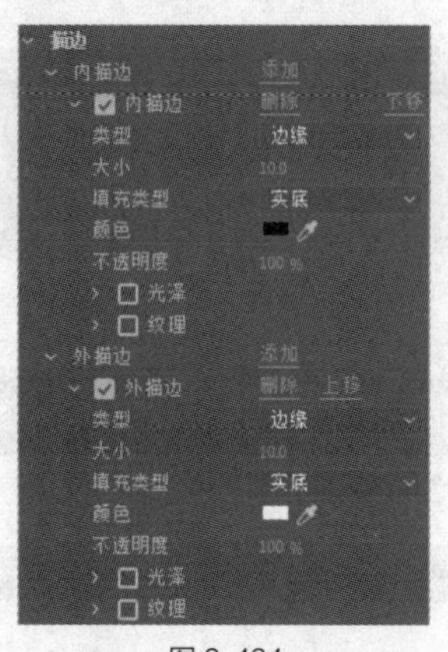

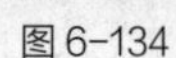

图 6–134

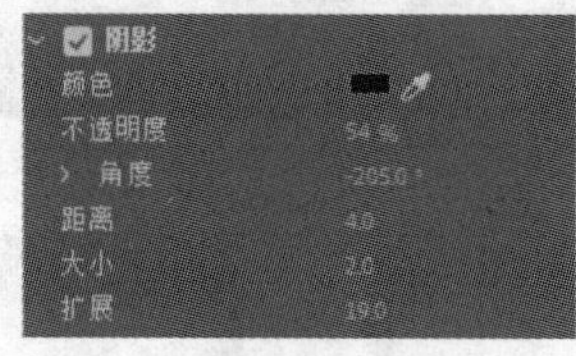

图 6–135

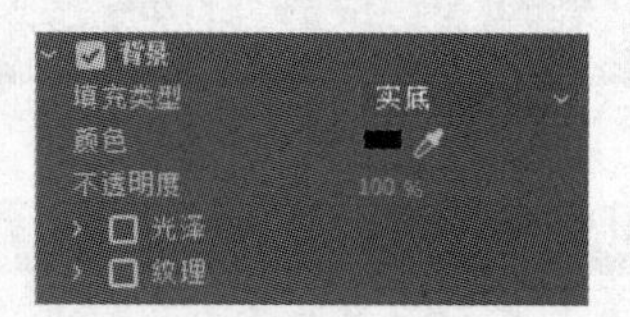

图 6–136

◎ **在效果控件面板中编辑图形字幕属性**

在“效果控件”面板中展开“文本”选项，展开“源文本”选项可以设置文字的字体、字体样式、字号、字距和行距等属性。“外观”选项可以设置填充、描边及阴影等属性，如图 6–137 所示。“变换”选项可以设置位置、缩放、旋转、不透明度、锚点等属性，如图 6–138 所示。

◎ **在“基本图形”面板中编辑图形字幕属性**

在“基本图形”面板的“编辑”选项卡中，最上方为文本图层和响应设置，如图 6–139 所示。“对齐并变换”栏用于设置图形的对齐、位置、旋转及比例等选项；“主样式”栏可以设置图形对象的主样式，如图 6-140 所示。“文本”栏可以设置文字的字体、字体样式、字号、字距和行距等选项；“外观”栏可以设置填充、描边及阴影等选项，如图 6-141 所示。

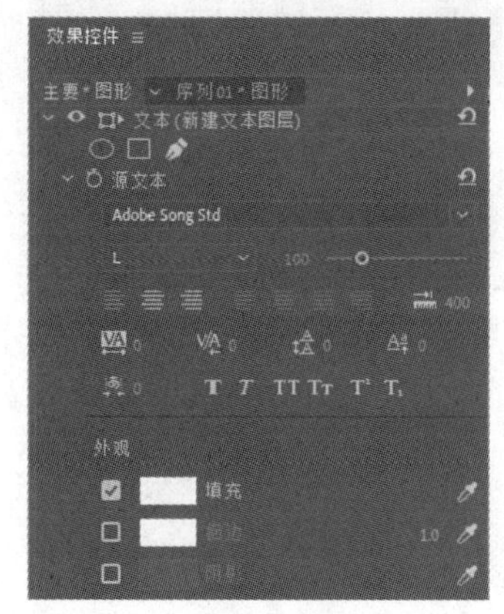

图 6-137

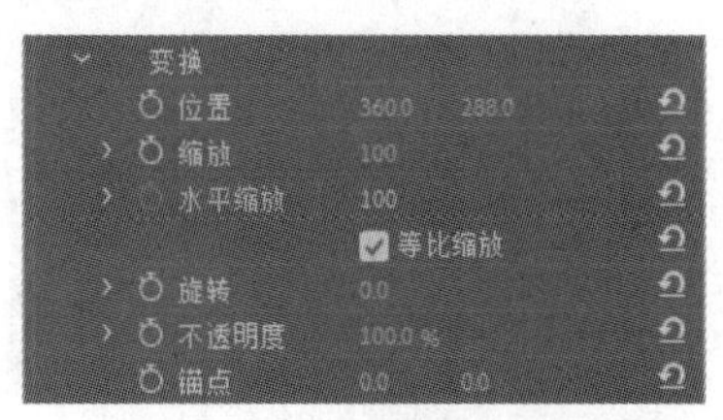

图 6-138

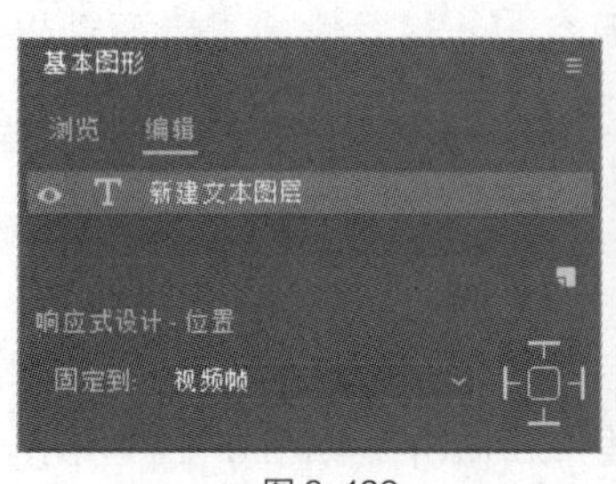

图 6-139

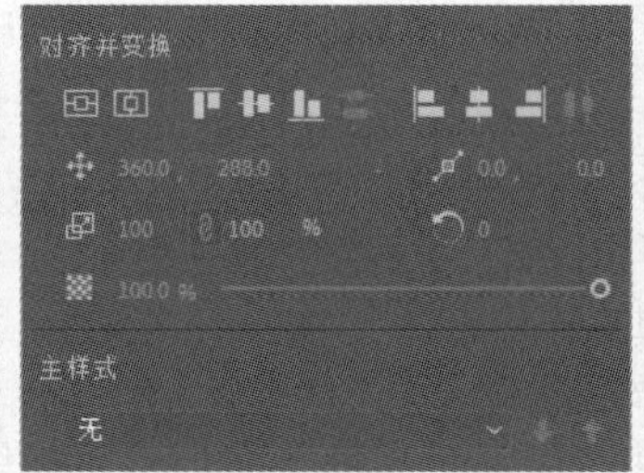

图 6-140

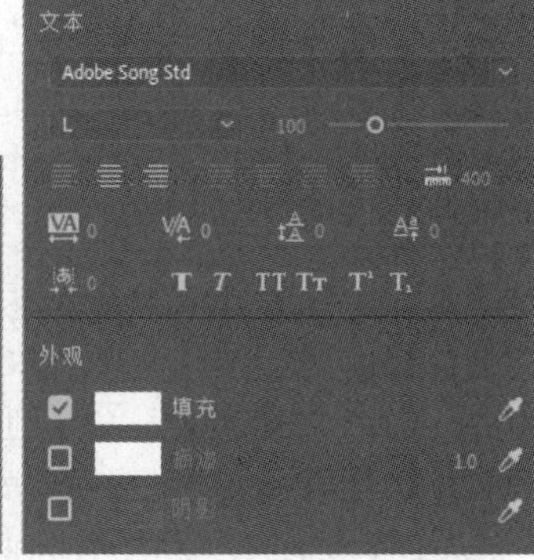

图 6-141

◎ **在“字幕”面板中编辑开放式字幕属性**

“字幕”面板最上方包含筛选字幕内容、选择字幕流及帧数显示选项。中间部分为字幕属性设置区，可以设置字体、大小、边缘、对齐、颜色和字幕块位置等。下方可设置显示字幕、设置入点和出点及输入字幕文本等。最下方为“导入设置”“添加字幕”及“删除字幕”按钮，如图 6-142 所示。

图 6-142

6.2.4 【实战演练】——化妆品广告

（1）使用“导入”命令导入素材文件。

（2）使用“旧版标题”命令创建字幕。

（3）使用“字幕”编辑面板和“旧版标题属性”面板添加并编辑字幕。

（4）使用“球面化”效果制作文字动画。

最终效果参看云盘中的“Ch06\化妆品广告\化妆品广告.prproj”，如图 6-143 所示。

图 6-143

6.3 节目滚动预告片

6.3.1 【操作目的】

（1）使用“导入”命令导入素材文件。

（2）使用“基本图形”和“效果控件”面板制作滚动条。

（3）使用“旧版标题”命令创建文字。

（4）使用“滚动/游动选项”按钮制作滚动文字。

最终效果参看云盘中的“Ch06\节目滚动预告片\节目滚动预告片.prproj”，如图 6-144 所示。

图 6-144

6.3.2 【操作步骤】

（1）启动 Premiere Pro CC 2019 软件，选择“文件 > 新建 > 项目”命令，弹出“新建项目”对话框，如图 6-145 所示，单击“确定”按钮，新建项目。选择“文件 > 新建 > 序列”命令，弹出“新建序列”对话框，单击“设置”选项卡，具体参数设置如图 6-146 所示，单击“确定”按钮，新建序列。

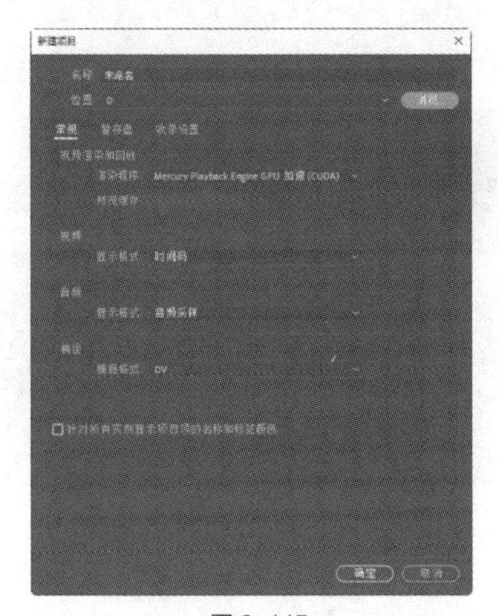

图 6-145

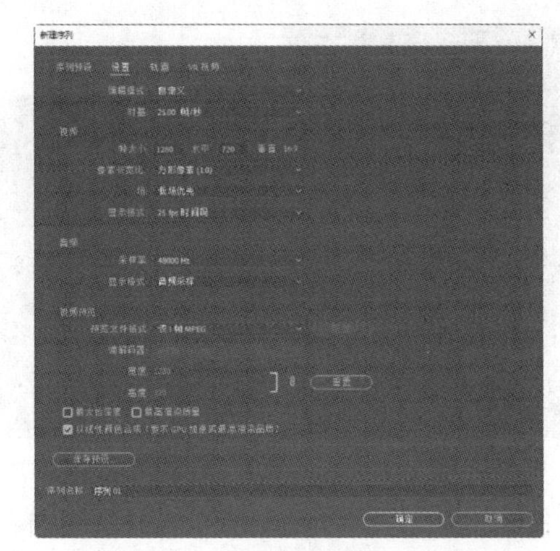

图 6-146

（2）选择“文件 > 导入”命令，弹出“导入”对话框，选择本书云盘中的“Ch06\节目滚动预告片\素材\01”文件，如图 6-147 所示，单击“打开”按钮，将素材文件导入“项目”面板中，如图 6-148 所示。

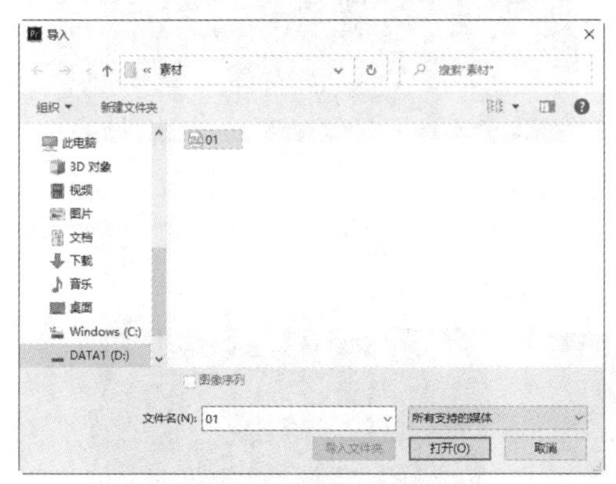

图 6-147

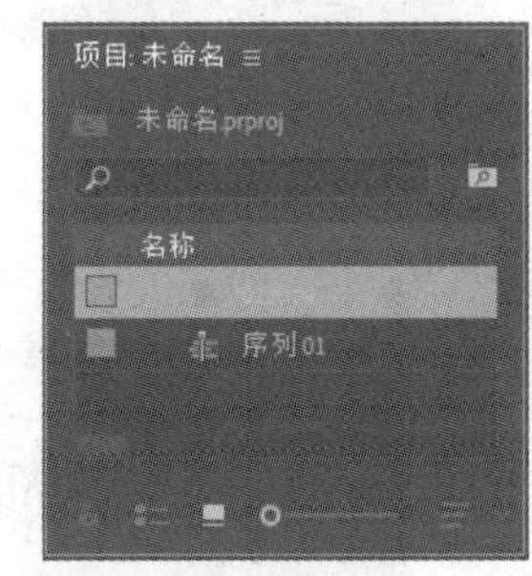

图 6-148

（3）在“项目”面板中，选择“01”文件并将其拖曳到“时间轴”面板中的“视频 1（V1）”轨道中。弹出“剪辑不匹配警告”对话框，如图 6-149 所示，单击“保持现有设置”按钮，在保持现有序列设置的情况下将“01”文件放置在“视频 1（V1）”轨道中，如图 6-150 所示。

图 6-149

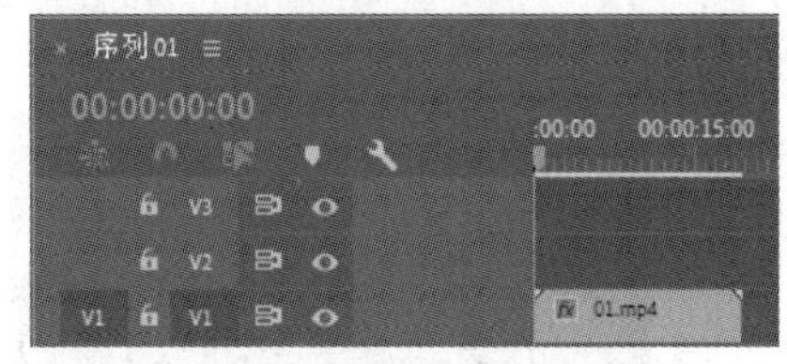

图 6-150

（4）在“时间轴”面板中选择“01”文件。选择“效果控件”面板，展开“运动”选项，将“缩放”选项设置为 67.0，如图 6-151 所示。选择“剪辑 > 速度/持续时间”命令，弹出“剪辑速度/持续时间”对话框，将“速度”选项设置为 150%，如图 6-152 所示，单击“确定”按钮，“时间轴”面板如图 6-153 所示。

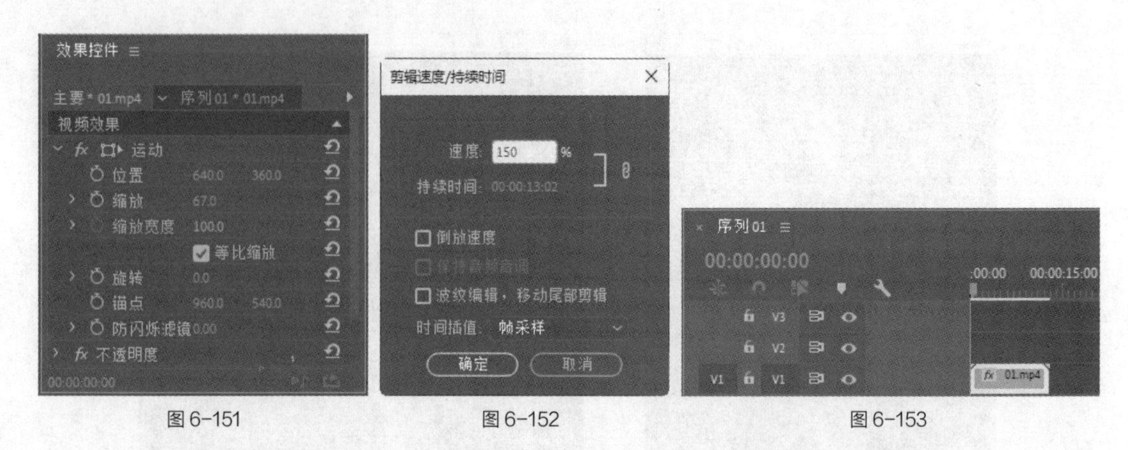

图 6-151　　图 6-152　　图 6-153

（5）选择“基本图形”面板，单击“编辑”选项卡，单击“新建图层”按钮，在弹出的菜单中选择“矩形”命令，在“节目”面板中生成矩形，如图 6-154 所示。在“时间轴”面板中的“视频 2（V2）”轨道中生成“图形”文件，如图 6-155 所示。

图 6-154

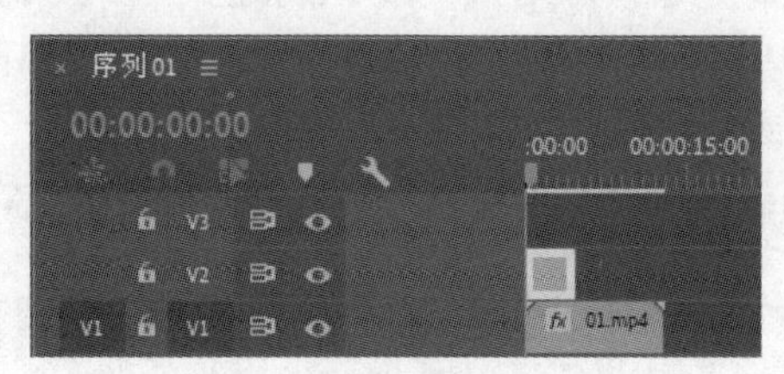

图 6-155

（6）在“基本图形”面板中选择“图形”图层，在“对齐并变换”栏中的设置如图 6-156 所示，“节目”面板中的矩形如图 6-157 所示。

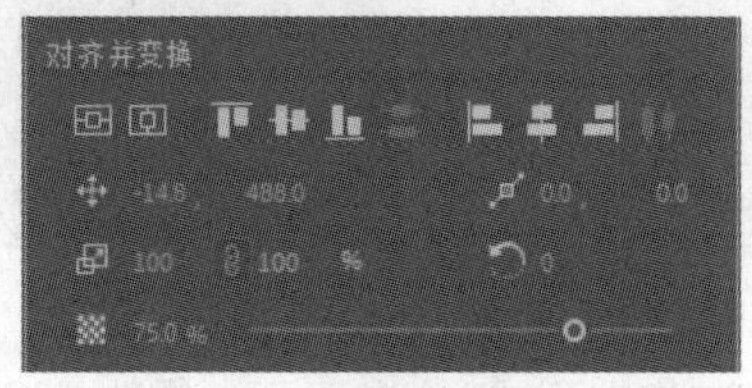

图 6-156

图 6-157

（7）在“节目”面板中调整矩形的长宽比，如图 6-158 所示。将鼠标指针放在“图形”文件的结束位置，当鼠标指针呈形状时，按住鼠标左键向右拖曳鼠标指针到“01”文件的结束位置，如图 6-159 所示。

图 6-158

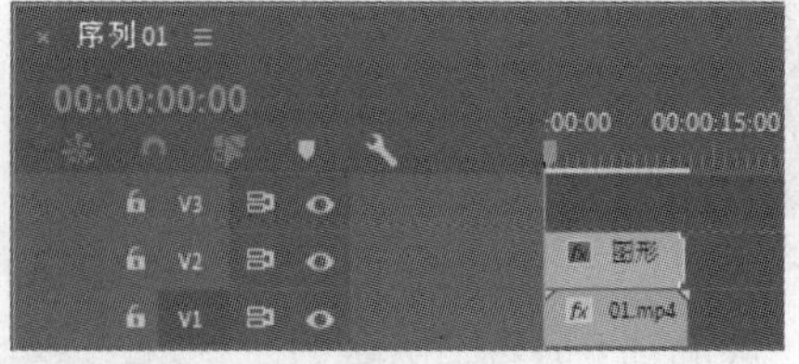

图 6-159

（8）选择“文件 > 新建 > 旧版标题”命令，弹出“新建字幕”对话框，具体设置如图 6-160 所示，单击“确定”按钮，弹出“字幕”编辑面板。选择“旧版标题工具”面板中的“文字”工具，在“字幕”编辑面板中单击并输入需要的文字，设置适当的字体和字号，如图6-161所示。在“项目”面板中生成“字幕01”文件。

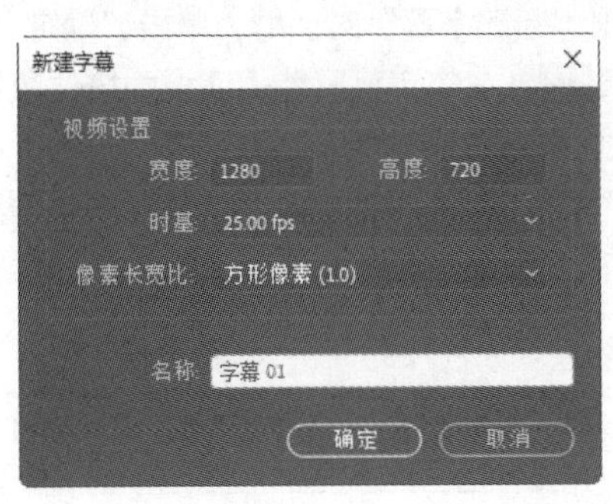

图6-160

图6-161

（9）在“字幕”编辑面板中单击“滚动/游动选项”按钮，在弹出的对话框中选中“向左游动”单选项，在“定时（帧）”选项中勾选“开始于屏幕外”和“结束于屏幕外”复选框，如图6-162所示，单击“确定”按钮，“字幕”编辑面板如图6-163所示。

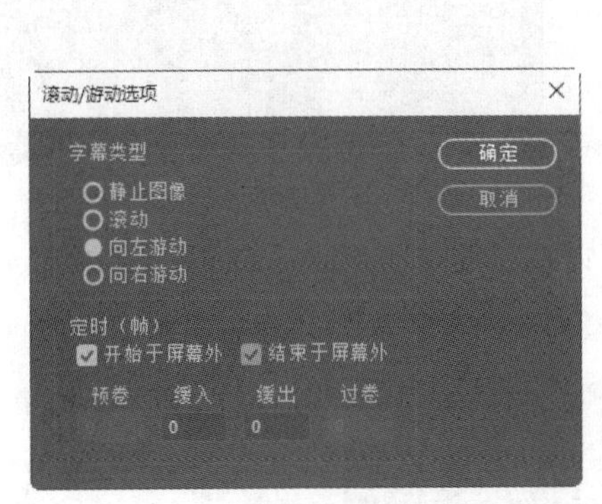

图6-162

图6-163

（10）在“项目”面板中，选择“字幕01”文件并将其拖曳到“时间轴”面板中的“视频3（V3）”轨道中，如图6-164所示。将鼠标指针放在“字幕01”文件的结束位置，当鼠标指针呈形状时，按住鼠标左键向右拖曳鼠标指针到“图形”文件的结束位置，如图6-165所示。节目滚动预告片制作完成。

图6-164

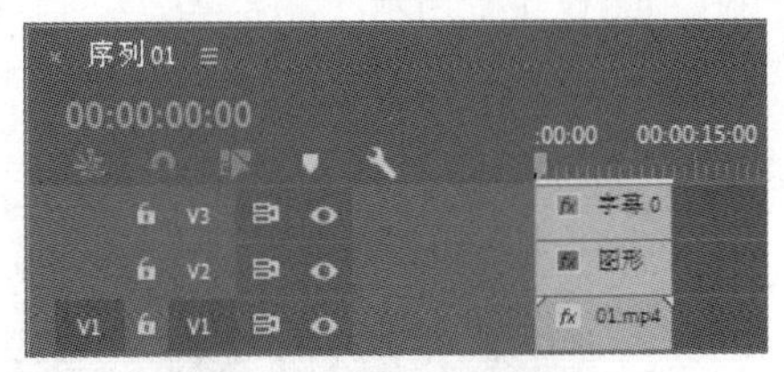

图6-165

6.3.3 【相关工具】

1. 创建垂直滚动字幕

创建垂直滚动字幕的具体操作步骤如下。

◎ **在“字幕”编辑面板中创建垂直滚动字幕**

（1）启动 Premiere Pro CC 2019，在“项目”面板中导入素材并将其添加到“时间轴”面板中的视频轨道上。

（2）选择“文件 > 新建 > 旧版标题”命令，弹出“新建字幕”对话框，单击“确定”按钮。

（3）选择“旧版标题工具”面板中的“文字”工具T，在“字幕”编辑面板中按住鼠标左键拖曳出文本框，输入需要的文字并对属性进行相应的设置，如图 6-166 所示。

（4）在“字幕”编辑面板中单击“滚动/游动选项”按钮，在弹出的对话框中选中“滚动”单选项，在“定时（帧）”选项中勾选“开始于屏幕外”和“结束于屏幕外”复选框，其他参数的设置如图 6-167 所示，单击“确定”按钮。

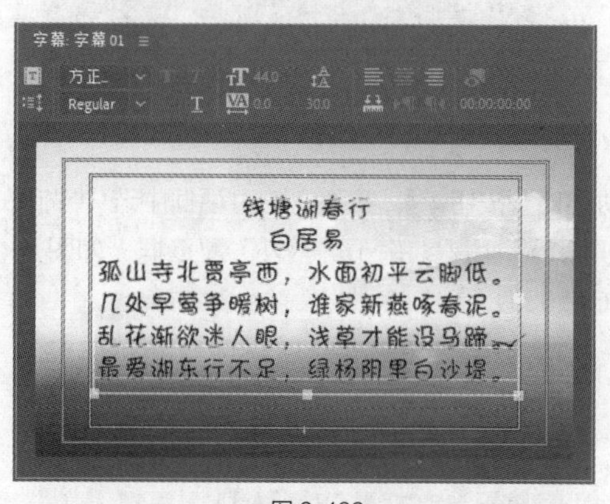

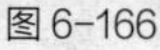

图 6-166

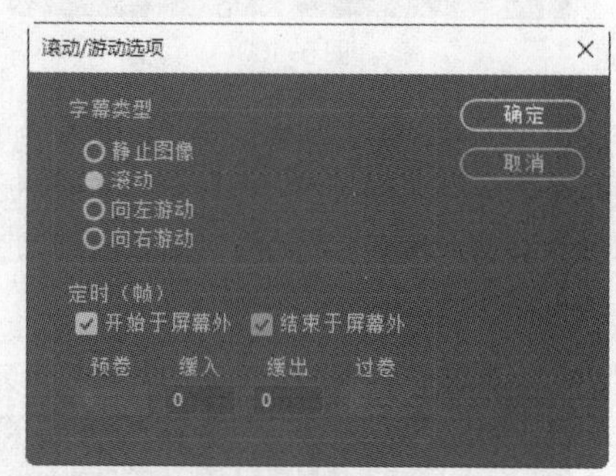

图 6-167

（5）制作的字幕会自动保存在“项目”面板中。从“项目”面板中将新建的字幕添加到“时间轴”面板的“视频 2（V2）”轨道上，并将其调整为与轨道 1 中的素材等长，如图 6-168 所示。

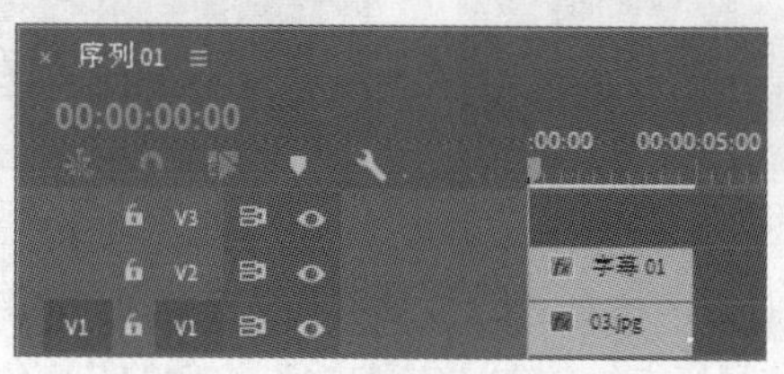

图 6-168

（6）单击“节目”面板下方的“播放/停止切换”按钮▶/■，预览字幕的垂直滚动播放效果，如图 6-169 和图 6-170 所示。

图 6-169

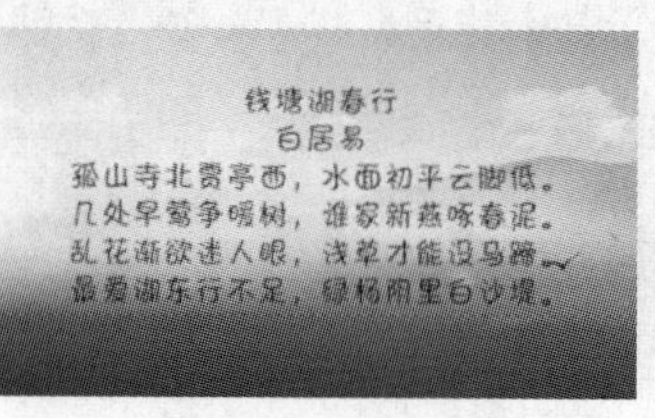

图 6-170

◎ **在“基本图形”面板中创建垂直滚动字幕**

在“基本图形”面板中取消文字图层的选中状态，如图 6-171 所示。勾选“滚动”复选框，在弹出的选项中设置“滚动”选项，制作垂直滚动字幕，如图 6-172 所示。

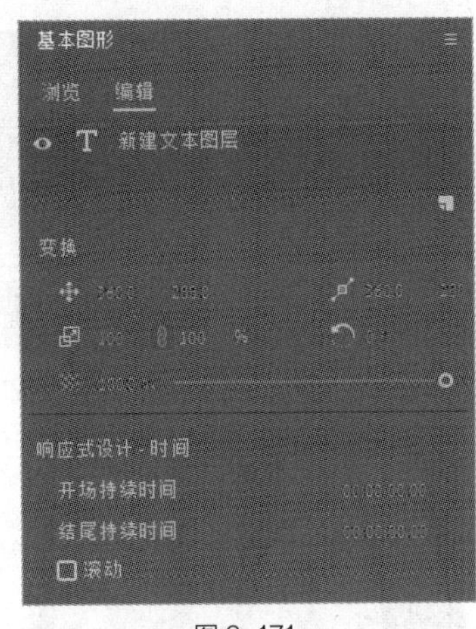

图6-171

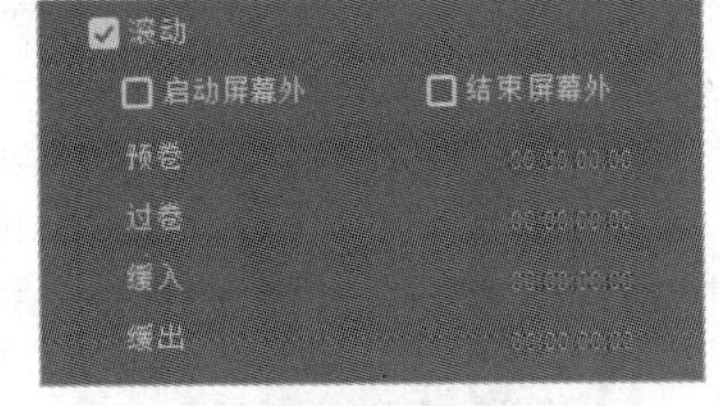

图6-172

2. 创建横向滚动字幕

创建横向滚动字幕与创建垂直滚动字幕的操作基本相同，其具体操作步骤如下。

（1）启动 Premiere Pro CC 2019，在“项目”面板中导入素材并将其添加到“时间轴”面板中的视频轨道上。

（2）选择“文件 > 新建 > 旧版标题”命令，弹出“新建字幕”对话框，单击“确定”按钮。

（3）选择“旧版标题工具”中的“文字”工具T，在“字幕”编辑面板中单击并输入需要的文字，设置字幕样式和属性，如图6-173所示。

（4）单击“字幕”编辑面板左上方的“滚动/游动选项”按钮，在弹出的对话框中选中“向左游动”单选项，具体设置如图6-174所示，单击“确定”按钮。

图6-173

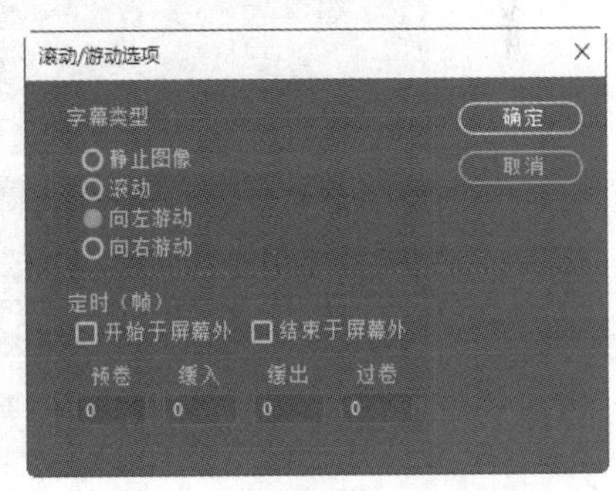

图6-174

（5）制作的字幕会自动保存在“项目”面板中。从“项目”面板中将新建的字幕添加到“时间轴”面板的“视频2（V2）”轨道上，如图6-175所示。选择“效果”面板，展开“视频效果”分类选项，单击“键控”文件夹前面的三角形按钮将其展开，选择“轨道遮罩键”效果，如图6-176所示。

（6）将“轨道遮罩键”效果拖曳到“时间轴”面板的“视频1（V1）”轨道中的“03”文件上。选择“效果控件”面板，展开“轨道遮罩键”选项，具体参数设置如图6-177所示。

（7）单击“节目”面板下方的“播放/停止切换”按钮 / ，预览字幕的横向滚动播放效果，如图6-178和图6-179所示。

图 6-175

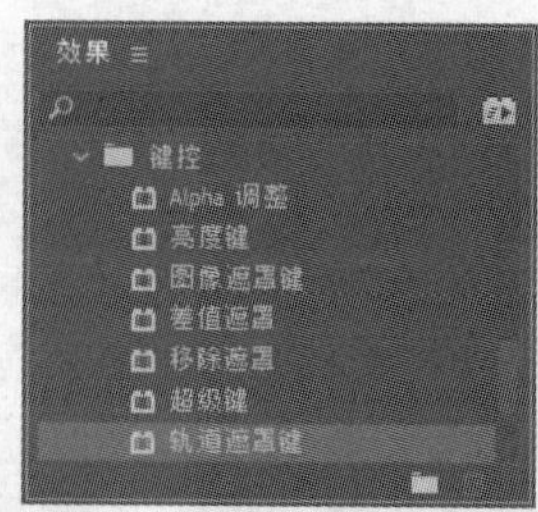

图 6-176

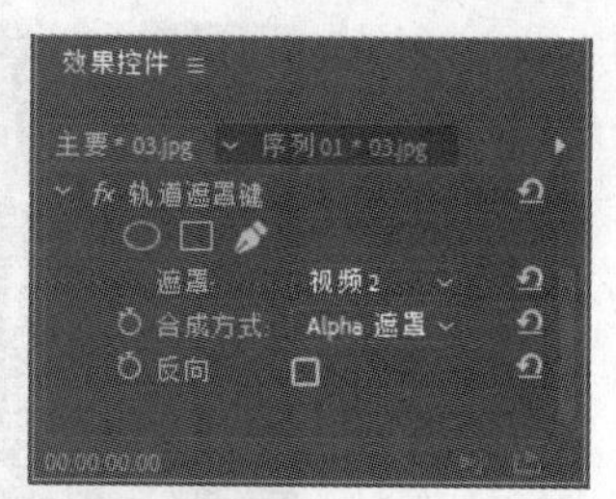

图 6-177

图 6-178

图 6-179

6.3.4 【实战演练】——节目预告片

（1）使用“导入”命令导入素材文件。
（2）使用“旧版标题”命令创建字幕。
（3）使用“字幕”面板添加文字并制作滚动字幕。
（4）使用“旧版标题属性”面板编辑字幕。
最终效果参看云盘中的“Ch06\节目预告片\节目预告片.prproj”，如图 6-180 所示。

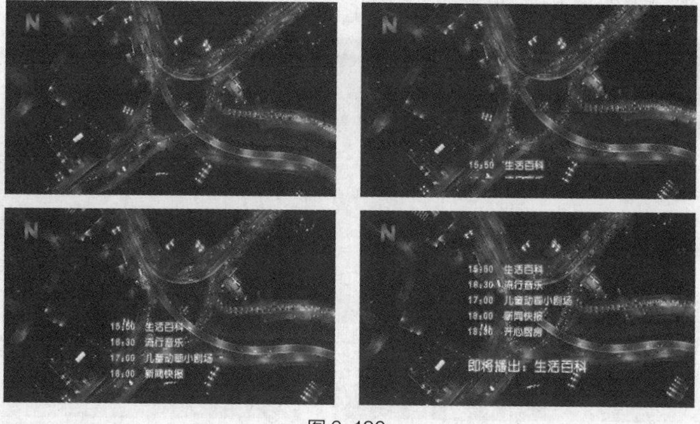

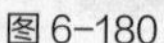
图 6-180

6.4 综合案例——夏季女装上新广告

（1）使用“导入”命令导入素材图片。
（2）使用“旧版标题”命令创建字幕。
（3）使用“字幕”面板添加文字并制作滚动字幕。
（4）使用“旧版标题属性”面板编辑字幕。
（5）使用“效果控件”面板调整素材文件的位置和缩放。

最终效果参看云盘中的“Ch06\夏季女装上新广告\夏季女装上新广告.prproj”，如图 6-181 所示。

图 6-181

6.5 综合案例——特惠促销节目片头

（1）使用“文字”工具输入文字。

（2）使用“基本图形”面板设置文字的属性。

（3）使用不同的过渡效果制作素材过渡。

最终效果参看云盘中的“Ch06\特惠促销节目片头\特惠促销节目片头.prproj”，如图 6-182 所示。

图 6-182

07 第7章 加入音频

本章对添加音频、编辑音频及添加音频效果的方法进行介绍，重点讲解音轨混合器及编辑音频等操作。通过本章的学习，读者可以掌握添加、编辑音频的方法和添加音频效果的技巧。

课堂学习目标

- 了解音频效果。
- 掌握使用音轨混合器调节音频的方法。
- 掌握音频的编辑技巧。

7.1 休闲生活宣传片

7.1.1 【操作目的】

（1）使用“导入”命令导入素材文件。

（2）使用“效果控件”面板调整音频的淡入淡出效果。

最终效果参看云盘中的“Ch07\休闲生活宣传片\休闲生活宣传片.prproj”，如图 7-1 所示。

图 7-1

7.1.2 【操作步骤】

（1）启动 Premiere Pro CC 2019 软件，选择“文件 > 新建 > 项目”命令，弹出“新建项目”对话框，如图 7-2 所示，单击“确定”按钮，新建项目。选择“文件 > 新建 > 序列”命令，弹出“新建序列”对话框，单击“设置”选项卡，具体参数设置如图 7-3 所示，单击“确定”按钮，新建序列。

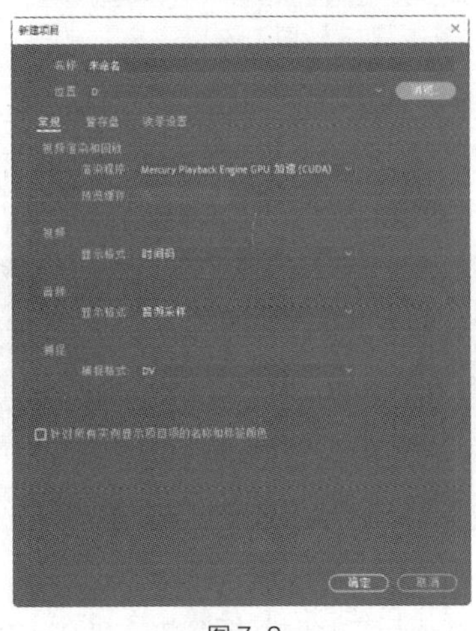

图 7-2

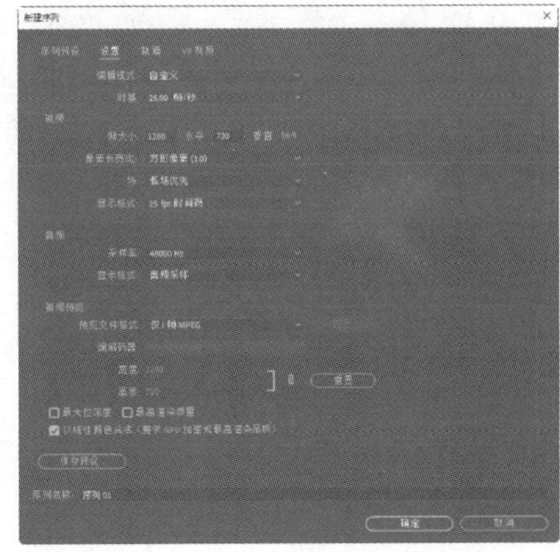

图 7-3

（2）选择“文件 > 导入”命令，弹出“导入”对话框，选择本书云盘中的“Ch07\休闲生活宣传片\素材\01、02”文件，如图 7-4 所示，单击“打开”按钮，将素材文件导入“项目”面板中，如

图 7-5 所示。

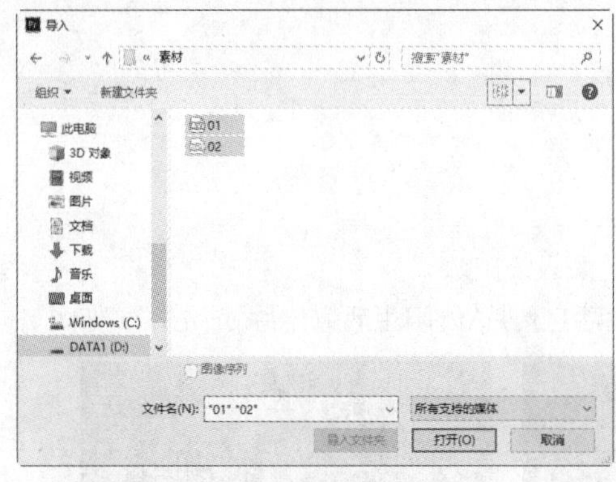

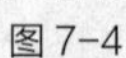

图 7-4

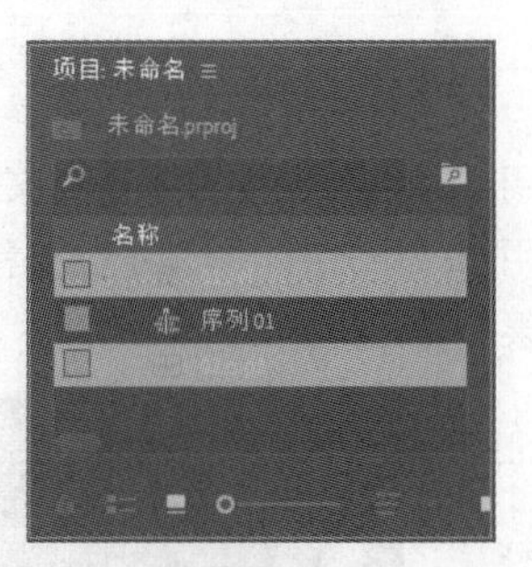

图 7-5

（3）在“项目”面板中，选择“01”文件并将其拖曳到“时间轴”面板的“视频 1（V1）”轨道中。弹出“剪辑不匹配警告”对话框，单击“保持现有设置”按钮，在保持现有序列设置的情况下将“01”文件放置在“视频 1（V1）”轨道中，如图 7-6 所示。选择“时间轴”面板中的“01”文件。选择“效果控件”面板，展开“运动”选项，将“缩放”选项设置为 67.0，如图 7-7 所示。

图 7-6

图 7-7

（4）在“项目”面板中，选择“02”文件并将其拖曳到“时间轴”面板的“音频 1（A1）”轨道中，如图 7-8 所示。将鼠标指针放在“02”文件的结束位置，当鼠标指针呈形状时，按住鼠标左键向左拖曳鼠标指针到“01”文件的结束位置，如图 7-9 所示。

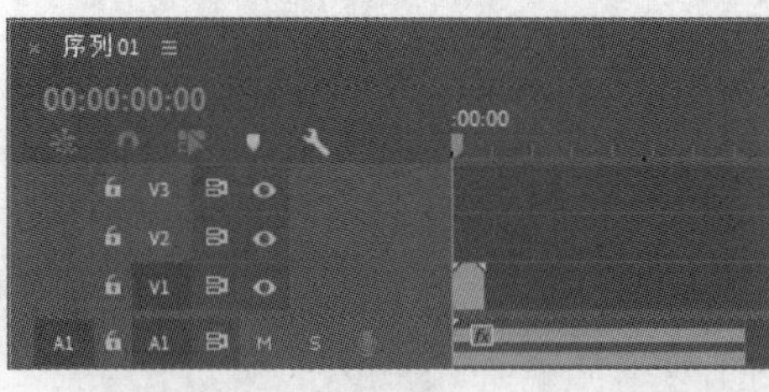

图 7-8

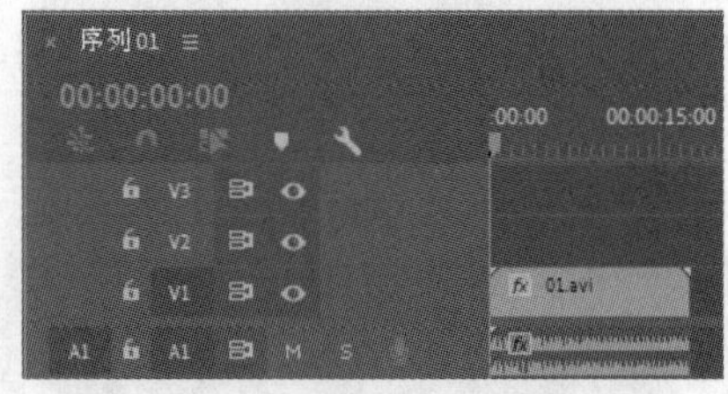

图 7-9

（5）选择“时间轴”面板中的“02”文件，如图 7-10 所示。将时间标签放置在 01:24s 的位置。选择“效果控件”面板，展开“音量”选项，将“级别”选项设置为-2.9dB，如图 7-11 所示，记录第 1 个动画关键帧。

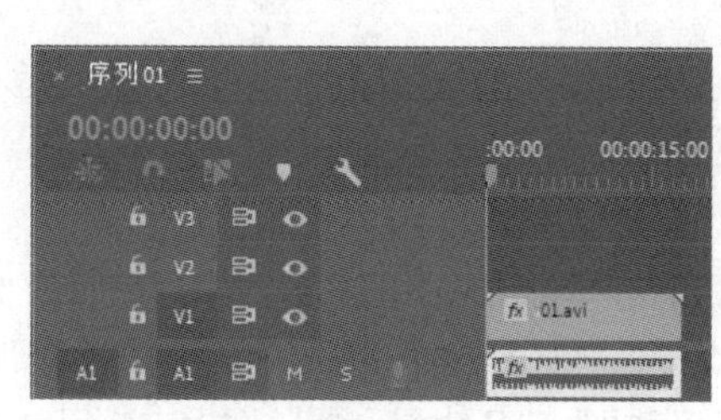

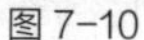
图 7-10

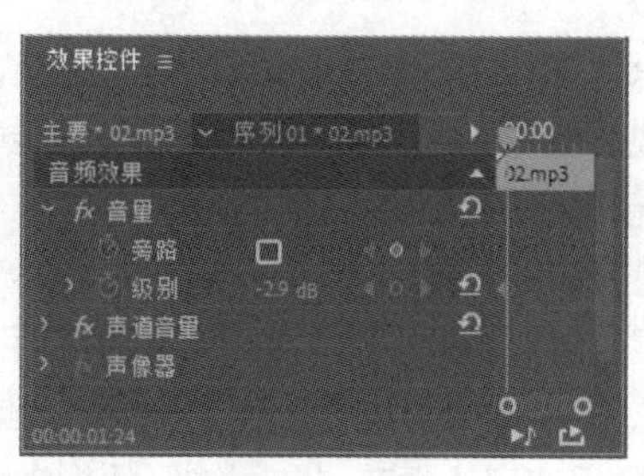

图 7-11

（6）将时间标签放置在 09:07s 的位置，将“级别”选项设置为 2.6dB，如图 7-12 所示，记录第 2 个动画关键帧。将时间标签放置在 13:16s 的位置，将“级别”选项设置为-3.3dB，如图 7-13 所示，记录第 3 个动画关键帧。休闲生活宣传片制作完成。

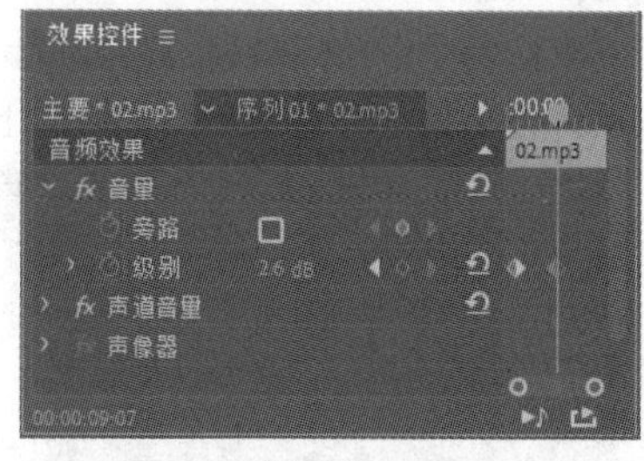

图 7-12

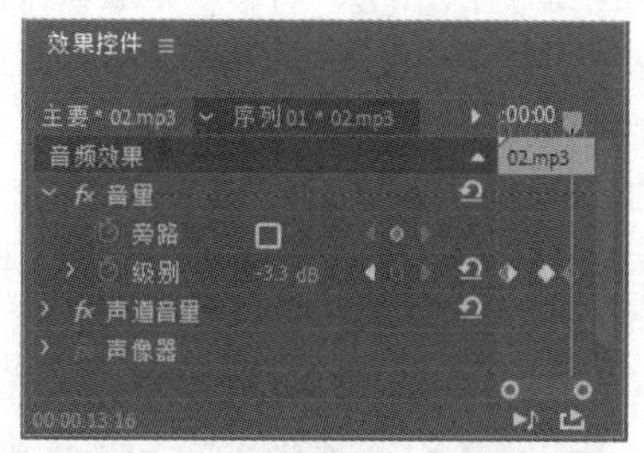

图 7-13

7.1.3 【相关工具】

1. 关于音频效果

Premiere Pro CC 2019 在音频使用方面功能十分强大，不仅可以编辑音频素材、添加音效，还可以使用“时间轴”面板进行音频的合成工作，如声音的摇摆和声音的渐变等。

在 Premiere Pro CC 2019 中对音频素材进行处理主要有以下 3 种方式。

（1）在“时间轴”面板的音频轨道上通过修改关键帧的方式对音频素材进行操作，如图 7-14 所示。

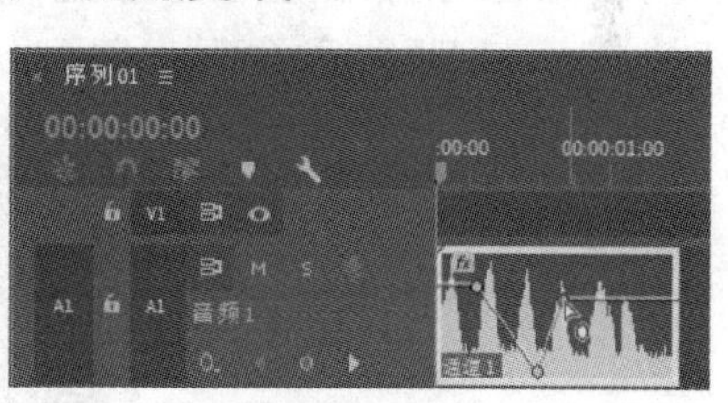

图 7-14

（2）使用菜单命令中相应的命令来编辑所选的音频素材，如图 7-15 所示。

（3）在“效果”面板中为音频素材添加“音频效果”来改变音频素材的效果，如图 7-16 所示。

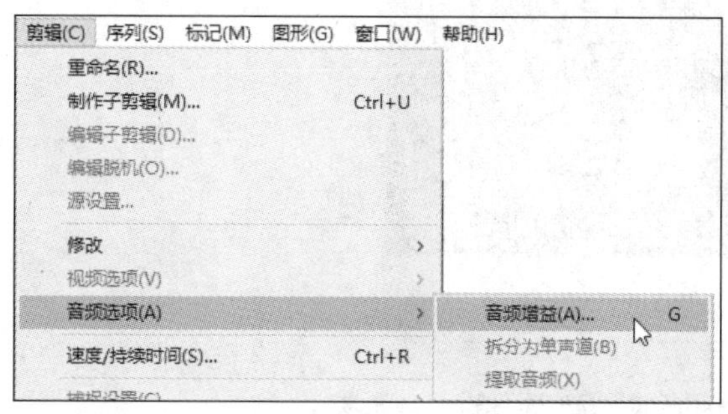

图 7-15

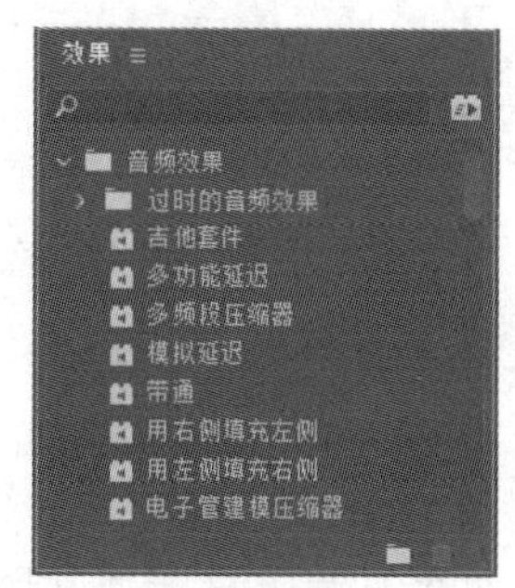

图 7-16

2. 认识“音轨混合器”面板

“音轨混合器”面板由若干个轨道音频控制器、主音频控制器和播放控制器组成，每个控制器都有控制按钮和调节滑块。

◎ **轨道音频控制器**

“音轨混合器”面板中的轨道音频控制器用于调节其相对轨道上的音频对象，控制器 1 对应“音频 1（A1）”、控制器 2 对应“音频 2（A2）”，依此类推。轨道音频控制器的数目由“时间轴”面板中的音频轨道数目决定，当在“时间轴”面板中添加音频时，“音轨混合器”面板中将自动添加一个轨道音频控制器与其对应。

轨道音频控制器由控制按钮、声道面板调节滑轮及音量调节滑块组成。

（1）控制按钮。轨道音频控制器中的控制按钮可以设置音频调节时的状态，如图 7-17 所示。

单击“静音轨道”按钮 M，可将该轨道音频设置为静音状态。

单击“独奏轨道”按钮 S，其他未选中独奏按钮的轨道音频会被自动设置为静音状态。

激活“启用轨道以进行录制”按钮 R，可以利用输入设备将声音录制到目标轨道上。

（2）声道调节滑轮。如果对象为双声道音频，可以使用声道调节滑轮调节播放声道，如图 7-18 所示。向左拖曳滑轮，输出到左声道（L）；向右拖曳滑轮，输出到右声道（R）。

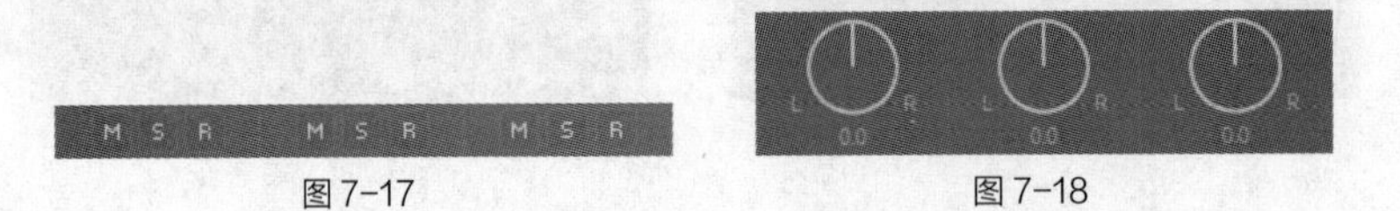

图 7-17　　图 7-18

（3）音量调节滑块。通过音量调节滑块可以控制当前轨道音频对象的音量，Premiere Pro CC 2019 以分贝数显示音量，如图 7-19 所示。向上拖曳滑块，可以增加音量；向下拖曳滑块，可以减小音量。下方数值栏中显示当前音量，也可直接在数值栏中输入声音分贝数。播放音频时，面板左侧为音量表，显示音频播放时的音量大小；音量表顶部的小方块显示系统所能处理的音量极限，当方块显示为红色时，表示该音频量超过极限，音量过大。

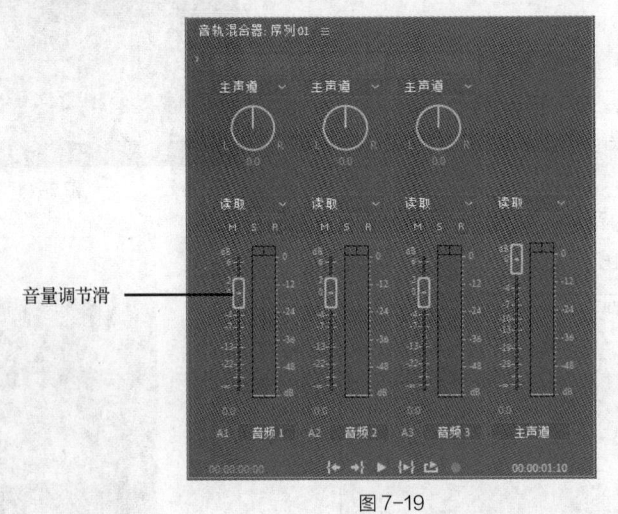

图 7-19

◎ **主音频控制器**

使用主音频控制器可以调节“时间轴”面板中所有轨道上的音频对象。

◎ **播放控制器**

图 7-20

播放控制器用于音频播放，使用方法与监视器窗口中的播放控制栏相同，如图 7-20 所示。

3. 设置“音轨混合器”面板

单击“音轨混合器”面板左上方的按钮，可在弹出的快捷菜单中对面板进行相应设置，如图 7-21 所示。

（1）“显示/隐藏轨道”：可以对“音轨混合器”面板中的轨道进行隐藏或显示设置。选择该命令，在弹出的图 7-22 所示的对话框中可以设置轨道的显示或隐藏。

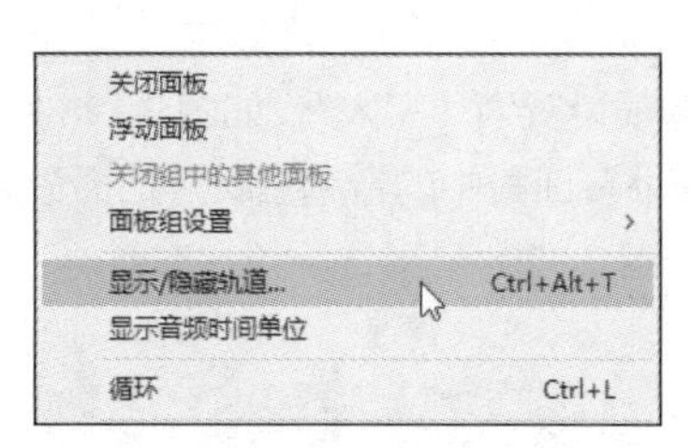

图 7-21

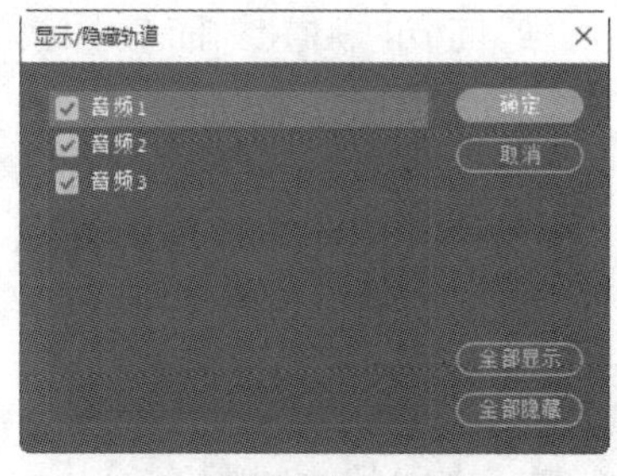

图 7-22

（2）“显示音频时间单位”：可以在时间标尺上以音频为单位进行显示。

（3）“循环”：在被选定的情况下，系统会循环播放音乐。

4. 使用“时间轴”面板调节音频

（1）在默认情况下，音频轨道控制面板呈关闭状态，如图 7-23 所示。双击轨道左侧的空白处，可展开轨道，如图 7-24 所示。

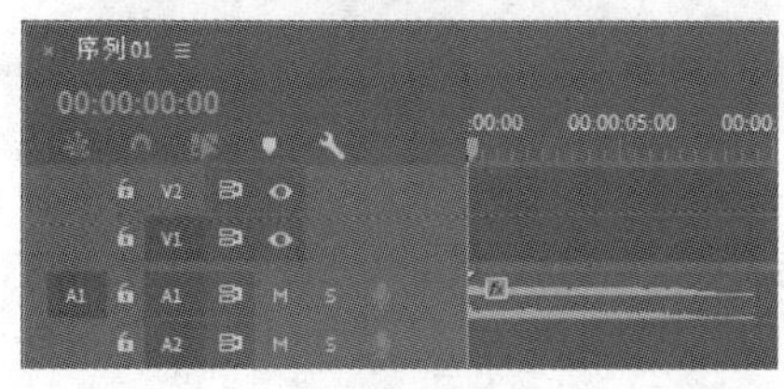

图 7-23

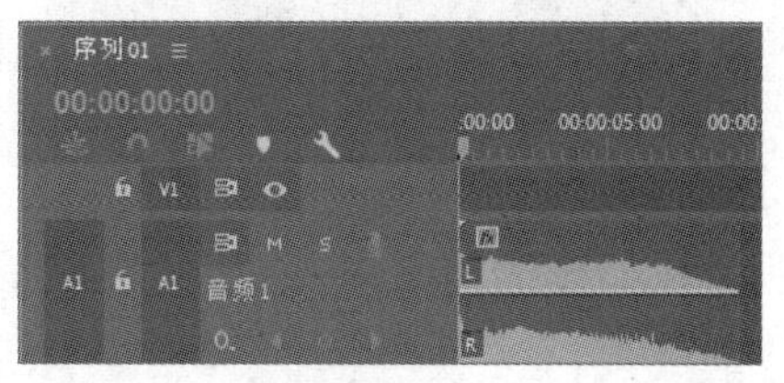

图 7-24

（2）选择“钢笔”工具或“选择”工具，拖曳音频素材（或轨道）上的白线即可调整音量，如图 7-25 所示。

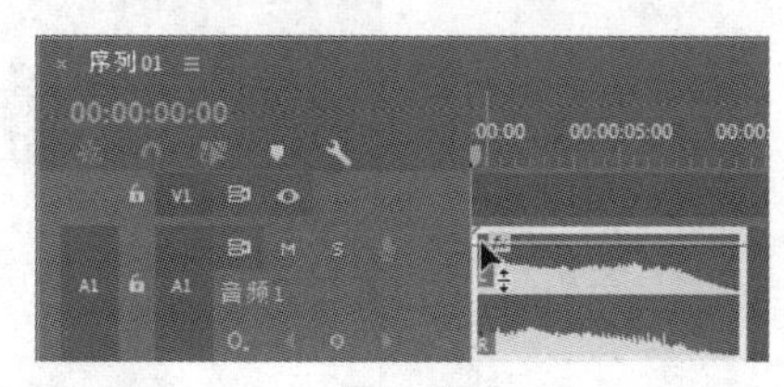

图 7-25

（3）按住 Ctrl 键的同时，将鼠标指针移动到音频淡化器上，当鼠标指针变为时，单击以添加关键帧，如图 7-26 所示。根据需要可添加多个关键帧。

（4）按住鼠标左键上下拖曳关键帧，关键帧之间的曲线指示音频素材是淡入还是淡出：递增的直线表示音频为淡入，递减的曲线表示音频为淡出，如图 7-27 所示。

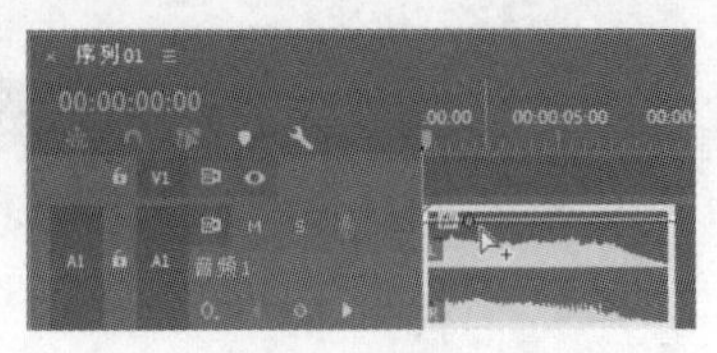
图 7-26

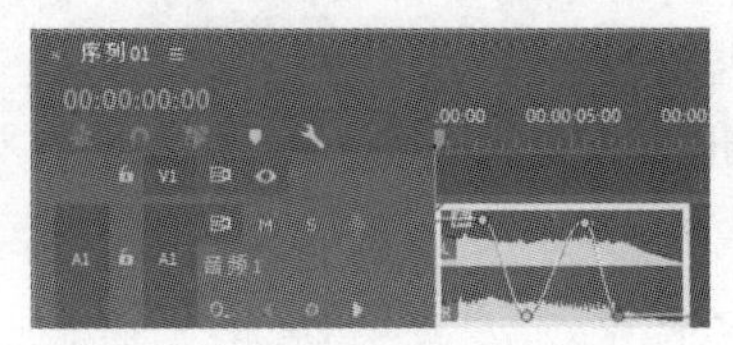
图 7-27

5. 使用“音轨混合器”面板调节音频

在“音轨混合器”面板中调节音量非常方便，可以在播放音频时实时进行音量调节。使用“音轨混合器”面板调节音频的方法如下。

（1）在“时间轴”面板的轨道控制面板左侧单击按钮，在弹出的菜单中选择“轨道关键帧 > 音量”命令。

（2）在“音轨混合器”面板中，将“自动模式”选项设置为“写入”，如图 7-28 所示。

（3）单击“播放/停止切换”按钮 / ，“时间轴”面板中的音频素材开始播放。拖曳音量控制滑块进行调节，调节完成后，系统自动记录结果，如图 7-29 所示。

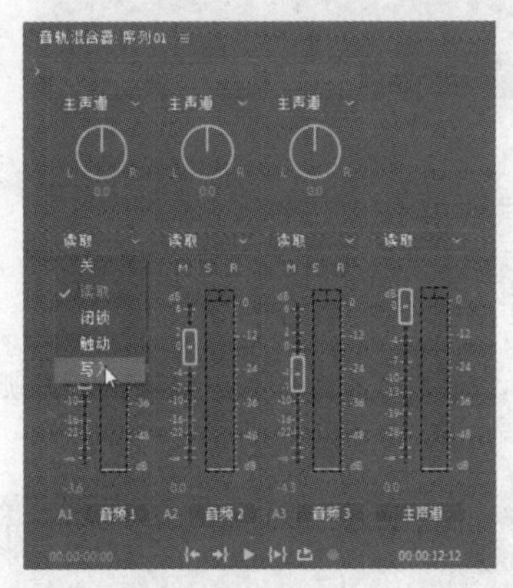
图 7-28

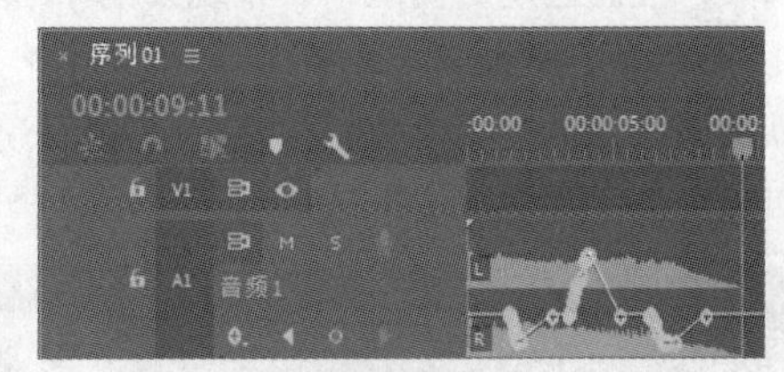
图 7-29

7.1.4 【实战演练】——万马奔腾宣传片

（1）使用“导入”命令导入素材文件。

（2）使用“效果控件”面板调整音频的淡入、淡出效果。

最终效果参看云盘中的“Ch07\万马奔腾宣传片\万马奔腾宣传片.prproj”，如图 7-30 所示。

图 7-30

7.2 个性女装新品宣传片

7.2.1 【操作目的】

（1）使用“导入”命令导入素材文件。

（2）使用“效果控件”面板调整素材文件的缩放。

（3）使用“低通”效果和“低音”效果制作音频效果。

最终效果参看云盘中的“Ch07\个性女装新品宣传片\个性女装新品宣传片.prproj”，如图 7-31 所示。

图 7-31

7.2.2 【操作步骤】

（1）启动 Premiere Pro CC 2019 软件，选择“文件 > 新建 > 项目”命令，弹出“新建项目”对话框，如图 7-32 所示，单击“确定”按钮，新建项目。选择“文件 > 新建 > 序列”命令，弹出“新建序列”对话框，单击“设置”选项卡，具体参数设置如图 7-33 所示，单击“确定”按钮，新建序列。

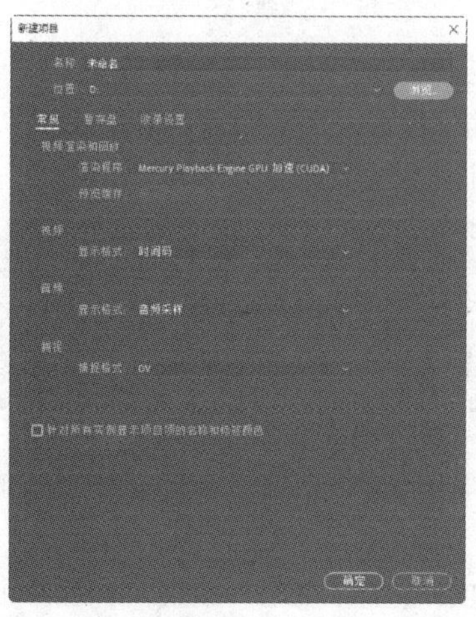

图 7-32

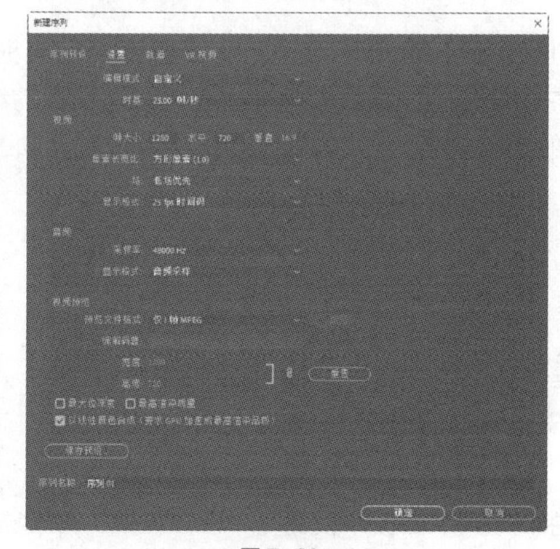

图 7-33

（2）选择“文件 > 导入”命令，弹出“导入”对话框，选择本书云盘中的“Ch07\个性女装新品宣传片\素材\01、02”文件，如图 7-34 所示，单击“打开”按钮，将素材文件导入“项目”面板中，如图 7-35 所示。

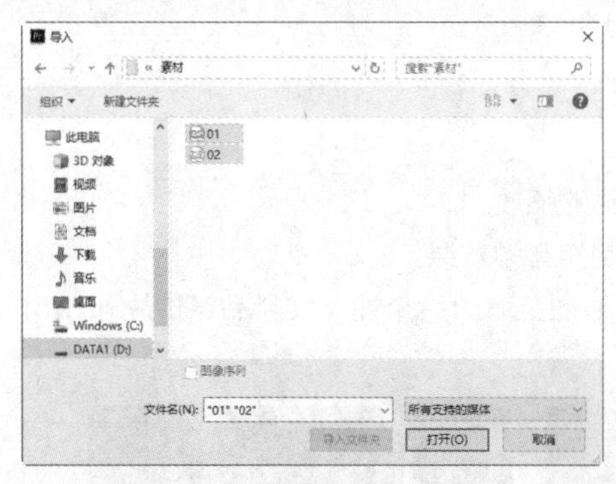

图 7-34

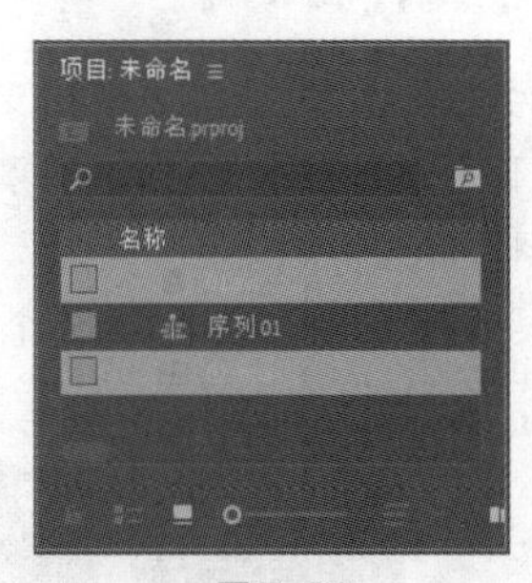

图 7-35

（3）在“项目”面板中，选择“01”文件并将其拖曳到“时间轴”面板的“视频 1（V1）”轨道中。弹出“剪辑不匹配警告”对话框，单击“保持现有设置”按钮，在保持现有序列设置的情况下将“01”文件放置在“视频 1（V1）”轨道中，如图 7-36 所示。选择“时间轴”面板中的“01”文件，在“效果控件”面板中展开“运动”选项，将“缩放”选项设置为 67.0，如图 7-37 所示。

图 7-36

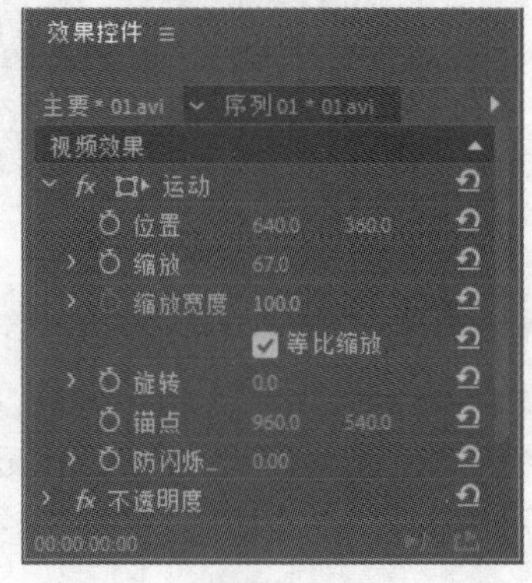

图 7-37

（4）在“项目”面板中，选择“02”文件并将其拖曳到“时间轴”面板的“音频 1（A1）”轨道中，如图 7-38 所示。将鼠标指针放在“02”文件的结束位置，当鼠标指针呈![]形状时，按住鼠标左键向左拖曳鼠标指针到“01”文件的结束位置，如图 7-39 所示。

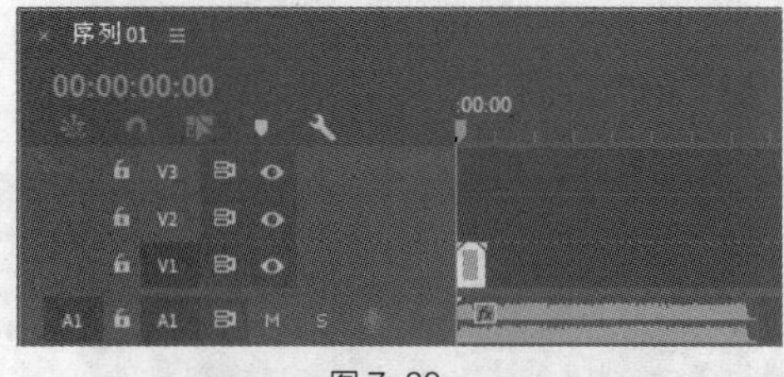

图 7-38

图 7-39

（5）在“效果”面板中，展开“音频效果”分类选项，选择“低音”效果，如图 7-40 所示。将“低音”效果拖曳到“时间轴”面板的“音频 1（A1）”轨道中的“02”文件上。选择“效果控件”面板，展开“低音”选项，将“提升”选项设置为 10.0dB，如图 7-41 所示。

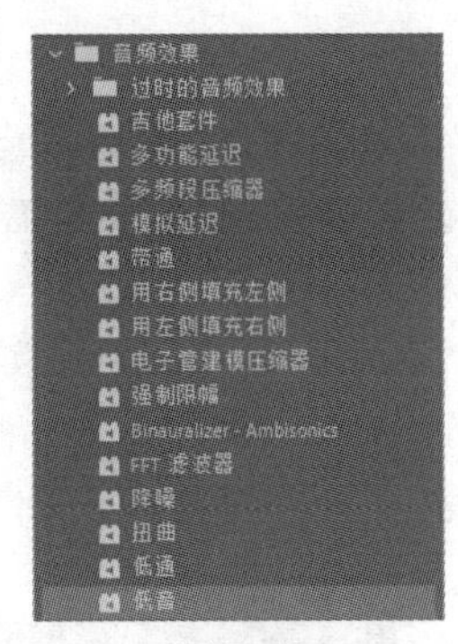

图7-40

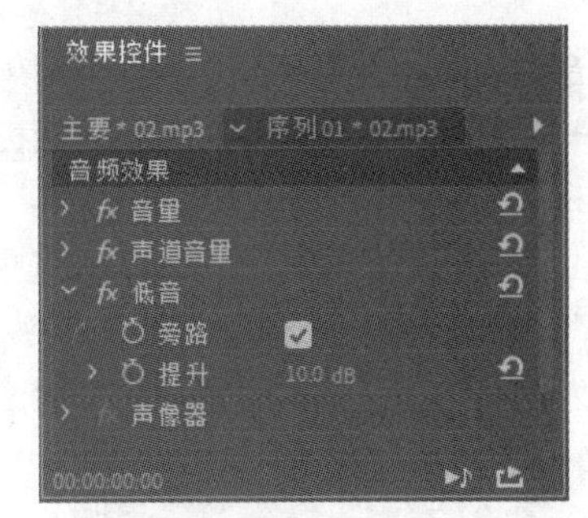

图7-41

（6）在“效果”面板中，展开“音频效果”分类选项，选择“低通”效果，如图7-42所示。将“低通”效果拖曳到“时间轴”面板的“音频1（A1）”轨道中的“02”文件上。选择“效果控件”面板，展开“低通”选项，将“屏蔽度”选项设置为5764.8Hz，如图7-43所示。个性女装新品宣传片制作完成。

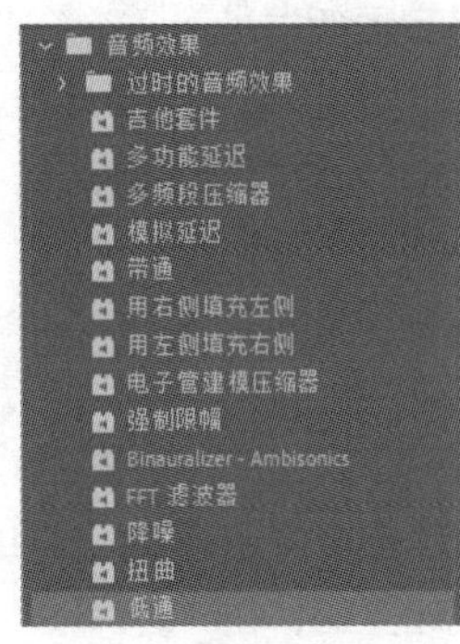

图7-42

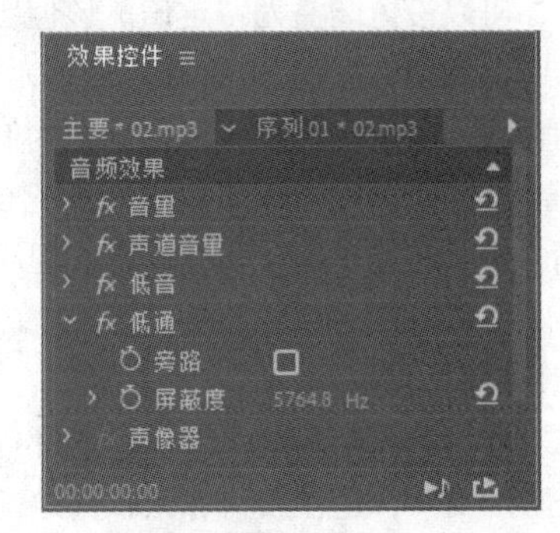

图7-43

7.2.3 【相关工具】

1. 调整音频持续时间和速度

与视频素材的编辑一样，在应用音频素材时，可以对其播放速度和时间长度进行设置。具体操作步骤如下。

（1）选择需要调整的音频素材，选择“剪辑 > 速度/持续时间”命令，弹出“剪辑速度/持续时间”对话框，可以对音频素材的持续时间进行调整，如图7-44所示。

（2）在“时间轴”面板中直接拖曳音频的边缘，可以改变音频轨道上音频素材的长度。也可以选择“剃刀”工具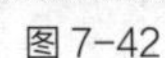，将音频素材切割，如图7-45所示，再将不需要的部分删除。

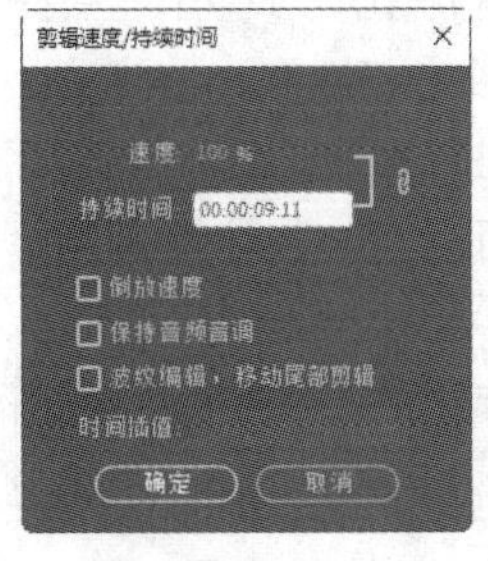

图7-44

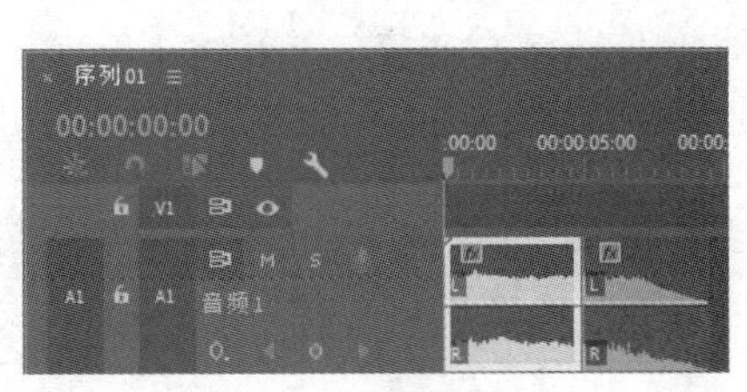

图7-45

2. **音频增益**

音频增益指的是音频信号的声调高低。当一个视频片段同时拥有几个音频素材时，就需要平衡素材的增益。因为如果一个素材的音频信号太高或太低，就会严重影响播放时的音频效果。具体操作步骤如下。

（1）选择“时间轴”面板中需要调整的素材，被选中的素材周围会出现灰色实线，如图 7-46 所示。

（2）选择“剪辑 > 音频选项 > 音频增益”命令，弹出“音频增益”对话框，如图 7-47 所示，下方的“峰值振幅”为软件自动计算的该素材的峰值振幅，可以作为调整增益的参考。

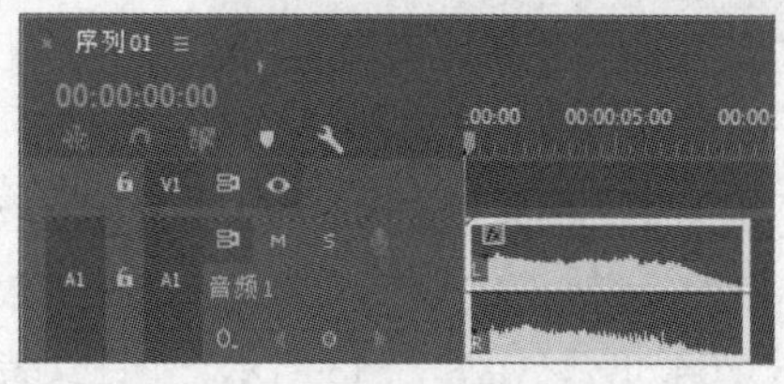

图 7-46

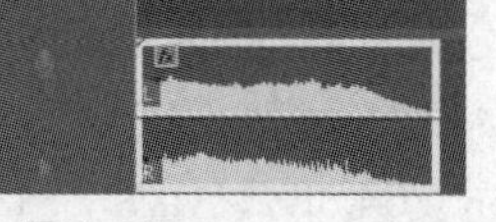

图 7-47

“将增益设置为”：可以设置增益为特定值。该值始终会更新为当前增益，未选中状态也可显示。

“调整增益值”：可以调整增益值。“将增益设置为”的值会根据此值自动更新。

“标准化最大峰值为”：可以设置最大峰值振幅为低于 0.0 dB 的任何值。

“标准化所有峰值为”：可以设置峰值振幅为低于 0.0 dB 的任何值。

（3）完成设置后，可以通过“源”面板查看处理后的音频波形变化，播放修改后的音频素材，试听音频效果。

3. **分离和链接视音频**

Premiere Pro CC 2019 中音频素材和视频素材有两种链接关系：硬链接和软链接。硬链接是指视频和音频来自一个影片文件，是在素材导入软件之前就建立的，在“时间轴”面板中显示为相同的颜色，如图 7-48 所示。软链接是在“时间轴”面板中建立的链接，可以在“时间轴”面板中为音频和视频建立软链接，软链接类似于硬链接，但链接的素材在“项目”面板保持着各自的完整性，在序列中显示为不同的颜色，如图 7-49 所示。

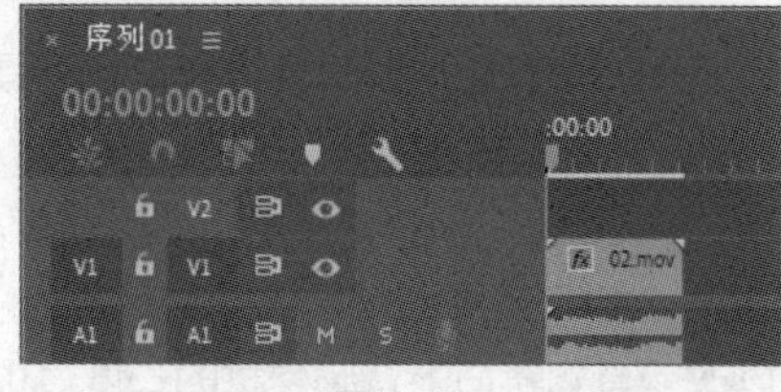

图 7-48

图 7-49

如果要断开链接在一起的视音频，可在轨道上选择对象后右击，在弹出的快捷菜单中选择“取消链接”命令，如图 7-50 所示。被断开的视音频素材可以单独进行操作。

如果要把分离的视音频素材链接在一起作为一个整体进行操作，则框选需要链接的视音频并右击，在弹出的快捷菜单中选择“链接”命令，如图 7-51 所示。

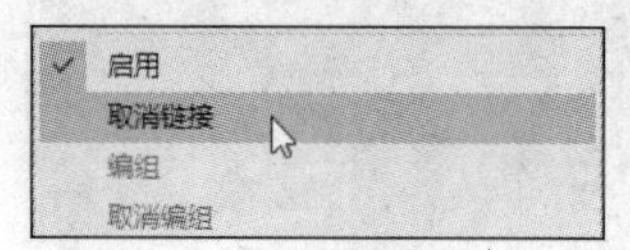

图 7-50

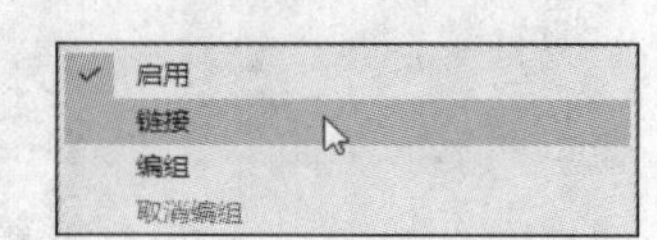

图 7-51

链接在一起的素材被断开后，分别移动音频和视频部分使其错位，然后再链接在一起时，系统会在片段上标记警告并标识错位的时间，如图 7-52 所示，负值表示向前偏移，正值表示向后偏移。

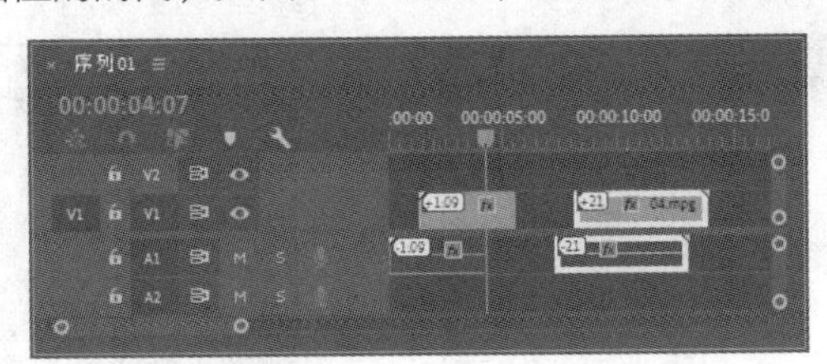

图 7-52

4. *为素材添加效果*

在“效果”面板中展开“音频效果”分类选项，如图 7-53 所示，分别在不同的文件夹中选择音频效果并将其拖曳到素材文件上，在“效果控件”面板中进行设置即可为素材添加效果。在“音频过渡”分类选项中，可选择需要的音频效果并将其添加到素材文件上，如图 7-54 所示。

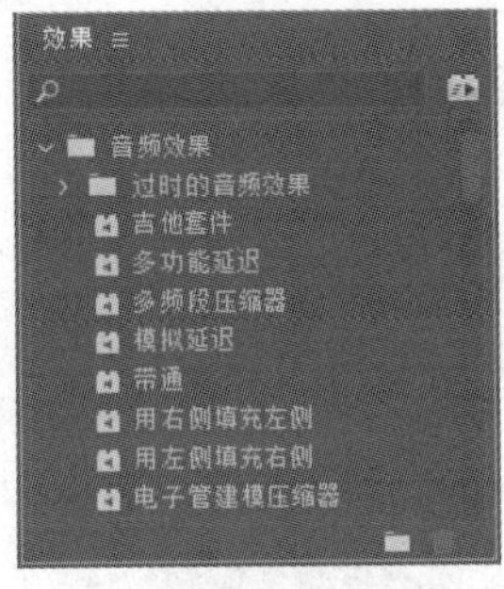

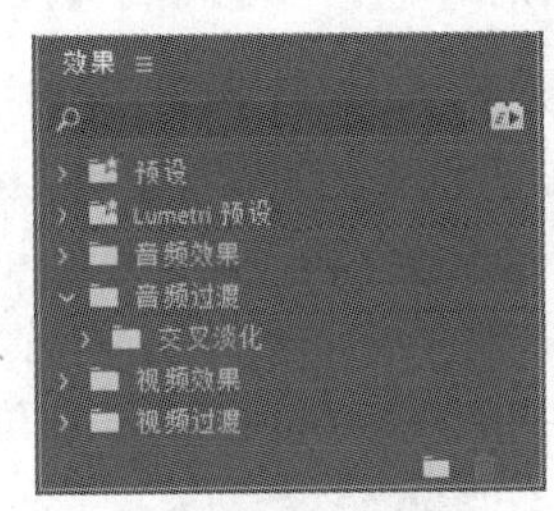

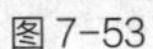
图 7-53　　图 7-54

5. *设置轨道效果*

除了可以对轨道上的音频素材设置效果外，还可以直接为音频轨道添加效果。在“音轨混合器”面板中，单击左上方的“显示/隐藏效果和发送”按钮，展开目标轨道的效果设置栏，单击设置栏右侧的小三角，弹出音频效果下拉列表，如图 7-55 所示，选择需要使用的音频效果即可。可以在同一个音频轨道上添加多个效果并分别控制，如图 7-56 所示。

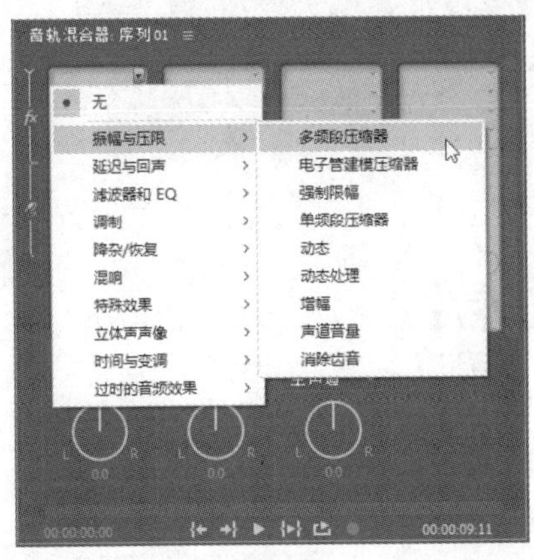

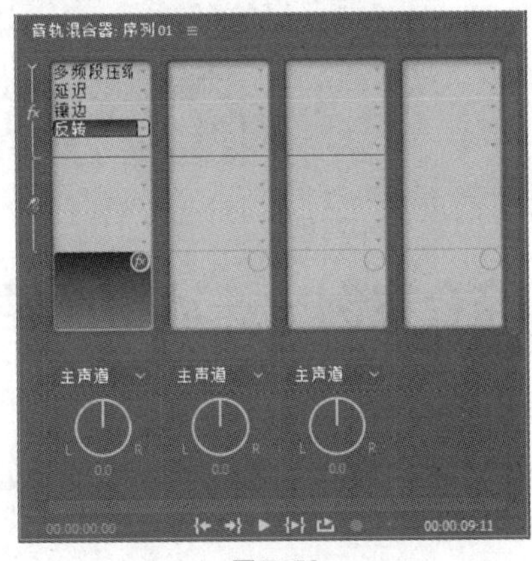

图 7-55　　图 7-56

如果要调节轨道的音频效果，可以右击音频效果，在弹出的下拉列表中选择“编辑”命令，如图

7-57 所示，可以在弹出的效果设置对话框中进行更加详细的设置，图 7-58 所示为“镶边”效果的详细调整对话框。

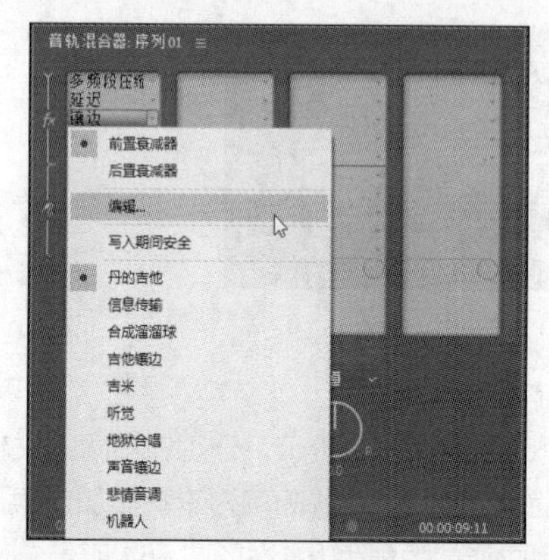

图 7-57

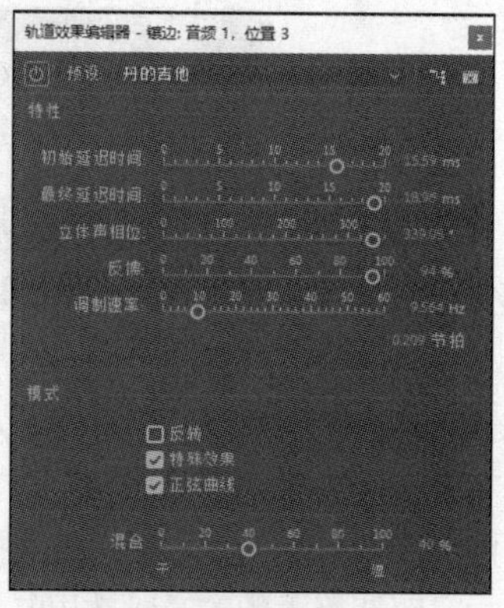

图 7-58

7.2.4 【实战演练】——时尚音乐宣传片

（1）使用“导入”命令导入素材文件。

（2）使用“效果控件”面板调整影视素材的缩放。

（3）使用“速度/持续时间”命令调整音频。

（4）使用“平衡”效果调整音频的左右声道。

最终效果参看云盘中的“Ch07\时尚音乐宣传片\时尚音乐宣传片.prproj”，如图 7-59 所示。

图 7-59

7.3 综合案例——动物世界宣传片

（1）使用“导入”命令导入素材文件。

（2）使用“效果控件”面板调整素材的缩放。

（3）使用“色阶”效果调整素材亮度。

（4）使用“显示轨道关键帧”选项制作音频的淡出与淡入效果。

（5）使用“低通”效果制作音频低音效果。

最终效果参看云盘中的“Ch07\动物世界宣传片\动物世界宣传片.prproj”，如图 7-60 所示。

图 7-60

7.4 综合案例——自然美景宣传片

（1）使用“导入”命令导入素材文件。

（2）使用“效果控件”面板调整影视素材的缩放和淡入、淡出效果。

（3）使用“阴影/高光”效果调整素材颜色。

（4）使用“低通”效果制作音频的低通效果。

最终效果参看云盘中的“Ch07\自然美景宣传片\自然美景宣传片.prproj”，如图 7-61 所示。

图 7-61

08

第 8 章 输出文件

本章主要介绍 Premiere Pro CC 2019 与视频最终输出有关的文件格式、项目预演及输出参数。通过本章的学习，读者可以掌握渲染输出文件的方法和技巧。

课堂学习目标

- 了解输出文件的格式。
- 掌握影片项目的预演。
- 掌握输出参数的设置。
- 掌握渲染输出各种格式的文件。

8.1 可输出的文件格式

在 Premiere Pro CC 2019 中可以输出多种文件格式，包括视频格式、音频格式、图像格式等，下面进行详细讲解。

8.1.1 可输出的视频格式

在 Premiere Pro CC 2019 中可以输出多种视频格式，常用的有以下几种。

（1）AVI：AVI 格式适合保存高质量的视频文件，但文件较大。

（2）GIF：GIF 格式的动画文件可以显示视频运动画面，但不包含音频部分。

（3）QuickTime：输出 MOV 格式的数字电影文件，MOV 格式的动画文件可以在 Windows 和 Mac OS 系统上运行，适合在网上下载。

（4）H.264：输出 MP4 格式的视频文件，MP4 格式适合输出高清视频和录制蓝光光盘。

（5）Windows Media：输出 WMV 格式的流媒体文件，WMV 格式的流媒文件适合在网络和移动平台发布。

8.1.2 可输出的音频格式

在 Premiere Pro CC 2019 中可以输出多种音频格式，其主要输出的音频格式有以下几种。

（1）WAV 音频：WAV 格式的音频只输出影片的声音，适合发布在各平台。

（2）AIFF：AIFF 格式的音频适合发布在剪辑平台。

此外，Premiere Pro CC 2019 还可以输出 DV-AVI、Real Media 和 QuickTime 格式的音频。

8.1.3 可输出的图像格式

在 Premiere Pro CC 2019 中可以输出多种图像格式，其主要输出的图像格式有 TGA、TIFF 和 BMP 等。

8.2 影片项目的预演

影片预演是视频编辑过程中对编辑效果进行检查的重要手段，它也属于编辑工作的一部分。影片预演分为两种，一种是实时预演，另一种是生成预演，下面分别进行讲解。

8.2.1 实时预演

实时预演，也称实时预览，即平时所说的预览。进行影片实时预演的具体操作步骤如下。

（1）影片编辑制作完成后，在“时间轴”面板中将时间标签移动到需要预演的片段的开始位置，如图 8-1 所示。

（2）在“节目”面板中单击“播放/停止切换”按钮▶/■，系统开始播放节目，在“节目”面板中预览视频的最终效果，如图 8-2 所示。

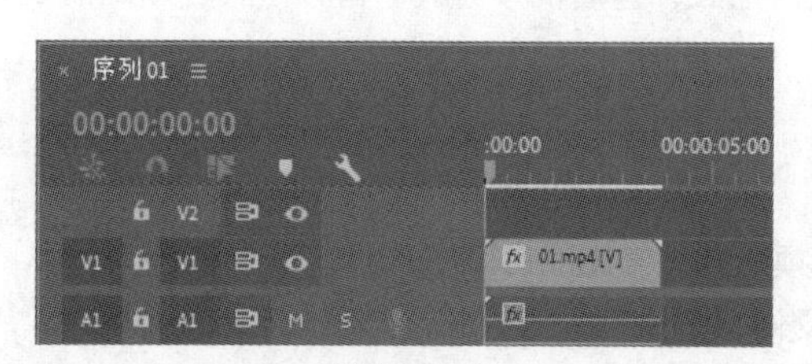

图 8-1

图 8-2

8.2.2 生成预演

与实时预演不同的是，生成预演不是使用显卡对画面进行实时预演，而是计算机的 CPU 对画面进行运算，先生成预演文件，然后再播放。因此，生成预演的速度取决于计算机 CPU 的运算能力。生成预演播放的画面是平滑的，不会产生停顿或跳跃，所表现出来的画面效果和渲染输出的效果是完全一致的。生成预演的具体操作步骤如下。

（1）影片编辑制作完成以后，在适当的位置标记入点和出点，以确定生成预演的范围，如图 8-3 所示。

（2）选择“序列 > 渲染入点到出点”命令，系统将开始进行渲染，并弹出“渲染”对话框显示渲染进度，如图 8-4 所示。

（3）在“渲染”对话框中单击“渲染详细信息”选项前面的 按钮，展开此选项，可以查看渲染的开始时间、已用时间和可用磁盘空间等信息。

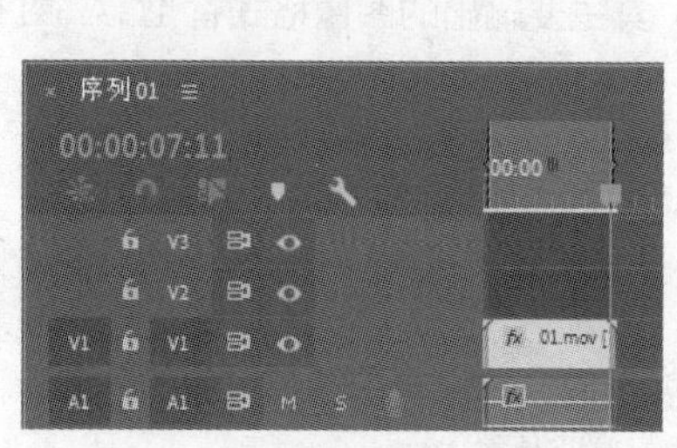

图 8-3

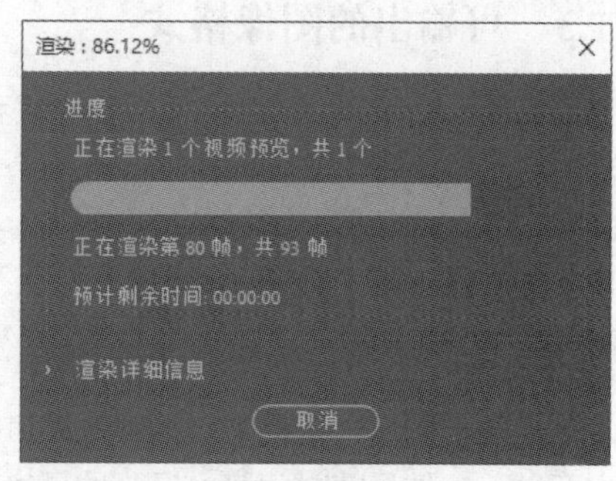

图 8-4

（4）渲染结束后，系统会自动播放该片段，在“时间轴”面板中，预演部分将会变成绿色线条，其他部分则保持为黄色线条，如图 8-5 所示。

图 8-5

（5）如果用户先设置了预演文件的保存路径，就可以在计算机的硬盘中找到生成的临时文件，如图 8-6 所示。双击该文件，则可以脱离 Premiere Pro CC 2019 程序进行播放，如图 8-7 所示。

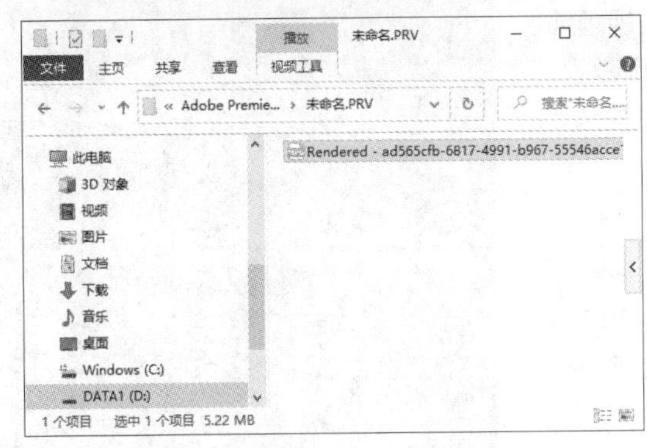

图 8-6

图 8-7

生成的预演文件可以重复使用，用户下一次预演该片段时会自动使用该预演文件。在关闭该项目文件时，如果不进行保存，生成的预演临时文件会被删除；如果用户在修改预演区域片段后再次预演，就会重新渲染并生成新的预演临时文件。

8.3 输出参数设置

在 Premiere Pro CC 2019 中输出文件之前，合理地设置相关的输出参数，才能使输出的影片达到理想的效果。

8.3.1 输出选项

在输出影片之前，可以设置一些基本参数，其具体操作步骤如下。

（1）在“时间轴”面板中选择需要输出的视频序列，选择“文件 > 导出 > 媒体”命令，在弹出的“导出设置”对话框中进行设置，如图 8-8 所示。

图 8-8

（2）在对话框右侧设置文件的格式及输出区域等选项。在“格式”下拉列表框中，可以选择输出的媒体格式。勾选“导出视频”复选框，可输出整个编辑项目的视频部分；若取消勾选，则不能输出视频部分。勾选“导出音频”复选框，可输出整个编辑项目的音频部分；若取消勾选，则不能输出音频部分。

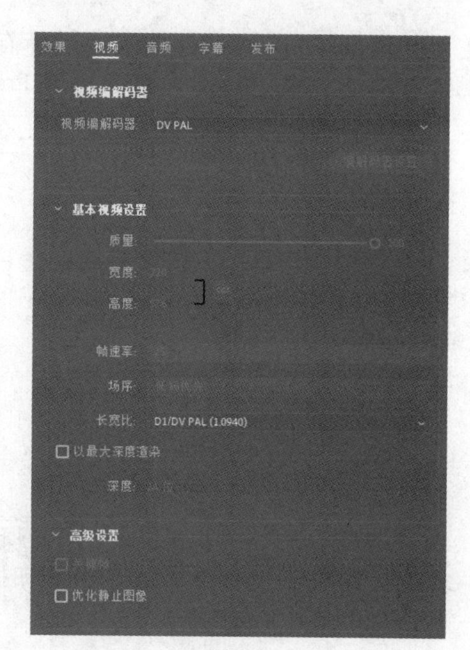

图 8-9

8.3.2 “视频”选项区域

在“视频”选项区域中，可以为输出的视频指定使用的格式、品质及影片尺寸等相关的参数，如图 8-9 所示。

“视频”选项区域中各主要选项含义如下。

“视频编解码器”：通常视频文件的数据量很大，为了减少所占的磁盘空间，在输出时可以对文件进行压缩。在该下拉列表框中可选择需要的压缩方式，如图 8-10 所示。

“质量”：用于设置影片的压缩品质，通过拖曳滑块改变质量的百分比来设置。

“宽度”/“高度”：用于设置影片的尺寸。

“帧速率”：用于设置每秒播放画面的帧数，提高帧速率会使画面播放得更流畅。

“场序”：用于设置影片的场扫描方式，有无场（逐行扫描）、高场优先和低场优先 3 种方式。

“长宽比”：用于设置视频格式的画面比。单击该选项右侧的按钮，在弹出的下拉列表中选择需要的选项，如图 8-11 所示。

“以最大深度渲染”：勾选此复选框，可以提高视频质量，但会增加编码时间。

“关键帧”：勾选此复选框，可以指定在导出视频中插入关键帧的频率。

“优化静止图像”：勾选此复选框，可以将序列中的静止图像渲染为单帧，这有助于减小导出的视频文件大小。

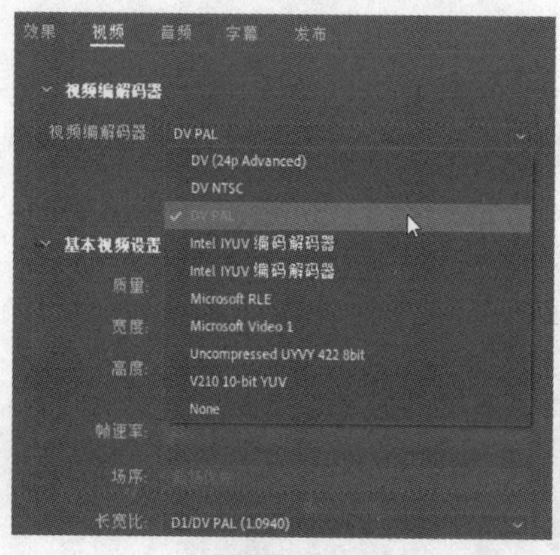

图 8-10

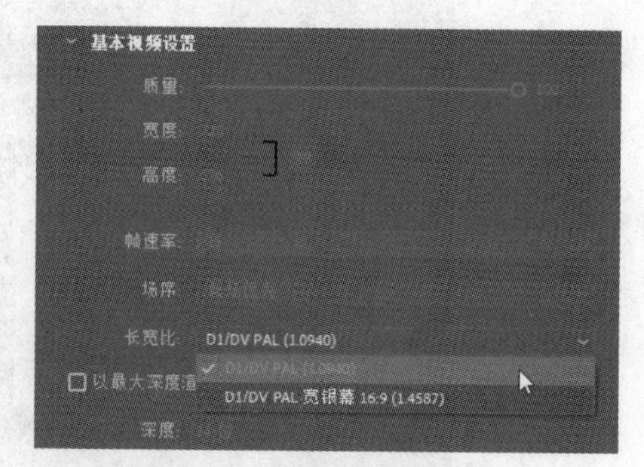

图 8-11

8.3.3 “音频”选项区域

在“音频”选项区域中，可以为输出的音频指定使用的压缩方式、采样速率及量化指标等相关的选项参数，如图 8-12 所示。

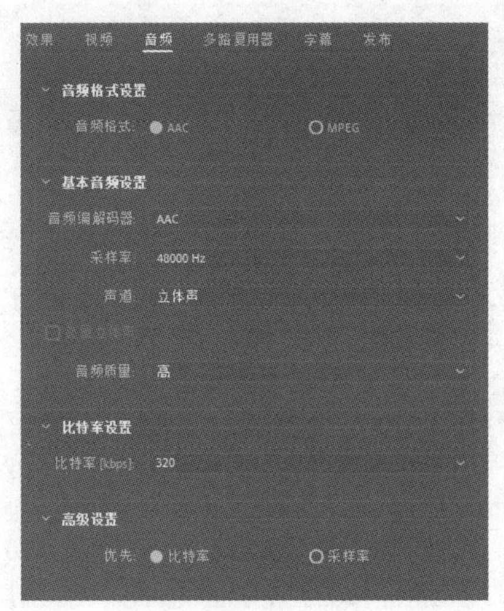

图 8-12

“音频”选项区域中各主要选项含义如下。

“音频格式”：选择音频导出的格式。

“音频编解码器”：为输出的音频选项选择合适的压缩方式进行压缩。Premiere Pro CC 2019 默认的选项是“无压缩”。

“采样率”：设置输出节目音频时所使用的采样速率。采样速率越高，播放质量越好，但所需的磁盘空间越大，处理时间越长。

“声道”：在该下拉列表框中可以为音频选择单声道或立体声。

“音频质量”：设置输出音频的质量。

“比特率”：可以选择音频编码所用的比特率。比特率越高，质量越好。

“优先”：选中“比特率”单选项，将基于所选的比特率限制采样率。选中“采样率”单选项，将基于指定的采样率限制比特率值。

8.4 渲染输出各种格式的文件

在 Premiere Pro CC 2019 中，可以渲染输出多种格式文件，从而使视频剪辑更加方便灵活。下面介绍几种常用格式文件渲染输出的方法。

8.4.1 单帧图像

在视频编辑中，可以将画面的某一帧输出，以便给视频动画制作定格效果。输出单帧图像的具体操作步骤如下。

（1）在 Premiere Pro CC 2019 的“时间轴”面板中添加一段视频文件，选择“文件 > 导出 > 媒体”命令。弹出“导出设置”对话框，在“格式”下拉列表框中选择“TIFF”选项，设置“输出名称”和文件的保存路径，勾选“导出视频”复选框，在“视频”扩展参数面板中取消勾选“导出为序列”复选框，其他参数保持默认状态，如图 8-13 所示。

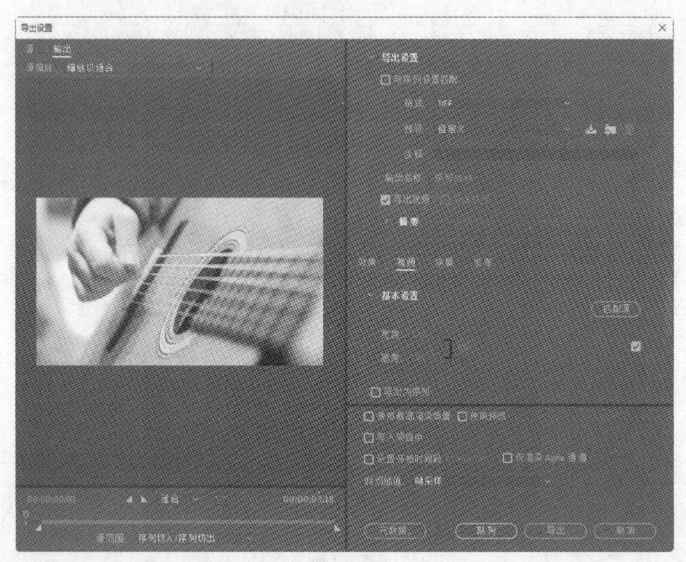

图 8-13

（2）单击“导出”按钮，导出时间指针所在位置的单帧图像。

8.4.2 音频文件

在 Premiere Pro CC 2019 中，可以将影片中的一段声音或影片中的歌曲制作成音乐光盘等文件。输出音频文件的具体操作步骤如下。

（1）在 Premiere Pro CC 2019 的“时间轴”面板中添加一个有声音的视频文件或打开一个有声音的项目文件，选择“文件 > 导出 > 媒体”命令。弹出“导出设置”对话框，在“格式”下拉列表框中选择“MP3”选项，在“预设”下拉列表框中选择“MP3 128kbps”选项，设置“输出名称”和文件的保存路径，勾选“导出音频”复选框，其他参数保持默认状态，如图 8-14 所示。

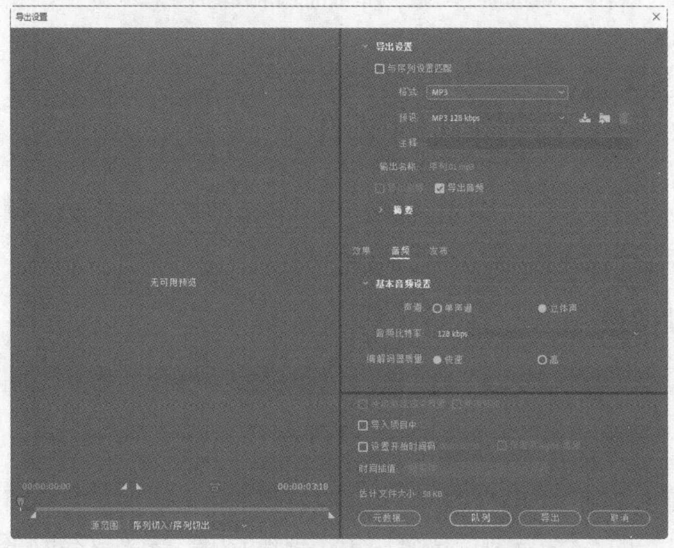

图 8-14

（2）单击“导出”按钮，导出音频文件。

8.4.3　整个影片

输出影片是最常用的输出方式。将编辑完成的项目文件以视频格式输出，可以输出编辑内容的全部或者某一部分，也可以只输出视频内容或者只输出音频内容，一般将全部的视频和音频一起输出。下面以 AVI 格式为例，介绍输出影片的方法，其具体操作步骤如下。

（1）选择“文件 > 导出 > 媒体”命令，弹出“导出设置”对话框。

（2）在“格式”下拉列表框中选择“AVI”选项，如图 8-15 所示。

（3）设置“输出名称”和文件的保存路径，勾选“导出视频”复选框和“导出音频”复选框。

（4）设置完成后，单击“导出”按钮，即可导出 AVI 格式的影片。

图 8-15

8.4.4　静态图片序列

在 Premiere Pro CC 2019 中，可以将视频输出为静态图片序列，也就是说，将视频画面的每一帧都输出为一张静态图片，这一系列图片中每张都具有一个自动编号。这些输出的序列图片可用于 3D 软件中的动态贴图，并且可以移动和存储。输出静态图片序列的具体操作步骤如下。

（1）在 Premiere Pro CC 2019 的“时间轴”面板中添加一段视频文件，设定输出视频的一部分内容，如图 8-16 所示。

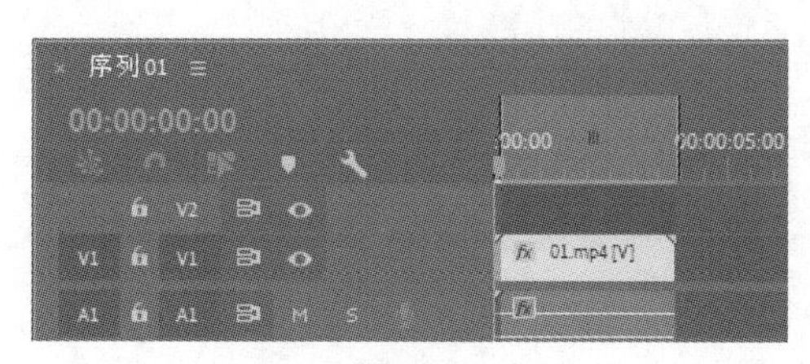

图 8-16

（2）选择“文件 > 导出 > 媒体”命令，弹出“导出设置”对话框。在“格式”下拉列表框中选择“TIFF”选项，设置“输出名称”和文件的保存路径，勾选“导出视频”复选框，在“视频”扩展参数面板中必须勾选“导出为序列”复选框，其他参数保持默认状态，如图 8-17 所示。

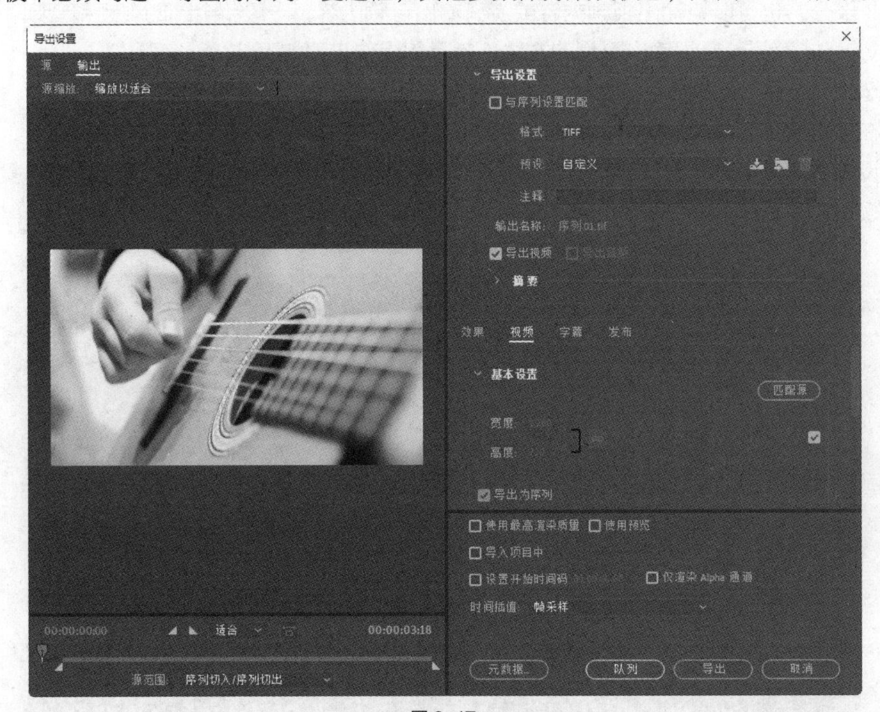

图 8-17

（3）单击“导出”按钮，导出静态图片序列文件。

09

第 9 章 综合设计实训

本章通过 6 个影视制作案例，进一步讲解 Premiere 的功能特色和使用技巧。通过学习本章，读者能够快速地掌握软件功能和知识要点，制作出变化丰富的多媒体效果。

课堂学习目标

- 掌握软件功能的使用方法。
- 了解 Premiere 的常见设计领域。
- 掌握 Premiere 在不同设计领域的使用技巧。

9.1 旅游节目包装

9.1.1 【项目背景及要求】

1. 客户名称

悦山旅游电视台。

2. 客户需求

悦山旅游电视台是一家旅游类电视台。该电视台主要介绍时尚旅游资讯信息，提供实用的旅行计划展现时尚生活和潮流消费等。本例是为电视台包装旅游节目，要求符合旅游节目的主题，体现出丰富多样的旅游景色和舒适安心的旅游环境。

3. 设计要求

（1）设计要以旅游风景元素为主导。

（2）设计形式要简洁明了，能体现节目特色。

（3）画面色彩和设计内容要多样，给人丰富舒适的印象。

（4）设计风格要醒目、直观，能够让人产生向往之情。

（5）设计规格为 1280h × 720V(1.0940)，25.00 帧/秒，方形像素(1.0)。

9.1.2 【项目设计及制作】

1. 设计素材

图片素材所在位置：云盘中的“Ch09\旅游节目包装\素材\01～07”。

2. 设计作品

设计作品效果所在位置：云盘中的“Ch09\旅游节目包装\旅游节目包装.prproj”。设计作品效果如图 9-1 所示。

图 9-1

3. 步骤提示

（1）启动 Premiere Pro CC 2019 软件，选择“文件 > 新建 > 项目”命令，弹出“新建项目”对话框，如图 9-2 所示，单击“确定”按钮，新建项目。选择“文件 > 新建 > 序列”命令，弹出“新建序列”对话框，单击“设置”选项卡，具体参数设置如图 9-3 所示，单击“确定”按钮，新建序列。

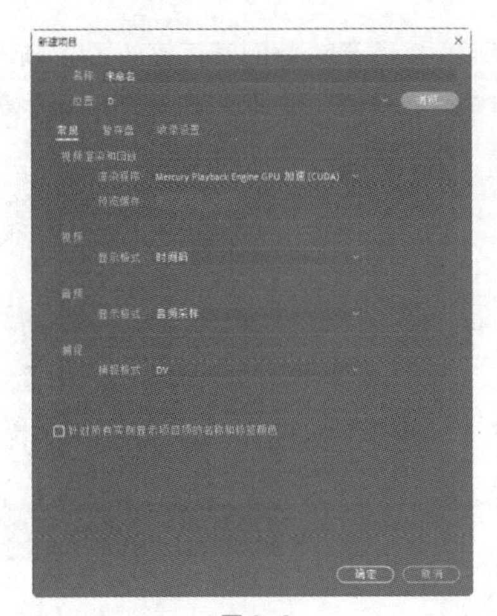

图 9-2

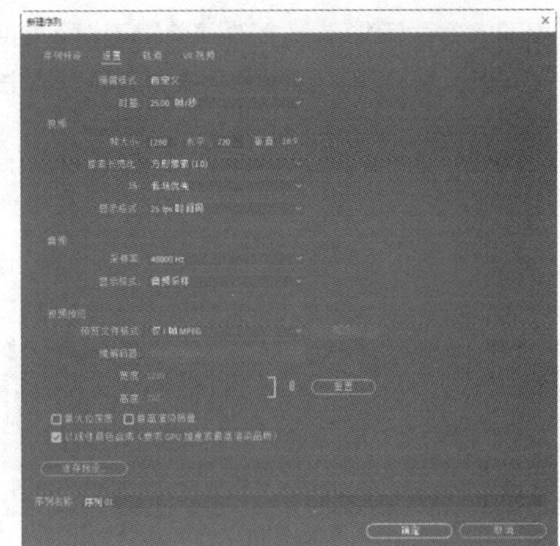

图 9-3

（2）选择“文件 > 导入”命令，弹出“导入”对话框，选择本书云盘中的“Ch09\旅游节目包装\素材\01～07”文件，如图 9-4 所示，单击“打开”按钮，将素材文件导入“项目”面板中，如图 9-5 所示。

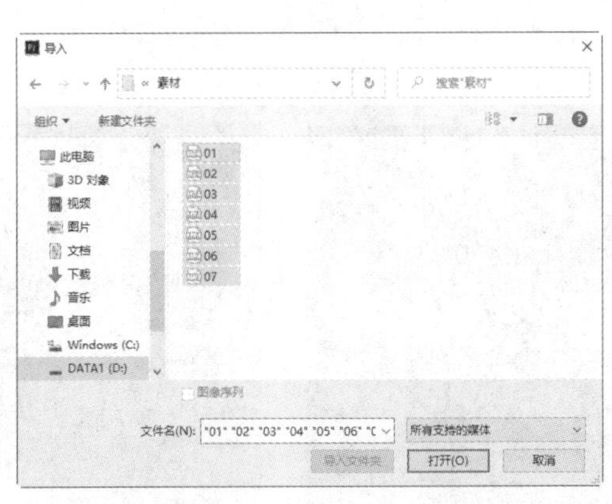

图 9-4

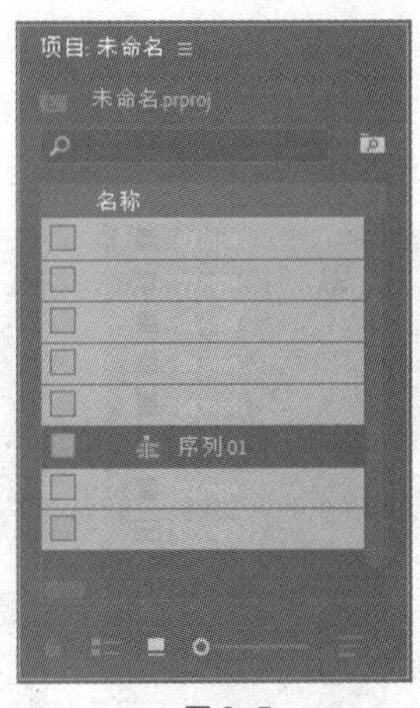

图 9-5

（3）在“项目”面板中，选择“01”文件并将其拖曳到“时间轴”面板中的“视频 1（V1）”轨道中。弹出“剪辑不匹配警告”对话框，单击“保持现有设置”按钮，在保持现有序列设置的情况下将文件放置在“视频 1（V1）”轨道中，如图 9-6 所示。将时间标签放置在 02:10s 的位置上。单击“01”文件的结束位置，显示编辑点。按 E 键将“01”文件的结束位置定位到时间标签所在位置，如图 9-7 所示。

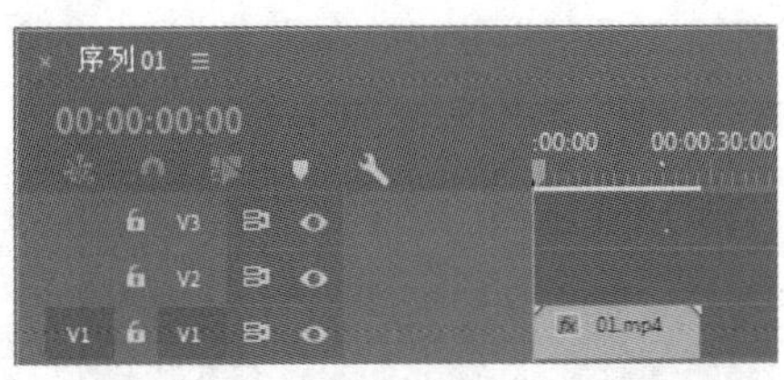

图 9-6

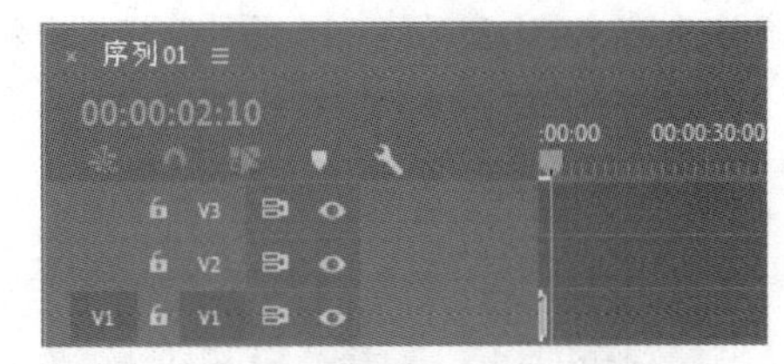

图 9-7

（4）用相同的方法添加其他文件并剪辑素材，如图 9-8 所示。将时间标签放置在 0s 的位置。选择“效果”面板，展开“视频效果”分类选项，单击“颜色校正”文件夹前面的三角形按钮将其展开，选择“颜色平衡”效果，如图 9-9 所示。

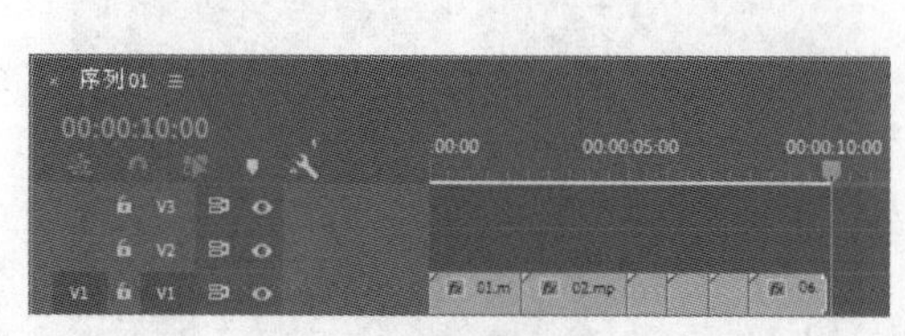
图 9-8

图 9-9

（5）将“颜色平衡”效果拖曳到“时间轴”面板的“视频 1（V1）”轨道中的“01”文件上。选择“效果控件”面板，展开“颜色平衡”选项，具体设置如图 9-10 所示。

（6）将时间标签放置在 02:10s 的位置。在“时间轴”面板中选择“02”文件。在“效果控件”面板中展开“运动”选项，将“缩放”选项设置为 67.0，如图 9-11 所示。将时间标签放置在 08:00s 的位置。选择“效果”面板，将“颜色平衡”效果拖曳到“时间轴”面板的“视频 1（V1）”轨道中的“06”文件上。选择“效果控件”面板，展开“颜色平衡”选项，具体设置如图 9-12 所示。取消“06”文件的选中状态。

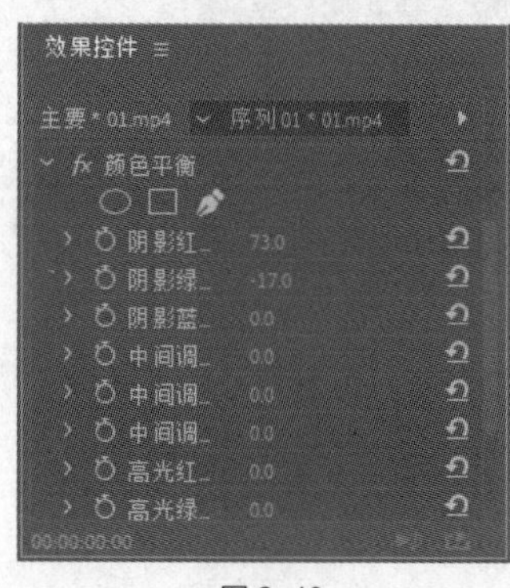
图 9-10

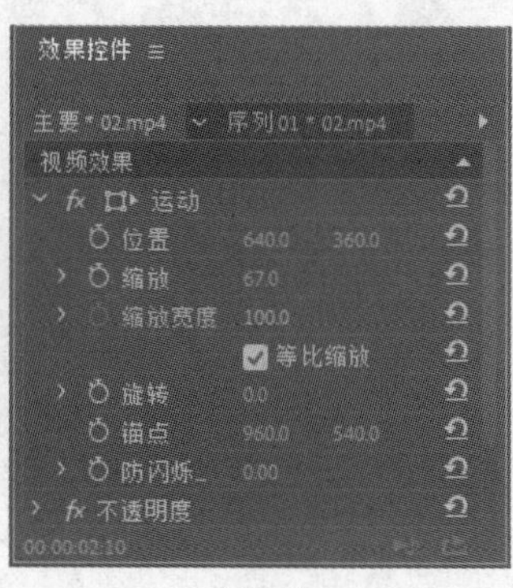
图 9-11

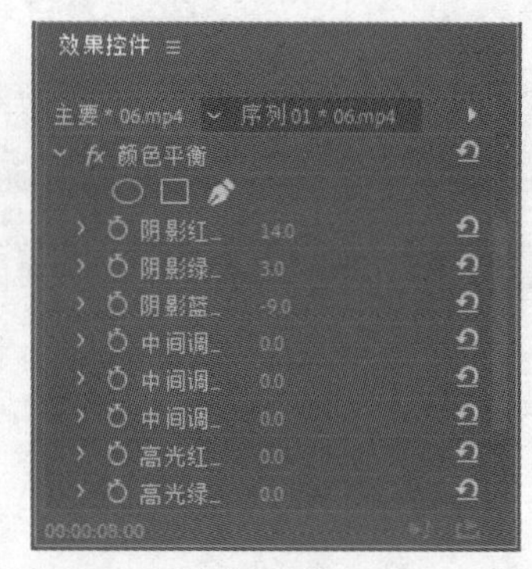
图 9-12

（7）将时间标签放置在 0s 的位置。选择“基本图形”面板，单击“编辑”选项卡，单击“新建图层”按钮，在弹出的菜单中选择“文本”命令。在“时间轴”面板中的“视频 2（V2）”轨道中生成“新建文本图层”文件，如图 9-13 所示。单击文本文件的结束位置，显示编辑点。当鼠标指针呈形状时，按住鼠标左键向左拖曳鼠标指针到“01”文件的结束位置上，如图 9-14 所示。在“节目”面板中生成文字，如图 9-15 所示，选择并修改文字，效果如图 9-16 所示。

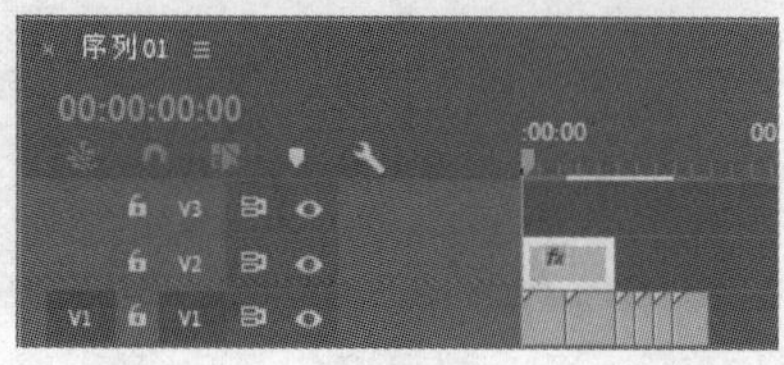
图 9-13

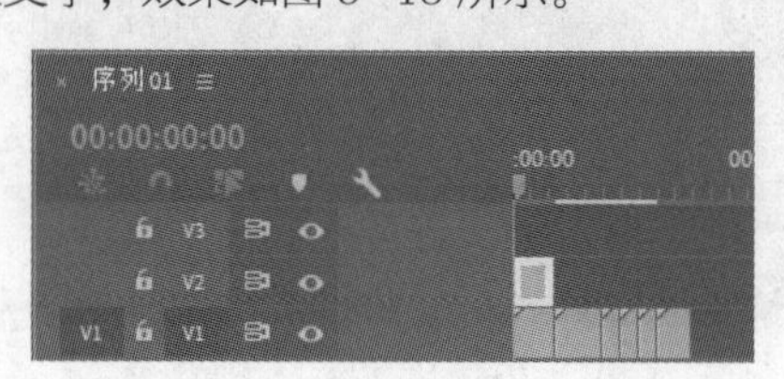
图 9-14

图 9-15

图 9-16

（8）选择“节目”面板中的文字，在“基本图形”面板中选择“旅游时刻”图层，在“对齐并变换”栏中的设置如图 9-17 所示，“文本”栏的设置如图 9-18 所示，“节目”面板中的效果如图 9-19 所示。

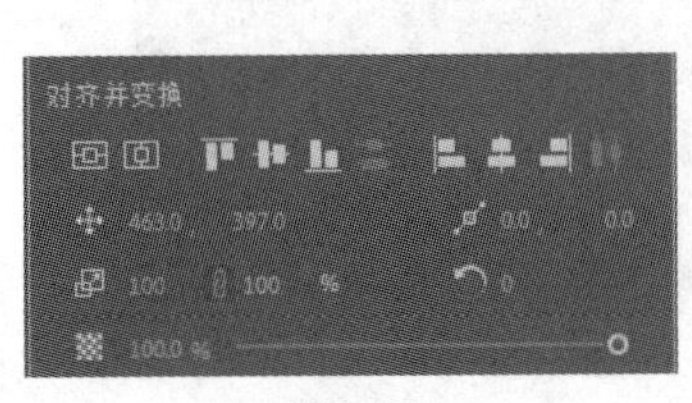

图 9-17

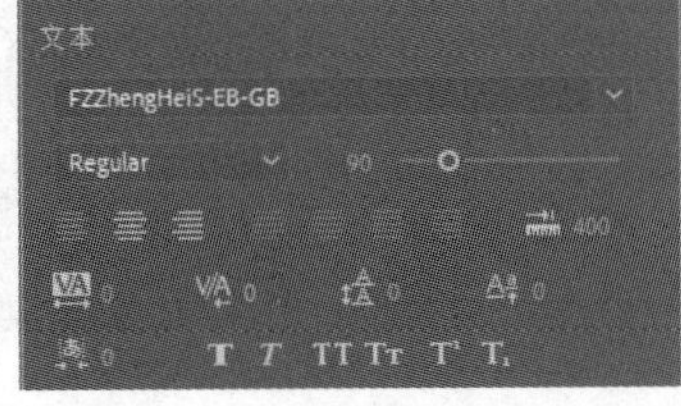

图 9-18

图 9-19

（9）选择“时间轴”面板的“视频 2（V2）”轨道中的文本文件。选择“效果控件”面板，展开“运动”选项，将“缩放”选项设置为 1000.0，单击“缩放”选项左侧的“切换动画”按钮，如图 9-20 所示，记录第 1 个动画关键帧。将时间标签放置在 02:00s 的位置，将“缩放”选项设置为 100.0，如图 9-21 所示，记录第 2 个动画关键帧。

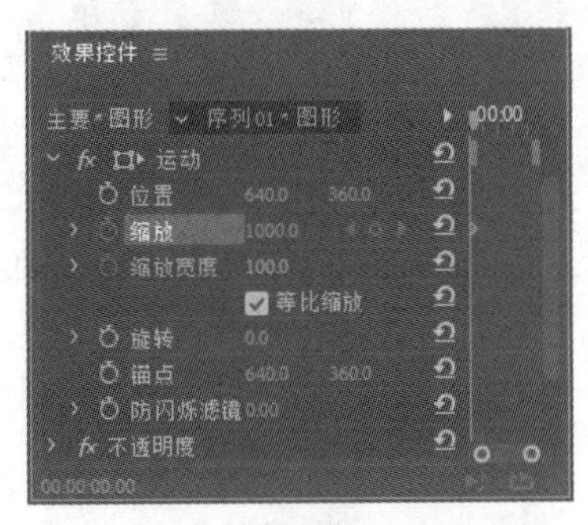

图 9-20

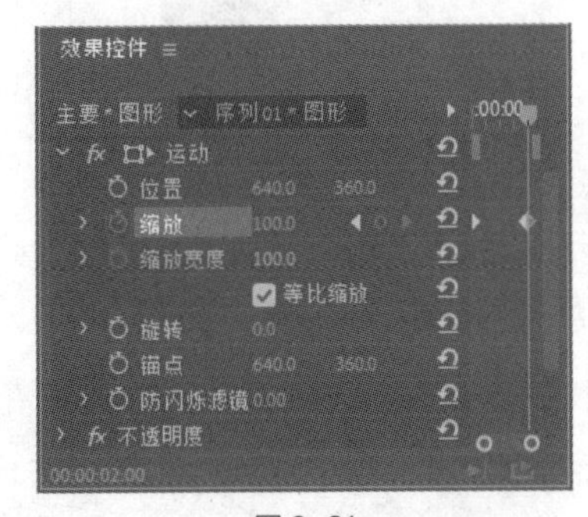

图 9-21

（10）选择“效果”面板，单击“模糊与锐化”文件夹前面的三角形按钮将其展开，选择“高斯模糊”效果，如图 9-22 所示。将“高斯模糊”效果拖曳到“时间轴”面板的“视频 2（V2）”轨道中的文本文件上。将时间标签放置在 0s 的位置，选择“效果控件”面板，展开“高斯模糊”选项，将“模糊度”选项设置为 20.0，单击“模糊度”选项左侧的“切换动画”按钮，如图 9-23 所示，记录第 1 个动画关键帧。将时间标签放置在 02:00s 的位置。将“模糊度”选项设置为 0，如图 9-24 所示，记录第 2 个动画关键帧。取消“时间轴”面板中文本文件的选中状态。

（11）将时间标签放置在 0:23s 的位置，选择“基本图形”面板，单击“编辑”选项卡，单击“新建图层”按钮，在弹出的菜单中选择“矩形”命令。在“时间轴”面板中的“视频 3（V3）”轨道中生成图形文件，如图 9-25 所示。单击图形文件的结束位置，显示编辑点。当鼠标指针呈形状时，按住鼠标左键向左拖曳鼠标指针到“01”文件的结束位置，如图 9-26 所示。

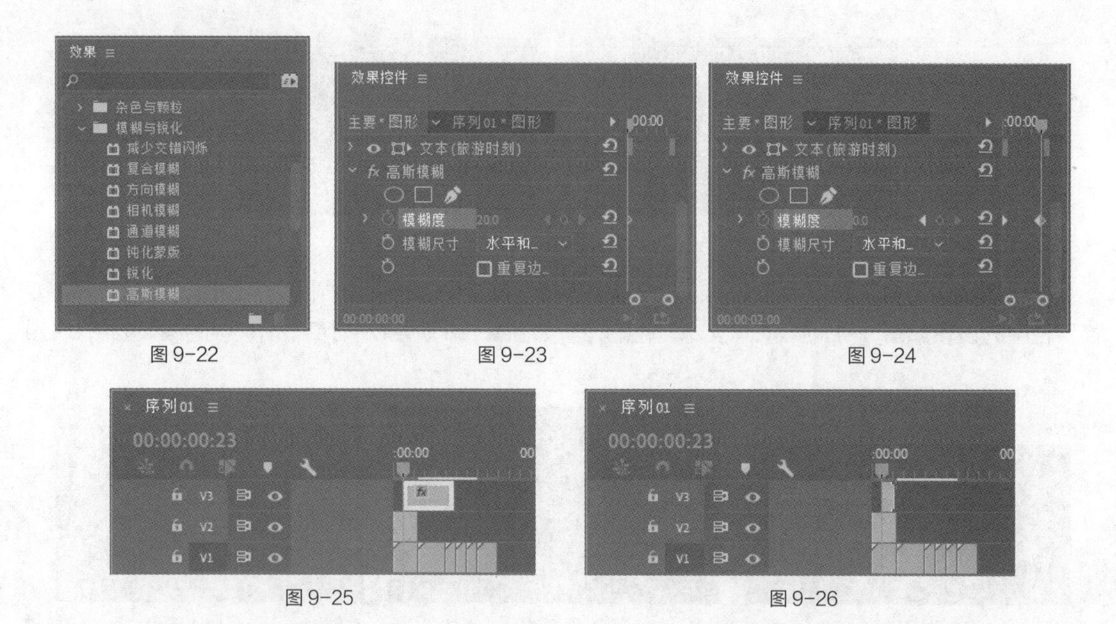

图 9-22　图 9-23　图 9-24

图 9-25　图 9-26

（12）在“节目”面板中生成矩形图形，如图 9-27 所示。选择并调整矩形尺寸，移动矩形框的锚点，效果如图 9-28 所示。

图 9-27

图 9-28

（13）在“基本图形”面板中选择“图形”图层，在“对齐并变换”栏中的设置如图 9-29 所示，“节目”面板中的效果如图 9-30 所示。

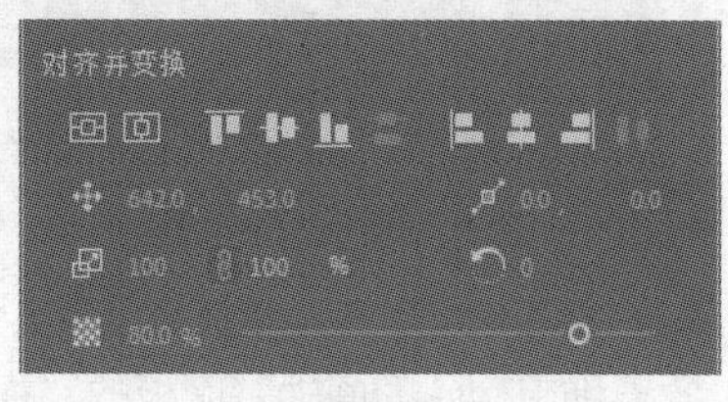

图 9-29

图 9-30

（14）选择“时间轴”面板的“视频 3（V3）”轨道中的图形文件。选择“效果控件”面板，展开“运动”选项，将“位置”选项设置为 640.0 和 633.0，单击“位置”选项左侧的“切换动画”按钮，如图 9-31 所示，记录第 1 个动画关键帧。将时间标签放置在 01:13s 的位置，将“位置”选项设置为 640.0 和 360.0，如图 9-32 所示，记录第 2 个动画关键帧。用相同的方法创建其他图形和文字，并制作动画效果，如图 9-33 所示。

（15）在“项目”面板择，选择“07”文件并将其拖曳到“时间轴”面板中的“音频 1（A1）”轨道中，如图 9-34 所示。单击“07”文件的结束位置，显示编辑点。当鼠标指针呈形状时，按住鼠标左键向左拖曳鼠标指针到“06”文件的结束位置，如图 9-35 所示。

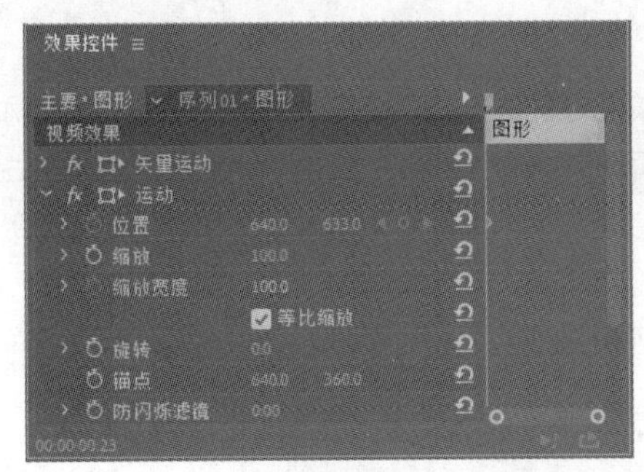

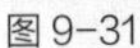

图 9-31

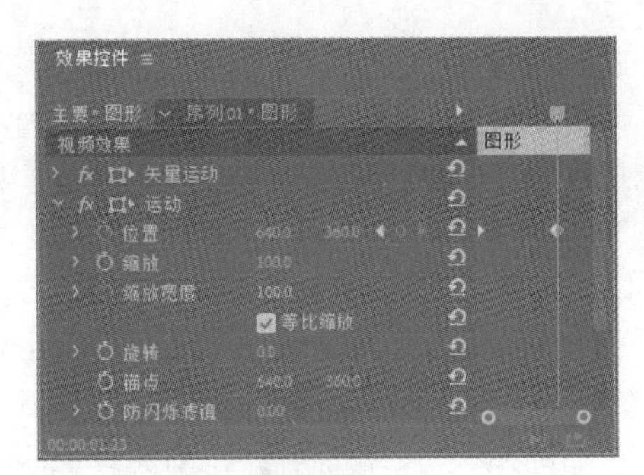

图 9-32

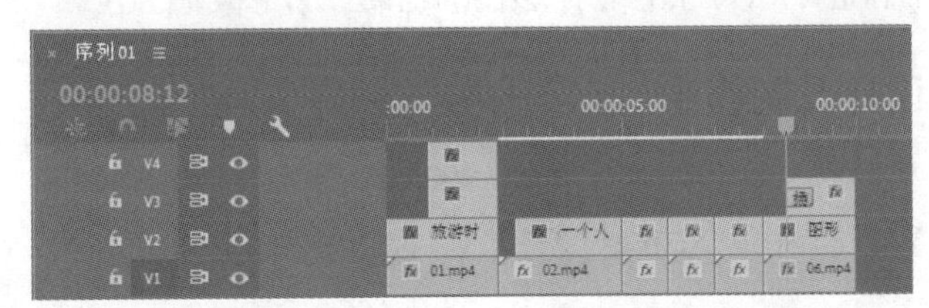

图 9-33

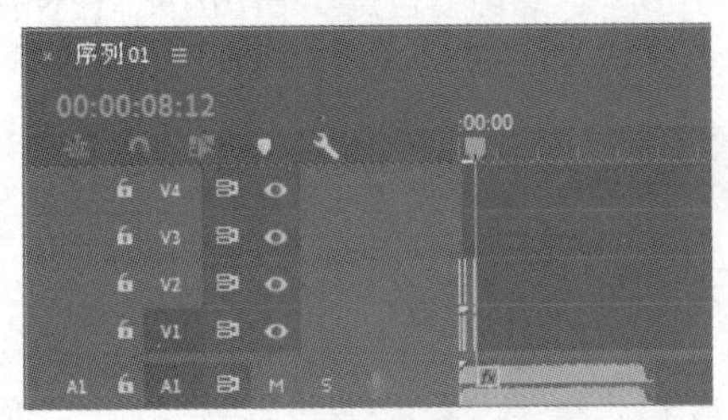

图 9-34

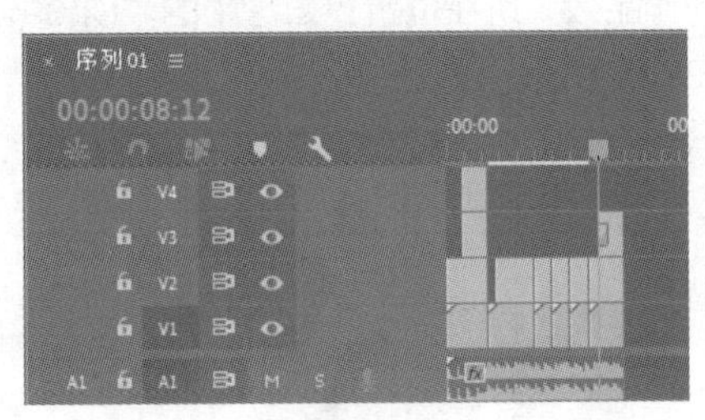

图 9-35

（16）将时间标签放置在 09:07s 的位置，选择“时间轴”面板中的“07”文件。选择“效果控件”面板，展开“音量”选项，单击“级别”选项右侧的“添加/移除关键帧”按钮，如图 9-36 所示，记录第 1 个动画关键帧。将时间标签放置在 09:21s 的位置。将“级别”选项设置为-999.0，如图 9-37 所示，记录第 2 个动画关键帧。旅游节目包装制作完成。

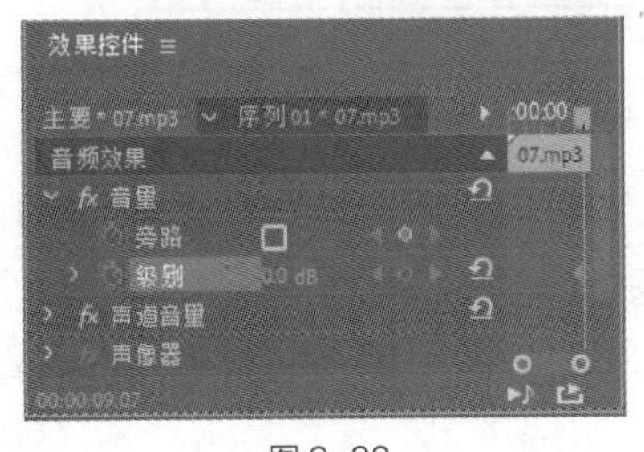

图 9-36

图 9-37

9.2 烹饪节目片头

9.2.1 【项目背景及要求】

1. *客户名称*

大山美食生活网。

2. 客户需求

大山美食生活网是一家拥有丰富的美食内容与大量的饮食资讯，深受广大网民喜爱的个人网站。本例是为大山美食生活网制作烹饪节目片头，要求以动画的方式展现出广式爆炒大虾的制作方法。

3. 设计要求

（1）内容以烹饪的食材和方式为主要内容。

（2）使用简洁干净的颜色为背景以体现出洁净、健康的主题。

（3）设计要求表现出简单、便捷的烹饪方法。

（4）要求整体设计充满特色，让人印象深刻。

（5）设计规格为 1280h×720V(1.0940)，25.00 帧/秒，方形像素(1.0)。

9.2.2 【项目设计及制作】

1. 设计素材

图片素材所在位置：云盘中的“Ch09\烹饪节目片头\素材\01～16”。

2. 设计作品

设计作品效果所在位置：云盘中的“Ch09\烹饪节目片头\烹饪节目片头.prproj”。设计作品效果如图 9-38 所示。

图 9-38

3. 步骤提示

（1）启动 Premiere Pro CC 2019 软件，选择“文件 > 新建 > 项目”命令，弹出“新建项目”对话框，如图 9-39 所示，单击“确定”按钮，新建项目。选择“文件 > 新建 > 序列”命令，弹出“新建序列”对话框，单击“设置”选项卡，具体参数设置如图 9-40 所示，单击“确定”按钮，新建序列。

（2）选择“文件 > 导入”命令，弹出“导入”对话框，选择本书云盘中的“Ch09\烹饪节目片头\素材\01～16”文件，如图 9-41 所示，单击“打开”按钮，将素材文件导入“项目”面板中，如图 9-42 所示。

（3）在“项目”面板中，选择“01”文件并将其拖曳到“时间轴”面板中的“视频 1（V1）”轨道中，如图 9-43 所示。将时间标签放置在 12:00s 的位置上。单击“01”文件的结束位置，显示编辑点。当鼠标指针呈⇤形状时，按住鼠标左键向右拖曳鼠标指针到 12:00s 的位置，如图 9-44 所示。

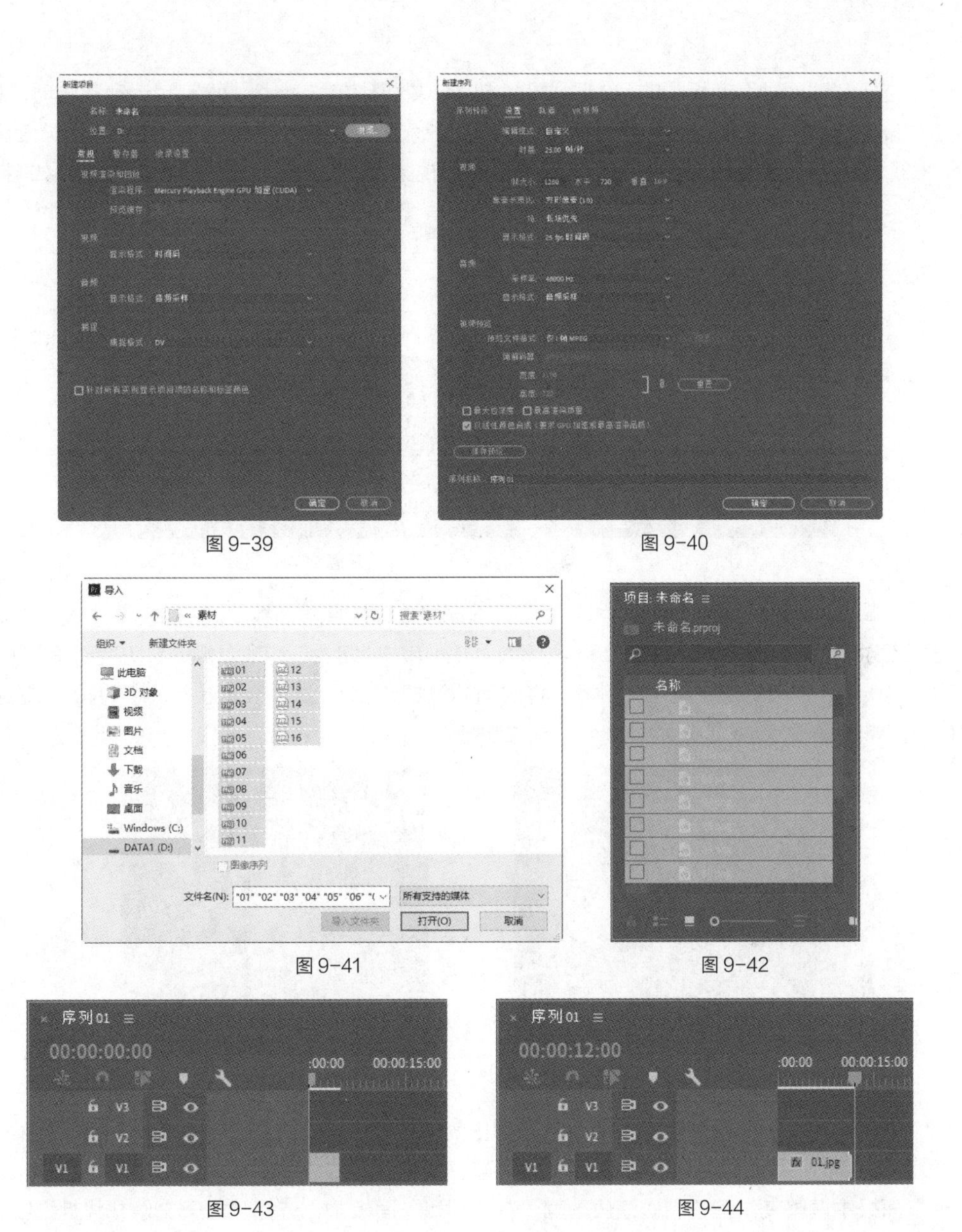

图 9-39　　图 9-40

图 9-41　　图 9-42

图 9-43　　图 9-44

（4）将时间标签放置在 00:12s 的位置上。在“项目”面板中，选择“02”文件并将其拖曳到“时间轴”面板中的“视频 2（V2）”轨道中，如图 9-45 所示。将时间标签放置在 03:16s 的位置上。单击“02”文件的结束位置，显示编辑点。当鼠标指针呈形状时，按住鼠标左键向右拖曳鼠标指针到 03:16s 的位置，如图 9-46 所示。

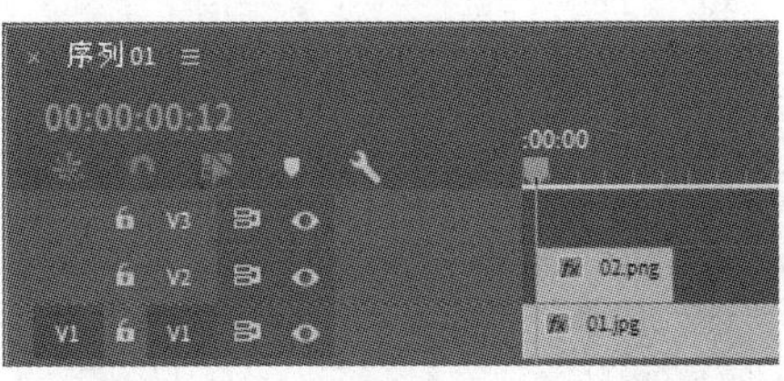

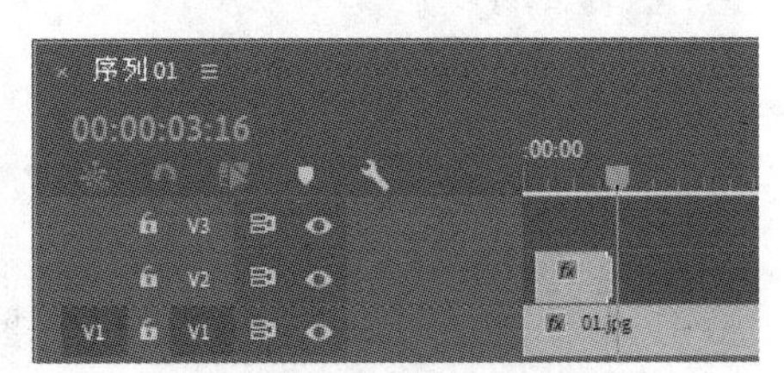

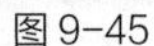
图 9-45　　图 9-46

（5）选择“时间轴”面板中的“02”文件。选择“效果控件”面板，展开“运动”选项，将“缩放”选项设置为 30.0，如图 9-47 所示。将时间标签放置在 00:18s 的位置上。在“项目”面板中，选择“03”文件并将其拖曳到“时间轴”面板中的“视频 3（V3）”轨道中，剪辑素材，如图 9-48 所示。

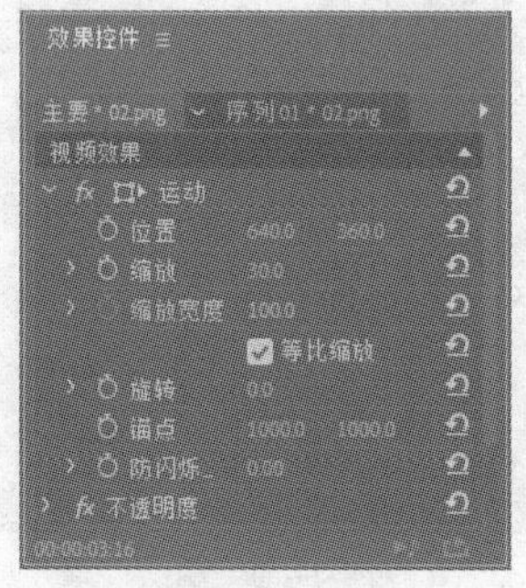

图 9-47

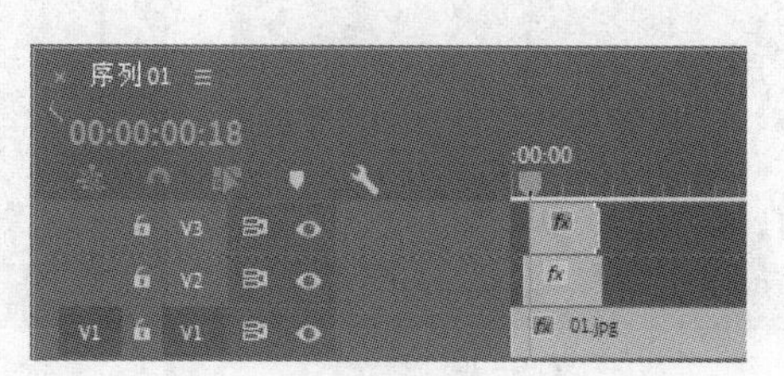

图 9-48

（6）选择“时间轴”面板中的“03”文件。选择“效果控件”面板，展开“运动”选项，将“位置”选项设为 838.0 和 287.0，“缩放”选项设置为 0，单击“缩放”选项左侧的“切换动画”按钮，如图 9-49 所示，记录第 1 个动画关键帧。将时间标签放置在 0:22s 的位置上，将“缩放”选项设置为 100.0，如图 9-50 所示，记录第 2 个动画关键帧。

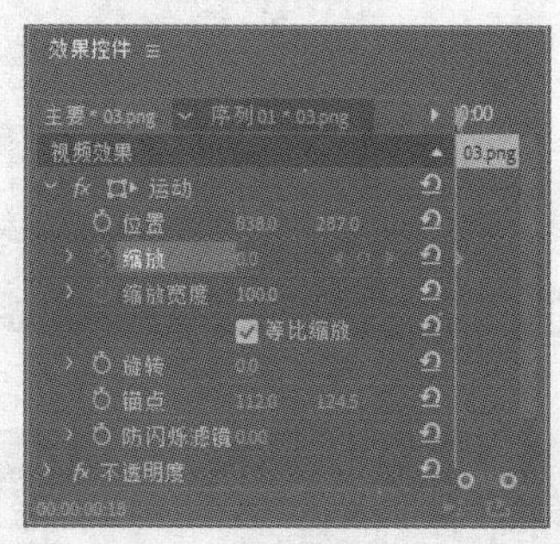

图 9-49

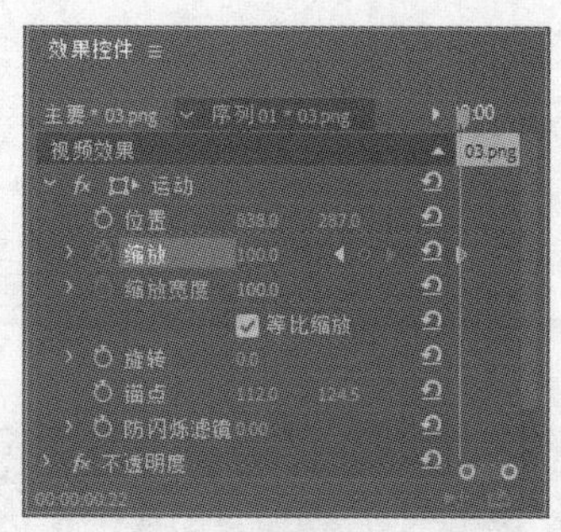

图 9-50

（7）选择“序列 ＞ 添加轨道”命令，在弹出的对话框中进行设置，如图 9-51 所示，单击“确定”按钮，在“时间轴”面板中添加 8 条视频轨道。用相同的方法添加“04”～“11”文件，在“效果控件”面板中调整其位置并制作缩放动画。在“项目”面板中，选择“12”文件并将其拖曳到“时间轴”面板中的“视频 2（V2）”轨道中，如图 9-52 所示。

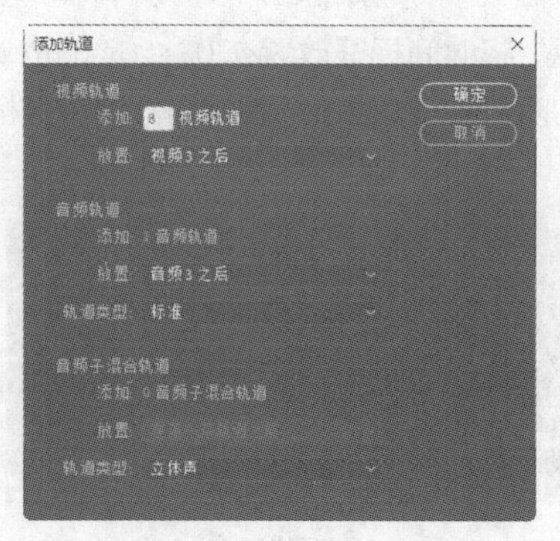

图 9-51

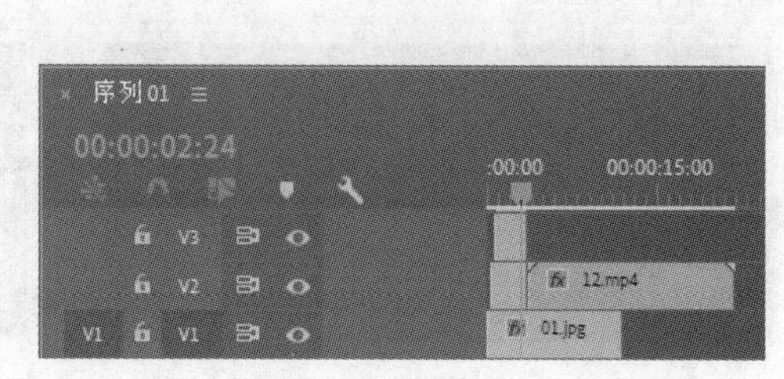

图 9-52

（8）选择“剪辑 > 速度/持续时间”命令，在弹出的对话框中进行设置，如图 9–53 所示，单击“确定”按钮，调整素材文件。将时间标签放置在 04:24s 的位置上。单击“12”文件的结束位置，显示编辑点。当鼠标指针呈形状时，按住鼠标左键向右拖曳鼠标指针到 04:24s 的位置，如图 9–54 所示。

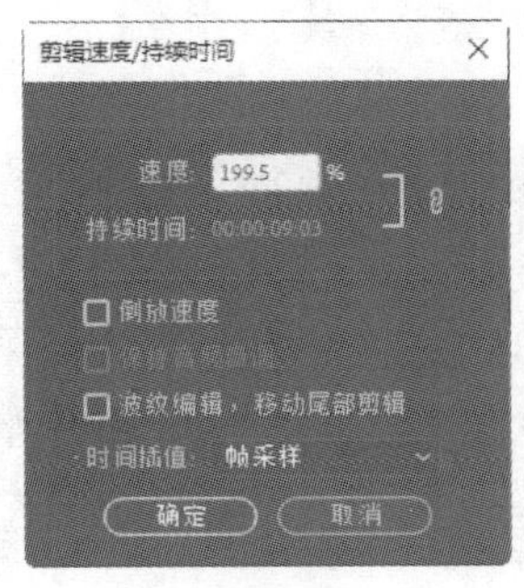

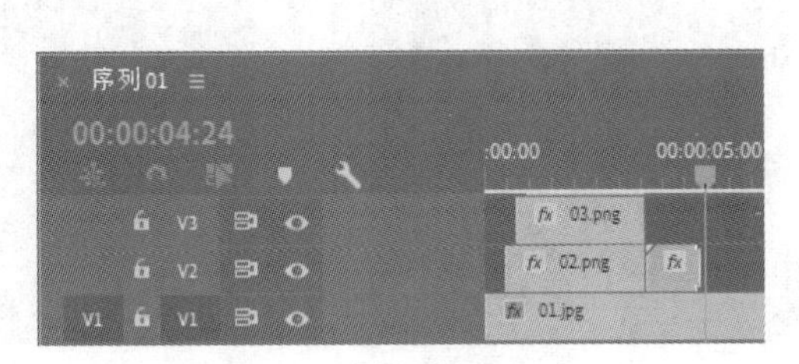

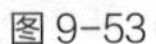

图 9–53　　图 9–54

（9）选择“时间轴”面板中的“12”文件。选择“效果控件”面板，展开“运动”选项，将“缩放”选项设置为 34.0，如图 9–55 所示。将时间标签放置在 04:16s 的位置上。在“项目”面板中，选择“13”文件并将其拖曳到“时间轴”面板中的“视频 3（V3）”轨道中，如图 9–56 所示。

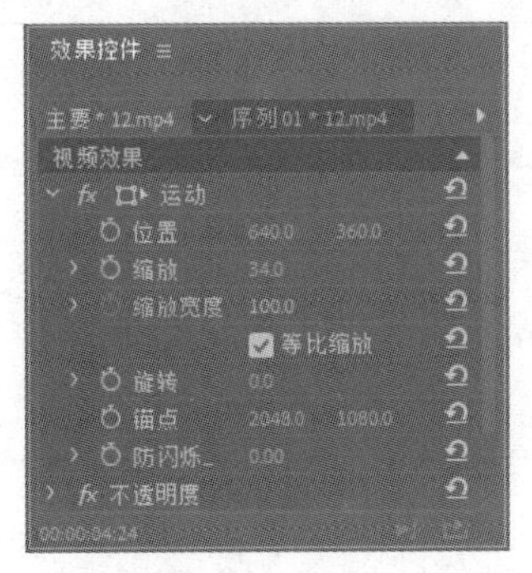

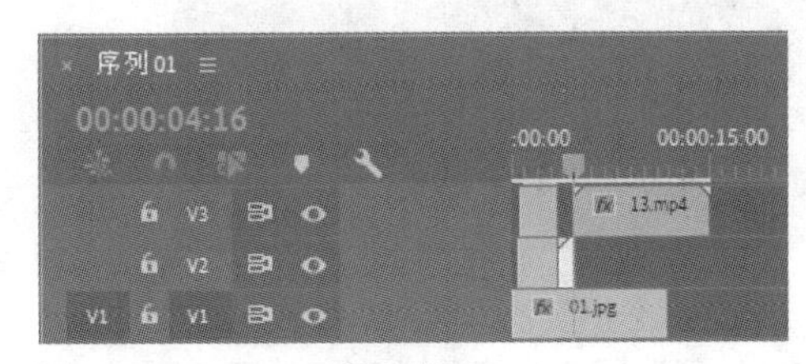

图 9–55　　图 9–56

（10）选择“剪辑 > 速度/持续时间”命令，在弹出的对话框中进行设置，如图 9–57 所示，单击“确定”按钮，调整素材文件。将时间标签放置在 06:05s 的位置上。单击“13”文件的结束位置，显示编辑点。当鼠标指针呈形状时，按住鼠标左键向右拖曳鼠标指针到 06:05s 的位置，如图 9–58 所示。

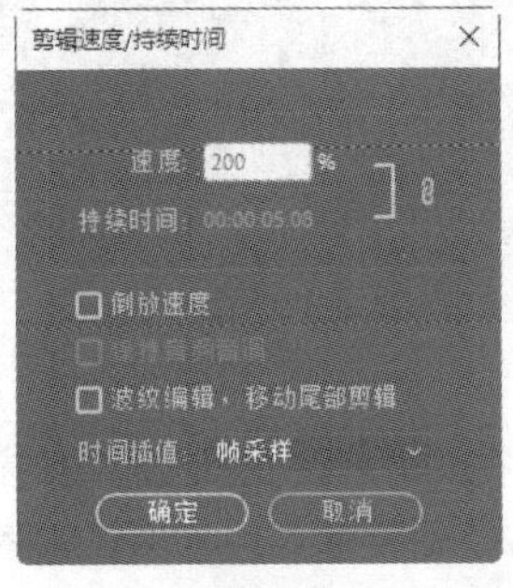

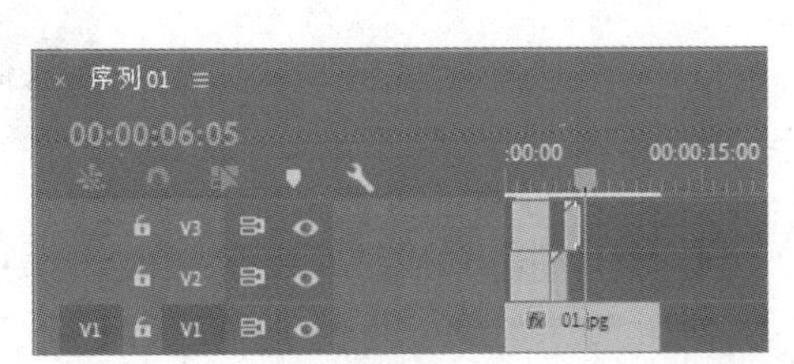

图 9–57　　图 9–58

（11）选择“时间轴”面板中的“13”文件。选择“效果控件”面板，展开“运动”选项，将“缩放”选项设置为 67.0，如图 9-59 所示。用相同的方法添加“14”～“16”文件，调整其速度与持续时间，如图 9-60 所示并在“效果控件”面板中调整其大小。取消“时间轴”面板中素材文件的选中状态。

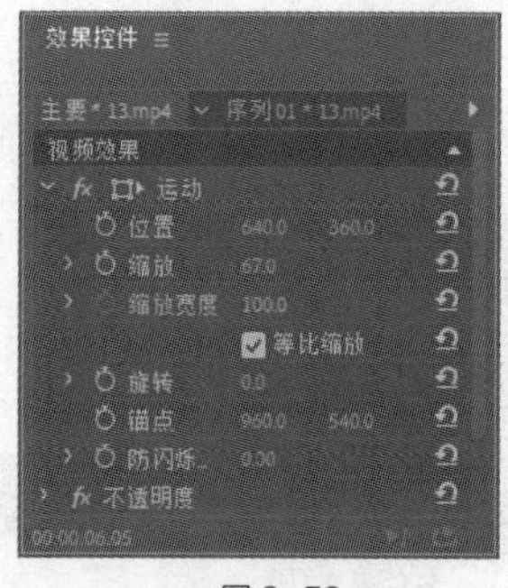

图 9-59

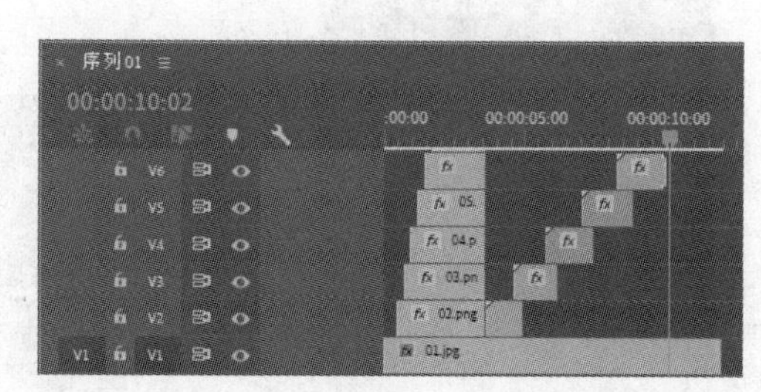

图 9-60

（12）选择“基本图形”面板，单击“编辑”选项卡，单击“新建图层”按钮，在弹出的菜单中选择“文本”命令。在“时间轴”面板中的“视频 2（V2）”轨道中生成“新建文本图层”文件，如图 9-61 所示。“节目”面板中的效果如图 9-62 所示。

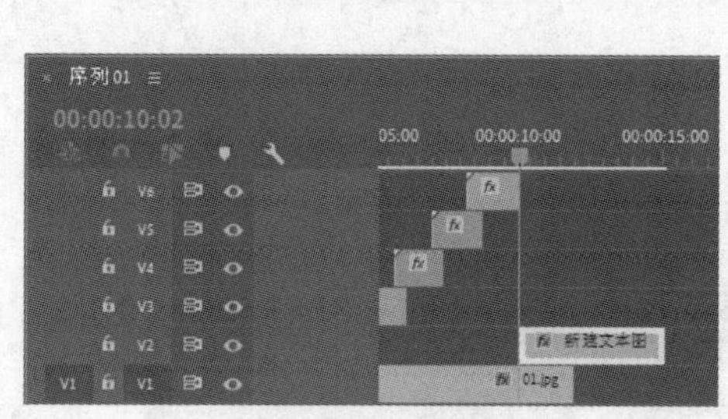

图 9-61

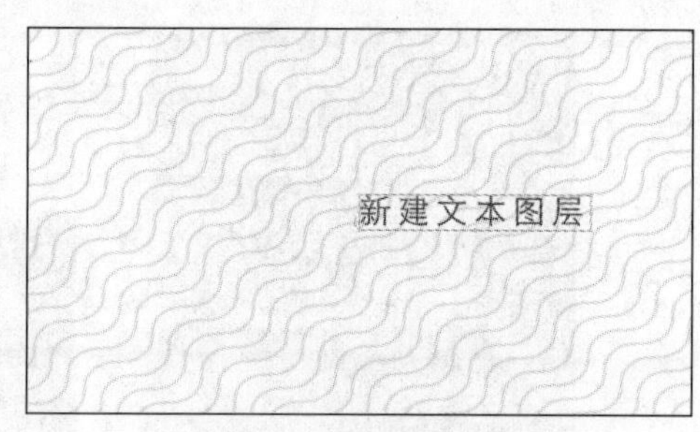

图 9-62

（13）在“节目”面板中修改文字，效果如图 9-63 所示。在“时间轴”面板中单击“香哈哈厨房”文件的结束位置，显示编辑点。当鼠标指针呈形状时，按住鼠标左键向左拖曳鼠标指针到“01”文件的结束位置，如图 9-64 所示。

图 9-63

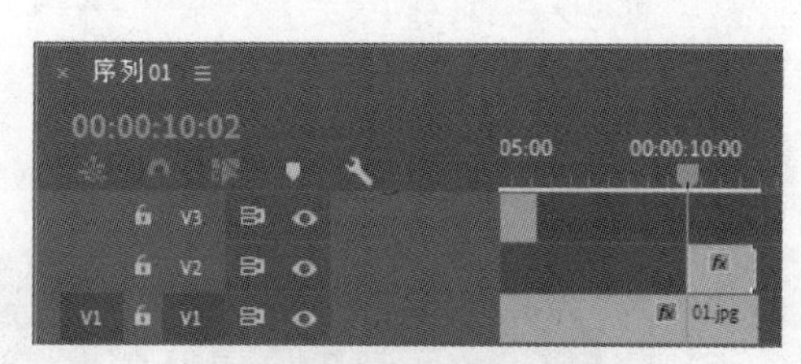

图 9-64

（14）在“基本图形”面板中选择“香哈哈厨房”图层，在“对齐并变换”栏中的设置如图 9-65 所示。“外观”栏中的“填充”颜色设置为红色（224、0、27），“文本”栏的设置如图 9-66 所示。

（15）选择“时间轴”面板中的“香哈哈厨房”文件。选择“效果控件”面板，展开“运动”选项，将“位置”选项设置为 640.0 和 62.0，单击“位置”选项左侧的“切换动画”按钮，如图 9-67

所示，记录第 1 个动画关键帧。将时间标签放置在 10:21s 的位置上，将“位置”选项设为 640.0 和 360.0，如图 9-68 所示，记录第 2 个动画关键帧。使用相同的方法创建其他图形文字，并制作动画效果。烹饪节目片头制作完成。

图 9-65

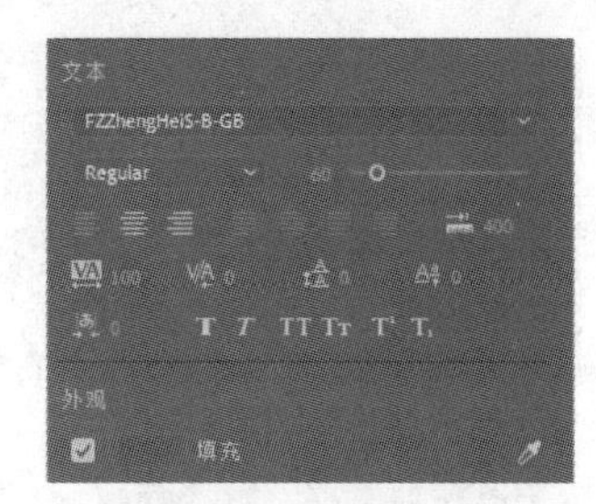

图 9-66

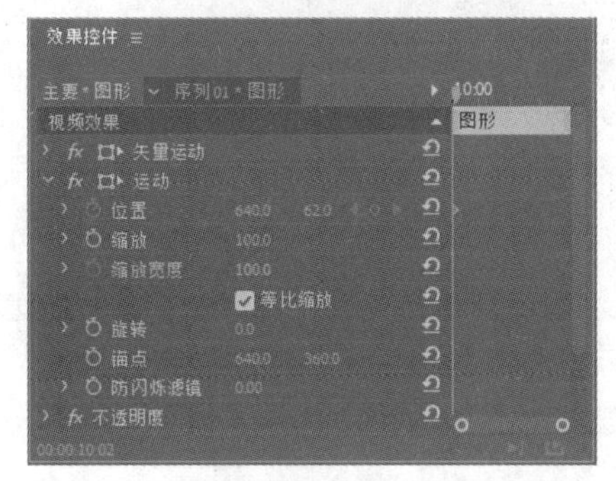

图 9-67

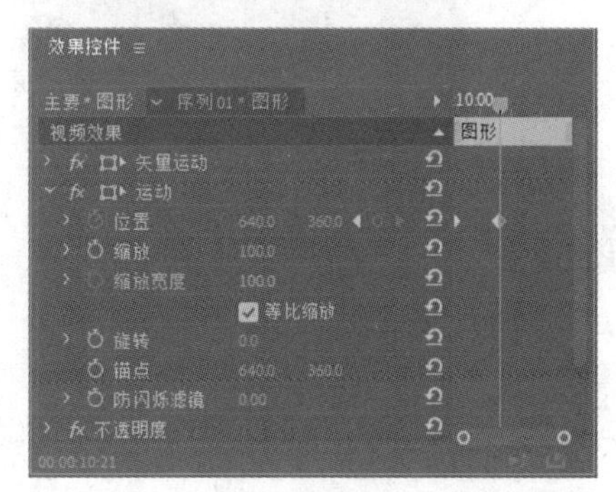

图 9-68

9.3 婚礼电子相册

9.3.1 【项目背景及要求】

1. 客户名称

缪莎摄影网。

2. 客户需求

缪莎摄影网是一家紧跟时尚潮流，为人们提供最新的照相技巧、照相方式、电子相册等信息的网站。本例是针对婚礼制作电子相册，要求以动画的方式展现出婚礼温馨、浪漫的感觉。

3. 设计要求

（1）相册素材以婚礼照片为主要内容。

（2）使用温馨舒适的背景以烘托画面，使画面看起来浪漫且不呆板。

（3）设计要求表现出婚礼的唯美、幸福。

（4）要求整体设计充满特色，让人印象深刻。

（5）设计规格为 1280h × 720V(1.0940)，25.00 帧/秒，方形像素(1.0)。

9.3.2 【项目设计及制作】

1. 设计素材

图片素材所在位置：云盘中的“Ch09\婚礼电子相册\素材\01～06”。

2. 设计作品

设计作品效果所在位置：云盘中的“Ch09\婚礼电子相册\婚礼电子相册.prproj”。设计作品效果如图 9-69 所示。

图 9-69

3. 步骤提示

（1）启动 Premiere Pro CC 2019 软件，选择“文件 > 新建 > 项目”命令，弹出“新建项目”对话框，如图 9-70 所示，单击“确定”按钮，新建项目。选择“文件 > 新建 > 序列”命令，弹出“新建序列”对话框，单击“设置”选项卡，具体参数设置如图 9-71 所示，单击“确定”按钮，新建序列。

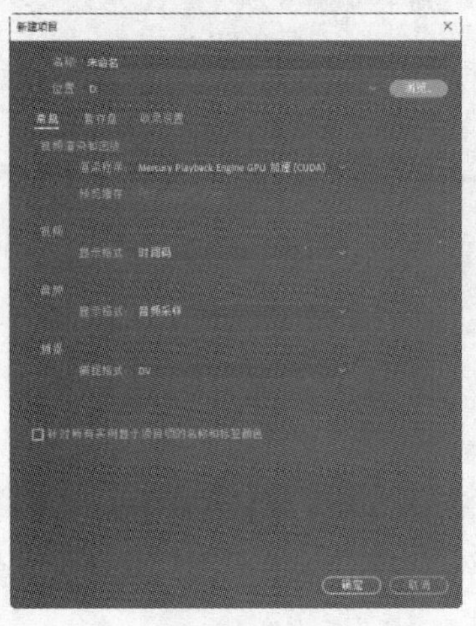

图 9-70

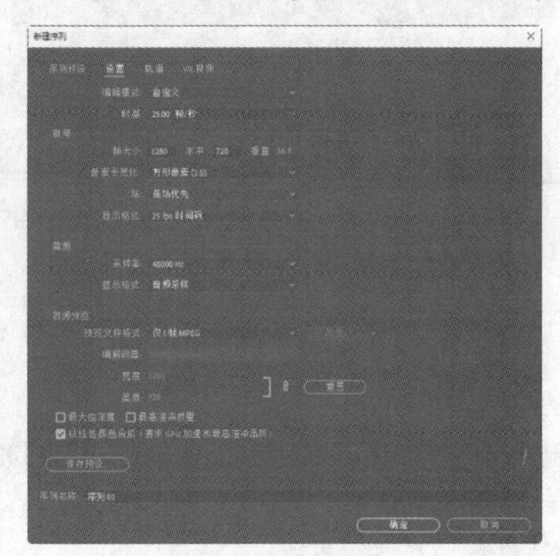

图 9-71

（2）选择“文件 > 导入”命令，弹出“导入”对话框，选择本书云盘中的“Ch09\婚礼电子相册\素材\01～06”文件，如图 9-72 所示，单击“打开”按钮，将素材文件导入“项目”面板中，如图 9-73 所示。

（3）在“项目”面板中，选择“01”文件并将其拖曳到“时间轴”面板中的“视频 1（V1）”轨道中。弹出“剪辑不匹配警告”对话框，单击“保持现有设置”按钮，在保持现有序列设置的情况下将文件放置在“视频 1（V1）”轨道中，如图 9-74 所示。将时间标签放置在 05:00s 的位置。将鼠标指针放在“01”文件的结束位置，当鼠标指针呈形状时，按住鼠标左键向左拖曳鼠标指针到 05:00s 的位置，如图 9-75 所示。

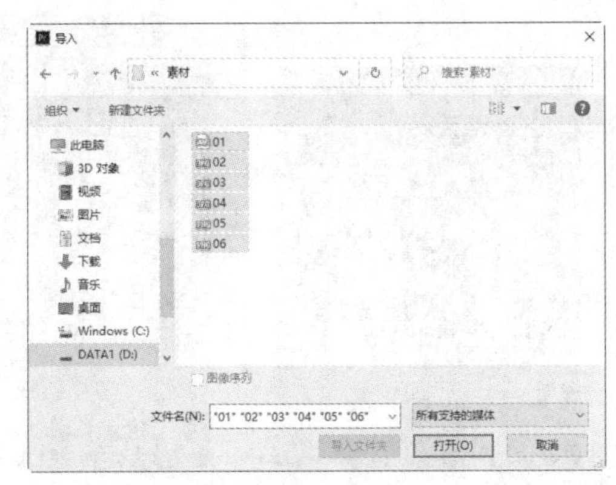

图 9-72

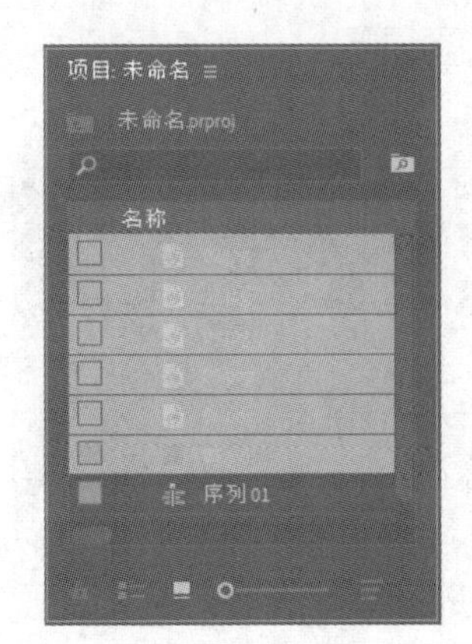

图 9-73

图 9-74

图 9-75

（4）选择“视频 1（V1）”轨道中的“01”文件，如图 9-76 所示。将时间标签放置在 0s 的位置上。选择“效果控件”面板，展开“运动”选项，将“缩放”选项设置为 163.0，如图 9-77 所示。

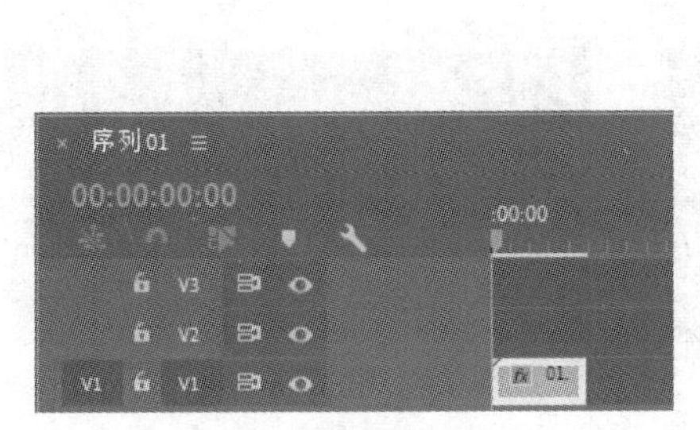

图 9-76

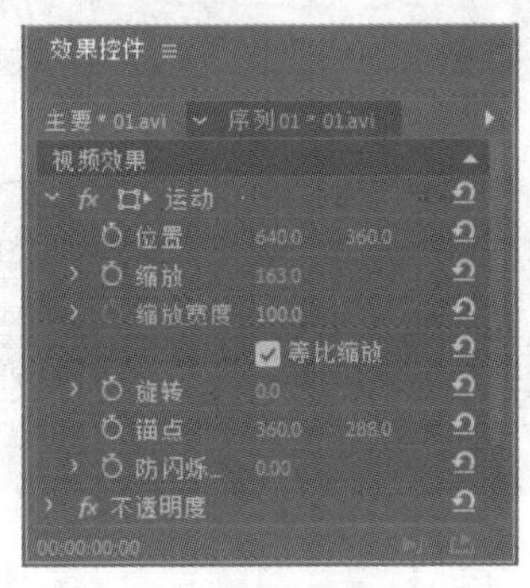

图 9-77

（5）选择“文件 > 新建 > 旧版标题”命令，弹出对话框，如图 9-78 所示，单击“确定”按钮，弹出“字幕”编辑面板。选择“旧版标题工具”面板中的“文字”工具T，在“字幕”编辑面板中单击并输入需要的文字。在“旧版标题属性”面板中展开“属性”选项，选项的具体设置如图 9-79 所示。展开“填充”选项，将“颜色”选项设置为白色。展开“描边”选项，单击“外描边”右侧的“添加”按钮，添加外描边，将“颜色”选项设置为红色（202、38、70），其他选项的设置如图 9-80 所示。

（6）“字幕”编辑面板中的效果如图 9-81 所示。用相同的方法输入下方的文字，效果如图 9-82 所示。关闭“字幕”编辑面板，新建的字幕文件将自动保存到“项目”面板中。

（7）将时间标签放置在 01:02s 的位置。在“项目”面板中选择“字幕 01”文件并将其拖曳到“时间轴”面板中的“视频 2（V2）”轨道中，如图 9-83 所示。将鼠标指针放在“字幕 01”文件的结束位置，当鼠标指针呈形状时，按住鼠标左键向左拖曳鼠标指针到“01”文件的结束位置，如图 9-84 所示。

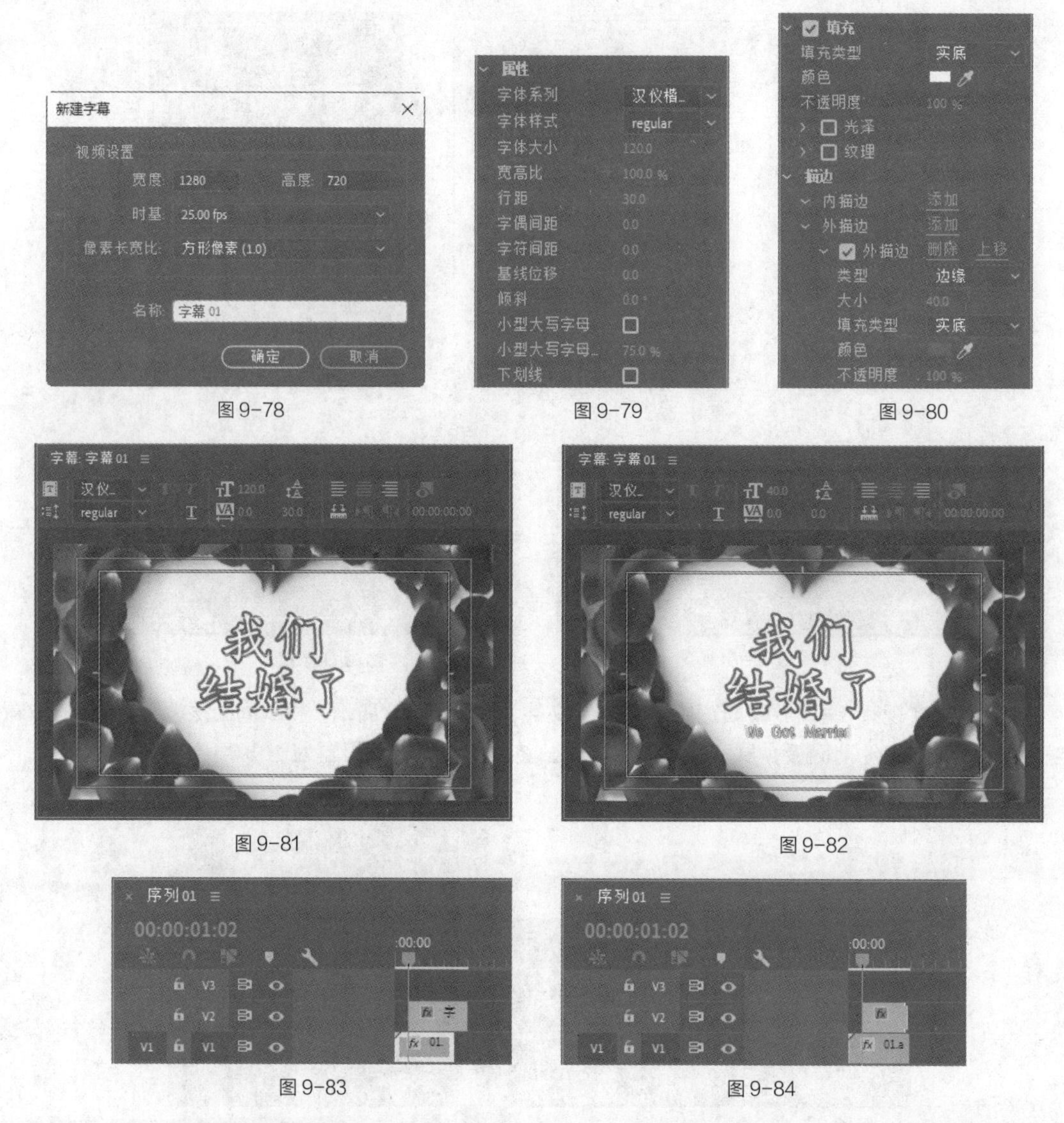

图 9-78

图 9-79

图 9-80

图 9-81

图 9-82

图 9-83

图 9-84

（8）选择“效果”面板，展开“视频过渡”分类选项，单击“溶解”文件夹前面的三角形按钮▶将其展开，选择“交叉溶解”效果，如图 9-85 所示。将“交叉溶解”效果拖曳到“时间轴”面板中“字幕 01”文件的开始位置，如图 9-86 所示。

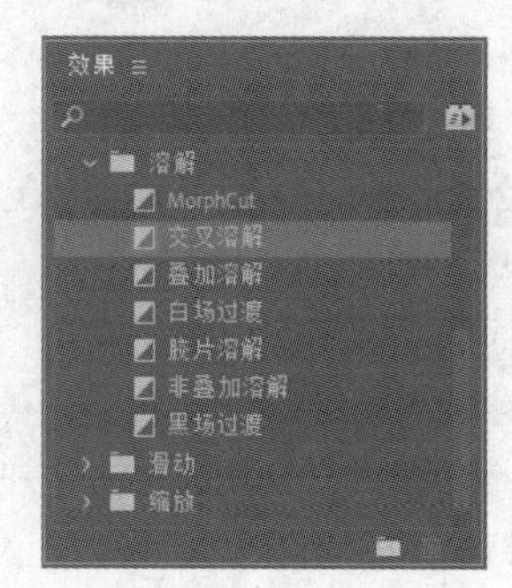

图 9-85

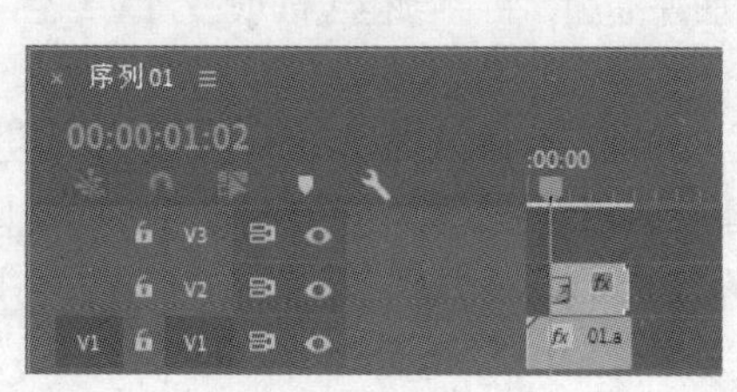

图 9-86

（9）在“项目”面板中，选择“02”文件并将其拖曳到“时间轴”面板中的“视频 1（V1）”轨道中，如图 9-87 所示。将时间标签放置在 07:02s 的位置。将鼠标指针放在“02”文件的结束位置，当鼠标指针呈形状时，按住鼠标左键向左拖曳鼠标指针到 07:02s 的位置，如图 9-88 所示。

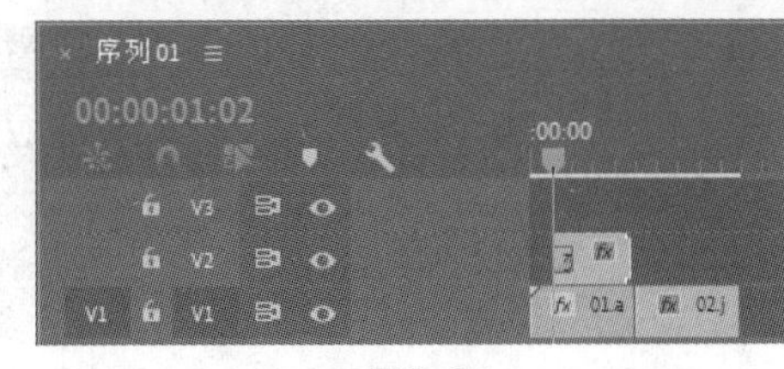

图 9-87

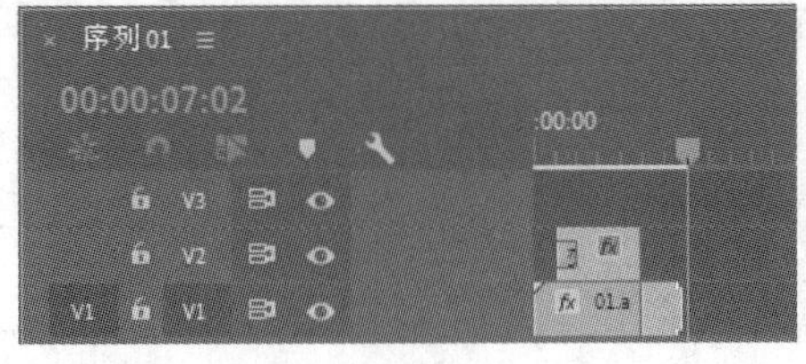

图 9-88

（10）在“项目”面板中，选择“03”文件并将其拖曳到“时间轴”面板中的“视频 1（V1）”轨道中，如图 9-89 所示。将时间标签放置在 08:23s 的位置。将鼠标指针放在“03”文件的结束位置，当鼠标指针呈形状时，按住鼠标左键向左拖曳鼠标指针到 08:23s 的位置，如图 9-90 所示。

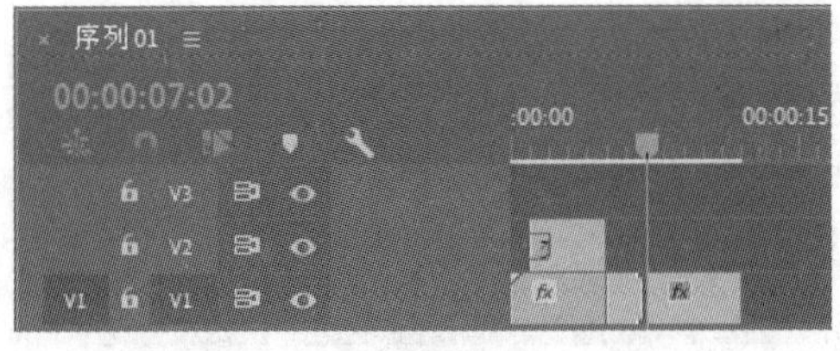

图 9-89

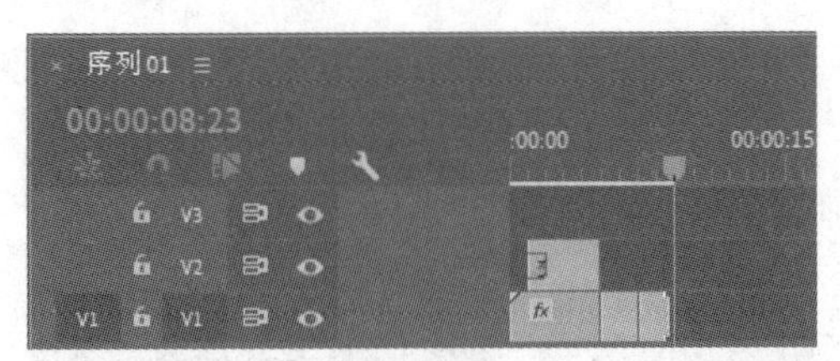

图 9-90

（11）在“项目”面板中，选择“04”文件并将其拖曳到“时间轴”面板中的“视频 1（V1）”轨道中，如图 9-91 所示。将时间标签放置在 10:24s 的位置。将鼠标指针放在“04”文件的结束位置，当鼠标指针呈形状时，按住鼠标左键向左拖曳鼠标指针到 10:24s 的位置，如图 9-92 所示。

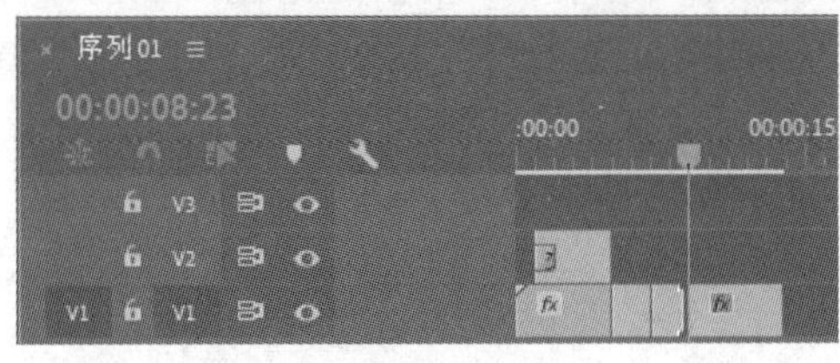

图 9-91

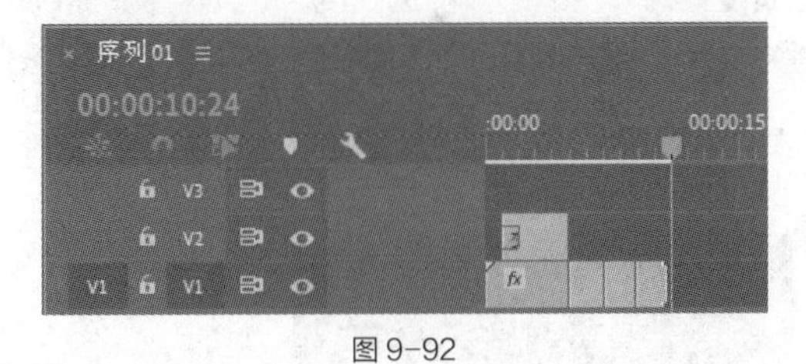

图 9-92

（12）在“效果”面板中展开“视频过渡”分类选项，选择“交叉溶解”效果，如图 9-93 所示。将“交叉溶解”效果拖曳到“时间轴”面板中“02”文件的结束位置和“03”文件的开始位置之间，如图 9-94 所示。

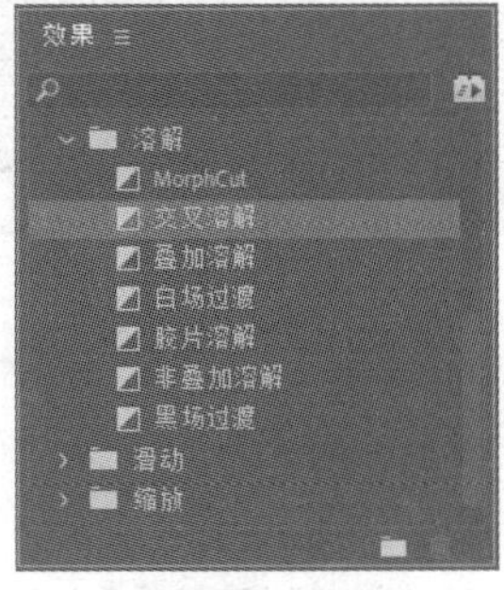

图 9-93

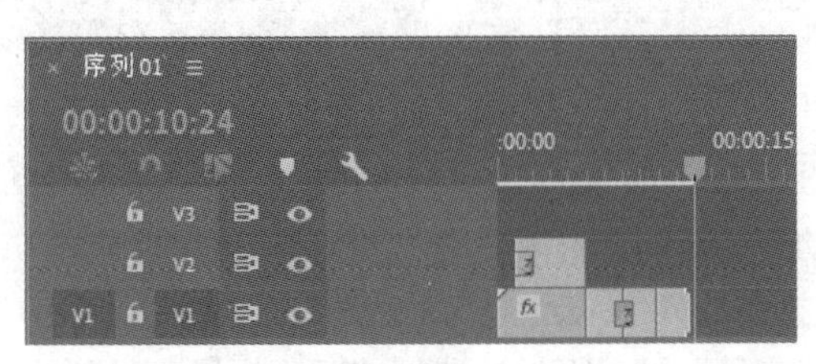

图 9-94

（13）用相同的方法将“交叉溶解”效果拖曳到“时间轴”面板中“03”文件的结束位置和“04”文件的开始位置之间，如图 9-95 所示。在“项目”面板中，选择“05”文件并将其拖曳到“时间轴”面板中的“视频 2（V2）”轨道中，如图 9-96 所示。

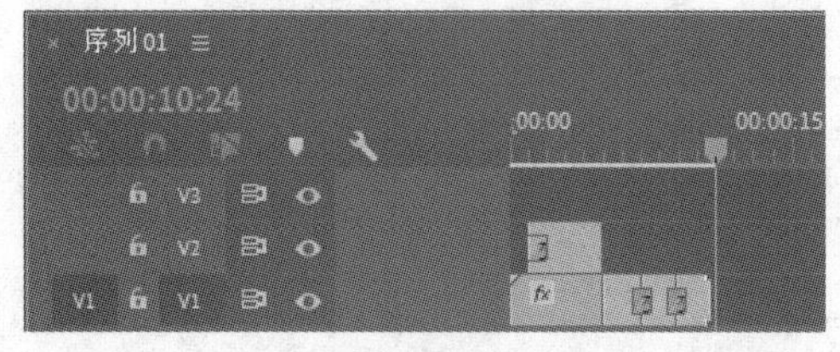

图 9-95

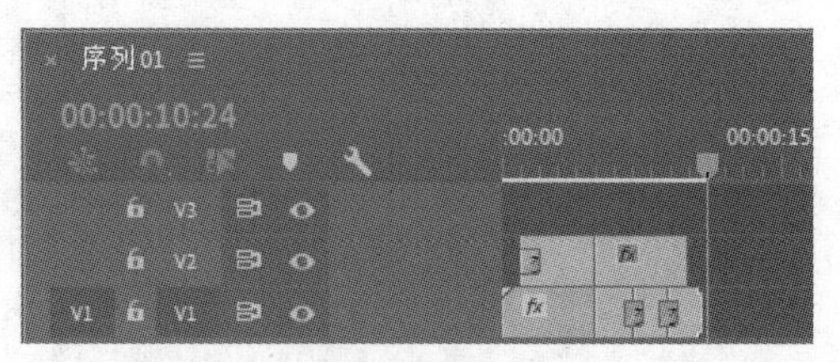

图 9-96

（14）将鼠标指针放在“05”文件的结束位置，当鼠标指针呈形状时，按住鼠标左键向右拖曳鼠标指针到“04”文件的结束位置，如图 9-97 所示。将时间标签放置在 05:00s 的位置，如图 9-98 所示。

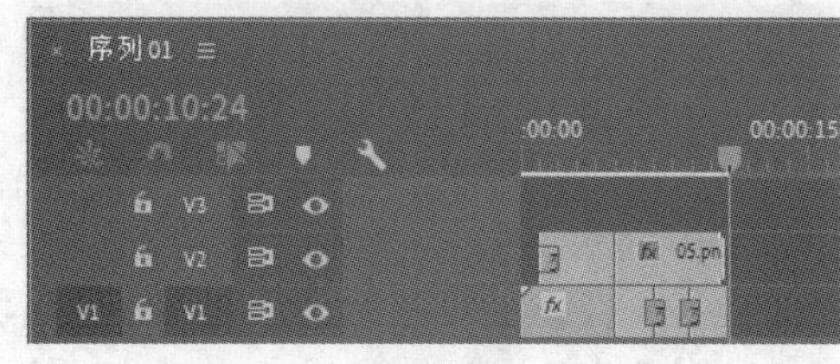

图 9-97

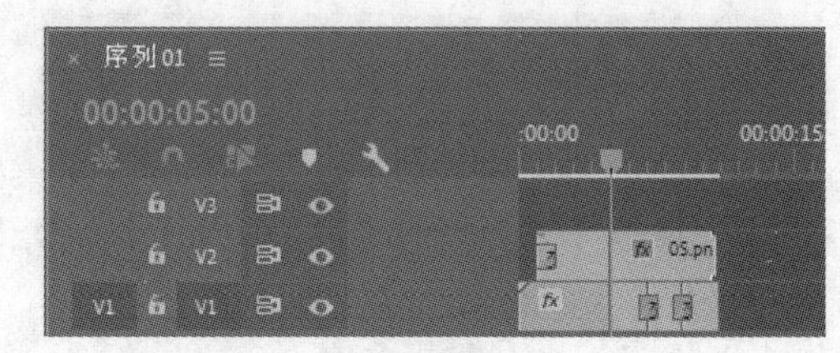

图 9-98

（15）选择“时间轴”面板中的“05”文件。选择“效果控件”面板，展开“运动”选项，将“位置”选项设置为 638.2 和 521.4，“缩放”选项设为 110.0。展开“不透明度”选项，将“不透明度”选项设置为 0，单击“不透明度”选项左侧的“切换动画”按钮，如图 9-99 所示，记录第 1 个动画关键帧。将时间标签放置在 05:05s 的位置，将“不透明度”选项设置为 100.0%，如图 9-100 所示，记录第 2 个动画关键帧。将时间标签放置在 05:10s 的位置，将“不透明度”选项设置为 0，如图 9-101 所示，记录第 3 个动画关键帧。

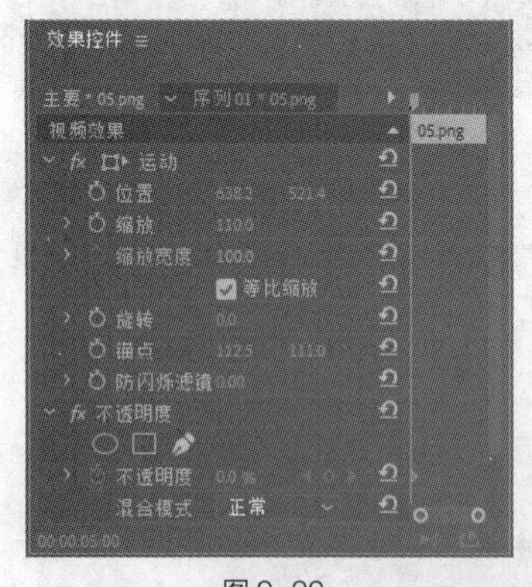

图 9-99

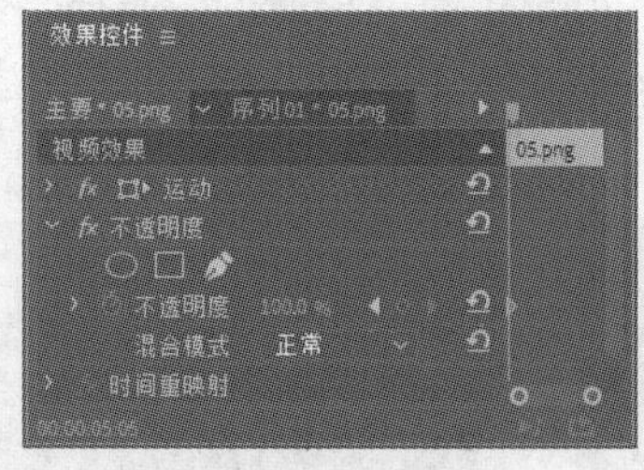

图 9-100

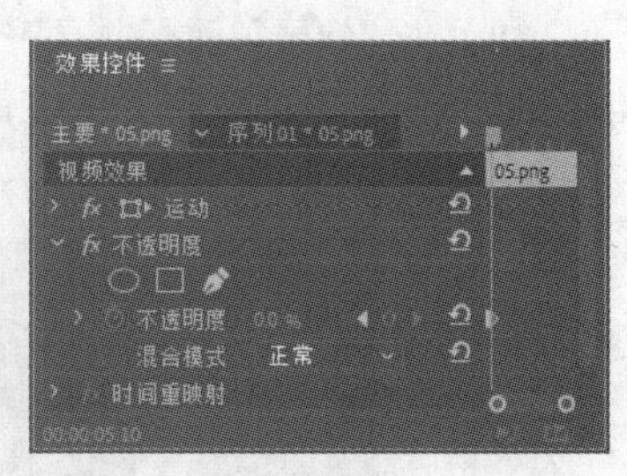

图 9-101

（16）将时间标签放置在 05:15s 的位置。将“不透明度”选项设置为 100.0%，如图 9-102 所示，记录第 4 个动画关键帧。用相同的方法制作其他关键帧，如图 9-103 所示。

（17）选择“文件 > 新建 > 旧版标题”命令，弹出对话框，如图 9-104 所示，单击“确定”按钮，弹出“字幕”编辑面板。选择“旧版标题工具”面板中的“文字”工具，在“字幕”编辑面板中单击并输入需要的文字。在“旧版标题属性”面板中展开“属性”选项，选项的具体设置如图 9-105 所示。展开“填充”选项，将“颜色”选项设置为白色，字幕效果如图 9-106 所示。关闭“字幕”编辑面板，新建的字幕文件将自动保存到“项目”面板中。

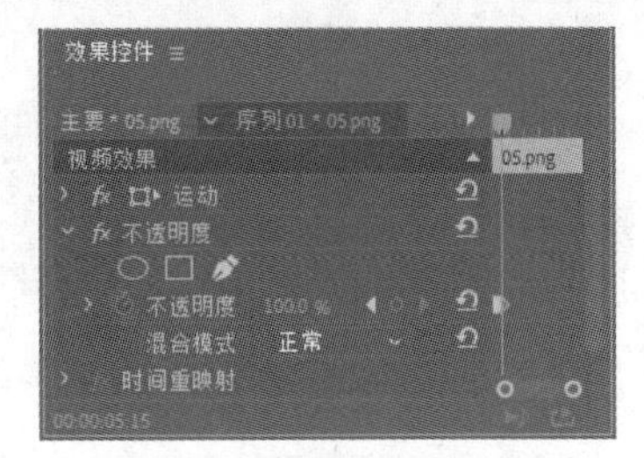

图 9-102

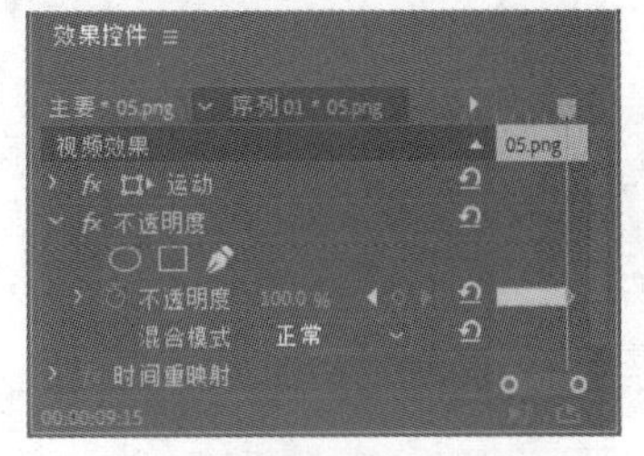

图 9-103

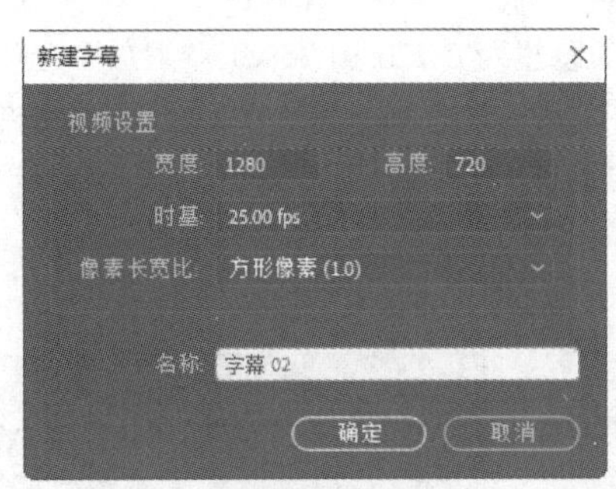

图 9-104

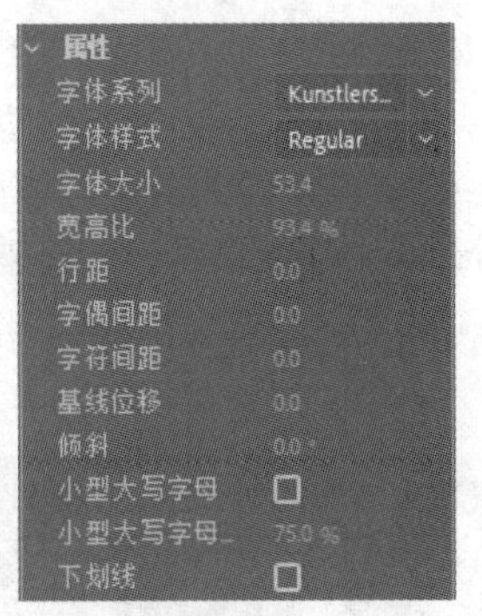

图 9-105

图 9-106

（18）在“项目”面板中，选择“字幕 02”文件并将其拖曳到“时间轴”面板中的“视频 3（V3）”轨道中，如图 9-107 所示。将鼠标指针放在“字幕 02”文件的结束位置，当鼠标指针呈形状时，按住鼠标左键向右拖曳鼠标指针到“05”文件的结束位置，如图 9-108 所示。

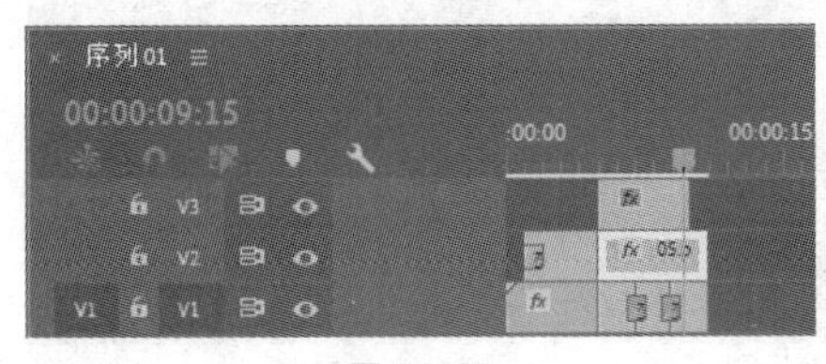

图 9-107

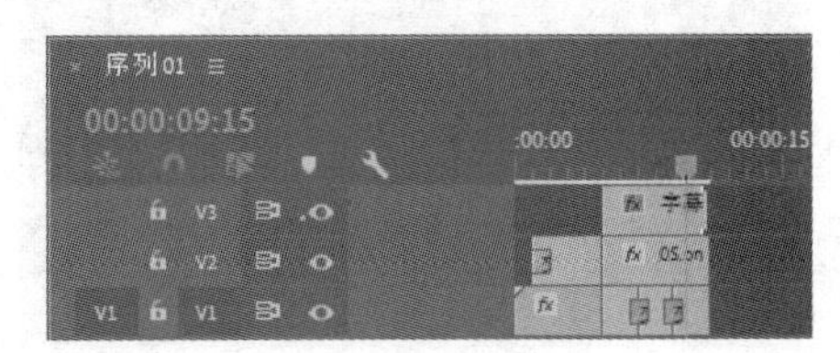

图 9-108

（19）在“项目”面板中，选择“06”文件并将其拖曳到“时间轴”面板上方的空白区域，将自动生成“视频 4（V4）”轨道，如图 9-109 所示。将时间标签放置在 07:15s 的位置。将鼠标指针放在“06”文件的结束位置，当鼠标指针呈形状时，按住鼠标左键向左拖曳鼠标指针到 07:15s 的位置，如图 9-110 所示。

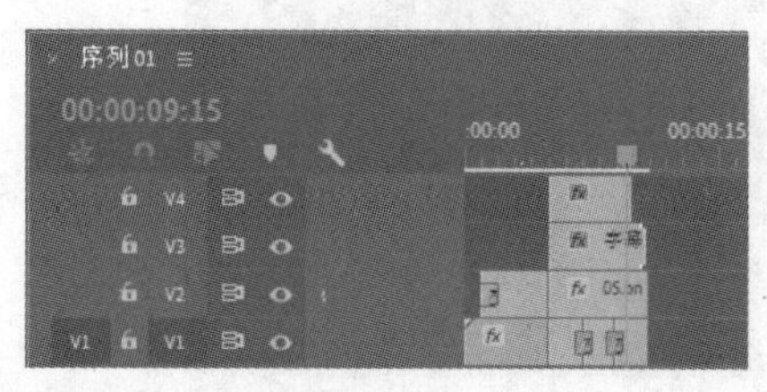

图 9-109

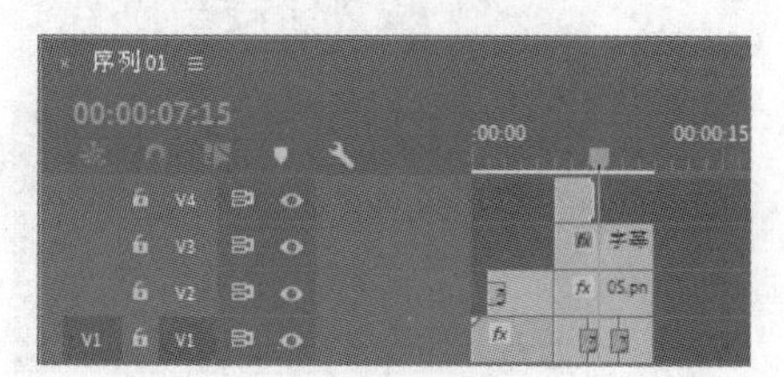

图 9-110

（20）将时间标签放置在 05:00s 的位置。选择“时间轴”面板中的“06”文件。选择“效果控件”面板，展开“运动”选项，将“位置”选项设置为 345.5 和 669.3，“缩放”选项设置为 20.0，“旋转”选项设置为 30.0°，并单击“位置”“缩放”“旋转”选项左侧的“切换动画”按钮，如图 9-111 所示，记录第 1 个动画关键帧。将时间标签放置在 05:11s 的位置。将“位置”选项设置为 427.3 和 529.2，“缩放”选项设置为 35.0，“旋转”选项设置为-13.9°，如图 9-112 所示，记录第 2 个动画关键帧。

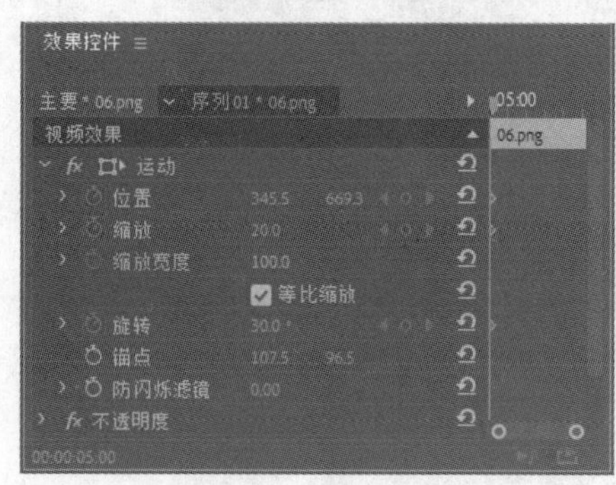

图 9-111

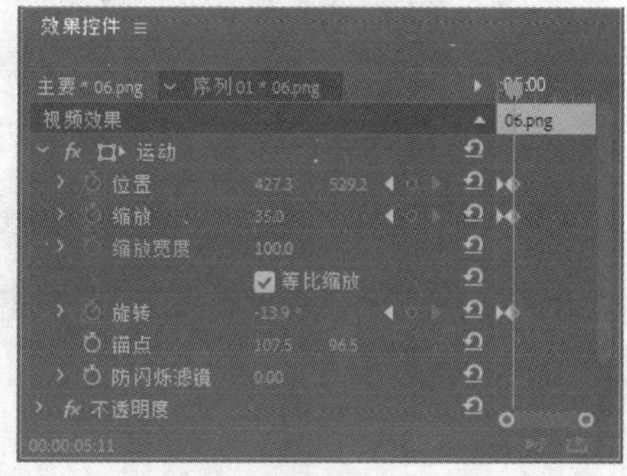

图 9-112

（21）将时间标签放置在 05:23s 的位置。将“位置”选项设置为 327.0 和 414.9，“缩放”选项设置为 45.0，“旋转”选项设置为 32.1°，如图 9-113 所示，记录第 3 个动画关键帧。将时间标签放置在 06:09s 的位置。将“位置”选项设置为 425.2 和 293.9，“缩放”选项设置为 55.0，如图 9-114 所示，记录第 4 个动画关键帧。

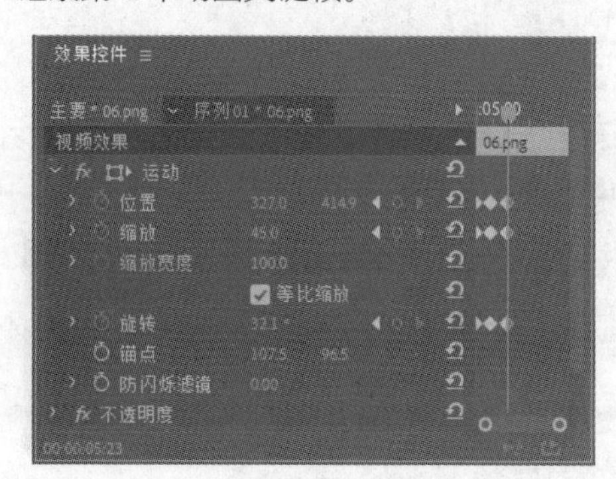

图 9-113

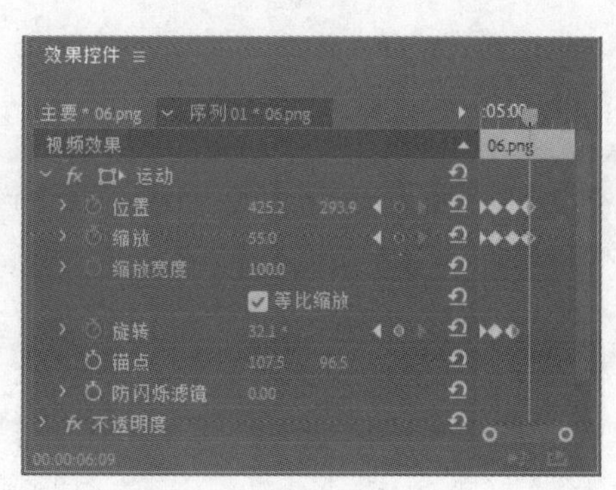

图 9-114

（22）将时间标签放置在 06:20s 的位置。将“位置”选项设置为 1221.0 和 168.4，“缩放”选项设置为 45.0，如图 9-115 所示，记录第 5 个动画关键帧。将时间标签放置在 07:06s 的位置。将“位置”选项设置为 486.6 和 36.1，“缩放”选项设置为 35.0，如图 9-116 所示，记录第 6 个动画关键帧。

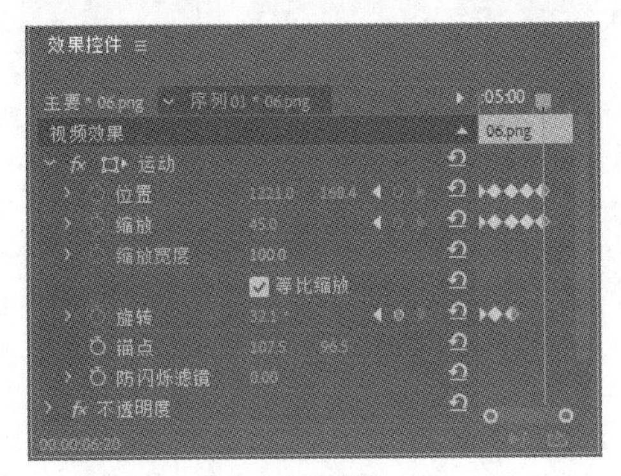

图 9-115

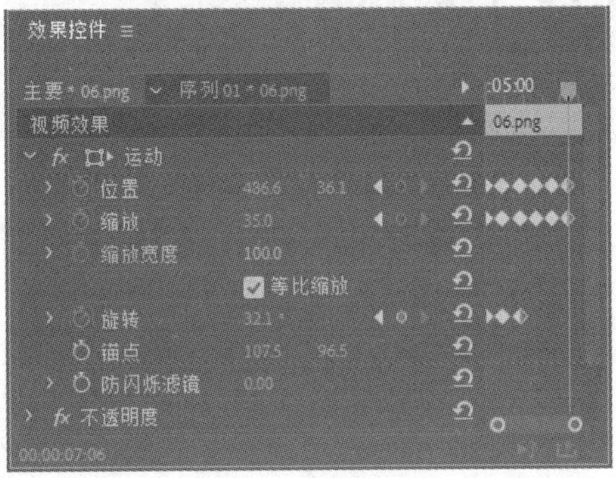

图 9-116

（23）在“项目”面板中，选择“06”文件并将其拖曳到“时间轴”面板中的“视频 4（V4）”轨道中，如图 9-117 所示。将鼠标指针放在“06”文件的结束位置，当鼠标指针呈形状时，按住鼠标左键向左拖曳鼠标指针到“字幕 02”文件的结束位置，如图 9-118 所示。

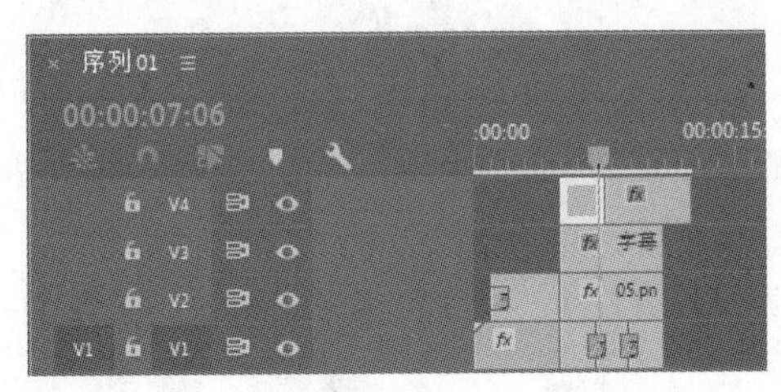

图 9-117

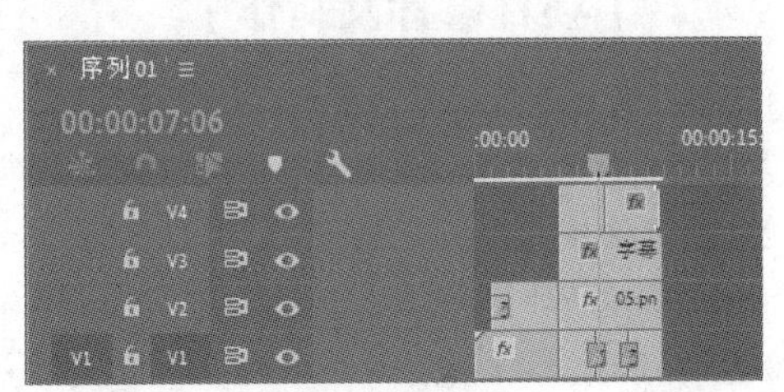

图 9-118

（24）选择“时间轴”面板中的“06”文件。将时间标签放置在 07:15s 的位置。选择“效果控件”面板，展开“运动”选项，将“位置”选项设置为 977.5 和 74.2，“缩放”选项设置为 20.0，“旋转”选项设置为 20.0°，并单击“位置”“缩放”和“旋转”选项左侧的“切换动画”按钮，如图 9-119 所示，记录第 1 个动画关键帧。用相同的方法制作其他动画关键帧，如图 9-120 所示。婚礼电子相册制作完成。

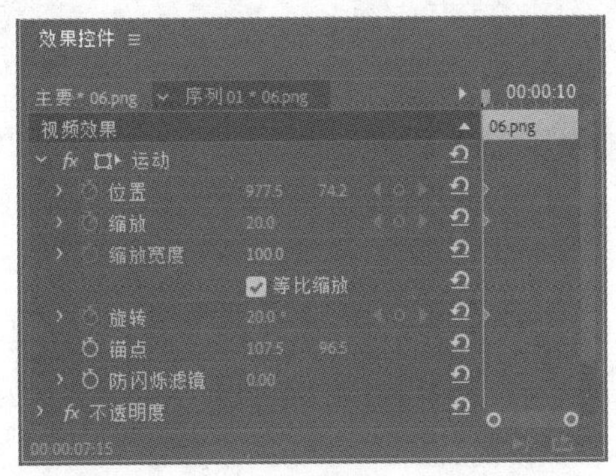

图 9-119

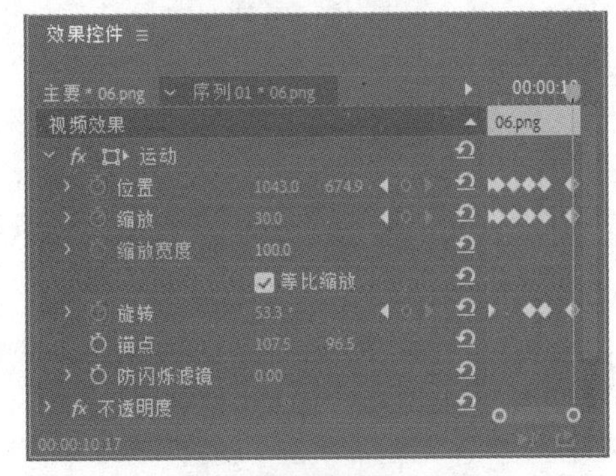

图 9-120

9.4 牛奶宣传广告

9.4.1 【项目背景及要求】

1. 客户名称

优品乳业有限公司。

2. 客户需求

优品乳业有限公司是一家生产和加工纯牛奶、乳粉等乳制品的公司。该公司最近推出了一款新的鲜奶产品，现进行促销活动，需要制作一个针对此次活动的促销广告，要求能够体现该产品的特色。

3. 设计要求

（1）设计要以奶产品为主导。

（2）设计形式要简洁明了，能体现产品的特色。

（3）画面色彩要生动形象、直观自然，让人一目了然。

（4）设计风格要具有特色，能够让人有健康、新鲜的感觉。

（5）设计规格为 1280h×720V(1.0940)，25.00 帧/秒，方形像素(1.0)。

9.4.2 【项目设计及制作】

1. 设计素材

图片素材所在位置：云盘中的“Ch09\牛奶宣传广告\素材\01～07”。

2. 设计作品

设计作品效果所在位置：云盘中的“Ch09\牛奶宣传广告\牛奶宣传广告.prproj”。设计作品效果如图 9-121 所示。

图 9-121

3. 步骤提示

（1）启动 Premiere Pro CC 2019 软件，选择“文件 > 新建 > 项目”命令，弹出“新建项目”对话框，如图 9-122 所示，单击“确定”按钮，新建项目。选择“文件 > 新建 > 序列”命令，弹出“新建序列”对话框，单击“设置”选项卡，具体参数设置如图 9-123 所示，单击“确定”按钮，新建序列。

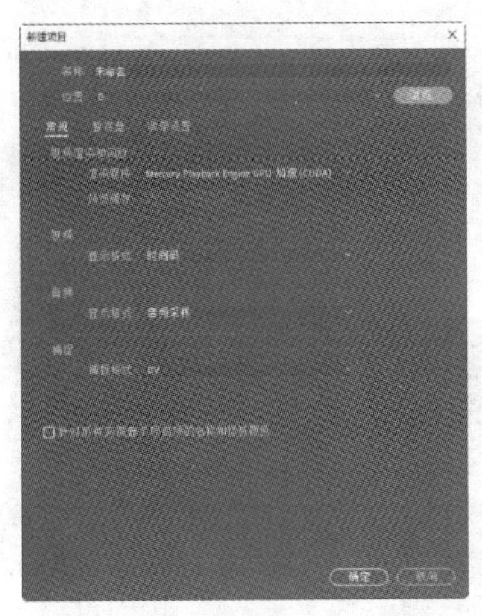

图 9-122

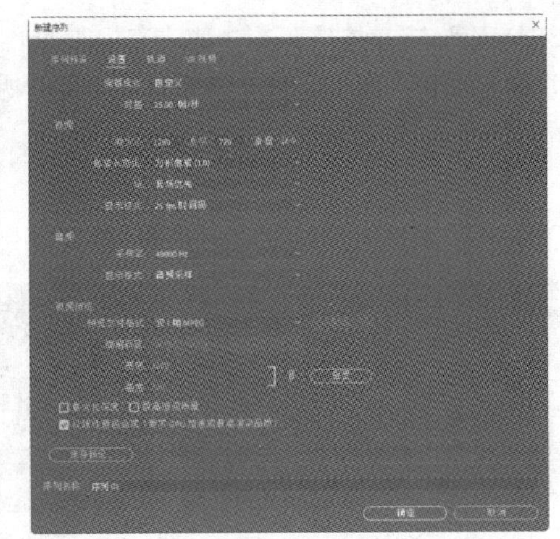

图 9-123

（2）选择“文件 > 导入”命令，弹出“导入”对话框，选择本书云盘中的“Ch09\牛奶宣传广告\素材\01～07”文件，如图 9-124 所示，单击“打开”按钮，将素材文件导入“项目”面板中，如图 9-125 所示。

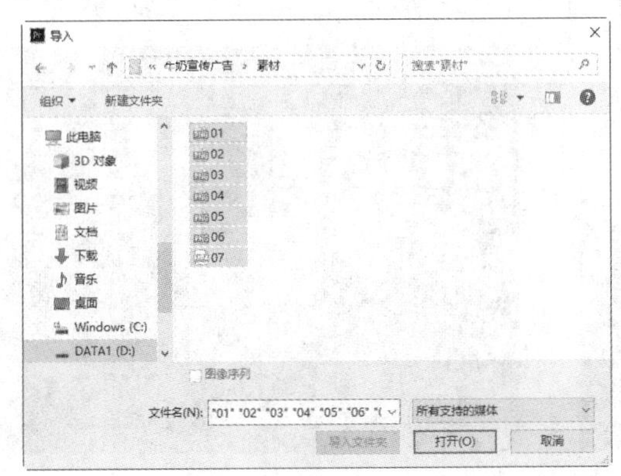

图 9-124

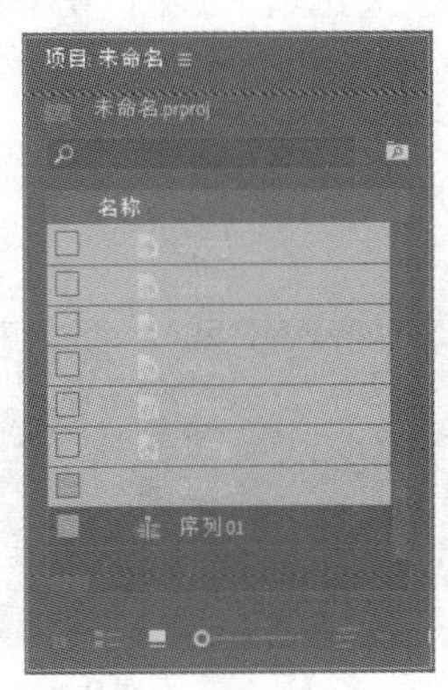

图 9-125

（3）单击“时间轴”面板中的“链接选择项”按钮，取消文件的选中状态。在“项目”面板中，选择“07”文件并将其拖曳到“时间轴”面板中的“视频 1（V1）”轨道中。弹出“剪辑不匹配警告”对话框，单击“保持现有设置”按钮，在保持现有序列设置的情况下将文件放置在“视频 1（V1）”轨道中，如图 9-126 所示。选择“时间轴”面板中的“07”文件的音频文件，如图 9-127 所示。

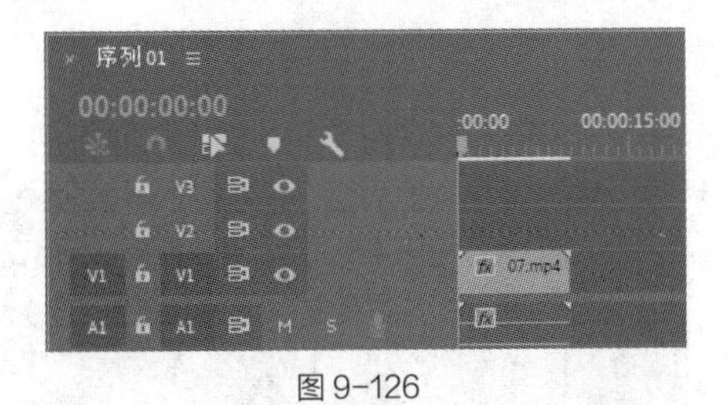

图 9-126

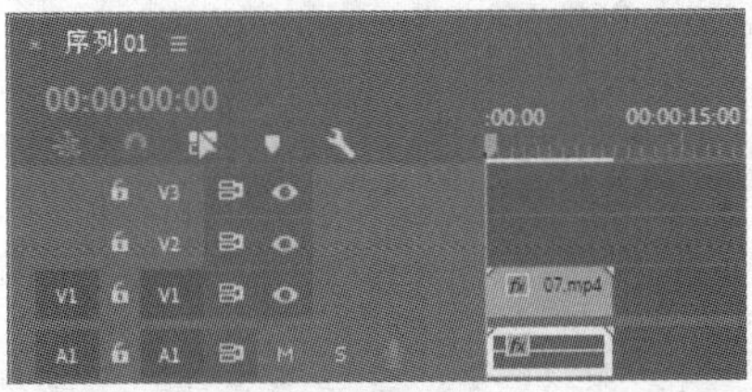

图 9-127

（4）按 Delete 键删除音频文件，如图 9-128 所示。选择“效果”面板，展开“视频效果”分类选项，单击“调整”文件夹前面的三角形按钮将其展开，选择“色阶”效果，如图 9-129 所示。将

“色阶”效果拖曳到“时间轴”面板中的“07”文件上。在“效果控件”面板中展开“色阶”效果，将“(RGB)输入黑色阶”选项设置为 55，如图 9-130 所示。

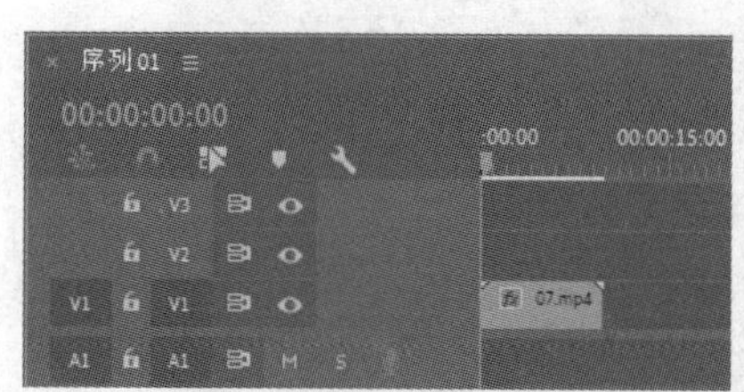

图 9-128

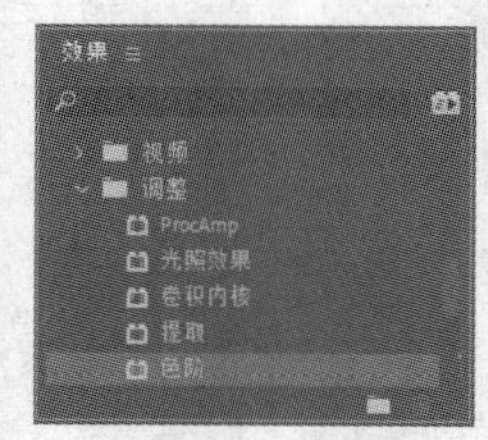

图 9-129

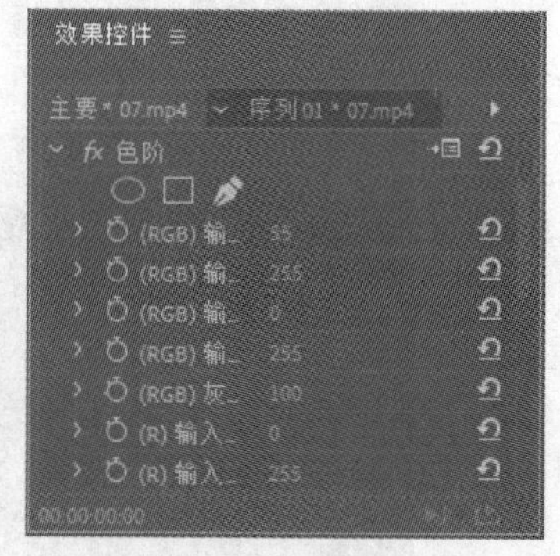

图 9-130

（5）将时间标签放置在 03:03s 的位置。在“项目”面板中，选择“01”文件并将其拖曳到“时间轴”面板中的“视频 2（V2）”轨道中，如图 9-131 所示。选择“时间轴”面板中的“01”文件。在“效果控件”面板中，展开“运动”选项，将“位置”选项设置为 640.0 和 751.0，“缩放”选项设置为 170.0，单击“位置”选项左侧的“切换动画”按钮，如图 9-132 所示，记录第 1 个动画关键帧。

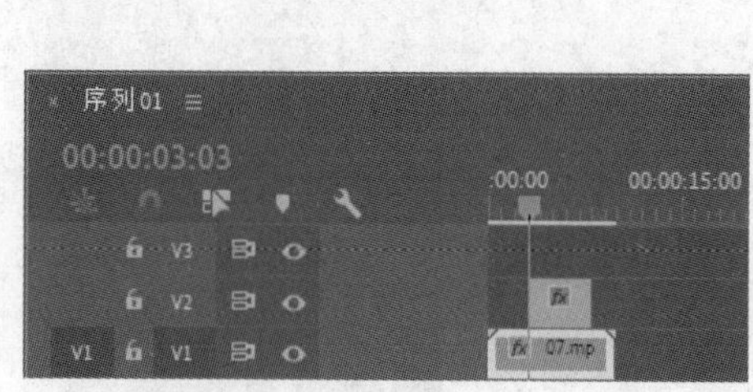

图 9-131

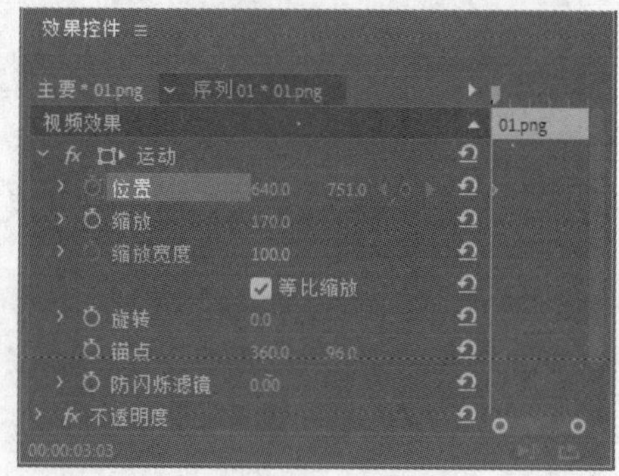

图 9-132

（6）将时间标签放置在 03:11s 的位置。将“位置”选项设置为 640.0 和 555.0，如图 9-133 所示，记录第 2 个动画关键帧。将鼠标指针放在“01”文件的结束位置，当鼠标指针呈形状时，按住鼠标左键向右拖曳鼠标指针到“07”文件的结束位置，如图 9-134 所示。

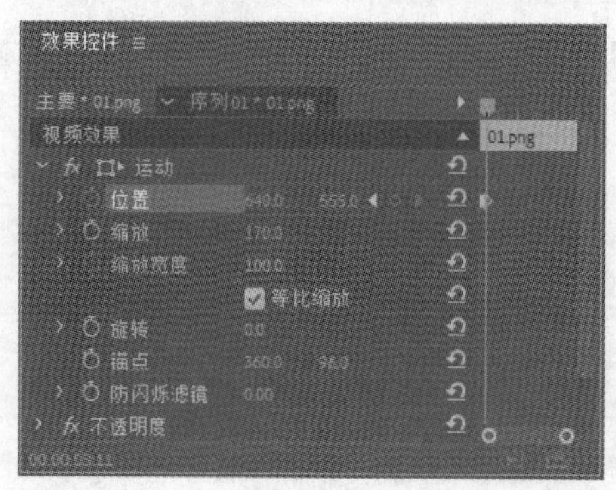

图 9-133

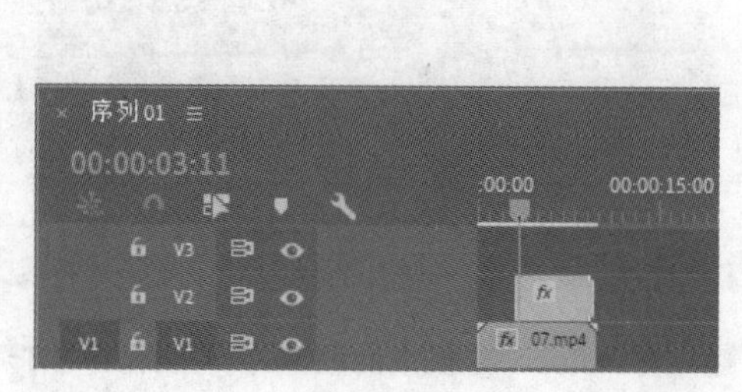

图 9-134

（7）选择“序列 > 添加轨道”命令，在弹出的对话框中进行设置，具体参数设置如图 9-135 所示，单击“确定”按钮，添加轨道，如图 9-136 所示。

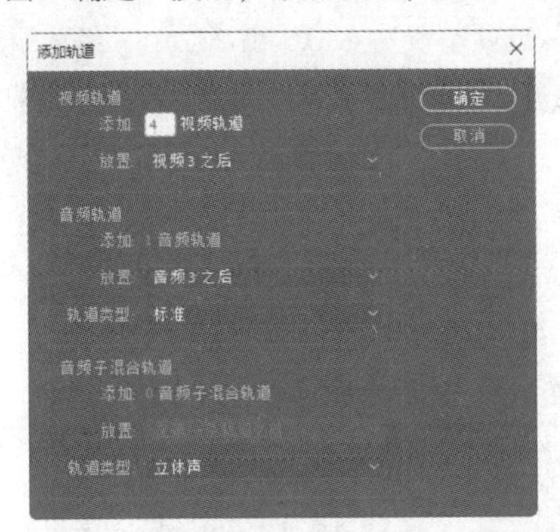

图 9-135

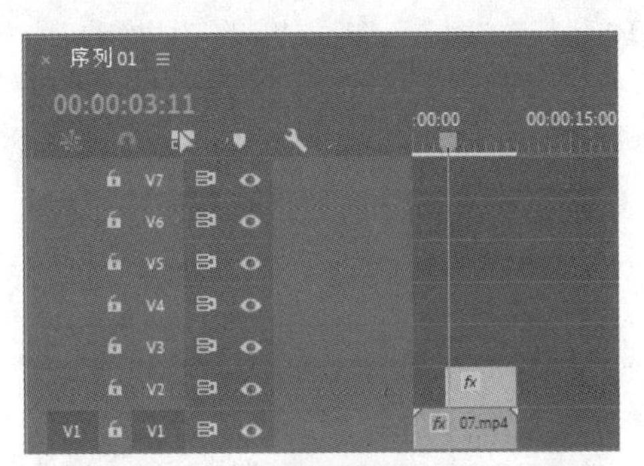

图 9-136

（8）将时间标签放置在 03:22s 的位置。在“项目”面板中，选择“02”文件并将其拖曳到“时间轴”面板中的“视频 7（V7）”轨道中，如图 9-137 所示。选择“时间轴”面板中的“02”文件。在“效果控件”面板中，展开“运动”选项，将“位置”选项设置为 1358.0 和 350.0，“缩放”选项设置为 50.0，单击“位置”和“缩放”选项左侧的“切换动画”按钮，如图 9-138 所示，记录第 1 个动画关键帧。

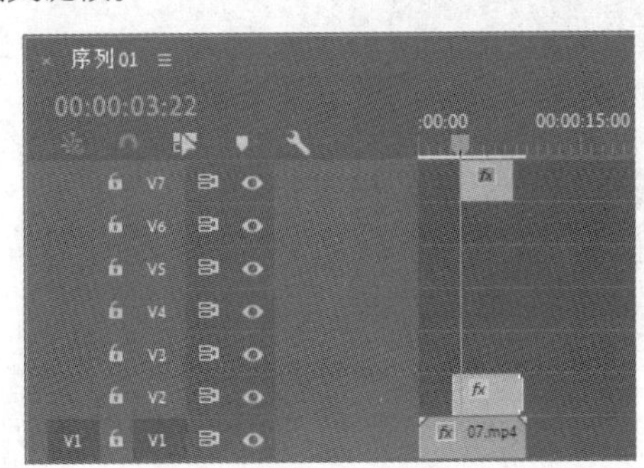

图 9-137

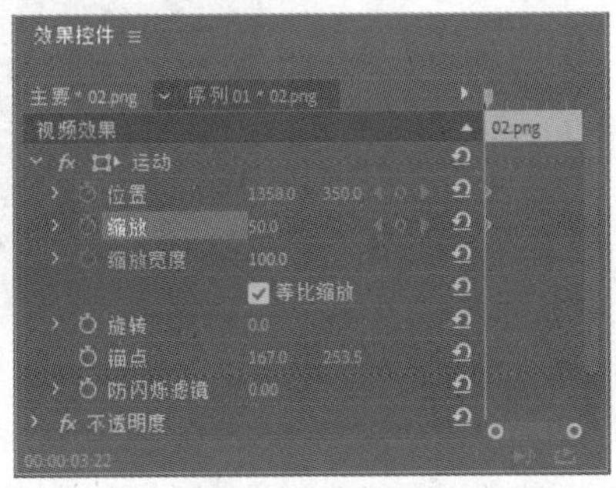

图 9-138

（9）将时间标签放置在 04:11s 的位置。将“位置”选项设置为 1018.0 和 343.0，“缩放”选项设置为 155.0，如图 9-139 所示，记录第 2 个动画关键帧。将鼠标指针放在“02”文件的结束位置，当鼠标指针呈形状时，按住鼠标左键向右拖曳鼠标指针到“01”文件的结束位置，如图 9-140 所示。

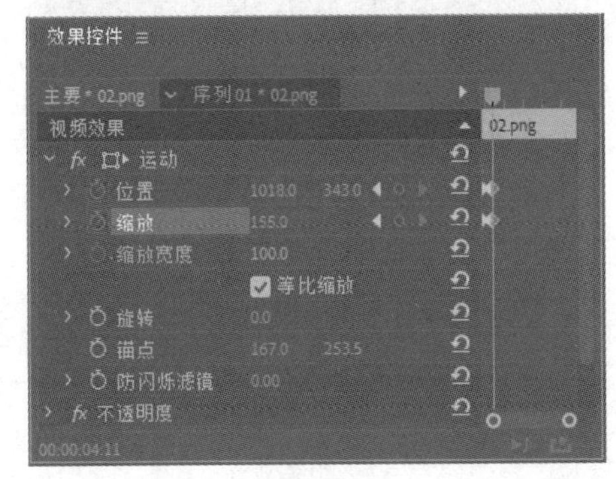

图 9-139

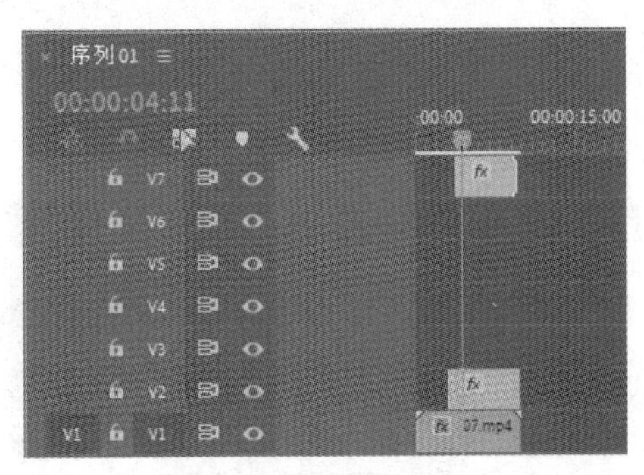

图 9-140

（10）将时间标签放置在 04:24s 的位置。在“项目”面板中，选择“03”文件并将其拖曳到“时间轴”面板中的“视频 5（V5）”轨道中，如图 9-141 所示。选择“时间轴”面板中的“03”文件。在“效果控件”面板中，展开“运动”选项，将“位置”选项设置为 430.5 和 262.8，“缩放”选项设置为 10.0，单击“缩放”选项左侧的“切换动画”按钮，如图 9-142 所示，记录第 1 个动画关键帧。将时间标签放置在 05:13s 的位置。将“缩放”选项设置为 160.0，如图 9-143 所示，记录第 2 个动画关键帧。

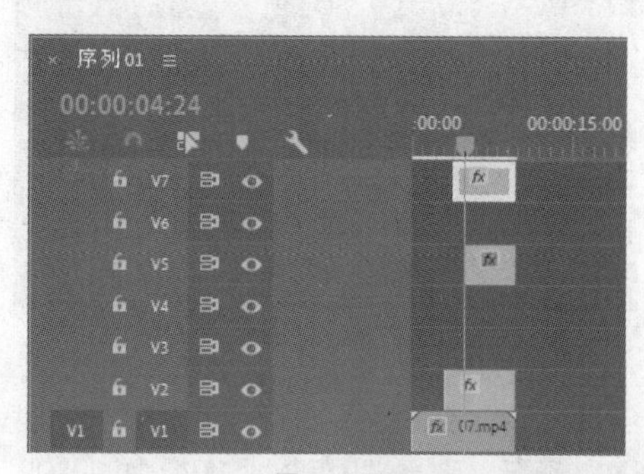

图 9-141

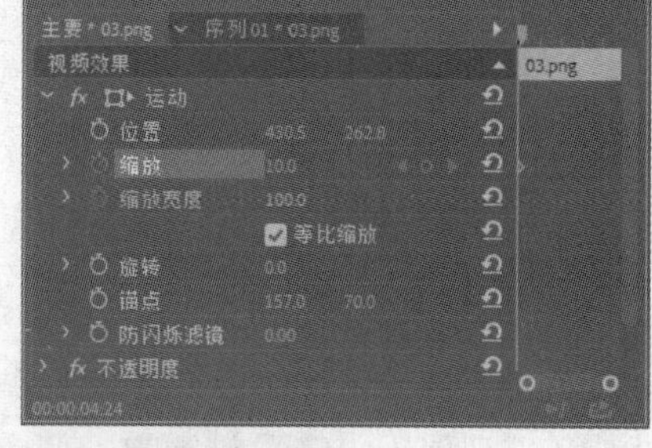

图 9-142

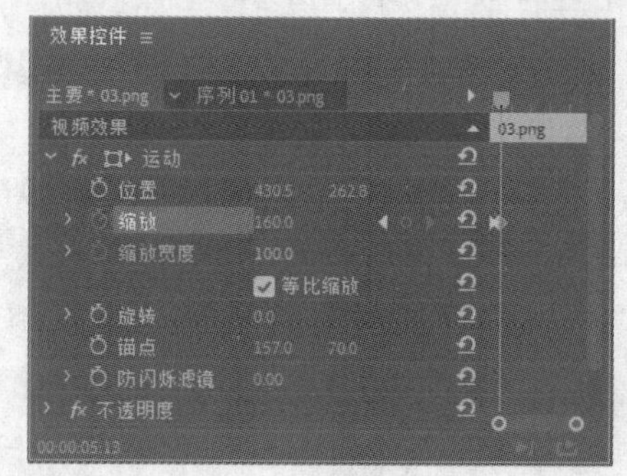

图 9-143

（11）将时间标签放置在 05:21s 的位置。在“项目”面板中，选择“04”文件并将其拖曳到“时间轴”面板中的“视频 6（V6）”轨道中，如图 9-144 所示。选择“时间轴”面板中的“04”文件。在“效果控件”面板中，展开“运动”选项，将“位置”选项设置为 649.9 和 430.8，“缩放”选项设置为 160.0。展开“不透明度”选项，单击“不透明度”选项右侧的“添加/移除关键帧”按钮，如图 9-145 所示，记录第 1 个动画关键帧。

图 9-144

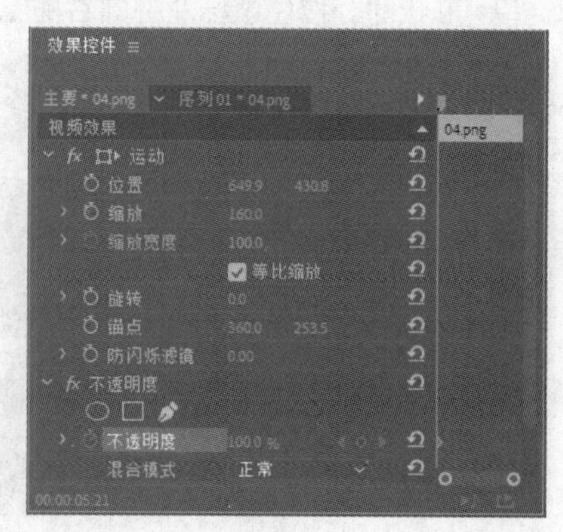

图 9-145

（12）将时间标签放置在05:23s的位置。将“不透明度”选项设置为50.0%，如图9-146所示，记录第2个动画关键帧。将时间标签放置在06:00s的位置。将“不透明度”选项设置为100.0%，如图9-147所示，记录第3个动画关键帧。

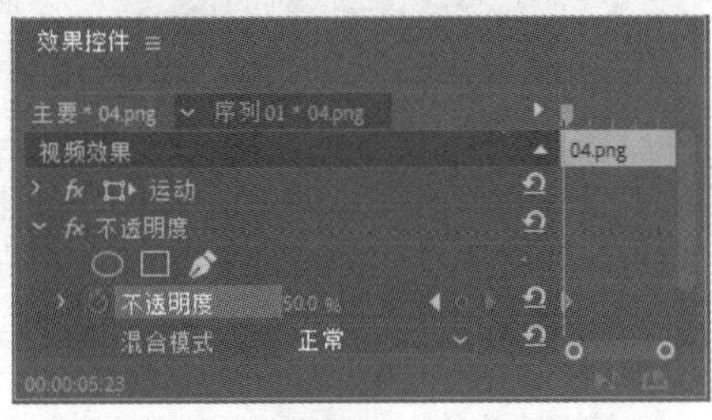

图9-146

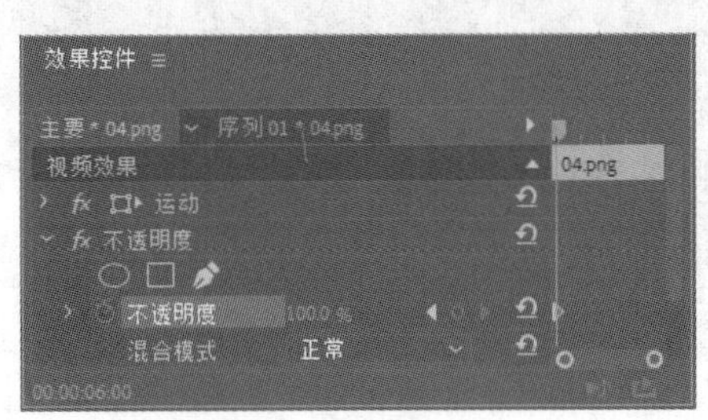

图9-147

（13）将时间标签放置在06:02s的位置。将“不透明度”选项设置为50.0%，如图9-148所示，记录第4个动画关键帧。将时间标签放置在06:04s的位置。将“不透明度”选项设置为100.0%，如图9-149所示，记录第5个动画关键帧。

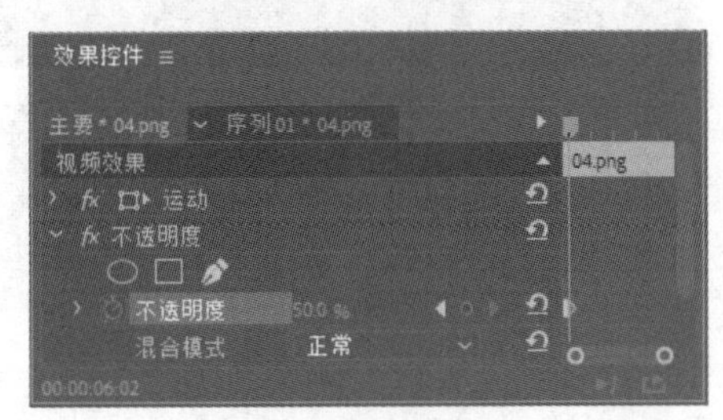

图9-148

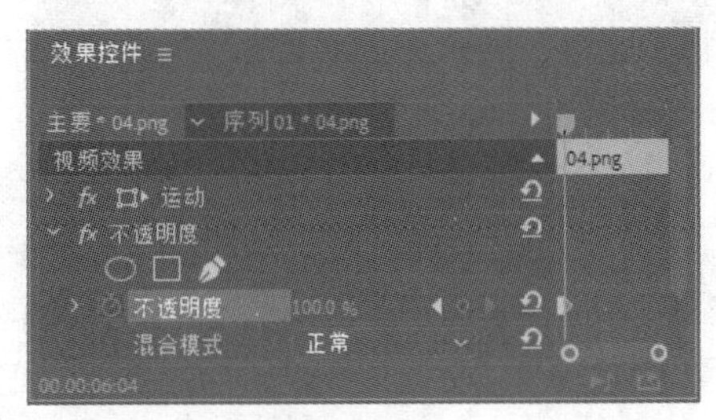

图9-149

（14）将鼠标指针放在“04”文件的结束位置，当鼠标指针呈形状时，按住鼠标左键向左拖曳鼠标指针到“03”文件的结束位置，如图9-150所示。将时间标签放置在06:19s的位置。在“项目”面板中，选择“05”文件并将其拖曳到“时间轴”面板中的“视频3（V3）”轨道中，如图9-151所示。

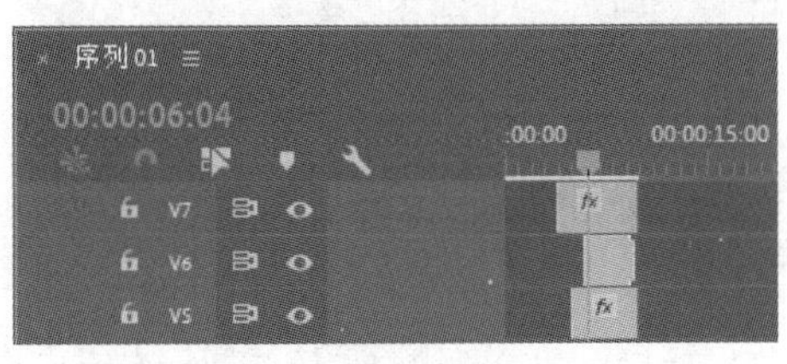

图9-150

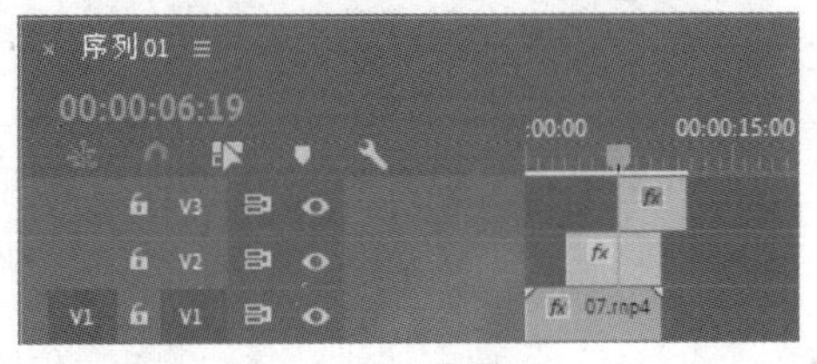

图9-151

（15）选择“时间轴”面板中的“05”文件。在“效果控件”面板中，展开“运动”选项，将“位置”选项设置为-61.1和604.0，“缩放”选项设置为138.0，“旋转”选项设置为-1.0°，单击“位置”选项左侧的“切换动画”按钮，如图9-152所示，记录第1个动画关键帧。将时间标签放置在07:00s的位置。将“位置”选项设置为348.3和604.0，如图9-153所示，记录第2个动画关键帧。

（16）将鼠标指针放在“05”文件的结束位置，当鼠标指针呈形状时，按住鼠标左键向左拖曳鼠标指针到“04”文件的结束位置，如图9-154所示。将时间标签放置在07:12s的位置。在“项目”面板中，选择“06”文件并将其拖曳到“时间轴”面板中的“视频4（V4）”轨道中，如图9-155所示。

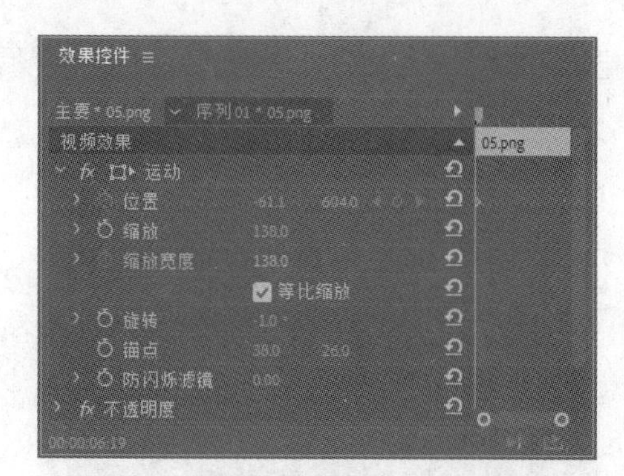

图 9-152

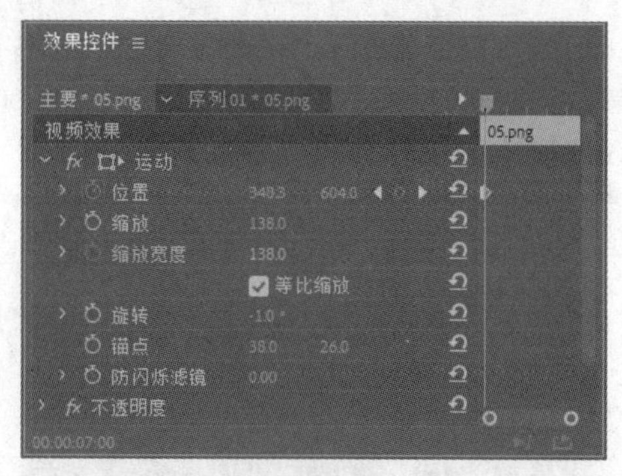

图 9-153

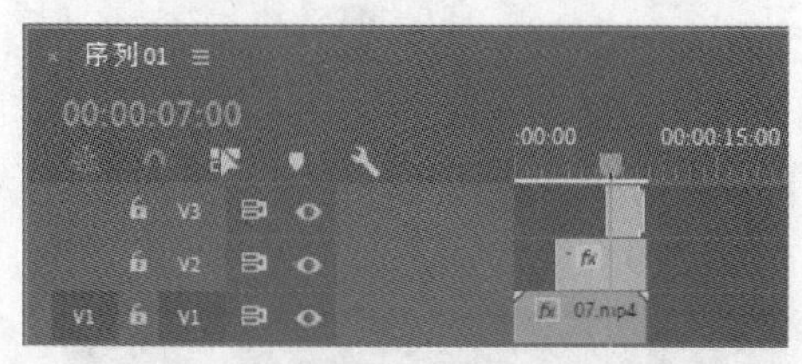

图 9-154

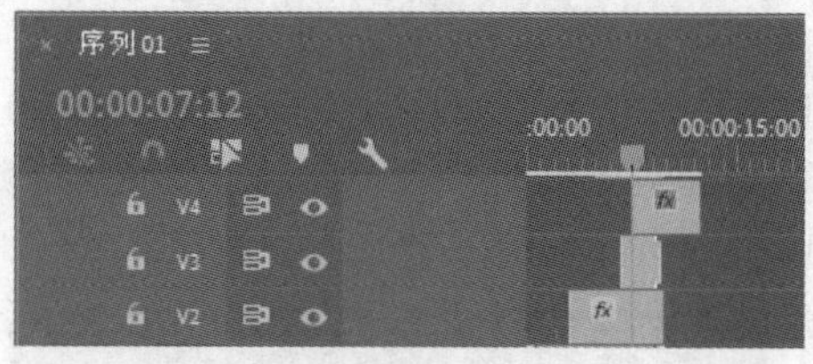

图 9-155

（17）选择“时间轴”面板中的“06”文件。在“效果控件”面板中，展开“运动”选项，将“位置”选项设置为 1037.9 和 559.4，“缩放”选项设置为 150.0，单击“位置”选项左侧的“切换动画”按钮，如图 9-156 所示，记录第 1 个动画关键帧。将时间标签放置在 08:01s 的位置。将“位置”选项设置为 623.9 和 559.4，如图 9-157 所示，记录第 2 个动画关键帧。

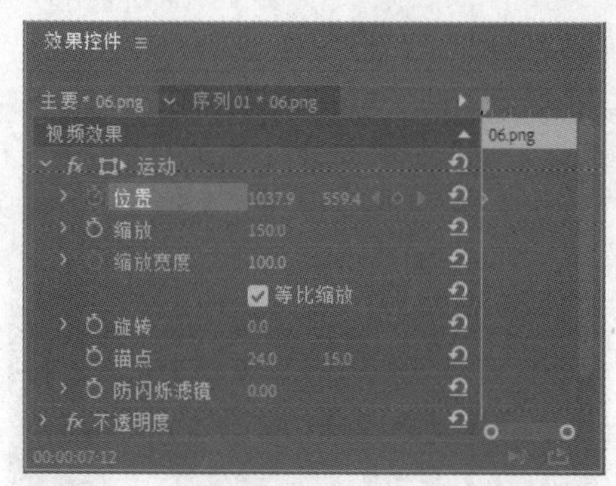

图 9-156

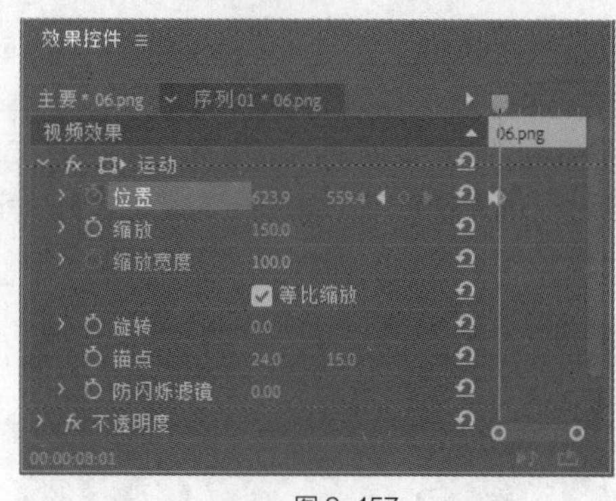

图 9-157

（18）将鼠标指针放在“06”文件的结束位置，当鼠标指针呈形状时，按住鼠标左键向左拖曳鼠标指针到“05”文件的结束位置，如图 9-158 所示。牛奶宣传广告制作完成，如图 9-159 所示。

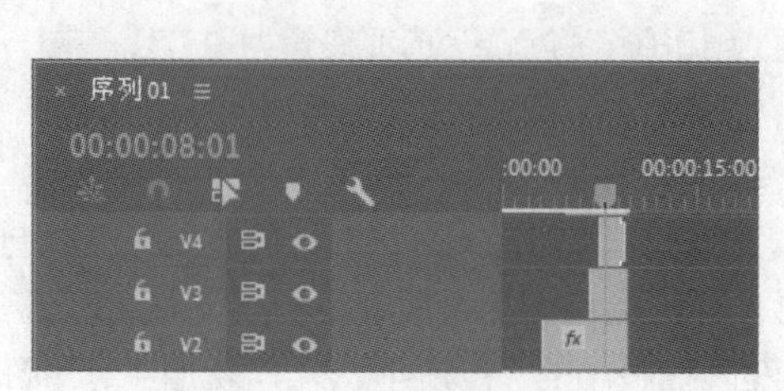

图 9-158

图 9-159

9.5 日出东方宣传片

9.5.1 【项目背景及要求】

1. **客户名称**

盘水电视台。

2. **客户需求**

盘水电视台是一家介绍最新的新闻资讯、影视娱乐、社科动漫、时尚信息、生活服务等信息的综合性电视台。

3. **设计要求**

（1）设计要以风景元素为主导。

（2）设计形式要简洁明了，能体现宣传片特色。

（3）画面色彩要真实、形象，给人自然舒适的印象。

（4）设计风格醒目、直观，能够让人产生向往之情。

（5）设计规格为 1280h × 720V(1.0940)，25.00 帧/秒，方形像素(1.0)。

9.5.2 【项目设计及制作】

1. **设计素材**

图片素材所在位置：云盘中的“Ch09\日出东方宣传片\素材\01～04”。

2. **设计作品**

设计作品效果所在位置：云盘中的“Ch09\日出东方宣传片\日出东方宣传片.prproj”。设计作品效果如图 9-160 所示。

图 9-160

3. **步骤提示**

（1）启动 Premiere Pro CC 2019 软件，选择“文件 > 新建 > 项目”命令，弹出“新建项目”对话框，如图 9-161 所示，单击“确定”按钮，新建项目。选择“文件 > 新建 > 序列”命令，弹出“新建序列”对话框，单击“设置”选项卡，具体参数设置如图 9-162 所示，单击“确定”按钮，新建序列。

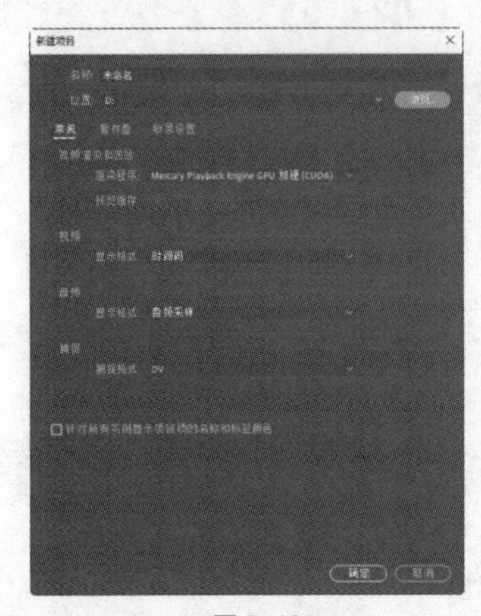

图 9-161

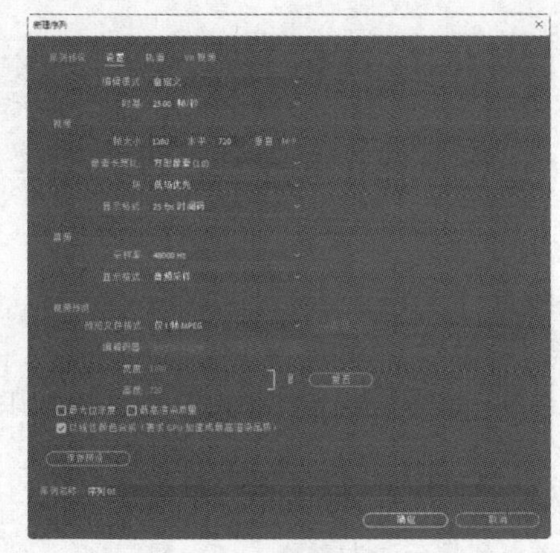

图 9-162

（2）选择“文件 > 导入”命令，弹出“导入”对话框，选择本书云盘中的“Ch09\日出东方宣传片\素材\01～04”文件，如图 9-163 所示，单击“打开”按钮，将素材文件导入“项目”面板中，如图 9-164 所示。

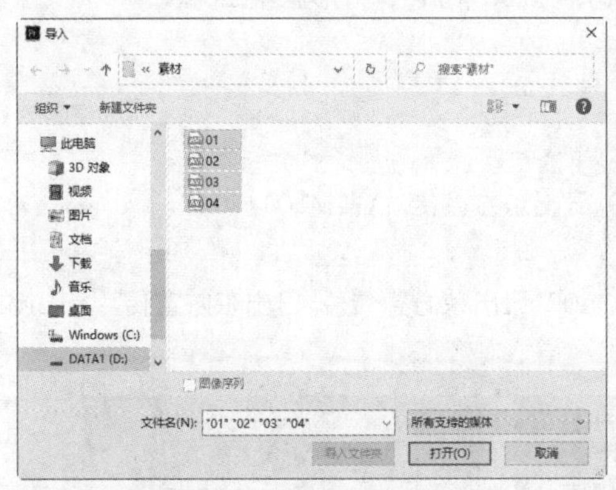

图 9-163

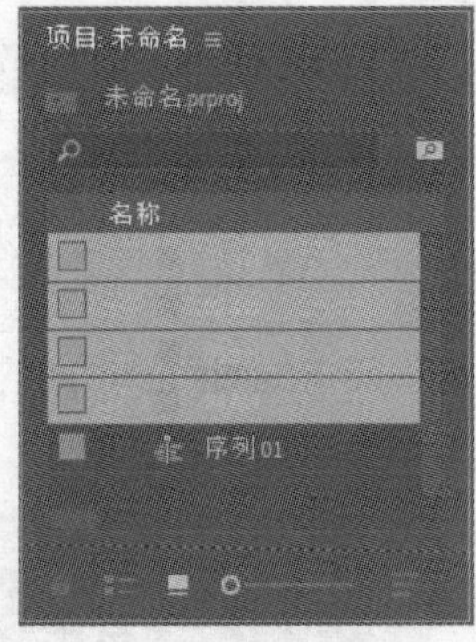

图 9-164

（3）在“项目”面板中，选择“01”～“04”文件并将其拖曳到“时间轴”面板中的“视频 1（V1）”轨道中。弹出“剪辑不匹配警告”对话框，单击“保持现有设置”按钮，在保持现有序列设置的情况下将“01”～“04”文件放置在“视频 1（V1）”轨道中，如图 9-165 所示。选择“时间轴”面板中的“01”文件。选择“效果控件”面板，展开“运动”选项，将“缩放”选项设置为 163.0，如图 9-166 所示。用相同的方法调整其他素材文件。

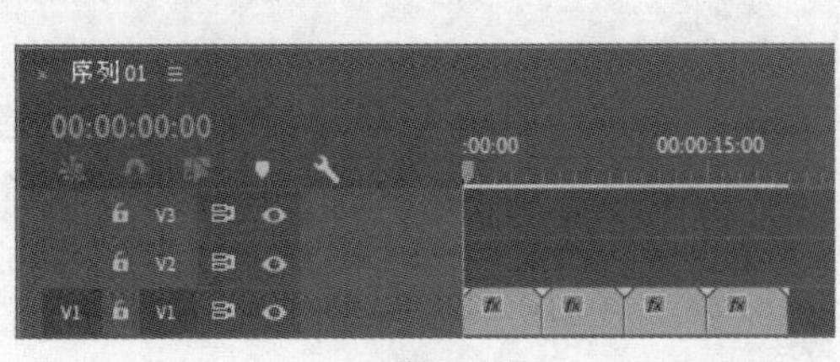

图 9-165

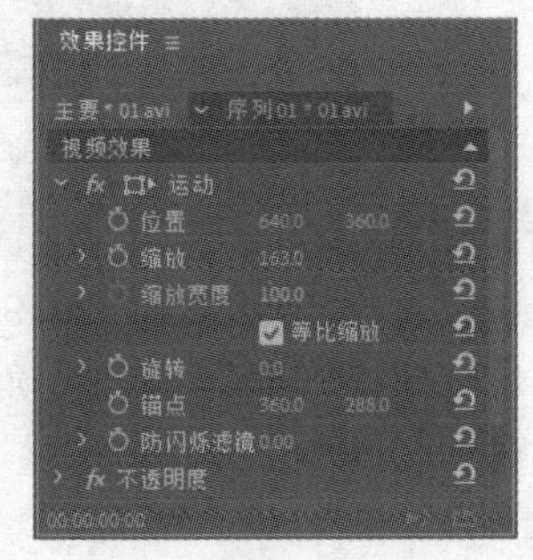

图 9-166

（4）选择“效果”面板，展开“视频过渡”分类选项，单击“沉浸式视频”文件夹前面的三角形按钮将其展开，选择“VR 光线”效果，如图 9-167 所示。将“VR 光线”效果拖曳到“时间轴”面板中的“01”文件的开始位置和“02”文件的结束位置之间，如图 9-168 所示。用相同的方法添加“风车”和“菱形划像”视频过渡，如图 9-169 所示。

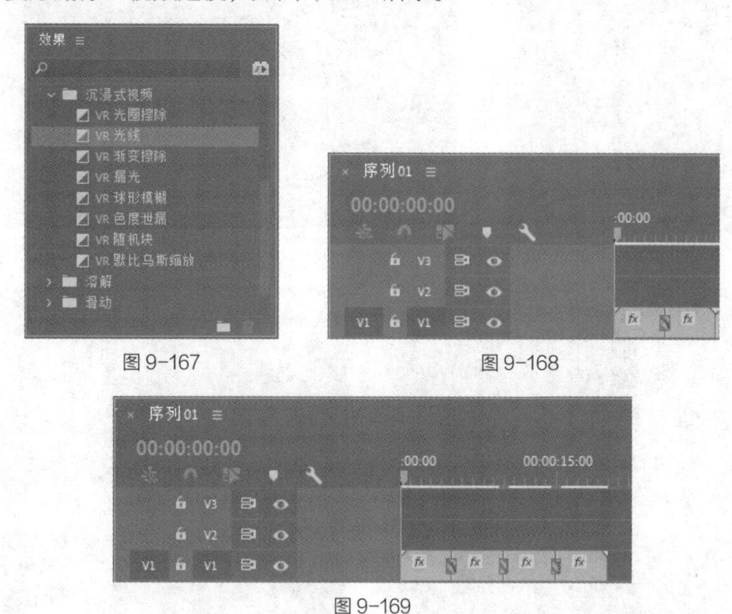

图 9-167

图 9-168

图 9-169

（5）选择“文件 > 新建 > 旧版标题”命令，弹出对话框，如图 9-170 所示，单击“确定”按钮，弹出“字幕”编辑面板。选择“旧版标题工具”面板中的“椭圆”工具，按住 Shift 键的同时，在“字幕”编辑面板中绘制圆形，如图 9-171 所示。

（6）在“旧版标题属性”面板中展开“描边”选项，单击“外描边”右侧的“添加”按钮，将“颜色”选项设置为白色，其他选项的设置如图 9-172 所示，效果如图 9-173 所示。

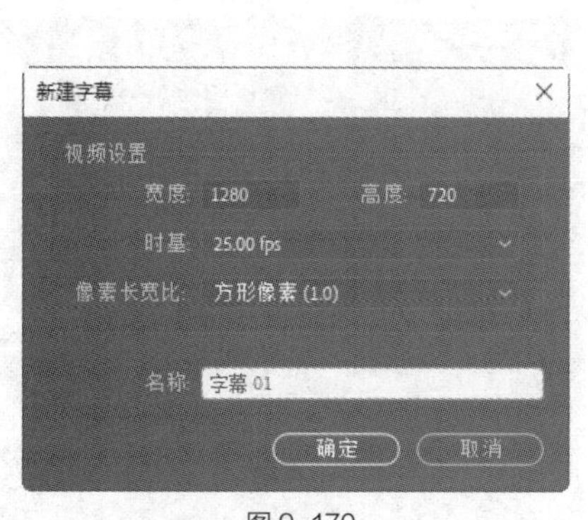

图 9-170

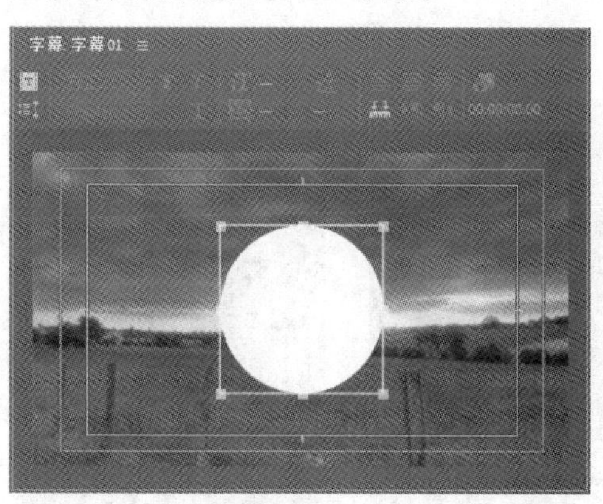

图 9-171

（7）选择“选择”工具，按 Ctrl+C 组合键复制圆形，按 Ctrl+V 组合键粘贴圆形。按住 Alt+Shift 组合键的同时，按住鼠标左键拖曳鼠标指针等比例缩小圆形，如图 9-174 所示。展开“描边”选项，单击“外描边”右侧的“删除”按钮，删除外侧边；展开“填充”选项，将“颜色”选项设置为白色，“不透明度”选项设置为 30%，效果如图 9-175 所示。

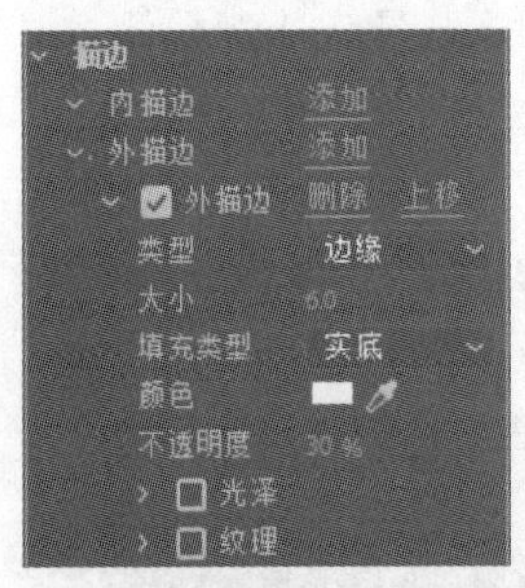

图 9-172

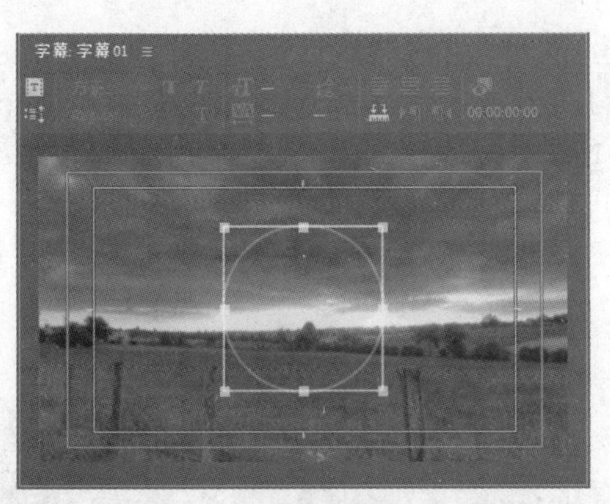

图 9-173

图 9-174

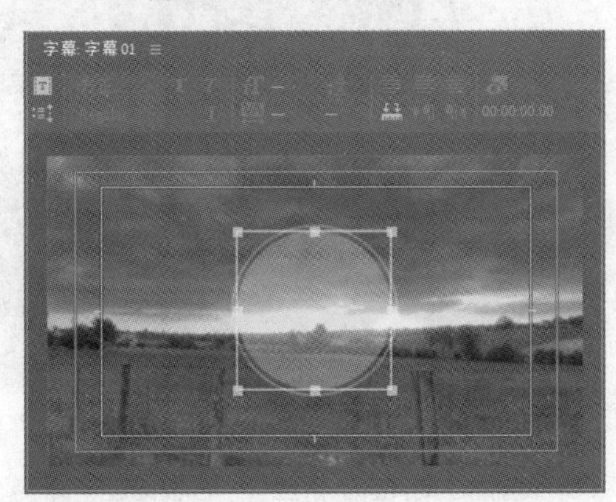

图 9-175

(8)选择"文字"工具 T ,在"字幕"编辑面板中输入需要的文字。在"旧版标题属性"面板中展开"属性"选项,选项的设置如图 9-176 所示。展开"填充"选项,将"颜色"选项设置为棕红色(113、40、11);展开"阴影"选项,将"颜色"选项设置为白色,其他选项的设置如图 9-177 所示,效果如图 9-178 所示。

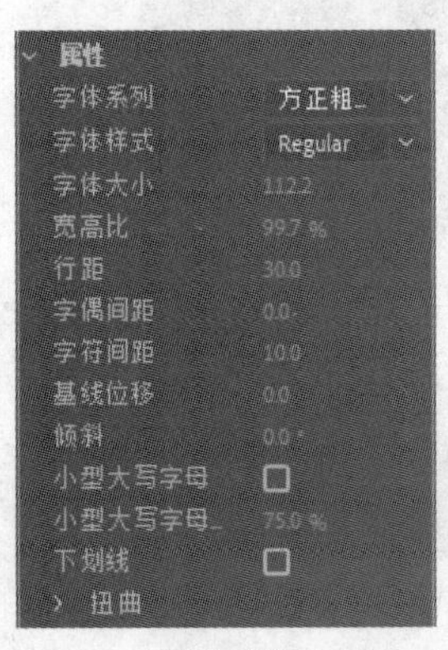

图 9-176

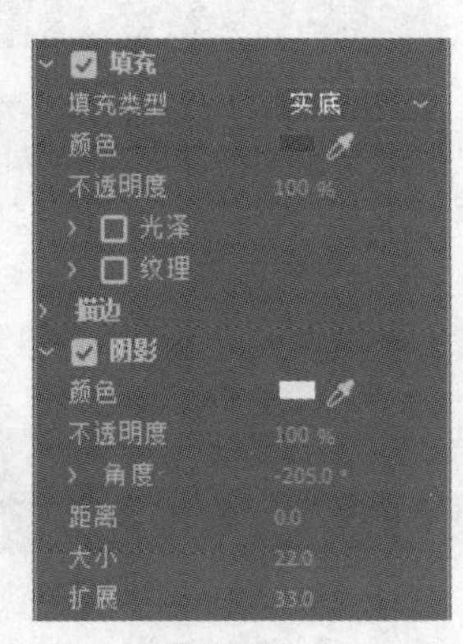

图 9-177

图 9-178

(9)用相同的方法输入中间的拼音,效果如图 9-179 所示。关闭"字幕"编辑面板,新建的字幕文件将自动保存到"项目"面板中。在"项目"面板中,选择"字幕 01"文件并将其拖曳到"时间轴"面板中的"视频 2(V2)"轨道中,如图 9-180 所示。

图 9-179

图 9-180

（10）选择“时间轴”面板中的“字幕 01”文件。在“效果控件”面板中展开“运动”选项，将“缩放”选项设置为 70.0，并单击“缩放”选项左侧的“切换动画”按钮，如图 9-181 所示，记录第 1 个动画关键帧。将时间标签放置在 04:09s 的位置。将“缩放”选项设置为 100.0，如图 9-182 所示，记录第 2 个动画关键帧。

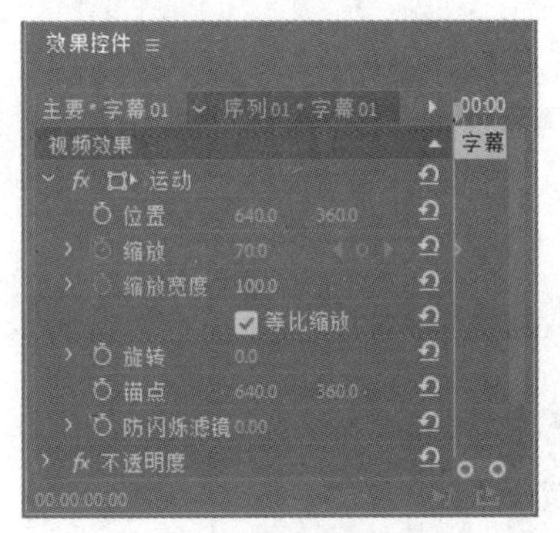

图 9-181

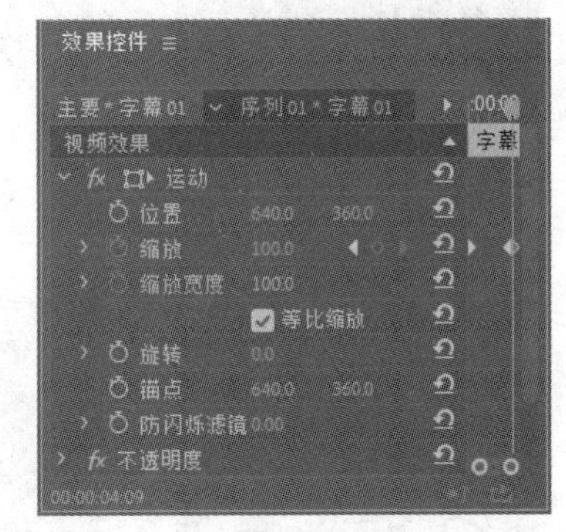

图 9-182

（11）选择“文件 > 新建 > 旧版标题”命令，弹出“新建字幕”对话框，如图 9-183 所示，单击“确定”按钮，弹出“字幕”编辑面板。选择“文字”工具，在“字幕”编辑面板中输入需要的文字。在“旧版标题属性”面板中展开“属性”选项，选项的设置如图 9-184 所示。

（12）展开“填充”选项，将“颜色”选项设置为棕红色（113、40、11）；展开“阴影”选项，将“颜色”选项设置为白色，其他选项的设置如图 9-185 所示，效果如图 9-186 所示。关闭“字幕”编辑面板，新建的字幕文件自动保存到“项目”面板中。

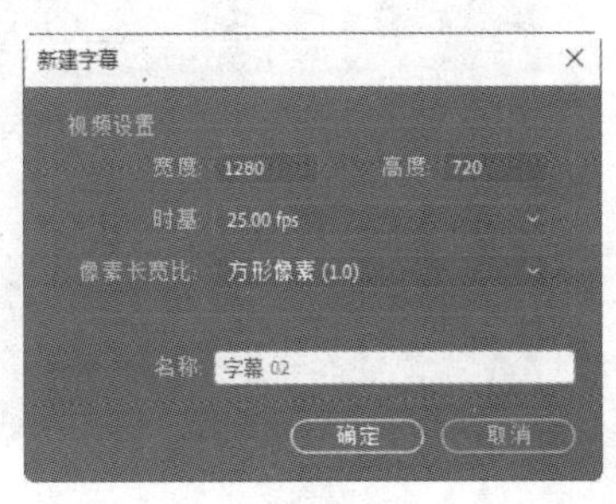

图 9-183

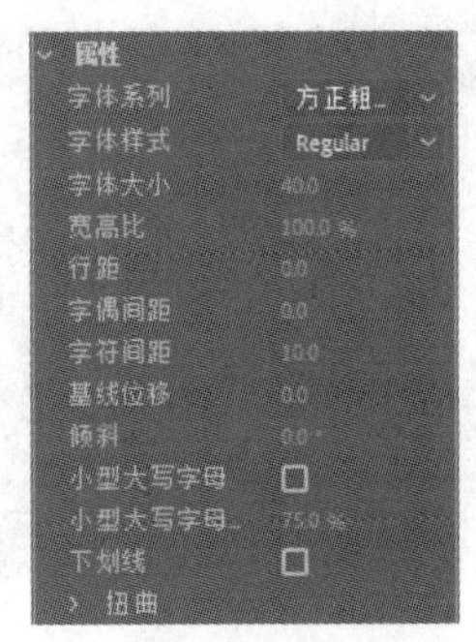

图 9-184

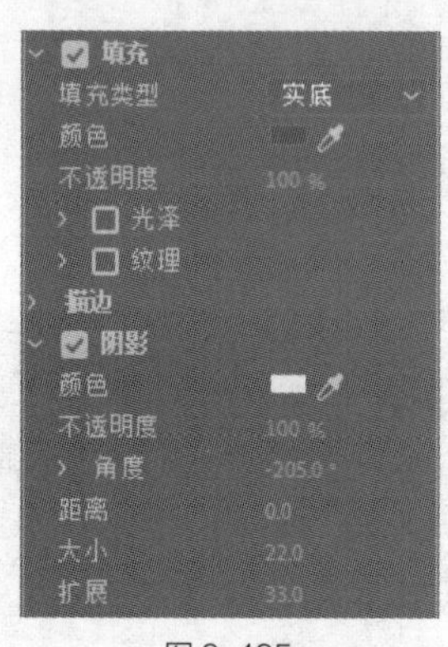
图 9-185

图 9-186

（13）用相同的方法制作其他字幕，“项目”面板中的显示如图 9-187 所示。在“项目”面板中，选择“字幕 02”文件并将其拖曳到“时间轴”面板中的“视频 2（V2）”轨道中，如图 9-188 所示。

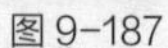
图 9-187

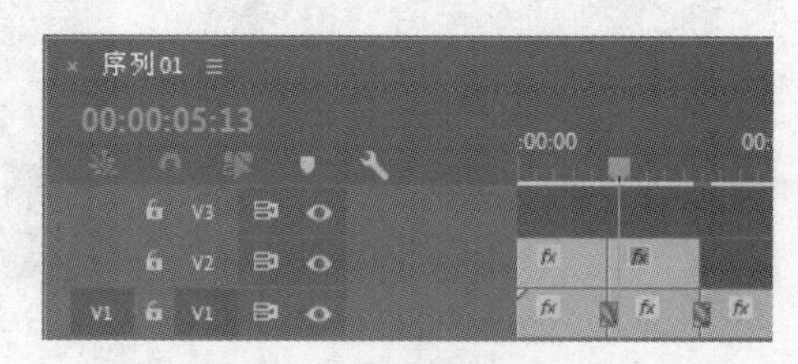
图 9-188

（14）选择“时间轴”面板中的“字幕 02”文件。将时间标签放置在 05:00s 的位置。在“效果控件”面板中展开“不透明度”选项，将“不透明度”选项设置为 0，单击“不透明度”选项左侧的“切换动画”按钮，如图 9-189 所示，记录第 1 个动画关键帧。将时间标签放置在 10:00s 的位置。将“不透明度”选项设置为 100.0，如图 9-190 所示，记录第 2 个动画关键帧。用相同的方法添加其他字幕并制作关键帧，如图 9-191 所示。日出东方宣传片制作完成。

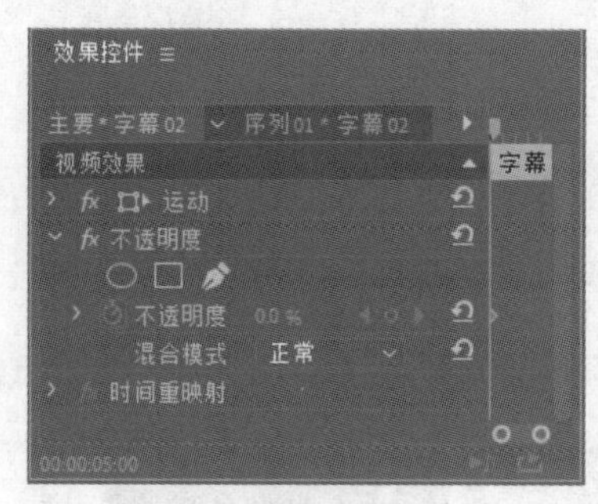
图 9-189

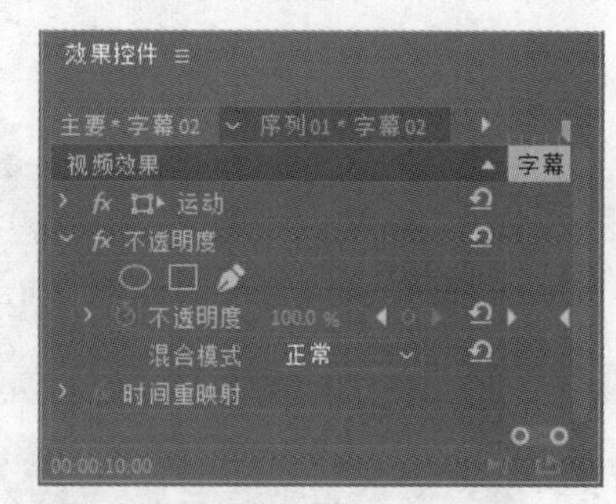
图 9-190

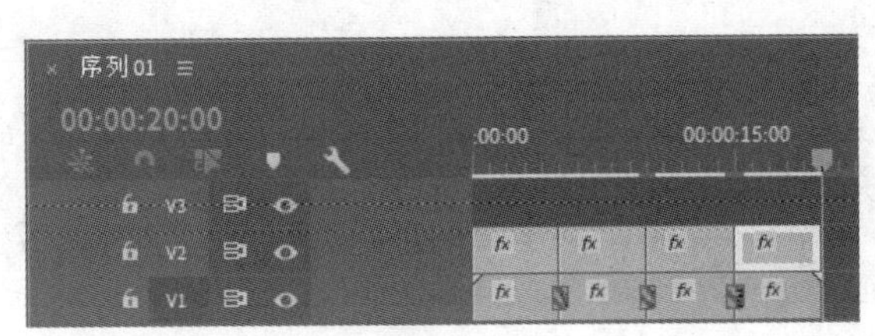

图 9-191

9.6 英文歌曲 MV

9.6.1 【项目背景及要求】

1. 客户名称

儿童教育网站。

2. 客户需求

儿童教育网站是一家以儿童教学为主的网站，网站中的内容充满知识性和趣味性，使孩子在玩耍中学习知识。本例要求进行英文歌曲 MV 的制作，设计要符合儿童的喜好，并能展示出歌曲的主题。

3. 设计要求

（1）设计要以歌曲主题照片为主导。

（2）设计要明快醒目，能体现出歌曲特色。

（3）画面色彩要对比强烈，具有冲击力。

（4）设计风格要具有特色，能够让人一目了然、印象深刻。

（5）设计规格为 1280h×720V(1.0940)，25.00 帧/秒，方形像素(1.0)。

9.6.2 【项目设计及制作】

1. 设计素材

图片素材所在位置：云盘中的“Ch09\英文歌曲 MV\素材\01～10”。

2. 设计作品

设计作品效果所在位置：云盘中的“Ch09\英文歌曲 MV\英文歌曲 MV .prproj”。设计作品效果如图 9-192 所示。

图 9-192

3. **步骤提示**

（1）启动 Premiere Pro CC 2019 软件，选择“文件 > 新建 > 项目”命令，弹出“新建项目”对话框，如图 9-193 所示，单击“确定”按钮，新建项目。选择“文件 > 新建 > 序列”命令，弹出“新建序列”对话框，单击“设置”选项卡，具体参数设置如图 9-194 所示，单击“确定”按钮，新建序列。

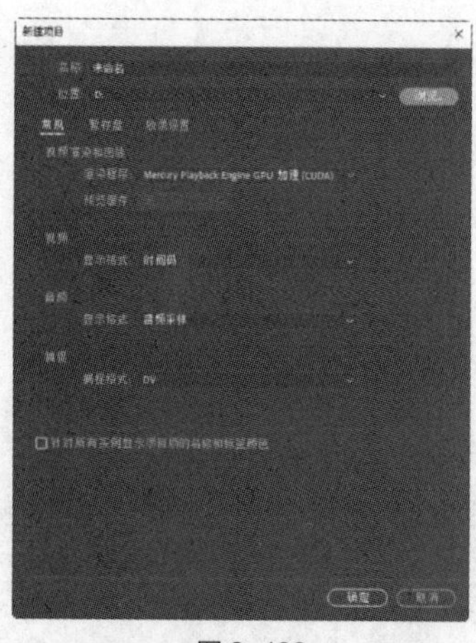

图 9-193

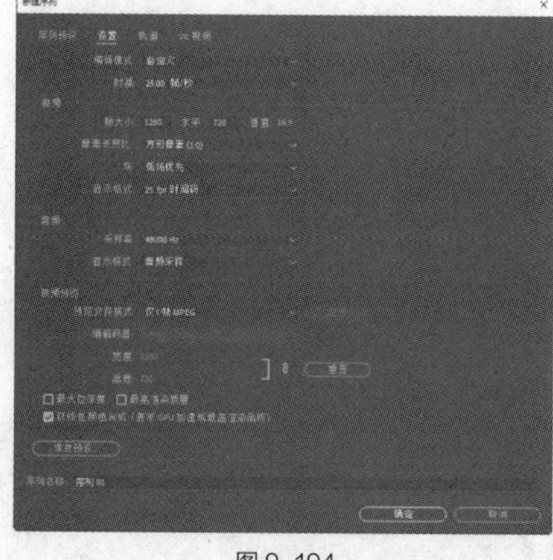

图 9-194

（2）选择“文件 > 导入”命令，弹出“导入”对话框，选择本书云盘中的“Ch09\英文歌曲 MV\素材\01～10”文件，如图 9-195 所示，单击“打开”按钮，将素材文件导入“项目”面板中，如图 9-196 所示。

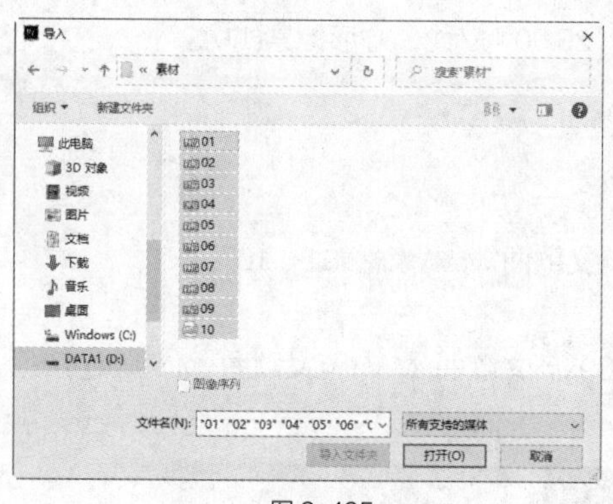

图 9-195

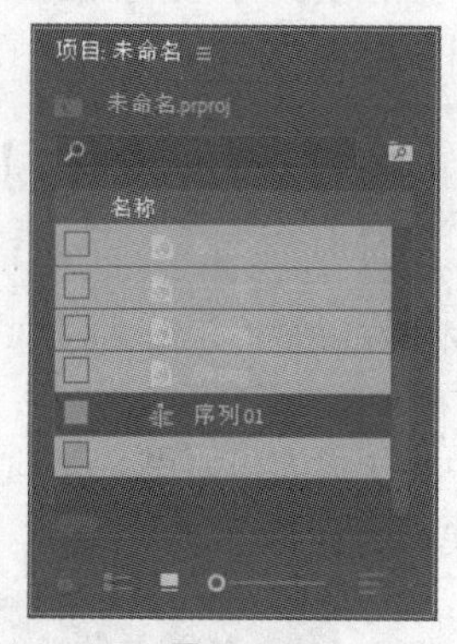

图 9-196

（3）选择“文件 > 新建 > 旧版标题”命令，弹出对话框，如图 9-197 所示，单击“确定”按钮，弹出“字幕”编辑面板。选择“旧版标题工具”面板中的“文字”工具 T，在“字幕”编辑面板中单击并输入需要的文字。在“旧版标题样式”面板中单击需要的样式，如图 9-198 所示。

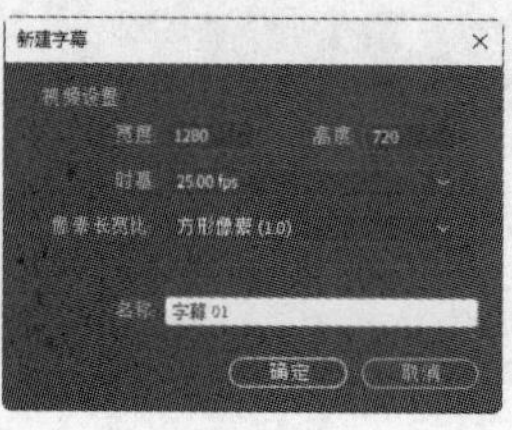

图 9-197

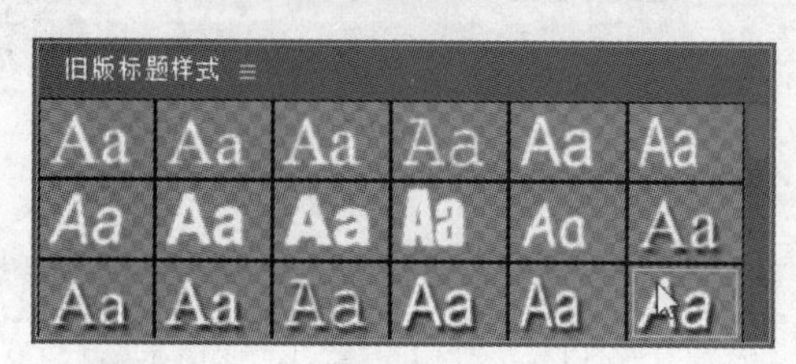

图 9-198

（4）在“旧版标题属性”面板中展开“属性”选项，设置如图 9-199 所示，效果如图 9-200 所示。关闭“字幕”编辑面板，新建的字幕文件将自动保存到“项目”面板中。用相同的方法制作其他字幕，“项目”面板中的显示如图 9-201 所示。

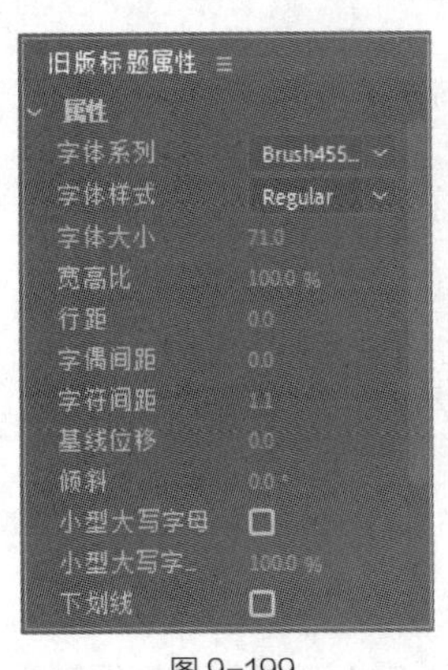

图 9-199

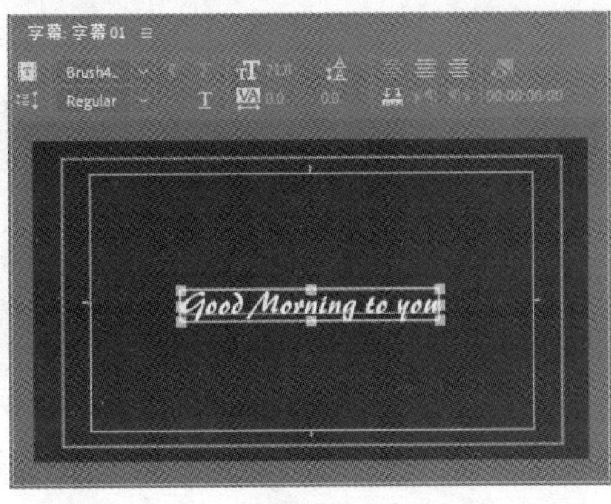

图 9-200

图 9-201

（5）在“项目”面板中，选择“04”文件并将其拖曳到“时间轴”面板中的“视频 1（V1）”轨道中。将时间标签放置在 24:11s 的位置上。将鼠标指针放在“04”文件的结束位置，当鼠标指针呈形状时，按住鼠标左键向右拖曳鼠标指针到 24:11s 的位置，如图 9-202 所示。

（6）在“项目”面板中，选择“03”文件并将其拖曳到“时间轴”面板中的“视频 2（V2）”轨道中。将时间标签放置在 06:21s 的位置。将鼠标指针放在“03”文件的结束位置，当鼠标指针呈形状时，按住鼠标左键向右拖曳鼠标指针到 06:21s 的位置，如图 9-203 所示。

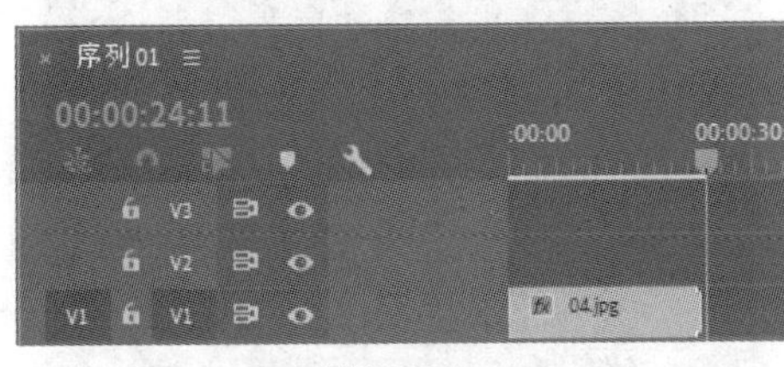

图 9-202

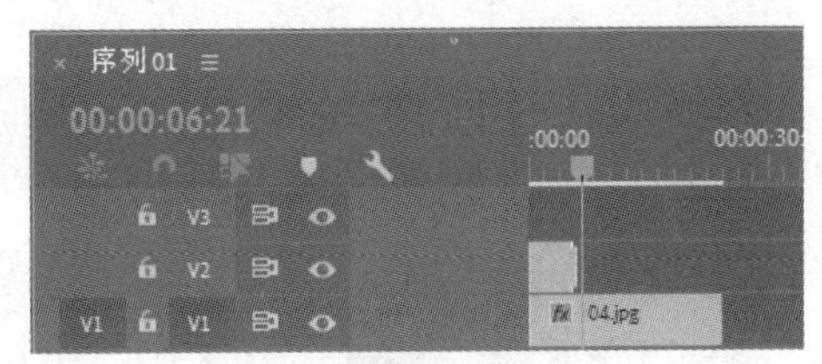

图 9-203

（7）将时间标签放置在 03:04s 的位置。选择“视频 2（V2）”轨道中的“03”文件。选择“效果控件”面板，展开“运动”选项，将“位置”选项设置为 948.0 和 361.0，单击“位置”选项左侧的“切换动画”按钮，如图 9-204 所示，记录第 1 个动画关键帧。将时间标签放置在 06:12s 的位置。将“位置”选项设置为 1609.0 和 361.0，如图 9-205 所示，记录第 2 个动画关键帧。

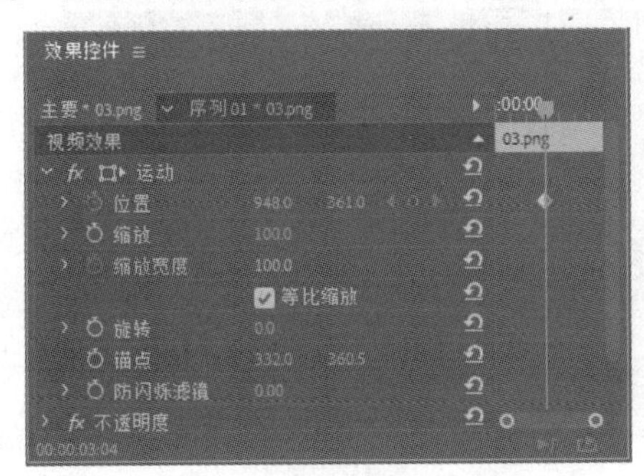

图 9-204

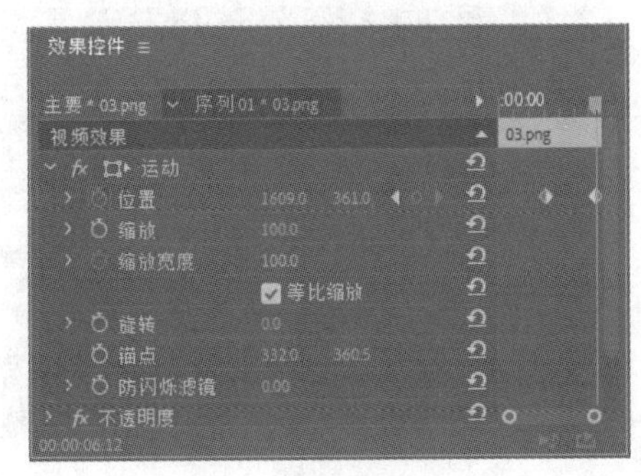

图 9-205

（8）将时间标签放置在 05:09s 的位置。选择“效果控件”面板，展开“不透明度”选项，单击“不透明度”选项右侧的“添加/移除关键帧”按钮，如图 9-206 所示，记录第 1 个动画关键帧。将时间标签放置在 06:19s 的位置。将“不透明度”选项设置为 0，如图 9-207 所示，记录第 2 个动画关键帧。

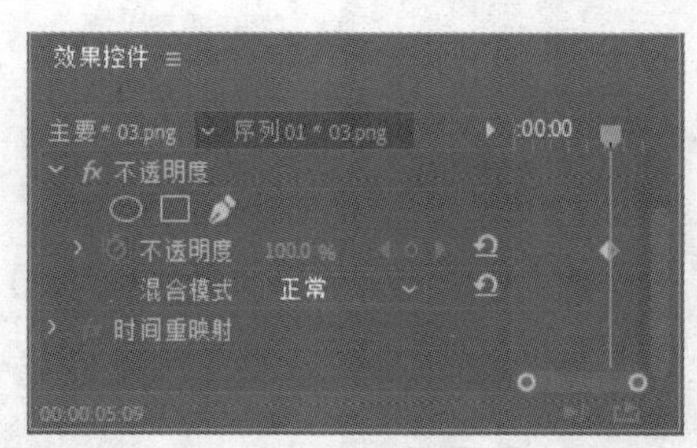

图 9-206

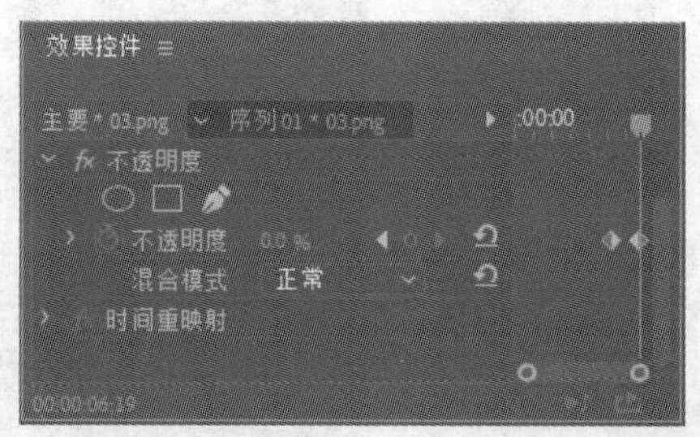

图 9-207

（9）在“项目”面板中，选择“06”文件并将其拖曳到“时间轴”面板中的“视频 2（V2）”轨道中。将鼠标指针放在“06”文件的结束位置，当鼠标指针呈形状时，按住鼠标左键向右拖曳鼠标指针到“04”文件的结束位置，如图 9-208 所示。

（10）将时间标签放置在 06:09s 的位置。选择“视频 2（V2）”轨道中的“06”文件。选择“效果控件”面板，展开“运动”选项，将“位置”选项设置为 688.0 和 297.0，单击“位置”选项左侧的“切换动画”按钮，如图 9-209 所示，记录第 1 个动画关键帧。

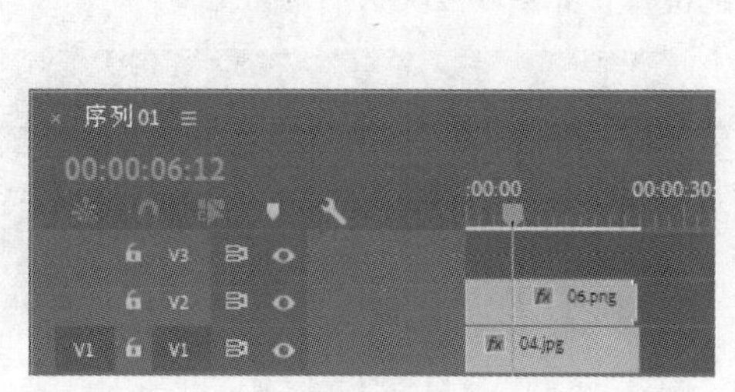

图 9-208

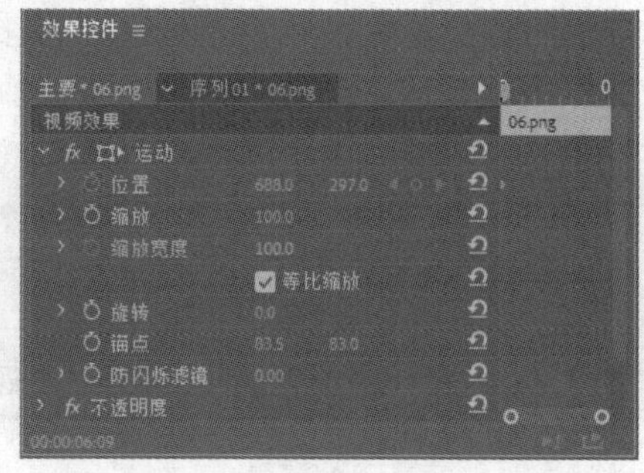

图 9-209

（11）将时间标签放置在 09:04s 的位置。将“位置”选项设置为 481.0 和 260.0，如图 9-210 所示，记录第 2 个动画关键帧。将时间标签放置在 11:00s 的位置。将“位置”选项设置为 412.0 和 204.0，如图 9-211 所示，记录第 3 个动画关键帧。

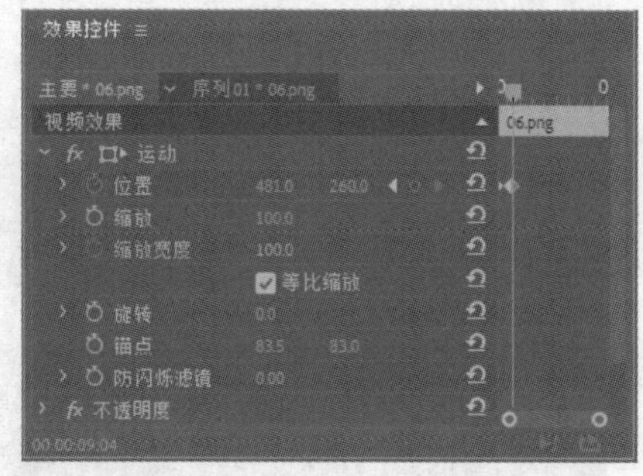

图 9-210

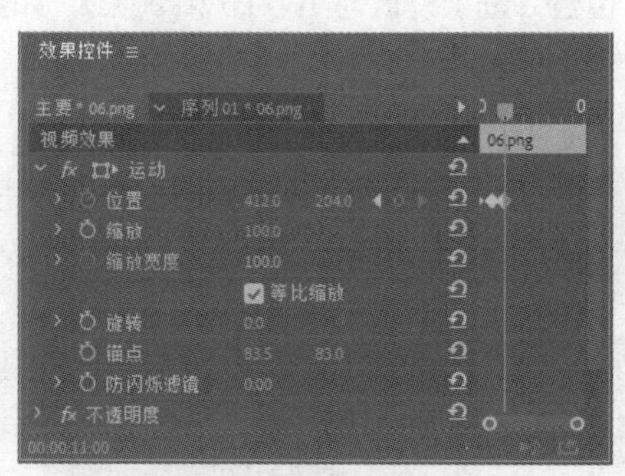

图 9-211

（12）选择“效果”面板，展开“视频过渡”分类选项，单击“溶解”文件夹前面的三角形按钮将其展开，选择“交叉溶解”效果，如图 9-212 所示。将“交叉溶解”效果拖曳到“时间轴”面板中的“03”文件的结束位置与“06”文件的开始位置之间，如图 9-213 所示。

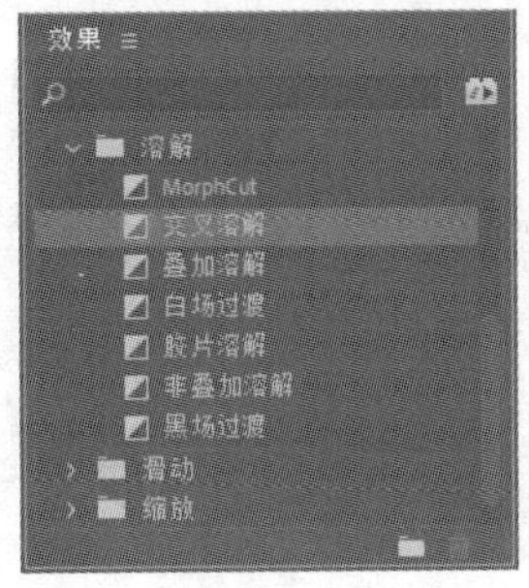

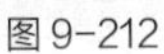
图 9-212

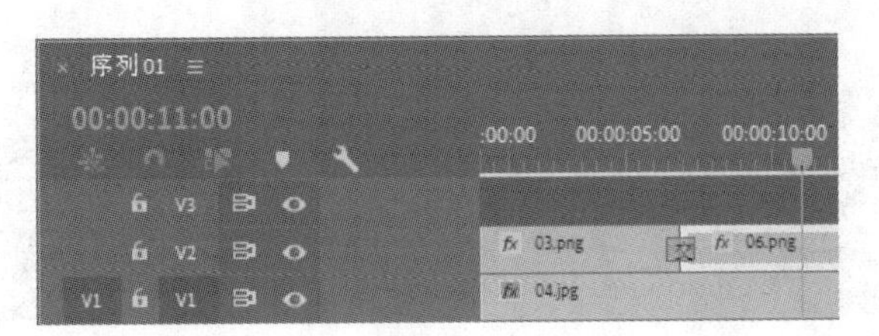

图 9-213

（13）将时间标签放置在 0s 的位置。在“项目”面板中，选择“02”文件并将其拖曳到“时间轴”面板中的“视频 3（V3）”轨道中。将鼠标指针放在“02”文件的结束位置，当鼠标指针呈形状时，按住鼠标左键向右拖曳鼠标指针到“03”文件的结束位置，如图 9-214 所示。

（14）将时间标签放置在 03:04s 的位置。选择“视频 3（V3）”轨道中的“02”文件。选择“效果控件”面板，展开“运动”选项，将“位置”选项设置为 309.0 和 361.0，单击“位置”选项左侧的“切换动画”按钮，如图 9-215 所示，记录第 1 个动画关键帧。

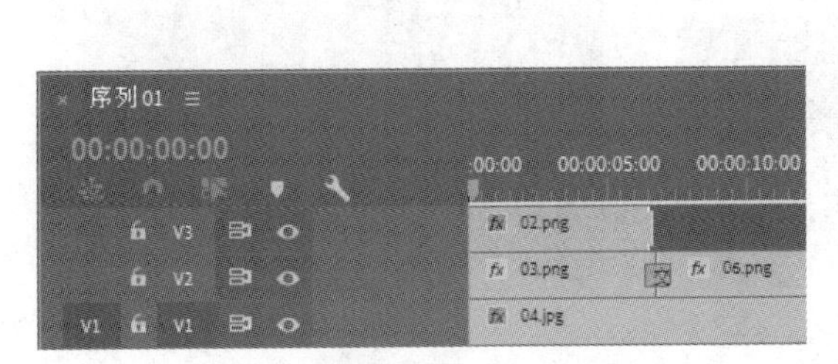

图 9-214

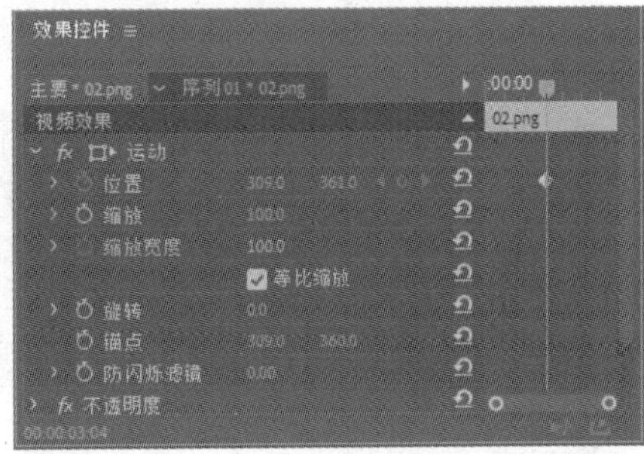

图 9-215

（15）将时间标签放置在 06:12s 的位置。将“位置”选项设置为-310.0 和 361.0，如图 9-216 所示，记录第 2 个动画关键帧。将时间标签放置在 05:09s 的位置。选择“效果控件”面板，展开“不透明度”选项，单击“不透明度”选项右侧的“添加/移除关键帧”按钮，如图 9-217 所示，记录第 1 个动画关键帧。

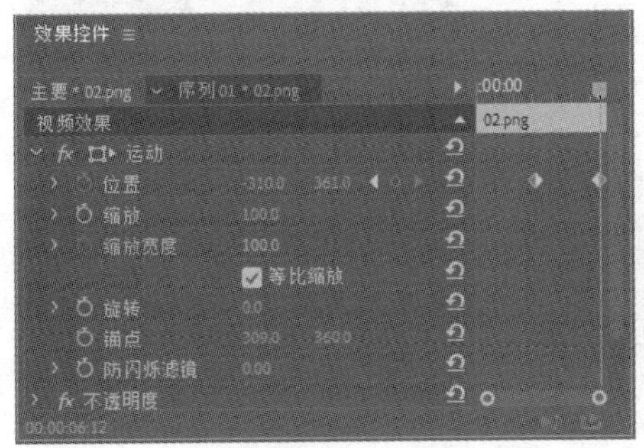

图 9-216

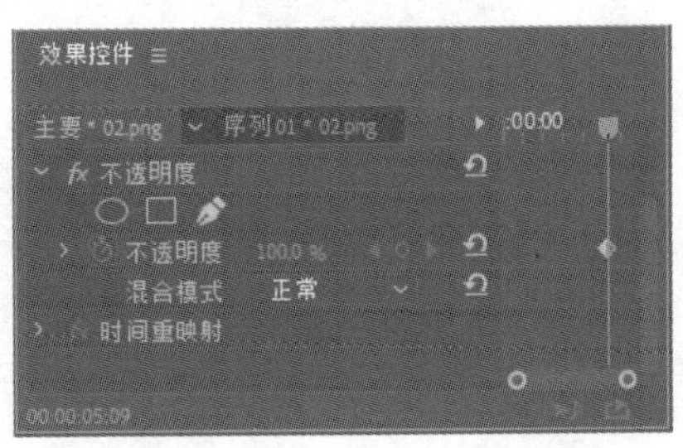

图 9-217

（16）将时间标签放置在 06:19s 的位置。将“不透明度”选项设置为 0，如图 9-218 所示，记录第 2 个动画关键帧。在“项目”面板中，选择“05”文件并将其拖曳到“时间轴”面板中的“视频 3（V3）”轨道中。将鼠标指针放在“05”文件的结束位置，当鼠标指针呈◀形状时，按住鼠标左键向右拖曳鼠标指针到“06”文件的结束位置，如图 9-219 所示。

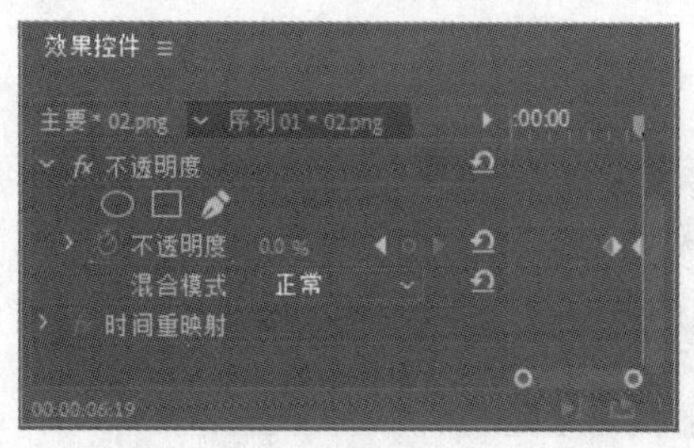

图 9-218

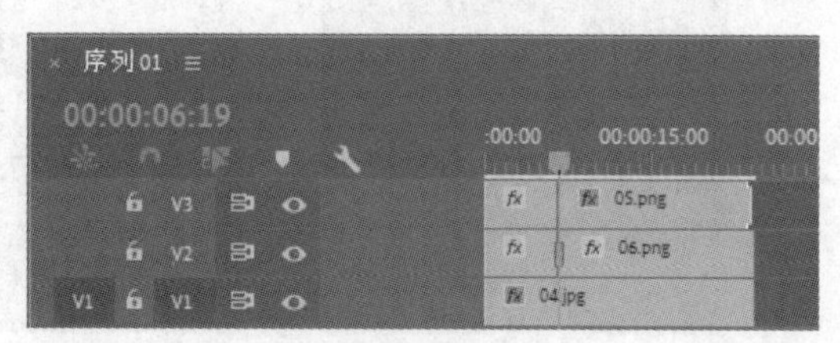

图 9-219

（17）在“效果”面板，选择“交叉溶解”效果，将“交叉溶解”效果拖曳到“时间轴”面板中“02”文件的结束位置与“05”文件的开始位置之间，如图 9-220 所示。选择“序列 > 添加轨道”命令，在弹出的对话框中进行设置，如图 9-221 所示，单击“确定”按钮，在“时间轴”面板中添加 4 条视频轨道。

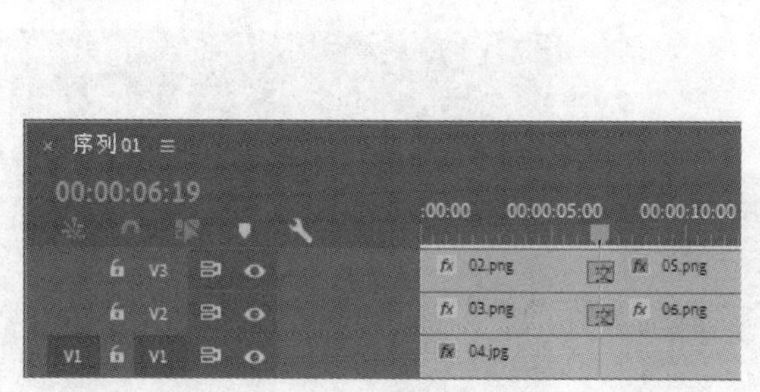

图 9-220

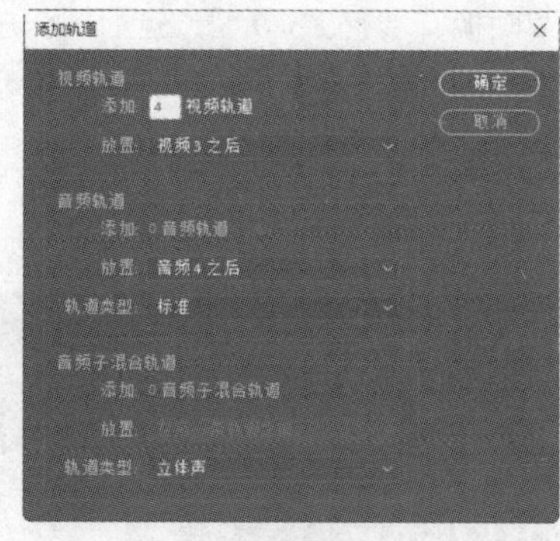

图 9-221

（18）在“项目”面板中，选择“01”文件并将其拖曳到“时间轴”面板中的“视频 4（V4）”轨道中。将鼠标指针放在“01”文件的结束位置，当鼠标指针呈◀形状时，按住鼠标左键向右拖曳鼠标指针到“02”文件的结束位置，如图 9-222 所示。选择“视频 4（V4）”轨道中的“01”文件。选择“效果控件”面板，展开“运动”选项，将“位置”选项设置为 640.0 和 76.0，如图 9-223 所示。

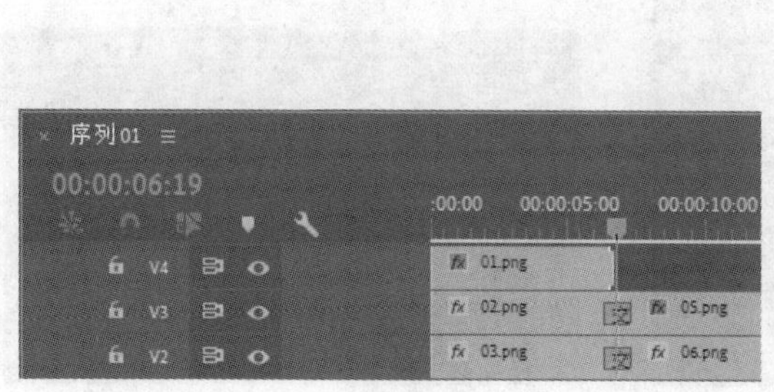

图 9-222

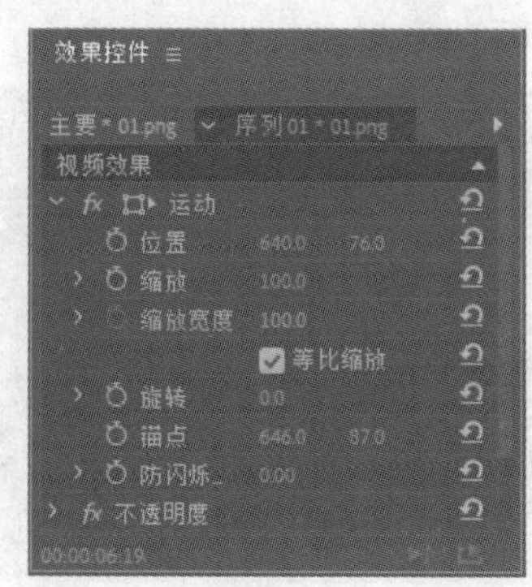

图 9-223

（19）将时间标签放置在 05:09s 的位置。选择“效果控件”面板，展开“不透明度”选项，单击“不透明度”选项右侧的“添加/移除关键帧”按钮，如图 9-224 所示，记录第 1 个动画关键帧。将时间标签放置在 06:19s 的位置。将“不透明度”选项设置为 0，如图 9-225 所示，记录第 2 个动画关键帧。

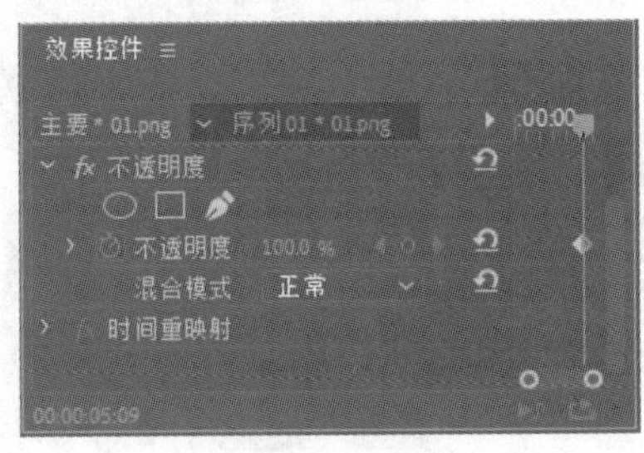

图 9-224

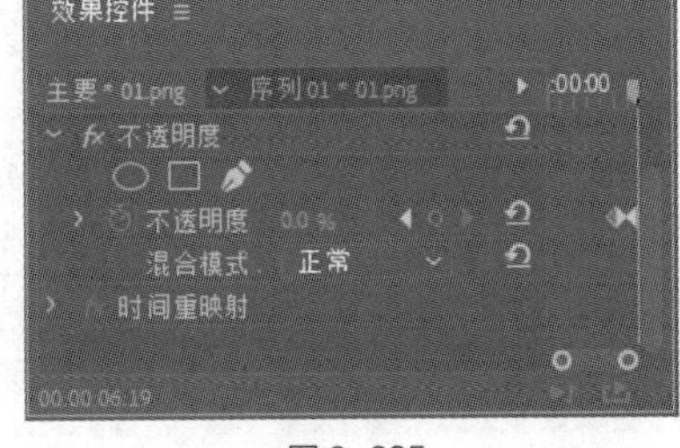

图 9-225

（20）将时间标签放置在 12:01s 的位置。在“项目”面板中，选择“07”文件并将其拖曳到“时间轴”面板中的“视频 4（V4）”轨道中。将鼠标指针放在“07”文件的结束位置，当鼠标指针呈形状时，按住鼠标左键向右拖曳鼠标指针到“05”文件的结束位置，如图 9-226 所示。选择“视频 4（V4）”轨道中的“07”文件。选择“效果控件”面板，展开“运动”选项，将“位置”选项设置为 640.0 和 653.0，“缩放”选项设置为 110.0，如图 9-227 所示。

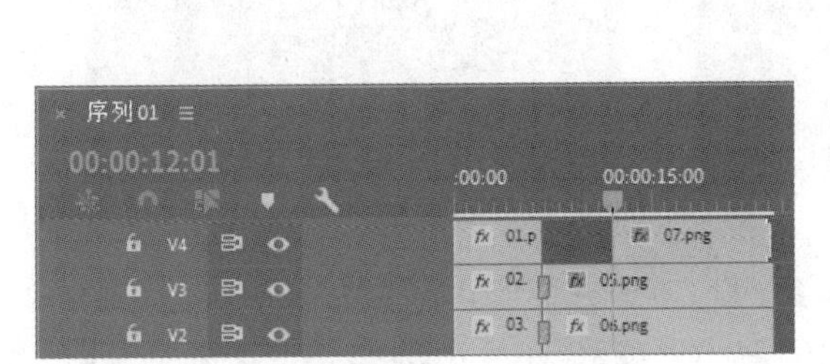

图 9-226

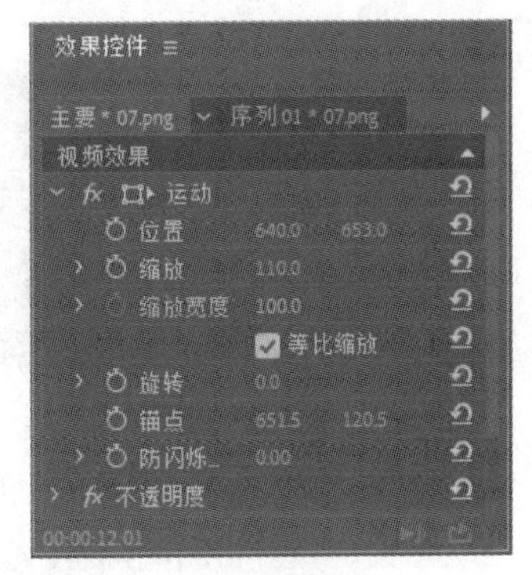

图 9-227

（21）选择“效果”面板，展开“视频过渡”分类选项，单击“擦除”文件夹前面的三角形按钮将其展开，选择“划出”效果，如图 9-228 所示。将“划出”效果拖曳到“时间轴”面板中的“07”文件的开始位置，如图 9-229 所示。

图 9-228

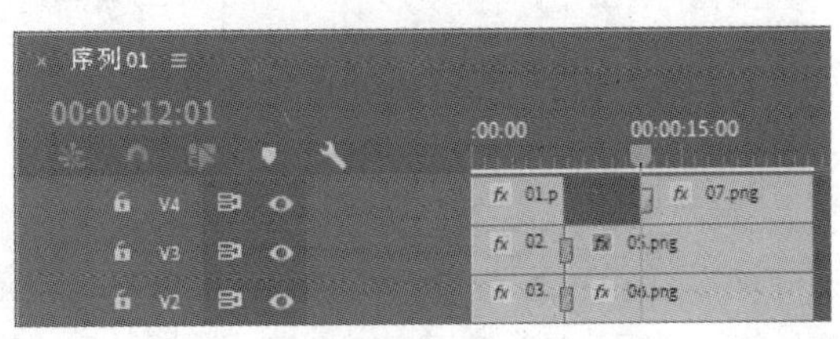

图 9-229

（22）选择“时间轴”面板中的“划出”效果，如图 9-230 所示。选择“效果控件”面板，将“持续时间”选项设置为 02:23，如图 9-231 所示。

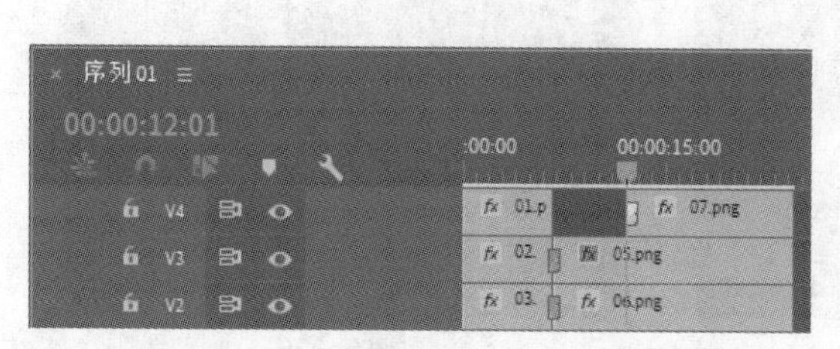

图 9-230

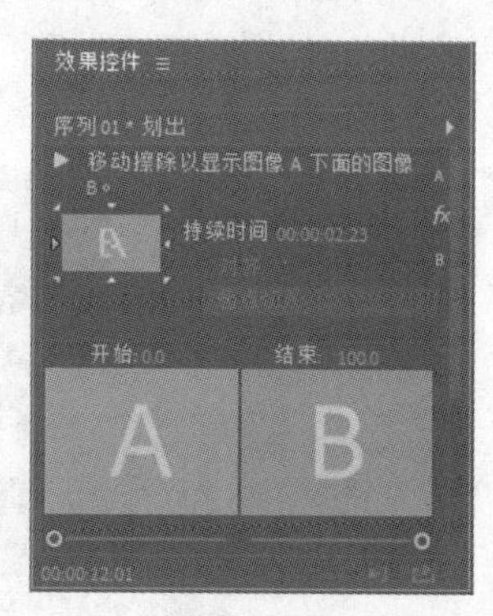

图 9-231

（23）将时间标签放置在 0s 的位置。在“项目”面板中，选择“字幕 01”文件并将其拖曳到“时间轴”面板中的“视频 5（V5）”轨道中，如图 9-232 所示。选择“视频 5（V5）”轨道中的“字幕 01”文件。选择“效果控件”面板，展开“不透明度”选项，将“不透明度”选项设置为 0，单击“不透明度”选项左侧的“切换动画”按钮，如图 9-233 所示，记录第 1 个动画关键帧。

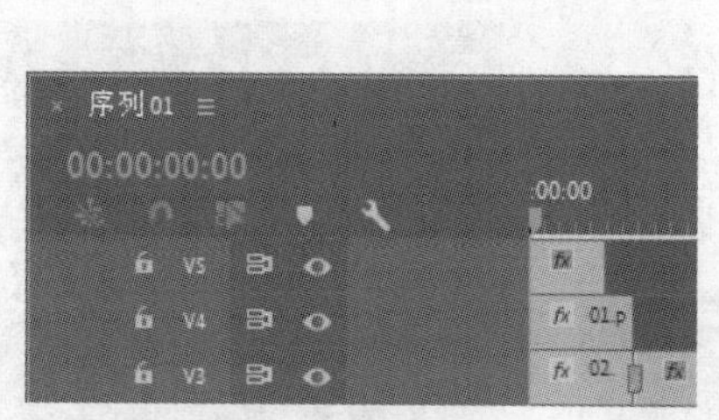

图 9-232

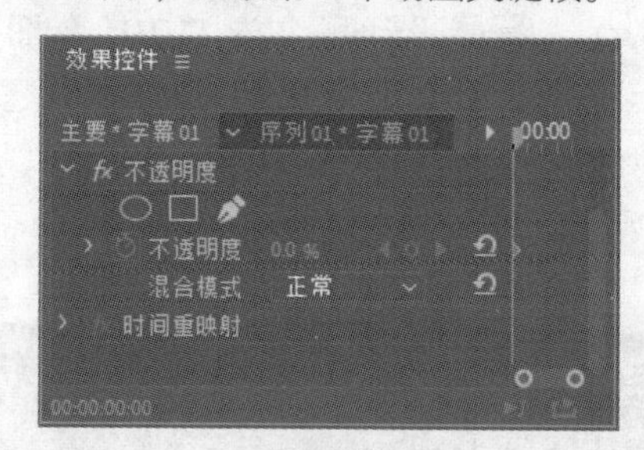

图 9-233

（24）将时间标签放置在 00:15s 的位置。将“不透明度”选项设置为 100.0%，如图 9-234 所示，记录第 2 个动画关键帧。将时间标签放置在 04:05s 的位置。单击选项右侧的“添加/移除关键帧”按钮，如图 9-235 所示，记录第 3 个动画关键帧。

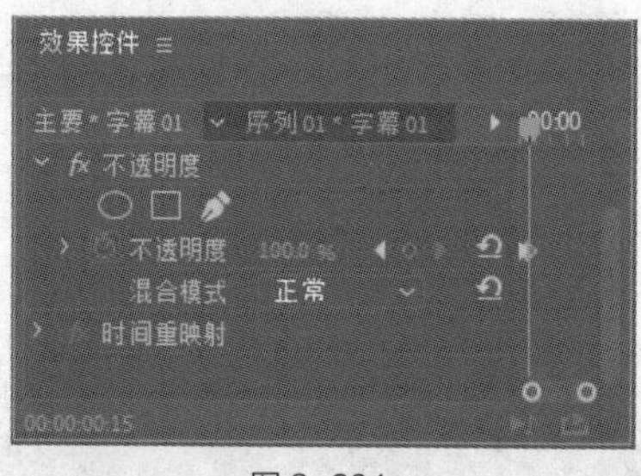

图 9-234

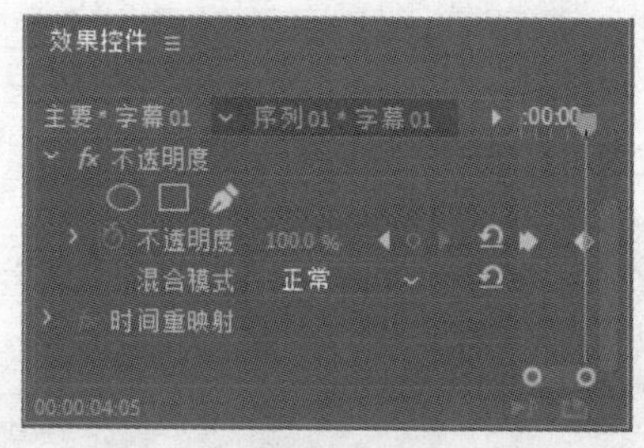

图 9-235

（25）将时间标签放置在 04:22s 的位置。将“不透明度”选项设置为 0，如图 9-236 所示，记录第 4 个动画关键帧。将时间标签放置在 15:07s 的位置。在“项目”面板中，选择“08”文件并将其拖曳到“时间轴”面板中的“视频 5（V5）”轨道中。将鼠标指针放在“08”文件的结束位置，当鼠标指针呈形状时，按住鼠标左键向右拖曳鼠标指针到“07”文件的结束位置，如图 9-237 所示。

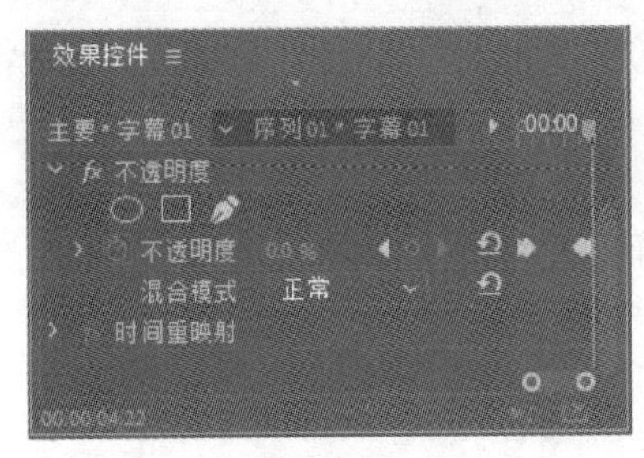

图 9-236

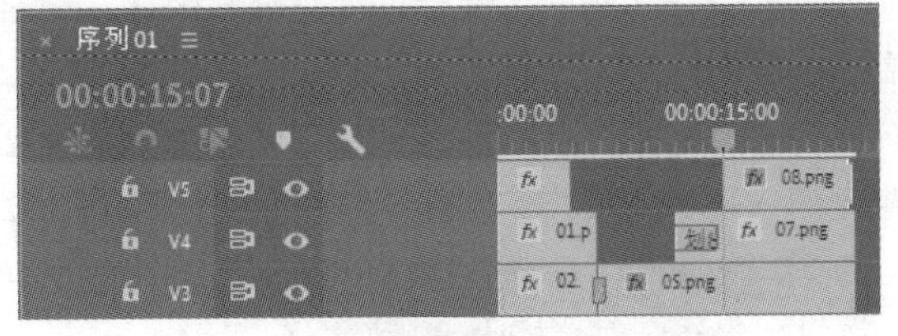

图 9-237

（26）将时间标签放置在 15:07s 的位置。选择“视频 5（V5）”轨道中的“08”文件。选择“效果控件”面板，展开“运动”选项，将“位置”选项设置为 904.0 和 609.0，“缩放”选项设置为 0，单击“缩放”选项左侧的“切换动画”按钮，如图 9-238 所示，记录第 1 个动画关键帧。将时间标签放置在 17:01s 的位置。将“缩放”选项设置为 120.0，如图 9-239 所示，记录第 2 个动画关键帧。

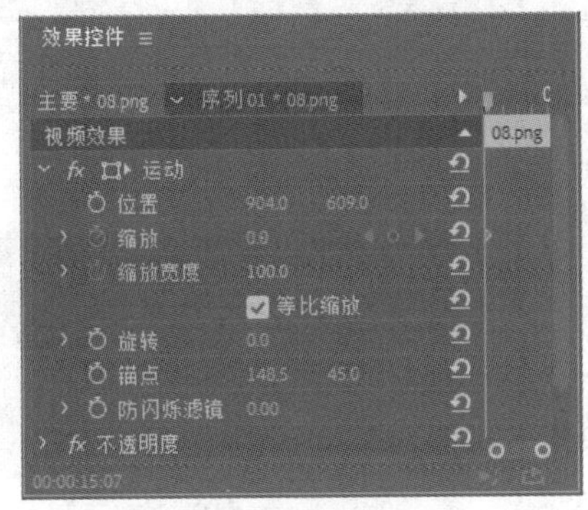

图 9-238

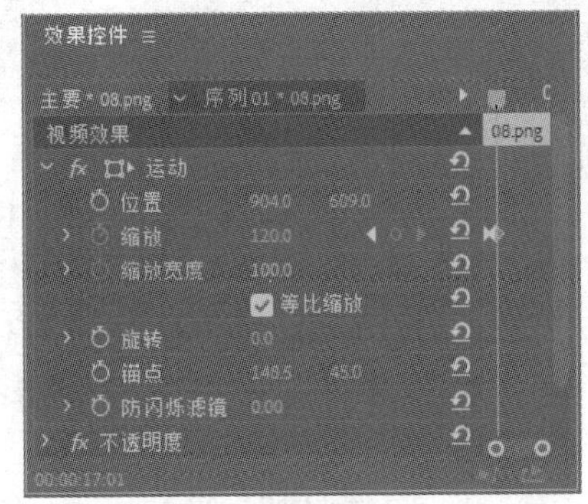

图 9-239

（27）将时间标签放置在 18:14s 的位置。在“项目”面板中，选择“09”文件并将其拖曳到“时间轴”面板中的“视频 6（V6）”轨道中。将鼠标指针放在“09”文件的结束位置，当鼠标指针呈形状时，按住鼠标左键向右拖曳鼠标指针到“08”文件的结束位置，如图 9-240 所示。

（28）选择“视频 6（V6）”轨道中的“09”文件。选择“效果控件”面板，展开“运动”选项，将“位置”选项设置为 321.0 和 611.0，“缩放”选项设置为 0，单击“缩放”选项左侧的“切换动画”按钮，如图 9-241 所示，记录第 1 个动画关键帧。

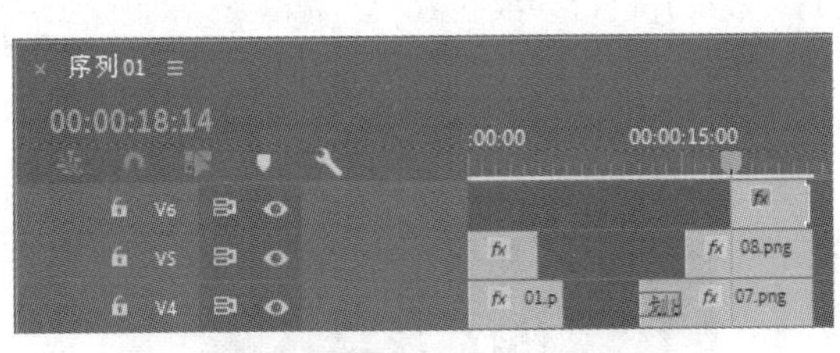

图 9-240

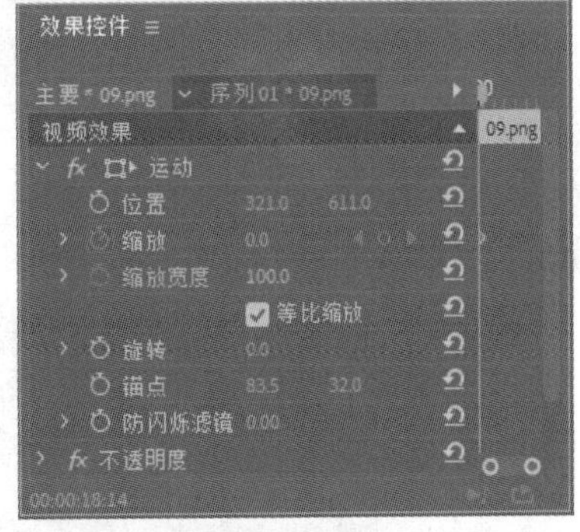

图 9-241

（29）将时间标签放置在 20:03s 的位置。选择“效果控件”面板，将“缩放”选项设置为 110.0，如图 9-242 所示，记录第 2 个动画关键帧。将时间标签放置在 06:21s 的位置。在“项目”面板中，选择“字幕 02”文件并将其拖曳到“时间轴”面板中的“视频 7（V7）”轨道中。将鼠标指针放在“字幕 02”文件的结束位置，当鼠标指针呈◀形状时，按住鼠标左键向右拖曳鼠标指针到“07”文件的开始位置，如图 9-243 所示。

（30）使用相同的方法，在“项目”面板中选择需要的字幕文件并将其拖曳到“时间轴”面板中的“视频 7（V7）”轨道中，调整其播放时间，效果如图 9-244 所示。

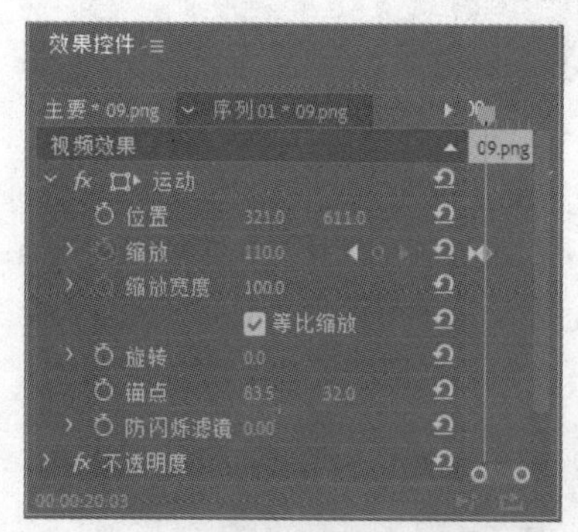

图 9-242

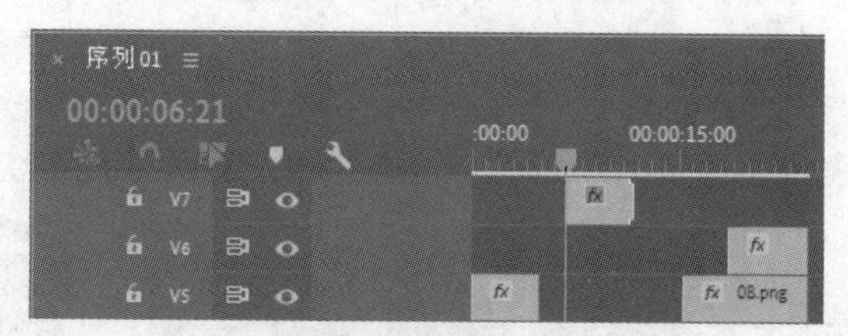

图 9-243

（31）在“项目”面板中，选择“10”文件并将其拖曳到“时间轴”面板中的“音频 1（A1）”轨道上，如图 9-245 所示。选择“效果”面板，展开“音频效果”分类选项，单击“高通”文件夹前面的三角形按钮▶并将其展开，选择“高通”效果，如图 9-246 所示。将“高通”效果拖曳到“时间轴”面板中的“10”文件上。

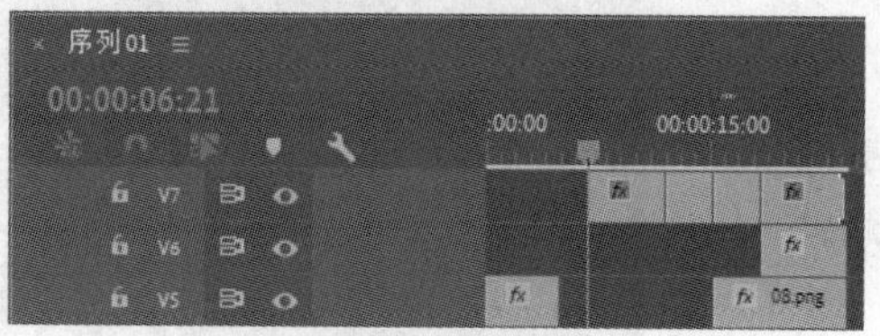

图 9-244

图 9-245

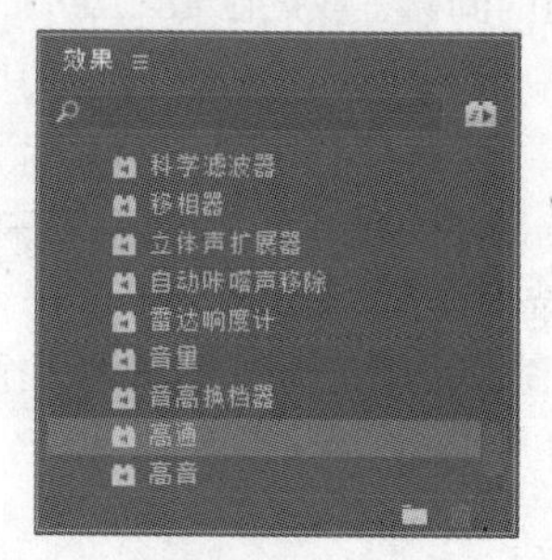

图 9-246

（32）选择“效果控件”面板，展开“高通”效果并进行参数设置，具体设置如图 9-247 所示。英文歌曲 MV 制作完成，效果如图 9-248 所示。

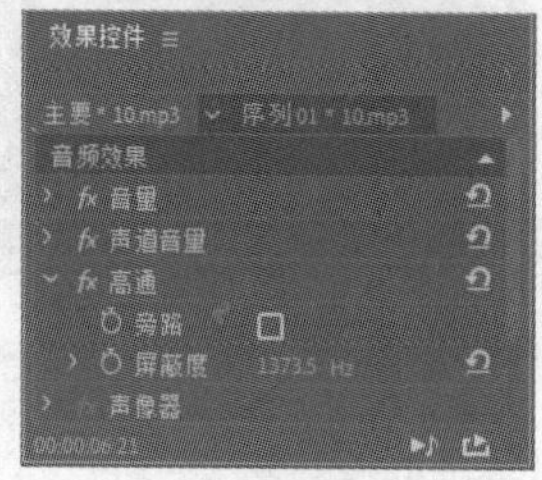

图 9-247

图 9-248